U0210084

"十二五"国家重点图书出版规划项目

国外含油气盆地丛书

中亚-里海含油气盆地

朱伟林　王志欣　李进波　王伟洪 等　著

科学出版社

北　京

内 容 简 介

中亚-里海地区包括中亚五国及里海沿岸地区，除滨里海盆地属于东欧克拉通外，其余部分涉及不同时代拼贴形成的褶皱区/系，如阿尔泰褶皱区、斯基夫-南图兰褶皱系、特提斯褶皱区；作为劳亚大陆南缘的持续增生区，中亚-里海地区自古生代以来经历多次陆块拼贴和增生，形成古大陆边缘、克拉通内拗陷、弧后裂谷、前陆等多种类型的沉积盆地；综合研究表明，由北向南中亚-里海地区的含油气层系年代逐渐变新：滨里海盆地丰富的油气与东欧克拉通东南缘的晚古生代被动边缘层序有关；阿姆河、北乌斯秋尔特、曼格什拉克、北高加索地台等盆地的油气主要与中生代—早新生代特提斯洋北缘弧后伸展形成的大高加索-里海超级盆地有关；南里海地区丰富的油气则与压陷条件下快速沉降、快速沉积的新近纪盆地有关。中亚-里海地区被认为是世界上最有远景的含油气区之一。本书对中亚-里海地区的地质特征进行综合分析，重点介绍滨里海、阿姆河、南里海、北乌斯秋尔特、曼格什拉克等含油气盆地的油气地质特征、油气分布规律和主控因素，并对其他沉积盆地的基本地质特征和含油气潜力进行简要介绍。

本书可供石油勘探开发研究人员以及石油和地质院校相关专业的师生参考。

图书在版编目(CIP)数据

中亚-里海含油气盆地/朱伟林等著. —北京：科学出版社，2016.5
（国外含油气盆地丛书/朱伟林主编）
ISBN 978-7-03-048271-6

Ⅰ.①中… Ⅱ.①朱… Ⅲ.①含油气盆地-研究-中亚②里海-含油气盆地-研究 Ⅳ.①P618.130.2

中国版本图书馆 CIP 数据核字(2016)第 100689 号

责任编辑：罗 吉 曾佳佳／责任校对：何艳萍 于佳悦
责任印制：肖 兴／封面设计：许 瑞

科 学 出 版 社 出版
北京东黄城根北街 16 号
邮政编码：100717
http://www.sciencep.com

中国科学院印刷厂印刷
科学出版社发行 各地新华书店经销

*

2016 年 5 月第 一 版 开本：787×1092 1/16
2016 年 5 月第一次印刷 印张：26 3/4
字数：630 000
定价：298.00 元
（如有印装质量问题，我社负责调换）

《中亚-里海含油气盆地》

主要作者： 王志欣　李进波　王伟洪

参撰人员： 丁宝来　王学军　逄林安　孙鹏超

　　　　　　　郭　敏　王　进

丛 书 序

　　我国海洋石油工业起步较晚。20 世纪 80 年代对外开放以来，中国海洋石油总公司和各地分公司在与国际石油公司合作勘探开发海洋油气过程中全方位引进和吸收了许多先进技术，并在自营勘探开发海洋油气田中发展和再创新这些技术。目前，中国海洋石油总公司在渤海、珠江口、北部湾、莺歌海和东海等盆地合作和自营开发 107 个油田，22 个气田。2010 年，生产油气当量已超过 5000 万 t，建成一个"海上大庆"，成绩来之不易。

　　进入 21 世纪，中国海洋石油总公司将"建设国际一流能源公司"作为企业发展目标，在党中央、国务院提出利用国际、国内两种资源，开辟国际、国内两个市场的决策下，中国海洋石油总公司开始涉足跨国油气勘探、开发业务。迄今已在海外多个石油区块进行投资，合作勘探开发油气田。

　　我国各大石油集团公司在国际油气勘探开发方面时间短，经验少。我国多数石油地质科技工作者对国外含油气盆地缺乏感性认识和实践经验。因此，在工作中系统调查研究海外油气地质资料，很有必要。自 2011 年起，由中国海洋石油总公司朱伟林主编的《国外含油气盆地丛书》（共 11 册）由科学出版社出版。该丛书包括《全球构造演化与含油气盆地（代总论）》和《欧洲含油气盆地》、《中东含油气盆地》、《北美洲含油气盆地》、《南美洲含油气盆地》、《俄罗斯含油气盆地》、《中亚-里海含油气盆地》、《环北极地区含油气盆地》、《非洲含油气盆地》、《南亚-东南亚含油气盆地》、《澳大利亚含油气盆地》，对区域构造、沉积背景、油气地质特征、油气资源、成藏模式及有利目标区和已开发典型含油气盆地、重要油气田等进行详细阐述。该丛书图文并茂，资料数据丰富，为从事海外油气业务的领导、技术专家、工作人员和关心石油工业的学者、高等学校师生提供极其有益的参考。在此，我谨对该丛书作者所做的贡献表示祝贺！

中国科学院院士

李德生

2011 年 11 月于北京

丛书前言

改革开放以来，我国各大石油集团公司相继走上国际化的发展道路，除了吸引国际石油公司来华进行油气勘探开发投资外，纷纷走出国门，越来越多地参与世界范围内含油气盆地的油气勘探开发。

然而，世界含油气盆地数量众多，类型复杂，石油地质条件迥异，油气资源分布极度不均。油气勘探走出国门，迈向世界，除了面临政治、宗教、文化、环境差异等一系列困难外，还存在对世界不同类型含油气盆地地质条件和油气成藏特征缺乏系统、全面的认识和掌握等问题。此外，海外区块的勘探时间常常受到合同期的制约。因此，如何迅速、全面地了解世界范围内主要含油气盆地的地质特征和油气分布规律，提高海外勘探研究和决策的水平，降低海外勘探的风险，至关重要。出版《国外含油气盆地丛书》，以飨读者，正当其时。

本丛书在中国海洋石油总公司走向海外的勘探历程中，对世界 400 多个主要含油气盆地进行系统的资料搜集、分析和总结，在此基础上，系统阐述世界主要含油气盆地的区域构造背景、主要盆地类型及其石油地质条件，剖析典型盆地的含油气系统及油气成藏模式，未过多涉及石油地质理论的探讨，而是注重丛书的资料性和实用性，旨在为我国石油工业界同仁以及从事世界含油气盆地研究的学者提供一套系统的、适用的工具书和参考资料。

《国外含油气盆地丛书》共 11 册，包括《全球构造演化与含油气盆地（代总论）》、《欧洲含油气盆地》、《中东含油气盆地》、《北美洲含油气盆地》、《南美洲含油气盆地》、《俄罗斯含油气盆地》、《中亚-里海含油气盆地》、《环北极地区含油气盆地》、《非洲含油气盆地》、《南亚-东南亚含油气盆地》、《澳大利亚含油气盆地》。

本丛书主编为朱伟林，副主编为崔旱云、杨甲明、杜栩，委员为马立武、马前贵、王志欣、王春修、白国平、江文荣、李江海、李进波、李劲松、吴培康、陈书平、邵滋军、季洪泉、房殿勇、胡平、胡根成、钟锴、侯贵廷、宫少波、聂志勐，中国海洋石油总公司勘探研究人员以及国内相关科研院校的数十位专家和学者参加编写。在此，向参与本丛书编写和管理工作的团队全体成员表示诚挚的谢意！

本丛书各册会陆续出版，因作者水平有限，不足之处在所难免，恳请广大读者批评、指正，以便不断完善。

主 编
2011 年 11 月

前　言

中亚-里海地区位于欧亚大陆腹地，北邻领土面积最大的俄罗斯联邦，东接中国新疆，南接阿富汗和伊朗，向西包括里海海域及其西岸的部分地区，全区总面积超过 $5 \times 10^6 \, km^2$，沉积岩分布面积超过 $3 \times 10^6 \, km^2$，其中具有油气勘探远景的面积约 $2.5 \times 10^6 \, km^2$。该地区累计探明和控制石油 $119.79 \times 10^8 \, m^3$、凝析油 $17.35 \times 10^8 \, m^3$、天然气 $24.13 \times 10^{12} \, m^3$，油气总储量约合 $363.92 \times 10^8 \, m^3$ 油当量，是世界上油气资源最为丰富的地区之一。其中，阿姆河、滨里海和南里海盆地油气储量最丰富，分别占全区已探明和控制油气储量的 36.7%、30.4% 和 19.0%；已发现油气储量大部分集中在研究区西部的里海周边地区，而研究区中东部各盆地规模偏小，油气资源潜力较低。

中亚-里海地区大部分处于北方的劳业古陆与南方的冈瓦纳古陆之间的褶皱区，具有非常复杂的区域构造特征，涉及东欧古老克拉通、阿尔泰褶皱区、斯基夫-南图兰褶皱系和特提斯褶皱区。研究区东北部的滨里海盆地在构造上属于东欧克拉通，但其基底经历了破碎和解体，是东欧地台内沉降幅度最大的地区；滨里海地区在奥陶纪（甚至更早）开始裂谷作用，之上叠加了晚古生代被动边缘型盆地和新生代克拉通内拗陷型盆地，充填了巨厚沉积盖层。包括哈萨克斯坦中东部、乌兹别克斯坦北部和吉尔吉斯斯坦的大部分地区属于阿尔泰褶皱区，其中包含了古生代期间拼贴到一起的一系列古老地块、加里东褶皱带和海西褶皱带，之上发育了古生代微陆块边缘残余盆地和中新生代克拉通内拗陷盆地，褶皱区南部受新构造运动影响形成了一系列小型山间盆地。在东欧克拉通和阿尔泰褶皱区以南发育了斯基夫-南图兰褶皱系，可能由一系列岛弧地体剪切堆叠而成，之上叠加了一系列大型中新生代弧后裂谷-克拉通内拗陷盆地。大高加索和科佩特达格以南属于特提斯褶皱系，由一系列西莫里陆块、晚西莫里褶皱带构成，之上发育了晚中生代和新生代盆地，并受到新构造运动的强烈挤压，在中亚东南部的陆-陆碰撞区形成了一系列周缘前陆盆地和山间盆地，而在南里海-大高加索一带形成了弧后前陆盆地。

中亚-里海地区西部油气资源丰富，而东部油气资源相对贫乏；大部分油气资源集中在滨里海、阿姆河和南里海三个盆地内。

滨里海盆地以上古生界碳酸盐岩富含油气为特征。该盆地可能从奥陶纪开始裂谷作用，至泥盆纪广泛发育被动大陆边缘环境，其中的浅水礁滩碳酸盐岩为油气聚集提供了良好的储层和圈闭，深水盆地相富含有机质泥岩或泥质碳酸盐岩则构成了主要烃源岩；晚古生代晚期的板块碰撞导致滨里海盆地周边褶皱抬升，盆地主体形成局限盆地，沉积了巨厚的蒸发岩，这套蒸发岩几乎全盆地分布，构成古生界含油气系统的区域性盖层，将绝大部分油气封闭于盐下层系中；蒸发岩的超强封闭性还导致盐下层系普遍存在超高地层压力；晚二叠世以来滨里海地区成为劳亚大陆内部的一个大型拗陷，主要沉积了陆源碎屑岩；受下二叠统蒸发岩复杂的盐构造活动影响，滨里海盆地的盐上层系发育了数量众多、类型各异的盐构造；盐上层系缺少有效烃源岩，少量从盐下运移上来的油气在盐丘相关构造中形成了各种类型的油气藏。

阿姆河盆地是中亚地区天然气资源最为丰富的盆地之一。该盆地的基底为卡拉库姆地块及晚海西期—早西莫里期岩浆弧和褶皱带，中生代的阿姆河盆地是受新特提斯洋北缘弧后伸展影响形成的大高加索-里海超级盆地的一部分。主要烃源岩包括下中侏罗统陆相碎屑岩夹煤层及上侏罗统盆地相泥岩和泥质碳酸盐岩；主要储层包括下中侏罗统陆相砂岩、卡洛夫—牛津阶台地碳酸盐岩和下白垩统浅海相砂岩；晚侏罗世晚期盆地萎缩形成半闭塞蒸发盆地，所沉积的一套蒸发岩的分布范围在很大程度上控制了该盆地油气藏的分布；在上侏罗统蒸发岩发育区，绝大部分油气分布于卡洛夫—牛津阶生物礁地层圈闭中；而在盆地周边蒸发岩盖层缺失的地区，气藏主要分布于下白垩统圈闭中。盆地内已发现的油气藏大多与中新世以来新构造运动形成的构造型圈闭有关。

南里海盆地是世界上含油气层系年代最新的含油气盆地之一。该盆地位于特提斯褶皱区，属于新生代弧后前陆盆地，渐新世以来快速沉降、快速沉积，新生界最大厚度可达 20 km。渐新统—下中新统富含藻类有机质页岩构成了南里海盆地的主要偏油型烃源岩；上新统三角洲砂岩成岩胶结作用弱，孔渗性高，构成该盆地的主要含油气储层；受新构造运动影响，沉积盖层中形成了大量构造圈闭，为油气运移聚集提供了有利条件；快速沉积的沉积物中捕集大量地层水，导致地层超压，并因频繁的构造活动导致泥火山喷发和丰富的油气苗；现今的南里海地区仍是构造活动活跃的地区。

中亚-里海地区共有 20 多个沉积盆地，类型以克拉通内盆地和前陆（包括周缘前陆、弧后前陆）盆地为主，含油气潜力差别很大。滨里海盆地早期属于裂谷-被动边缘盆地，海西造山之后演化为克拉通内拗陷盆地，但油气主要与早期的被动边缘层序有关。克拉通内拗陷盆地下部多存在裂谷层系，但绝大部分油气分布于地台层系内；这类盆地含油气性差别较大，其中阿姆河盆地是研究区内油气资源最丰富的盆地，研究区西部的此类盆地如北乌斯秋尔特、曼格什拉克等盆地均含有一定的油气资源，还有些盆地如楚-萨雷苏、田尼兹、巴尔喀什等盆地是在晚古生代稳定性较差的哈萨克古陆上形成的克拉通内拗陷盆地，沉积盖层以浅海相上古生界地层为主，后期又经历了多次构造运动的叠加改造，含油气潜力相对较低。研究区西部的弧后前陆盆地具有较高的含油气远景，如南里海盆地、大高加索山前的捷列克-里海盆地、因多-库班盆地；东部的周缘前陆盆地含油气远景则较低，西天山地区的山间盆地除了费尔干纳盆地外，其他盆地规模较小，目前还没有油气发现。

在本书编写过程中，中海石油国际有限公司勘探部吴培康经理以及季洪泉、房殿勇、胡根成等专家给予了多方指导和大力帮助；在书稿完成过程中，杨甲明、杜栩等老专家提供了宝贵的修改意见，在此一并致谢。

本书为石油专项"全球剩余油气资源研究及油气资产快速评价技术"（2011ZX0502806002）课题的部分研究成果。受研究和写作水平所限，书中可能存在诸多缺点和错误，敬请同行们批评指正。

作　者

2015 年 9 月

目　录

绪　　论

第一节　中亚-里海地区概况

中亚通常指哈萨克斯坦、土库曼斯坦、乌兹别克斯坦、塔吉克斯坦、吉尔吉斯斯坦五个国家。从盆地研究的角度来看,里海在中亚含油气盆地中占有重要地位,因此将本书的研究范围确定为中亚-里海地区,它除包含上述中亚五国之外,还涉及整个里海海域、里海西岸的阿塞拜疆、格鲁吉亚、俄罗斯联邦的北高加索大区、南部大区东部和沿伏尔加大区南部,以及伊朗东北部和阿富汗北部,大致位于东经 $44°\sim85°$、北纬 $36°\sim53°$,区域总面积超过 $5\times10^6\,km^2$(图 0-1)。

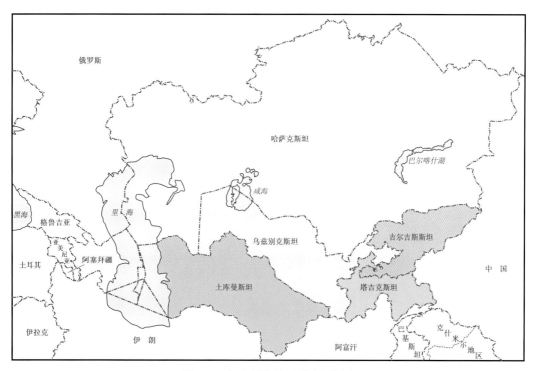

图 0-1　中亚-里海地区的主要国家

全区地形具东高西低、南高北低的特征。东部为天山山脉及阿尔泰山山脉向西的延伸部分;东南部为帕米尔高原,向西延伸为兴都库什山脉和班迪突厥斯坦山脉;南面以科佩特达格山脉与伊朗高原相接，再向西则为厄尔布尔士山脉、小高加索山脉和大高加索山脉。北部地貌相对平缓，平原广布，沙漠横亘，平原之间为低矮的丘陵和高原。

研究区内包括东欧平原、乌拉尔山地、中亚平原和丘陵、外里海（里海东侧）低地和山脉、中亚山地、高加索山地、里海盆地等主要地貌单元。

东欧平原又称俄罗斯平原，从北冰洋沿岸延伸到黑海和里海沿岸，从俄罗斯的西部国境延伸到乌拉尔山麓，其延伸到研究区内的部分称为滨里海低地。

滨里海低地是位于里海西北侧、北侧和东北侧的广阔低矮平原，分别属于俄罗斯和哈萨克斯坦的滨里海地区。局部地表面海拔为−27～−28 m。低地全部为草原半荒漠型或荒漠型平原地貌，发育一些特殊的、由粉砂和泥质或砂和泥质混合物组成的低丘；有的地方发育干旱的或潮湿的盐碱地（索尔）。

现今滨里海低地的地理范围明显大于地质概念上的滨里海盆地。

在里海东岸的布扎奇半岛，滨里海低地过渡为低起伏的丘状平原，海拔上升到60 m。

乌拉尔山地介于东欧平原和西西伯利亚平原之间，北起北冰洋岸，南至乌拉尔河，蜿蜒2000多 km，宽60～150 km，为乌拉尔河、伏尔加河流域与鄂毕河流域之间的分水岭。南乌拉尔的倾没端延伸至研究区内，称为穆戈贾尔山，海拔一般在500 m以下。

中亚平原和丘陵主要包括里海以东，科佩特达格山、西天山以北，西西伯利亚平原以南的广大地区。

该地貌区南部为图兰平原，其中发育了卡拉库姆沙漠（土库曼斯坦境内）、克孜尔库姆沙漠和咸海沿岸卡拉库姆沙漠。北部为哈萨克丘陵，其最高峰阿克索兰山海拔1565 m；哈萨克丘陵以北为西西伯利亚低地南部的伊希姆平原和库仑达平原。哈萨克丘陵以南、西天山以北，发育了莫因库姆沙漠、塔乌库姆沙漠和萨雷耶西克阿特劳沙漠。

图尔盖高原位于哈萨克丘陵以西、穆戈贾尔山以东，中间有图尔盖河谷由北向南延伸，向南到咸海地区与图兰平原相接，由此平原地貌一直向南延伸到科佩特达格山前。

里海与咸海之间为高度不大的乌斯秋尔特荒漠化高原，高程为130～150 m；向西与曼格斯套山东坡相接，其最高点别绍克山的高程为556 m。这些低山向里海的哈萨克斯坦沿岸带方向上呈台阶状降低。

卡拉博加兹湾是一个巨型的淤塞海湾，其南侧为高度不大（平均300～700 m）的高原和山脊（克拉斯诺沃茨克高原、切林克雷高原、阿克尔山和库兰达格山）。

外里海低地和山脉。里海的东南侧称为外里海，局部处于海拔−26～−28m以下。该低地以东分布着大/小巴尔坎山地（1880 m）和科佩特达格山脉（2942 m）。

中亚山地包括吉尔吉斯斯坦和塔吉克斯坦绝大部分地区以及乌兹别克斯坦的东南部，它们属于天山山脉西段及其支脉，不少高峰海拔超过5000 m，高山常年积雪，多冰川，地震频繁。

高加索山地位于黑海与里海之间，北起大高加索山北麓，南至小高加索山脉。

小高加索和塔雷什山脉向东与里海相接。小高加索为高山和火山高原，吉亚梅什山主峰海拔3724 m；塔雷什山主峰海拔2492 m。大高加索山脉向东南延伸并终止于阿普歇伦半岛，其主峰巴扎尔纠纠峰海拔 4466 m。大/小高加索山脉之间发育了流向里海的库拉-阿拉克斯水系，在里海沿岸发育了连科兰低地和半荒漠化平原，最低海拔 $-26 \sim -27$ m。

里海盆地。里海是研究区内最大的内陆水体，也是现今仍在沉降并接受沉积的盆地，是研究区内最低洼的地区。海平面变化较大，平均海平面比全球大洋平均海平面低 28 m。里海南北向长约 1200 km，平均宽约 320 km，海岸线长达 7000 km，水域面积为 $(37.8 \sim 39.0) \times 10^4$ km²。

里海海水平均温度由北向南有增高的趋势，平均每一个纬度相差 0.8℃。夏天北里海海水表层水温为 $20 \sim 24$℃，中里海为 $24 \sim 25$℃，在南里海为 $26 \sim 28$℃。北里海海水很浅，冬天的表层到海底水温基本相同，一般为 $0.4 \sim 0.6$℃，接近于冰点。较深海域水温可达 6℃。

里海主体部分的盐度为 12.8‰ ～ 13.0‰。在巴库群岛附近水域局部盐度较低，为 12.6‰。里海东南部缺少淡水注入的水域盐度局部超过 13.0‰。

以曼格什拉克水下隆起带和阿普歇伦-滨巴尔坎水下隆起带为界，可以将里海的海底划分成三部分：北里海、中里海和南里海。

曼格什拉克水下隆起带从哈萨克斯坦一侧的蒂布卡拉甘半岛延伸到达吉斯坦沿岸的阿格拉汉半岛，构成北里海与中里海的分界。

阿普歇伦-滨巴尔坎水下隆起从阿塞拜疆一侧的阿普歇伦半岛向东延伸到土库曼斯坦一侧的切列肯半岛，水下隆起幅度为 $10 \sim 15$ m 到 $300 \sim 450$ m，构成了中里海与南里海的分界。

北里海水体最浅，平均水深 $5 \sim 8$ m，面积接近 80 000 km²。该海域可以看成是滨里海低地被海水淹没的部分。

中里海的面积为 138 000 km²。杰尔宾特深凹陷或达吉斯坦深凹陷一带最大水深超过 700 m。

南里海面积约 160 000 km²，其中部最大水深为 1025 m。南里海西侧陆架是相对狭窄的水下平原，水深在 $40 \sim 200$ m，受晚新生代构造挤压影响形成背斜和向斜相间的波状，并受到侵蚀和沉积的进一步改造。东侧陆架表现为侵蚀-堆积平原，称为土库曼阶地，水深在 $7 \sim 200$ m，它是古阿姆河和古阿特列克河三角洲经过海蚀改造的产物。

研究区经纬跨度较大，加上南北地貌差异较大，形成了不同的气候条件。

包括哈萨克斯坦、乌兹别克斯坦和土库曼斯坦大部分地区在内的中北部属于温带大陆性沙漠气候，夏季炎热干燥，冬季寒冷少雪，冬夏和昼夜温差大，多日照，少雨水。平均气温 1 月为 $-18 \sim 3$℃，7 月为 $26 \sim 32$℃。年降水量平原地区为 $80 \sim 300$ mm，荒漠地带不足 100 mm。土库曼斯坦属强烈大陆性气候，是世界上最干旱的地区之一。

位于研究区东南部西天山地区的塔吉克斯坦和吉尔吉斯斯坦全境属典型的大陆性高山气候，随海拔增加，大陆性气候加剧。河谷盆地 1 月平均气温 -6℃，7 月 $15 \sim 23$℃。年降水量 $200 \sim 800$ mm，高山地区达 1000 mm 以上。帕米尔山西部终年积雪，形成巨大的冰川。

研究区西南部，包括伊朗北部、阿塞拜疆东部的里海沿岸地区，属于亚热带温湿气候，年平均降水量达 1000 mm 以上，炎热潮湿。高加索山区为高原冻土带气候，年平均降水量高达 2000 mm 以上；格鲁吉亚西部受黑海影响，向风山地比较湿润，东部则比较干燥。

里海以西、大高加索山脉以北地区，属于温带温暖气候，夏季里海东岸气温通常要比西岸高几摄瓦度。

里海北部为大陆性气候带：冬季海域北部为寒冷的冬季暴风气候，而在南部温度较高；夏季天气炎热、干燥、无风，温差很小，7 月到 8 月的平均气温在北部为 24℃，在南部达到 28℃。气候条件随着纬度和季节有明显的变化。冬季有大风，而且气温相当低。在 1 月至 2 月，北里海的平均气温为 $-8 \sim -10$℃，在中里海为 $3 \sim 5$℃，在南里海为 $8 \sim 10$℃，有时达到 12℃。

里海是研究区内最大的内陆湖泊，流向里海的地表径流包括大大小小的河流约 130 条；这些河流的年度径流量变化很大，在降水丰富的年份可达到 372.5 km³，而在降水稀少的年份可减少到 243 km³；1940 ～ 1970 年这些河流的平均年径流量达到 286.4 km³，流向里海的径流水量最大的季节在春季和夏初，这与融雪有关。

在里海不同地区的河流水量不同。在北里海仅有三条河汇入——伏尔加河、乌拉尔河和捷列克河，然而这三条河带来了占总量 90% 的地表径流量，而流入中里海和南里海的库拉河、萨穆尔河和苏拉克河流量仅占 9%；来自伊朗一侧的径流量仅占 1%；里海东岸没有常年性河流。

咸海位于图兰平原的西部，有阿姆河和锡尔河分别从南、北注入。阿姆河发源于帕米尔高原，在塔吉克斯坦境内向西南流过杜尚别后折向南，在与发源于兰加尔附近的喷赤河会合后，则流向西，成为塔吉克斯坦和阿富汗的界河；在木雷克附近转而流向西北，进入土库曼斯坦境内，经土库曼斯坦与乌兹别克斯坦边界线后，向北注入咸海。锡尔河发源于天山山脉的伊什提克附近，向西流入吉尔吉斯斯坦，在流经费尔干纳盆地后，再经塔吉克斯坦和乌兹别克斯坦至塔什干以西，再向西北进入哈萨克斯坦，注入咸海。

在哈萨克斯坦东南部有区内最大的淡水-半咸水湖——巴尔喀什湖，该湖南临萨雷耶西克阿特劳沙漠，伊犁河自南岸注入，卡拉塔尔河、阿克苏河、列普萨河等从北边注入。该区内比较大的湖泊还有伊塞克湖、阿拉湖、艾达尔库湖等。

在研究区东北部，发源于阿尔泰山脉的额尔齐斯河向西流入哈萨克斯坦境内，注入斋桑泊，出斋桑泊后沿西北方向流入西西伯利亚平原，汇入鄂毕河后注入喀拉海。发育于哈萨克斯坦北部的伊希姆河向北经伊希姆平原汇入额尔齐斯河。因此，伊希姆河和额尔齐斯河是研究区内仅有的通向大洋的河流，其他河流均为内流河。

第二节　中亚-里海地区油气勘探简史

中亚-里海地区具有丰富的油气资源，特别是里海及其周边沉积盆地，这里是人类发现和利用石油最早的地区。早在公元 9 世纪和 10 世纪，古希腊、波斯和阿拉伯的史书就对前高加索东部的天然油气苗进行了描述；在 10 世纪阿拉伯旅行家马苏德和伊斯塔赫里的笔记中就有关于阿普歇伦半岛、库拉河下游地区石油的文字记录，当时开采的石油主要是用于取暖和照明，或用于医药；在 13 世纪的《马可·波罗游记》中也有该地区利用石油的相关记录。但里海地区真正的油气勘探是 19 世纪才开始的。该地区的油气勘探开发大致可以分为以下四个阶段。

一、沙俄时期

中亚-里海地区绝大多数国家为苏联加盟共和国，或在十月革命之前就已经并入俄国，因此 1991 年之前的油气勘探主要受俄国和苏联主导。

18 世纪初，彼得堡皇家科学院（现俄罗斯科学院）对前高加索东部进行了最早的研究。1882 年，俄国地质委员会建立，开始对前高加索盆地进行系统的研究。19 世纪初，阿塞拜疆并入俄国，1847 年在阿普歇伦半岛钻了第一口机械探井，也是里海地区最早的钻探工作，并发现了比比爱伊巴特油田；19 世纪末至 20 世纪初，又在该油田的海上延伸部分完钻了第一口采油井，这也是里海海域的第一口油井（Глумов и др.，2004）。1871 年利用当时最先进的钻井技术发现了巴拉汉-萨本奇-拉马尼大型油田，巴库由此成为沙皇俄国产油中心。巴拉汉-萨本奇-拉马尼大型油田的含油层为上新统中部的"产层群"三角洲砂岩，至今已累计产油超过 $3 \times 10^8 \mathrm{t}$。

但上述油田的发现主要是根据油苗钻探的结果。19 世纪 80 年代开始在阿普歇伦半岛和北高加索地区进行地质勘探测量，已发现背斜含油构造。

1864 年首次采用机械钻井，在北高加索克拉斯诺达尔地区的阿纳普附近发现了库达古油田，之后又相继发现了老格罗兹尼特大型中新统油田，在克拉斯诺达尔发现了一批上新统油田和渐新统迈科普组油田，这些油田成为北高加索油区最早的一批油田。十月革命前，在哈萨克斯坦的恩巴地区的侏罗系和下白垩统地层中发现了盐丘构造油田（多索尔油田、马卡特油田）；在西天山地区的费尔干纳盆地，发现了一系列小型油田，产层为古近系。

滨里海盆地的石油勘探开始于 19 世纪末。最初的勘探集中在盆地东南部的南恩巴地区，因为这里发现了油苗；1898 年这里发现了第一个油田——卡拉顺古尔油田；1908 年发现了多索尔油田，在埋深仅 226 m 的侏罗系砂岩中获得了高产油流，由此掀起了南恩巴地区石油勘探的热潮。

在十月革命和苏俄内战期间，石油产量锐减，勘探开发工作实际上陷入停顿。

二、苏联早期

十月革命和苏俄内战期间该地区的勘探陷入停滞。十月革命后的数年间，老油区逐步恢复生产，并在这些油区开展已发现油田的补充勘探和新油田的预探，前高加索地区发现并提交了一批新油田。1929 年，在前高加索盆地进行了首次地球物理测量，并利用地面地质和地球物理相结合的方法识别出了捷列克河流域的多个背斜构造。这标志着该地区的油气勘探进入了以发现背斜构造为目标的新阶段。

　　十月革命后至第二次世界大战前，阿普歇伦半岛的巴库地区和北高加索油区仍是整个苏联的主要产油区。这一阶段主要是对高加索地区进行开发，这一时期苏联的新增石油储量约 60% 来自阿塞拜疆，40% 来自北高加索。这一状况一直持续到第二次世界大战爆发。

　　在南里海盆地，除阿塞拜疆的巴库地区外，格鲁吉亚和土库曼斯坦也于 20 世纪 30 年代开始了石油勘探。在阿塞拜疆一侧有较大的发现，因此勘探工作量明显增加；土库曼斯坦一侧也发现了巨型油气田。

　　南里海是世界上最早进行海上油气勘探的海域，除了在比比爱伊巴特油田海上延伸部分的第一口油井之外，20 世纪 30 年代在南里海阿普歇伦半岛附近海域钻了第一口海上探井，并在 1946 年发现了海上第一个油气田——古尔干-德尼兹；随后在海上发现了一系列油气田，其中最大的储量可达 $2 \times 10^8 m^3$ 油当量。

　　到 1923 年，在南恩巴重新开始勘探；直到 20 世纪 50 年代，该地区的主要勘探目标为盐上中生界地层，发现了大量与盐丘构造有关的小型油田（如卡拉通、穆奈雷、杰列努祖克等油田）。

　　卫国战争期间，北高加索地区的石油勘探和开发实际上已经停止，而阿塞拜疆的勘探和开发钻井工作量也大大萎缩，为了保障军队和后方的石油供应，伏尔加-乌拉尔地区的勘探开发工作量开始急剧上升。20 世纪 30 年代，伏尔加-乌拉尔地区的探明储量和石油产量远低于阿塞拜疆，直到发现了特大型的泥盆系油田——杜伊马兹油田（1937 年）和罗马什金油田（1942 年），伏尔加-乌拉尔才奠定了"第二巴库"的地位。在此期间，北高加索、格罗兹尼和克拉斯诺达尔等地区的石油勘探仍在继续，除了已知的第三系含油层之外，还在白垩系和侏罗系地层中发现了油气田，但新发现的储量较小，与伏尔加-乌拉尔地区的新油田已经无法相提并论。

　　第二次世界大战之后，苏联的石油工业得到全面恢复。在中亚-里海地区的阿塞拜疆、西土库曼、哈萨克斯坦的恩巴地区、中亚南部的费尔干纳盆地都发现了新油田。20 世纪 50 年代，在乌兹别克斯坦西部、土库曼东部和中部、南曼格什拉克等地区开展了区域勘探和预探，确定了图兰年轻地台的中生界（侏罗系和白垩系）地层的含油气性，在格罗兹尼地区发现了白垩系含油层。南里海海域勘探再获突破，发现了"油石头"大型油田。

　　这一时期在图兰、前高加索等年轻地台区发现了一系列油气田，如乌兹别克斯坦的布哈拉含气区（阿姆河盆地），前高加索东部的普里库姆油区，以及前高加索东部的含气区（包括奥泽克-苏阿特、威利恰耶夫卡、耶伊斯克-别列赞等大型气田）。1953 年，在西西伯利亚盆地西缘的滨乌拉尔地区发现了侏罗系的别廖佐沃小型气田，证实了年轻地台的中生界层系具有广泛含油气性，此后苏联开始将油气勘探的战略方向转向了这里。

三、苏联晚期

　　以对西西伯利亚盆地的大规模勘探和开发为标志，苏联的油气工业迎来了全盛时期。在此期间，地震勘探成为发现远景目标的主要手段。这一时期苏联发现的石油储量超过之前 100 年发现储量的 4 倍。也是从这一阶段开始，苏联建立起了可靠的天然气开采基地。

20 世纪 60 年代，在发现别廖佐沃等几个小型气田之后，又在西西伯利亚盆地连续发现了一系列中生界大型油田，主要储层为下白垩统。西西伯利亚中生界石油的发现开启了一个新的时代。

尽管西西伯利亚油气区的发现吸引了苏联大部分勘探开发工作量，初期中亚-里海地区的勘探工作量有所下降。但至 20 世纪 70 年代，随着新技术的应用，在环里海地区的沉积盆地中揭示了新的含油气层系，油气储量又进入新一轮快速增长时期。这一时期，北高加索地区的中生界（白垩系、侏罗系）石油储量仍有较大增长，滨里海盆地揭示了盐下的上古生界碳酸盐岩含油气层系，曼格什拉克、中生界已成为苏联探明石油储量分布的主力层位。

继西西伯利亚盆地的一系列大发现之后，在滨里海、北乌斯秋尔特、中里海、南里海和阿姆河等盆地中也获得了一系列大发现，其中滨里海盆地的油气发现主要来自上古生界碳酸盐岩，南里海盆地的发现主要来自上新统三角洲砂岩，而其他盆地的发现主要来自中生界陆源碎屑岩。

滨里海盆地早在 1917 年就已经在恩巴地区发现了与中生界盐丘构造有关的油田，但此后的勘探成效一直不大。直到 20 世纪 60 年代末，得益于共深度点法地震勘探技术的应用，在滨里海盆地的盐下层系中识别出了大型地层-构造型勘探目标，并通过钻探发现了上古生界碳酸盐岩含油气层系；此后，在滨里海盆地的盐下碳酸盐岩层系中获得了一系列大发现，如盆地俄罗斯部分发现的阿斯特拉罕巨型气田（1976 年），在哈萨克斯坦部分发现的田吉兹巨型油田和卡拉恰干纳克巨型油气田（1979 年）。但这些油气田都因为天然气中含有大量硫化氢而迟迟未能投入开发。

北乌斯秋尔特盆地的油气钻探工作始于 1956 年，早期勘探目的层为古近系，仅发现了少数规模较小的气田。1974 年之后，开始对盆地西部的布扎奇半岛一带埋藏较浅的中生界地层进行钻探，并先后发现了卡拉让巴斯油田（1974 年）、北布扎奇油田（1975 年）、卡拉姆卡斯油田（1976 年）*等大型稠油油田。此后直至苏联解体，该盆地再未发现大型油气田。

曼格什拉克盆地的勘探始于 20 世纪 50 年代，首先在盆地陆上部分进行反射波法地震勘探，识别出了一系列大型高幅度背斜构造，并于 1961 年钻探发现了热特巴伊、乌津等大型油气田，其储量合计超过 8×10^8 t 油当量，占迄今全盆地已发现储量的 60% 以上。早期勘探获得了丰硕成果，但随后的勘探结果令人失望，勘探工作重点因而转移到了苏联的其他更有远景的地区。此后很长一段时期尽管仍有较高的钻探工作量投入，但成效很低。

图尔盖盆地的勘探始于 20 世纪 40 年代，主要是在盆地北部进行地球物理勘探，并钻了少量浅井，在古生界地层中发现了油气显示和少量稠油，但直至 80 年代初一直未获突破。1984 年开始在过去认为远景较低的盆地南部进行勘探，通过地震确定了一些远景构造，至 1993 年陆续发现了 16 个油气田，石油储量超过 10×10^6 m^3 的有 3 个，其中发现最早的库姆科尔油田规模较大（储量约 $9000 \times 10^4 t$），其他油田规模均较小。

阿姆河盆地的勘探始于 1948 年，1951 年钻第一口探井，1953 年发现第一个气田，随着勘探投入增加，该盆地的探明储量快速增加，储量增长最快的时期是 20 世纪 60 年代和 70 年代，其间发现了多个大型和特大型气田，如：加兹里气田（1956 年）、乌尔塔布拉克气田（1961 年）、萨曼德佩气田（1964 年）、沙特雷克气田（1968 年）、道列塔巴德气田（1973 年）、舒尔坦气田（1974 年）、马莱气田（1978 年）等，储层均为中生界；1975 年以后，新发现油气田的规模明显减小。

南里海盆地这一时期陆上部分的勘探渐趋成熟，尽管勘探工作量没有明显减少，但新发现油气田的规模明显下降。海上勘探仍有持续发现，并且逐步向深水区发展，1985 年发现了海上储量最大的油田——阿泽里-奇拉格-古涅什里油田，估计储量接近 $10 \times 10^8 t$ 油当量，含油气层系仍是上新统三角洲砂岩。

在这一时期的油气勘探中，地震勘探具有重要意义，已经成为确定钻探目标最主要的方法，也是很多大型油气田详探的重要手段。这一阶段已经不再通过地表地质测量和构造钻井提交远景构造，勘探对象的地质条件越来越复杂，往往在浅层没有显示，有的位于厚层岩盐之下，有的属于非构造型圈闭，等等。地震勘探理论和技术的完善，特别是从 20 世纪 60 年代末开始共深度点法地震勘探、数字化记录信号和计算机信息处理技术的出现，为完成这些复杂任务提供了可能。

四、后苏联时期

苏联解体后，俄罗斯经历了严重的经济衰退，俄罗斯的油气勘探和开发进入了最为艰难的时期，勘探工作量和新增储量出现长期徘徊不前的状况。20 世纪 90 年代后期以来，随着油价的回升，油气工业有所恢复；但私有化后的油气公司更多关注油气产量，而对勘探投入兴趣不大，导致勘探工作量较低，储量增长缓慢，甚至出现新增储量与开采量倒挂的现象。

哈萨克斯坦、乌兹别克斯坦、土库曼斯坦、阿塞拜疆是中亚-里海地区除俄罗斯之外主要的产油气国。受苏联解体后政治和经济体制巨大变化的影响，20 世纪 90 年代各国投入的勘探工作量与前一时期相比都明显降低。20 世纪 90 年代后期开始，独立后的各国开始对外开放油气勘探开发市场，国际石油公司大量进入，各盆地的勘探工作量也随之回升。

中亚-里海地区大多数盆地的陆上部分在苏联时期都经历了大规模勘探工作量投入、储量快速增长的阶段，勘探程度相对较高，因此苏联解体以后各盆地陆上勘探投入都有明显下降，新发现油气田的储量和规模也明显减小。

阿姆河盆地是这一时期中亚地区陆上沉积盆地中勘探获得突破的个别盆地之一。苏联解体和经济危机对阿姆河盆地的勘探投入产生了重大影响，探井进尺大幅度下降，加上国际市场天然气价格走低及出口渠道的限制，阿姆河盆地的天然气勘探在 1995 年前后滑落到低谷。此后，勘探钻井工作量再次上升，21 世纪初相继发现了几个小型气田，2004 年又在穆尔加布拗陷发现了储量高达 $4.2 \times 10^{12} m^3$ 的复兴（Galkynysh）气田，储层为上侏罗统的台地碳酸盐岩，显示了该盆地良好的勘探前景。

图尔盖盆地是哈萨克斯坦境内这一时期勘探成效较好的陆上盆地，这与该盆地前期的勘探起步较晚、勘探程度较低有关。苏联解体后至 1997 年，该盆地同样遭遇了勘探工作量的大滑坡。1998 年外国公司介入后该盆地的勘探工作得以恢复，现在该盆地的大部分勘探和开发区块由 CNPC 控股。2001 年之后该盆地又陆续发现了 11 个油田，总储量约 $4800 \times 10^4 \, \mathrm{m}^3$ 油当量，其中 2006 年发现的南罗夫诺耶（South Rovnoye）油田规模最大，储量约 $25 \times 10^6 \, \mathrm{m}^3$ 油当量。

这一时期里海海域的勘探有较大进展，由于政治经济体制的变化，勘探工作更加注重效益，这一时期海上勘探钻探成功率相对较高。其中北里海和中里海勘探发现较多，而南里海只发现了一个大气田。

北高加索地区作为俄罗斯最老的油气区，其陆上部分勘探已经基本成熟，新发现大中型油气田的潜力不大，因此勘探投入很少；里海东侧的曼格什拉克盆地陆上部分勘探程度也已较高。但这两个盆地的中里海部分勘探程度较低，具有较高的勘探潜力。2002 年 5 月，俄罗斯与哈萨克斯坦就海上边界达成协议，从此揭开了中里海和北里海海域油气勘探的序幕。

2005 年在中里海海域的北高加索盆地延伸区内发现了最大的海上油田——弗拉基米尔·费兰诺夫斯基油田，估计储量超过 $1.5 \times 10^8 \, \mathrm{t}$。此后在同一构造带上又发现了莫尔斯科耶油田（2008 年）。

1999 年，鲁克石油公司开始对位于中里海中线附近的赫瓦雷恩构造进行钻探，并在侏罗系和白垩系内发现了多个含油气层，估计天然气可采储量为 $1620 \times 10^8 \, \mathrm{m}^3$，石油和凝析油 $9.81 \times 10^6 \, \mathrm{m}^3$；在该构造周边发现了"170 km"油气田，石油储量为 $5.4 \times 10^6 \, \mathrm{m}^3$，天然气储量 $161 \times 10^8 \, \mathrm{m}^3$。2008 年对中里海次盆的岑特拉里构造进行钻探发现了石油可采储量 $7.81 \times 10^4 \, \mathrm{m}^3$、天然气可采储量 $139.5 \times 10^8 \, \mathrm{m}^3$。

北里海海域的勘探始于 20 世纪 50 年代，但出于环境保护的考虑，这里的勘探一直受到严格限制。1990 年以前主要是对滨岸带附近的盐上层系进行勘探，发现的油气田数量很少，规模也不大。大规模勘探始于 1993 年"里海陆架"国际财团的成立，该财团在北里海的哈萨克斯坦水域系统采集了 2D 地震资料，经过精细地震解释和构造编图，在滨里海盆地的海上部分确定了卡沙干盐下构造目标，并于 2001 年钻探发现了卡沙干大油气田，2003 年又发现了西南卡沙干油田和阿克托特油田。

"里海陆架"财团通过地震勘探在北乌斯秋尔特盆地的海上部分确定了库尔曼加兹、达尔汗等大型构造目标。2002 年，该财团对布扎奇半岛附近海域的一系列构造进行钻探，发现了卡拉姆卡斯-海上、珍珠两个中小型油田。位于里海俄罗斯/哈萨克斯坦中线附近的库尔曼加兹构造在 2009 年经钻探未发现油气。

苏联解体对南里海盆地的勘探工作影响很大，土库曼斯坦和阿塞拜疆两国在该盆地的勘探工作量都急剧下跌。2000 年以后略有回升，但大部分是由外国石油公司完成的。

苏联解体后，南里海盆地阿塞拜疆陆上部分的勘探工作量很低，发现也很有限。1994 年，阿塞拜疆与外国公司签署了第一个深水勘探开发合同，开始通过外资在南里海深水区进行地震勘探和钻探；此举吸引了大批外国公司，至 90 年代末共与外国公司签订了 13 个海上勘探开发的产品分成合同；但这期间仅 1998 年在卡拉巴赫区块上钻探的 KPS 1 井发现了沙赫-德尼兹大型气田，估计储量超过 $6000 \times 10^8 \mathrm{m}^3$，气田最大水深 1969 m；此后对亚拉马、伊纳姆等 4 个构造进行钻探但均告失利。

1990～1992 年，南里海盆地土库曼一侧仅发现了 4 个规模不大的油气田，其中包括一个海上油气田。由于土库曼斯坦的投资环境较差，合同条款苛刻，外资参与勘探的很少。因此在 1993 年之后，除了 2001 年发现了一个规模不大的陆上油气田之外，在南里海盆地土库曼一侧没有任何其他发现，对海上 11-12 区块的两个远景目标钻探也未发现油气。

第三节　中亚-里海地区油气勘探发展方向

一、中亚-里海地区待发现油气资源分布状况

USGS 对全球不同地区重点含油气盆地的油气资源潜力进行了多轮评价（Dyman et al.，1999；USGS，2000；Ulmishek and Masters，1993；Ulmishek，2001a，2001b，2001c，2004；Klett et al.，2010，2012）。尽管随着资料掌握情况的变化评价结果有所不同，但中亚-里海地区油气资源最丰富的总不外是滨里海、南里海、阿姆河、北高加索地台、曼格什拉克、北乌斯秋尔特、阿富汗-塔吉克等几个盆地，其中前三个盆地的待发现油气资源量占了中亚-里海地区待发现总资源的绝大部分。

根据最近 USGS 对中亚-里海地区 6 个主要盆地的最新评价结果（Klett et al.，2010，2012），该地区待发现油气资源（Mean）最丰富的盆地为南里海盆地，为 78.67 $\times 10^8 \mathrm{m}^3$ 油当量，占全区待发现资源总量（Mean）的 60.5%。排第二和第三位的分别是滨里海盆地和阿姆河盆地，其待发现资源量（Mean）分别占全区待发现总资源量的 18.4% 和 12.5%。

从中亚-里海地区待发现油气资源的相态来看，总体上以天然气为主，占总量的 61.6%。不同盆地油气相态差异较大：南里海盆地液态石油（含石油和凝析油）约占1/3，其余 2/3 为天然气；滨里海盆地以液态石油为主，约占该盆地待发现资源量的 63.4%；阿姆河盆地则以天然气占绝对优势，占该盆地待发现总资源量的 84.9%（表 0-1，图 0-2）。

表 0-1　中亚地区主要盆地待发现油气资源量（Mean）分布

盆地	石油/$10^6 \mathrm{m}^3$	天然气/$10^8 \mathrm{m}^3$	凝析油/$10^6 \mathrm{m}^3$	合计/$10^6 \mathrm{m}^3$油当量	占比/%
滨里海	742.7	9372.6	773.4	2393.2	18.4
中里海	303.4	2450.8	56.0	588.7	4.5
北乌斯秋尔特	54.4	1317.0	9.7	187.3	1.4
南里海	2014.7	55 737.8	636.3	7867.1	60.5
阿姆河	153.0	14 731.9	92.5	1624.2	12.5
阿富汗-塔吉克	150.4	2002.6	13.5	351.3	2.7
合计	3418.5	85 612.8	1581.4	13 011.8	100.0
占比/%	26.3	61.6	12.1	100.0	

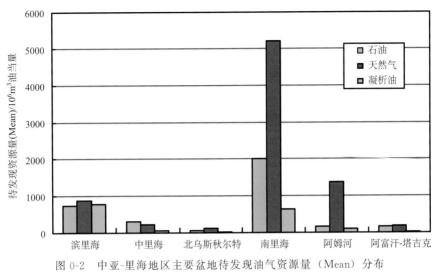

图 0-2　中亚-里海地区主要盆地待发现油气资源量（Mean）分布

（据 Klett et al.，2010，2012）

南里海盆地的待发现油气资源绝大部分位于南里海海域，其中相当一部分位于南里海伊朗一侧和土库曼一侧水域（Klett et al.，2010）；阿塞拜疆一侧的下库拉拗陷和相邻陆架也有一定的潜力。作为重要油气聚集带的阿普歇伦-滨巴尔坎构造带勘探程度较高，再发现大中型油气田的潜力相对较低（表 0-2）。

表 0-2　南里海盆地资源评价结果（Mean）（Klett et al.，2010）

评价单元	石油/$10^6 m^3$	天然气/$10^8 m^3$	凝析油/$10^6 m^3$	合计/$10^6 m^3$油当量	占比/%
阿普歇伦-滨巴尔坎构造带	159.2	1433.4	18.4	311.7	4.0
下库拉拗陷和相邻陆架	627.6	10 042.6	165.0	1732.4	22.0
土库曼地块	1228.0	44 261.7	452.8	5823.0	74.0
合计	2014.7	55 737.8	636.3	7867.1	100
占比/%	25.6	66.3	8.1	100	

USGS 最近对滨里海盆地资源潜力的评价与以前评价结果相比有明显下降（表 0-3），主要原因是根据最近 10 多年来的勘探结果来看，滨里海盆地西缘、北缘、东缘和东南缘盐下碳酸盐岩层系的潜力明显下降，仅北里海海域的盐下古生界层系仍有发现大中型油气田的潜力（据 Klett et al.，2010）。

阿姆河盆地内勘探潜力最高的是穆尔加布拗陷，特别是其盐下层系，埋藏深、勘探程度较低，待发现资源量较高（表 0-4）；2004 年发现的复兴巨型气田就在该拗陷内，产层为盐下上侏罗统台地相碳酸盐岩。预计该单元仍有类似含油气远景目标。

表 0-3　滨里海盆地资源评价结果（Mean）（Klett et al.，2010）

	评价单元	石油/$10^6 m^3$	天然气/$10^8 m^3$	凝析油/$10^6 m^3$	合计/$10^6 m^3$油当量	占比/%
盐下	北缘西缘盐下	8.9	280.3	4.9	40.1	1.7
	东缘东南缘盐下	65.8	565.5	9.1	127.8	5.3
	南缘盐下	420.7	6234.8	102.9	1107.1	46.3
	盆地中央盐下	0.0	1017.1	18.6	113.8	4.7
盐上		247.2	1274.8	637.9	1004.5	42.0
合计		742.7	877.1	773.4	2393.2	100
占比/%		31.0	36.7	32.3	100	

表 0-4　阿姆河盆地资源评价结果（Mean）（Klett et al.，2012）

评价单元	石油/$10^6 m^3$	天然气/$10^8 m^3$	凝析油/$10^6 m^3$	合计/$10^6 m^3$油当量	占比/%
西北部	35.1	2487.6	9.7	277.6	17.1
卡拉比尔-巴德赫兹	17.8	1178.8	4.3	132.4	8.2
穆尔加布拗陷盐上	2.5	566.6	4	59.5	3.7
穆尔加布拗陷盐下	97.5	10 498.8	74.6	1154.6	71.1
合计	153	14 731.9	92.5	1624.2	100
占比/%	9.4	84.9	5.7	100	

中亚-里海地区其他勘探远景较高的盆地主要包括北高加索盆地、捷列克-里海盆地和曼格什拉克盆地的里海海域部分，这里仍有一系列构造目标尚未进行钻探。另外，阿富汗-塔吉克盆地具有与阿姆河盆地相同的中生代演化史，所不同的是新生代特别是中新世以来经历了较强的褶皱和冲断，因此其应该具有与后者相似的生储盖条件；考虑到阿富汗-塔吉克盆地同样在侏罗纪末沉积了一套蒸发岩盖层，后期构造运动对油气的破坏可能受到某种程度的抑制，因此该盆地应该具有较高的含油气远景，复杂的构造条件和巨厚的第三纪磨拉石层序可能阻碍了我们对该盆地的深入勘探和研究。

二、中亚-里海地区油气勘探主要方向

中亚-里海地区未来油气勘探的主要方向之一是里海水域，包括北里海、中里海、南里海水域都具有较高的勘探潜力。

南里海水域的勘探潜力主要与南里海盆地的土库曼一侧和伊朗一侧有关，其海域部分基本未进行勘探，待发现资源以天然气为主，不利因素是在南里海盆地主要储层发育阶段，在盆地的东侧和南侧不发育大型远源河流，因而储层碎屑成分及结构成熟度较低，储集物性较差；阿塞拜疆一侧勘探程度较高，海域部分包括深水区的大型构造均已进行钻探，待发现资源潜力相对较低。

北里海水域的勘探潜力主要与滨里海盆地盐下上古生界碳酸盐岩含油气层系有关。

滨里海盆地北缘、西缘、东缘和东南缘的盐下勘探已经达到中等成熟，再发现大中型油气田的潜力较低；而盆地的北里海水域勘探程度较低，在盐下碳酸盐岩层系中仍有可能发现大中型油气田，而且待发现资源以液态石油为主。

中里海水域的勘探潜力与曼格什拉克盆地、捷列克-里海盆地以及北高加索地台的中生界层系有关。

中亚-里海地区未来油气勘探的另一个重要方向是阿姆河盆地和阿富汗-塔吉克盆地的盐下上侏罗统含油气层系，特别是阿姆河盆地穆尔加布拗陷的盐下层系。这两个盆地均完全位于内陆，中生代盆地构造和沉积条件相似，且都在侏罗纪末发育了一套蒸发岩，这套蒸发岩构成了盆地内的区域性盖层，有利于油气的保存。

从目前的地质认识和勘探结果来看，中亚东部地区的一些残余盆地、山间盆地往往经历了多期改造和破坏，勘探潜力较低。

中亚-里海地区区域地质特征 第一章

◇ 在大地构造上，中亚-里海地区位于现今欧亚大陆的中部，夹持于东欧、西伯利亚、印度和阿拉伯四大古老克拉通之间，主体包括图兰和斯基夫年轻地台以及特提斯褶皱区北部和东欧地台东南部。

◇ 中亚-里海地区经历了早古生代哈萨克古陆形成阶段，晚古生代乌拉尔洋和古亚洲洋形成、消亡和劳亚大陆形成阶段，中生代克拉通内拗陷及特提斯洋边缘弧后伸展阶段以及新生代特提斯域强烈挤压褶皱阶段。

◇ 中亚-里海地区在地质历史不同阶段发育了一系列沉积盆地：早古生代仅东欧克拉通东南部可能发育沉积盆地；晚古生代该地区的沉积盆地仍主要分布于东欧克拉通东南部，已于早古生代末克拉通化的哈萨克古陆内部及周边也有盆地发育，但其面貌常因后期强烈构造运动的改造而发生较大变化；中生代沉积盆地主要分布于年轻克拉通内部及特提斯洋北缘弧后伸展区；新生代沉降区明显受特提斯域构造活动影响，区域南部的沉降主要受构造载荷驱动（压陷），里海地区的沉降主要受特提斯域差异挤压引起的近南北向剪切活动控制。

第一节　中亚-里海地区区域构造特征

一、大地构造位置和区域构造单元划分

（一）大地构造位置

中亚-里海地区处于欧亚大陆的中段；从整个亚洲来看，处于北方（东欧和西伯利亚）与南方（阿拉伯和印度）四大克拉通相互对峙和夹持的构造背景下（图 1-1）。该地区跨越了东欧克拉通、乌拉尔褶皱带、阿尔泰褶皱区、中间（过渡）单元和特提斯褶皱区，沉积盆地发育于地质年代和结构性质极不相同的基底之上。

位于中亚西北部的滨里海盆地是东欧克拉通的一部分，也是中亚-里海地区内基底构成最古老的构造单元，其陆壳基底的主体形成于早前寒武纪，而在盆地中部推测还存在古生代裂谷作用形成的洋壳基底。此外，滨里海盆地也是中亚-里海地区沉降最深、沉积厚度最大（约 20 km）的构造单元，且是从早古生代以来持续沉降和沉积的地区，其中发育了巨厚的古生界、中生界和厚度不大的新生界。

阿尔泰褶皱区是古生代褶皱拼贴在一起的构造单元，由西向东包括中哈萨克-天山褶皱系、西萨彦-阿尔泰褶皱系和蒙古-鄂霍次克褶皱系三部分。就该构造单元西段的中哈萨克-天山褶皱系来说，其基底主要是加里东期褶皱拼贴的产物，即哈萨克斯坦古陆，其周缘则被海西（乌拉尔）期褶皱带包围；在该构造单元西部和南部发育了较完整的中

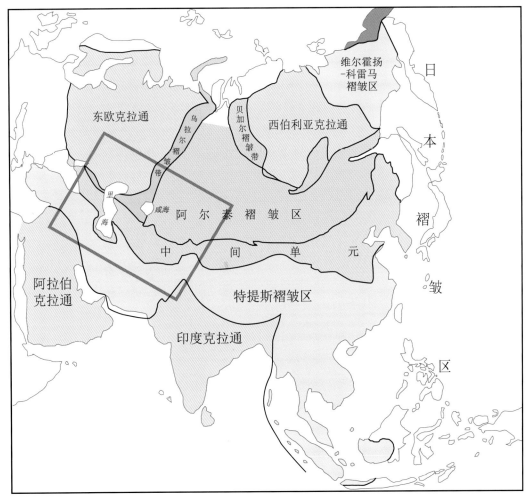

图 1-1 中亚-里海地区在亚洲大地构造格局中所处的位置（据 Yin et al.，1996）

生代沉积盖层，称为图兰年轻地台；而东北部则沉积盖层不发育，古生界褶皱地层直接出露地表，称为哈萨克地盾。

所谓中间单元是位于特提斯褶皱区与欧亚大陆主体（古生代末的劳亚大陆）之间的构造单元。由于在空间上处于亚洲中部，在形成和演化时间上处于古老克拉通和古生代褶皱系之间，Şengör 和 Natal'in 将这一地区称为亚洲的"中间单元"（Yin et al.，1996）。在中间单元内包括了华北克拉通、塔里木地块、满洲里褶皱带和斯基夫-图兰褶皱区等构造单元；由此看来，中间单元并非一个性质一致的大地构造单元。在中亚-里海地区，中间单元的基底暂称为斯基夫-图兰褶皱带，这里广泛发育了中新生代沉积盖层，被称为南图兰地台和斯基夫地台。

中间单元以南的广大地区为特提斯褶皱区，其中包括了阿尔卑斯期增生和拼贴到劳亚大陆南缘的一系列地块和褶皱带。特提斯褶皱区的构造活动对研究区内，特别是劳亚大陆南缘的盆地形成和演化有重要的影响。特提斯褶皱区大部分由现代褶皱山系构成，沉积盖层大多局限于山前和山间拗陷内；但南里海海域情况略有不同，这里曾是中生代和早新生代特提斯洋俯冲边缘的弧后伸展区，并形成了原洋盆地"准特提斯"，虽经历了中新世以来区域性强烈挤压，至今仍保存有部分残余洋壳，周边造山带快速抬升和逆冲压陷导致南里海快速沉降和快速沉积，构成了中亚-里海地区的另一个巨厚沉积区。

由于目前所处构造背景的不同以及基底性质和形成时代的巨大差异，中亚-里海地区不同构造单元的构造活动性差异很大。

中亚-里海地区大部分处于中新世以来新构造活动的影响之下。在阿拉伯、印度板块与欧亚板块南缘碰撞过程中，中亚-里海地区很多古老断裂或褶皱复活，从北往南，构造活动性逐步增高（图1-2）：东欧克拉通和阿尔泰褶皱带活动性最低，基本上没有新构造活动，被称为"稳定的亚洲"（Yin et al.，1996）；斯基夫-南图兰褶皱区和特提斯褶皱区属于受阿尔卑斯期板块活动影响明显的地区，斯基夫-南图兰褶皱区的活动性主要是分布于其靠近科佩特达格-大高加索山脉的南部地区，而整个特提斯褶皱区的新构造活动性都相当高，这在地震活动性上有明显的表现。

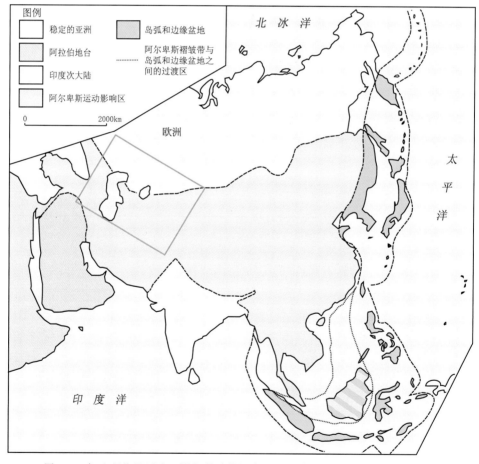

图1-2　中亚-里海地区在亚洲新构造格局中所处的位置（据 Yin et al.，1996）

新构造活动性还表现在现代地貌特征上。中亚-里海地区北部的山脉形成时代较早，大多已经历了长期的侵蚀并已趋于准平原化；而中亚-里海地区南部，从科佩特达格-大高加索山脉到扎格罗斯山脉，从天山山脉到帕米尔高原，均发育了起伏明显的年轻山地地貌。

（二）区域构造单元划分

20 世纪 90 年代以前，中亚-里海地区的大地构造研究成果主要来自苏联和俄罗斯学者（Khain，1985；1994；Зоненшайн и др.，1990）。根据多年积累的地质-地球物理研究成果，苏联学者对该地区的大地构造进行了分区，区域构造单元的划分考虑了基底性质、褶皱变形、沉积盖层构造特征以及深部地球物理性质等研究成果。

苏联学者对中亚-里海地区的大地构造分区方案及其术语明显受到槽台说影响，尽管其观点并非固定论，但由于缺少古生物地理学、古地磁学等证据，无法深入阐明板块的漂移和组合。苏联学者对中亚-里海地区的大地构造单元划分如图 1-3 所示。

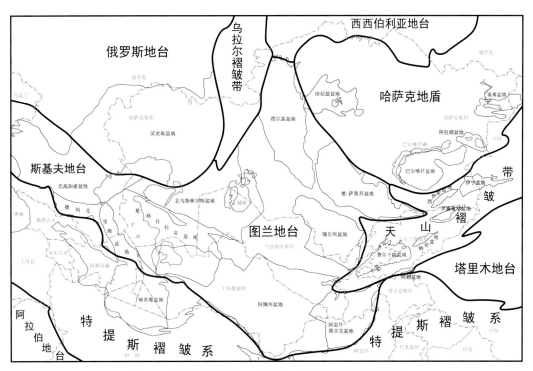

图 1-3　苏联学者对中亚-里海地区区域构造单元的划分

苏联学者将东欧克拉通发育沉积盖层的部分称为俄罗斯地台，其基底为太古界—古元古界结晶岩，里菲系—文德系为拗拉谷过渡层序，沉积盖层为古生代大陆边缘裂谷和被动大陆边缘沉积。将哈萨克东北部晚前寒武纪（贝加尔期）和加里东期褶皱岩系出露的地区称为哈萨克地盾,但这一地盾较东欧地台上的波罗的地盾和乌克兰地盾要年轻得多。

里海以东,天山以西,乌拉尔褶皱系和哈萨克地盾以南,科佩特达格-兴都库什山脉以北地区发育了图尔盖、北乌斯秋尔特、锡尔河、楚-萨雷苏、曼格什拉克、阿姆河等中生代沉积盆地,中生界的某些层位甚至是连片分布的,与下伏加里东期和海西期褶皱基底呈角度不整合接触,因此这一地区被称为图兰(年轻)地台。而从黑海西侧的默西亚(Moesia)年轻地台到西西伯利亚年轻地台的广大地区,包括乌拉尔、新地岛、泰梅尔、北地岛等,被统称为欧亚中央年轻地台。

里海以西,黑海以东,卡宾斯基岭以南,大高加索山脉以北,其基底与盖层的结构特征和相互关系与图兰年轻地台相似,被称为斯基夫年轻地台。中亚东部的天山山脉构成了天山海西期褶皱系,乌拉尔山脉构成了乌拉尔褶皱系。

大高加索山脉、科佩特达格-兴都库什山脉、喀喇昆仑山脉以南到阿拉伯台地和印度克拉通以北的广大造山带及其所夹持的地块属于特提斯褶皱系。

但是,所谓图兰地台具有很不均匀的基底,因此,结合基底构造特征,特别是基底构造演化和盆地演化来认识区域构造分区,对于认识沉积盆地的成因和含油气潜力具有十分重要的意义。

中亚-里海地区包括基底固结时代不同、盖层结构和性质各异的多个大地构造单元:有前寒武系克拉通为基底的古老地台,如俄罗斯地台;也有主要在加里东期固结的褶皱区,如哈萨克-北天山褶皱系;还有主要在海西期褶皱的褶皱系,如乌拉尔褶皱系;还有在加里东期和海西期—早西莫里期褶皱基底上形成的年轻地台,即斯基夫-南图兰地台;在中亚-里海地区南部以及以南地区,还分布着形成时代更晚的特提斯褶皱系(图 1-3)。

中亚-里海地区内属于古老地台的部分主要是东欧地台东南部、面积广阔的滨里海盆地。塔里木克拉通位于研究区东南,阿拉伯克拉通位于研究区西南,这两个克拉通尽管远离中亚-里海地区,但对后者在中生代以来的构造变形有重要影响。

沉积盆地的形成受控于地球动力学背景和基底性质。从沉积盆地研究的角度来看,区域构造的分区应该以基底的形成时代和性质为依据。因此,Şengör 等根据基底的性质、形成年代和构造演化史,主要以区域性构造缝合线和大型断裂系为边界,对亚洲进行了区域构造划分(Yin et al.,1996)。这一划分方案,与苏联和俄罗斯地质学家的划分方案的区别主要表现在对中生代年轻地台基底的形成和演化的认识上。根据Şengör 的观点,图兰地台的基底南北差异很大。在本划分方案中,将苏联文献中的图兰地台位于中乌斯秋尔特断裂以北的部分进行了重新划分,将北乌斯秋尔特地块归于乌拉尔褶皱系,而将图尔盖盆地和楚-萨雷苏盆地所在地区归于阿尔泰褶皱区的中哈萨克-天山褶皱系。这一划分方案与Şengör 等对亚洲的古构造分区是一致的,而本书中将图兰地台位于中乌斯秋尔特断裂以南的部分称为南图兰褶皱系(图 1-4)。

中亚-里海地区主要构造单元如表 1-1 所示。

表 1-1　中亚-里海地区及周边主要大地构造单元划分

区域构造单元	一级构造单元	二级构造单元
东欧克拉通	波罗的地盾	
	乌克兰地盾	
	俄罗斯地台	沃罗涅日台背斜 伏尔加-乌拉尔台背斜 滨里海台向斜（盆地） ……
塔里木地块（克拉通）		
阿拉伯克拉通		
阿尔泰褶皱区	中哈萨克-天山褶皱系	
	西萨彦-阿尔泰褶皱系	
	蒙古-鄂霍次克褶皱系	
东欧克拉通周缘 海西期褶皱系及地块		乌拉尔褶皱系 卡宾斯基岭褶皱带 南恩巴褶皱带 北乌斯秋尔特地块
斯基夫-图兰褶皱区	南图兰褶皱系	南图兰褶皱系 斯基夫褶皱系 南里海盆地（?）
	斯基夫褶皱系	
特提斯褶皱区		大高加索褶皱带 外高加索地块 小高加索褶皱带 科佩特达格褶皱带 厄尔布尔士褶皱带 ……

二、各区域构造单元特征

（一）俄罗斯地台

俄罗斯地台主体位于东欧克拉通之上。

东欧克拉通具有中元古代末卡累利阿期（1750～1650 Ma）之前固结的结晶基底，局部在新元古代受到改造。东欧克拉通主要包括波罗的地盾、乌克兰地盾、沃罗涅日地块和俄罗斯地台等构造单元。其中，滨里海盆地就发育于俄罗斯地台的东南角。

俄罗斯地台的东界从勃留朵夫岭到前乌拉尔前渊西缘的恩巴河上游，呈南北走向。但是新的研究表明，前乌拉尔前渊和乌拉尔西部的冒地槽褶皱带的下部都发育了与俄罗斯地台一样的基底，因此，地台实际的东界是沿乌拉尔套隆起东坡的一条大断裂，即乌拉尔大断裂。

在恩巴河上游到里海之间，东欧克拉通的边界沿南恩巴断裂带延伸，呈近西南走向；该断裂带构成滨里海台向斜与早海西期褶皱带之间的分界。南恩巴褶皱带是乌拉尔兹莱尔褶皱带的延伸，并在北里海附近逐步萎缩，但根据地震资料发现，早前寒武纪基底一直延伸到北乌斯秋尔特地块的北缘。

俄罗斯地台的南部边界从里海的东北岸到黑海东北岸大致呈东西向延伸。沿地台的南缘与海西期褶皱带相邻，在该地区大部分埋藏于中生界地层之下，只在顿涅茨隆起带上出露到地表。顿涅茨隆起带是伸入地台内部的一条海西期裂陷槽反转的结果，该反转构造的出现打断了原本平滑的地台南缘。地台原始的南缘应该是沿着马内奇断裂带向西到罗斯托夫陆块的南缘。

1. 地台基底特征

一些深井钻到了这套基底岩系。根据地球物理观测发现，在基底中存在两类磁异常体：一类是相对弱的镶嵌状（马赛克状）异常，另一类表现为很强的条带状异常。在地盾区，第一类异常体与太古界地块相关，而第二类异常则对应着古元古代、中元古代的褶皱带。推测在地台区也是如此。根据俄罗斯学者的研究，俄罗斯地台的基底中含有大量太古代固结的等轴状地块，地块之间以早、晚卡累利阿期地槽褶皱带相隔。太古界大部分经历了麻粒岩相变质阶段，少部分仅达到角闪岩相变质阶段；而元古界大部分经历了角闪岩相变质作用。

在俄罗斯地台的东部，卡累利阿褶皱带和基底地块呈现为向东凸出的弧形，在波罗的地盾区其构造走向为北西向，在莫斯科地区转为北东向和东西向。莫斯科东南侧主要为南东向，莫斯科以南的乌克兰地盾区则主要是南北向。

在新元古代初期到中期，俄罗斯地台的基底受到了构造活动和岩浆活动的改造，形成了大量大规模的花岗岩侵入体和共生的辉长岩侵入体，在波罗的地盾和乌克兰地盾上都见到了这类侵入体，在波兰北部通过钻井也发现了类似的侵入体，这说明地台西部发生了广泛的基底活化作用。向东和东南的伏尔加-乌拉尔地区的大型断裂带中也广泛发育了新元古代侵入体。在俄罗斯地台东南部，基底的改造可能与里菲纪拗拉谷的形成和发育有关。

2. 地台盖层的结构特征

根据东欧克拉通的地台盖层厚度或基底顶面的构造来看，波罗的地盾的东南侧被一条里菲纪—早古生代发育的沉降带所包围，南面是波罗的海台向斜，东南面是莫斯科台向斜，东面是梅津台向斜，合称为波罗的海-梅津沉降带，其基底的埋深在 $4\sim5$ km。在该沉降带的东南侧，是基底埋深较浅的隆起带，其中包括乌克兰地盾、马祖拉-白俄罗斯台背斜、沃罗涅日台背斜和伏尔加-乌拉尔台背斜；在该隆起带上，由西南向东北，基底埋深逐步增大，从西南部位于海平面以上，向东北逐步增加到 $1\sim1.5$ km，到彼尔姆州达到 3 km。由该隆起带再往东南则是沉降很深的滨里海盆地（台向斜）。

滨里海台向斜是一类极为特殊的克拉通拗陷。该构造单元不但面积大（$50\times10^4\,km^2$），而且沉积盖层巨厚，在盆地中央达 $20\sim23$ km，但在盆地中央地壳厚度只有 30 km，这与该地区花岗岩-片麻岩层的减薄以及玄武岩层的减薄有关。在缺少花岗岩层的地区呈现出明显的重力高异常（阿拉尔索尔和霍布达凹陷带）。

滨里海盆地与俄罗斯地台的主体之间以一条挠曲-断层结构的断坡为界。沿着该断坡，滨里海盆地北部盐下古生界顶面下降了 2.5～4 km，西部下降了 2 km。在西南部，该盆地与顿涅茨-里海海西褶皱带之间以基底埋深最大只有 4 km 的阿斯特拉罕隆起为界。在东南部，沿南恩巴隆起带的一条断裂构成了盆地与南乌拉尔褶皱系的边界。

（二）中哈萨克-天山褶皱系

阿尔泰褶皱区，也称为乌拉尔-蒙古褶皱区，由西向东可以分为三个部分：西段的中哈萨克-天山褶皱系、中段的阿尔泰-西萨彦褶皱系和东段的蒙古-鄂霍次克褶皱系。

中哈萨克-天山褶皱系大致呈顶角圆滑、略向东伸长的等边三角形。三角形的底边长约 2500 km；高约 1800 km。在行政上，该构造单元的大部分属于哈萨克斯坦，少部分属于吉尔吉斯斯坦，东南角延伸到中国。

中哈萨克-天山褶皱系是阿尔泰褶皱区的西段，分布于研究区的东北部。该褶皱系位于乌拉尔晚海西期褶皱带、南天山晚海西期褶皱带与鄂毕-斋桑晚海西期褶皱带之间。其地理边界，北为西西伯利亚平原，西为乌拉尔山脉、咸海，西南为中克孜勒库姆沙漠，南为南天山，东和东北为额尔齐斯河谷；地貌上包括哈萨克斯坦丘陵地区和北天山高原。

苏联和俄罗斯地质学家按照基底结构与沉积盖层的形成时代和分布相结合进行了大地构造单元的划分，将图尔盖盆地作为斯基夫-图兰年轻地台的一部分。而根据Şengör等的研究，该盆地的基底实际上是加里东期褶皱拼贴起来的古老地块、岩浆弧和增生楔，与中哈萨克-天山褶皱系中的其他褶皱带的性质相似，因此按基底性质和构造演化过程应该属于阿尔泰褶皱区。

该褶皱系的构造边界通常隐伏于厚度不大的年轻沉积盖层之下，需要用地球物理手段才能识别；其西部边界为中图尔盖断层，向南延伸到东咸海，向北延伸到西西伯利亚年轻地台的南部。褶皱系的东北边界为在额尔齐斯河左岸沿着申吉兹复背斜的东北分支延伸的申吉兹-卡巴尔断裂；再往西北到西西伯利亚南部地区，并逐步与中图尔盖断层靠近，形成了中哈萨克褶皱带向北方的西西伯利亚年轻地台突出的特征。该褶皱系的南部边界不很清晰，大致沿着南费尔干纳断层延伸，该断层向西延伸到克孜勒库姆隆起，向东到费尔干纳盆地的东缘。

中哈萨克-天山褶皱系具有十分复杂、非均质性极强的构造，其中包括前寒武纪（特别是早前寒武纪）地块、加里东期褶皱带、少部分海西期褶皱带（准噶尔—巴尔喀什褶皱带）。根据Şengör等的观点，该褶皱系是一条长达数千千米的文德纪—早古生代岩浆弧（基普恰克弧）及其增生体经过剪切、叠加和揉皱形成的加里东—海西期褶皱带（Yin et al.，1996）（其演化过程参见本章第二节，图 1-6～图 1-10）。

中哈萨克-天山褶皱系的褶皱基底受到了多期构造活动的改造：太古代末、早（中）元古代末（卡累利阿期）、中里菲纪、贝加尔期（西南部和南部）、加里东期和海西期。在不同地区识别出了时代不同的褶皱带和中间地块。

　　伊希姆-纳伦冒地槽褶皱带分布于中哈萨克-天山褶皱系的西部。其北段为伊希姆-拜科努尔加里东期褶皱带（早加里东）；南段为卡拉套-纳伦加里东—海西期构造带，又称为中天山构造带。

　　在伊希姆-纳伦褶皱带以西是年轻沉积盖层覆盖区，推测其下伏存在图尔盖-锡尔河中间地块。在伊希姆-纳伦褶皱带以东是科克切塔夫-莫因库姆地块。在这两个中间地块内，主要是深变质的和花岗岩化的早前寒武纪地层。

　　科克切塔夫-莫因库姆地块以东为晚加里东期优地槽褶皱带，其中包括了准噶尔-巴尔喀什海西期褶皱带。最东部为申吉兹-塔尔巴哈台加里东—海西期褶皱带。

　　海西期构造活动之后，整个中哈萨克-天山地区进入了中生代稳定地台演化阶段。然而，在古近纪末，中哈萨克和准噶尔-阿拉套地区开始了新的造山活动，因此该地区构成了巨大的中亚造山带的一部分；但中哈萨克受到的改造较弱，形成了欧亚年轻地台上的一个地盾。尽管中哈萨克与北天山的现今构造面貌不同，但二者具有相同的构造演化史和相同的褶皱基底，因此仍把它们划分为同一构造区。

　　（三）东欧克拉通周缘的海西期褶皱系

　　在研究区内，俄罗斯古老地台与斯基夫-图兰年轻地台之间以一系列海西期褶皱带相隔。这些海西期褶皱带包括：乌拉尔褶皱系、南恩巴褶皱系和卡宾斯基岭褶皱系，另外还有一个前寒武纪地块——北乌斯秋尔特地块。

　　1. 乌拉尔褶皱系

　　乌拉尔山脉从北部喀拉海拜达拉茨湾一带向南延伸到穆戈贾尔岭，全长约2500 km。相对低矮的海西期乌拉尔褶皱系的中、西部带受到了现代构造运动影响；其东部带仅少部分地区为山地地貌，而大部分为缓坡状平原，并被半固结的中、新生代岩层所覆盖，褶皱系中的前寒武纪和古生代沉积向东一直延伸到车里雅宾斯克和科斯塔奈一带。乌拉尔褶皱系的东西向宽度达到 500 km，其出露部分的宽度为 100～250 km。

　　在西部，乌拉尔褶皱系与俄罗斯地台之间以前乌拉尔前渊为界，在阿克托别以南，滨里海台向斜的沉积盖层部分覆盖了乌拉尔褶皱系的中、西部带。地球物理资料和部分深钻井资料表明，乌拉尔褶皱系的东界是一条大型的深断裂-构造缝合线，该深断裂沿秋明、库尔干、科斯塔奈以东延伸，其南段构成了乌拉尔海西期褶皱系与中哈萨克西部的前寒武纪—加里东期地块之间的分界线，北段构成了该褶皱系与西西伯利亚中、新生代台向斜之间的分界线。

　　乌拉尔褶皱系可以划分为多个南北向的带：乌拉尔前渊带、巴什基尔前缘隆起带（复背斜）、西乌拉尔带、中乌拉尔隆起带（复背斜）、马格尼托哥尔斯克带（复向斜）、东乌拉尔隆起带（复背斜）和东乌拉尔复向斜带。乌拉尔褶皱系现今的分带性反映了晚古生代大规模水平运动停止以后的构造格局。在地表可以追踪并向下延伸到地幔的垂向和近垂向断裂大多是晚海西期的产物，这些断层与早期断层仅在局部能够吻合。

2. 顿涅茨-里海（卡宾斯基岭）褶皱系

卡宾斯基岭位于滨里海盆地西南缘的南侧，呈北西西向延伸。卡宾斯基岭被认为是顿涅茨-里海褶皱带的一部分。

从基底构造的概念来看，顿涅茨-里海褶皱带与斯基夫褶皱系是两个独立的构造单元。它们共同构成了斯基夫地台的基底。在顿涅茨-里海褶皱带中，基底上部的海西期褶皱层系是在中泥盆世期间开始在东欧克拉通南缘的早前寒武纪基底之上沉积的。根据地球物理资料推测，在顿涅茨盆地的轴部存在一个更古老的凹陷，其中可能充填了里菲纪—早古生代沉积，但这些地层的性质还不得而知，很可能具有地台（拗拉谷）性质。

在顿涅茨-里海褶皱带的西段——顿涅茨山脊，海西期层系出露到了地表，该套地层充填了顿涅茨含煤盆地。该盆地像一个海湾插入到乌克兰地盾的沃罗涅日台背斜和亚速-罗斯托夫陆岬之间。顿涅茨盆地位于第聂伯-顿涅茨拗拉谷的直线延伸部分，并具有共同的构造位置，另外，它们之间具有共同的断裂边界，且具有相同的前中石炭世演化史。第聂伯-顿涅茨盆地中的背斜带可以在顿涅茨盆地中追踪到。但二者的边界有不连续的地方，这条边界本身与乌克兰地盾以南的一条长期活动的横向断层（奥列霍夫-帕夫洛格勒断层）相吻合。顿涅茨盆地位于该断层带以东部分的基底顶面埋深在 20～25 km，而在第聂伯-顿涅茨盆地中的埋深只有 10～12 km。另外，石炭系顶面出露到了地表，二叠系和中生界仅分布于顿涅茨褶皱带的西部沉降带中。第聂伯-顿涅茨拗陷中典型的盐构造，在顿涅茨盆地中没有发育。顿涅茨盆地中的泥盆系和石炭系地层经历了较强的成岩作用，晚海西期发生了岩浆侵入和成矿作用。

从晚维宪期开始，第聂伯-顿涅茨拗陷和顿涅茨盆地的演化方向发生了变化。从拗拉谷阶段末，开始了拗陷作用发育阶段。在拗陷中形成了真正的地台沉积条件，在顿涅茨盆地中形成了巨厚的滨海含煤磨拉石型沉积。石炭系的总厚度超过 20 km。主要的碎屑物源区是乌克兰地盾的亚速-罗斯托夫陆岬。这说明，顿涅茨盆地在中、晚石炭世经历了强烈的构造运动，形成了台地边缘造山带。

顿涅茨盆地的反转开始于石炭纪末，其褶皱构造的形成很可能与海西运动萨勒期构造活动有关。其中古生界形成了一系列线状褶皱。

从克拉通的顿巴斯缺口到里海，确切地说是到阿格拉汉-古里耶夫断裂带，后海西期顿涅茨褶皱带可以连续追踪。顿涅茨褶皱的这一段构造埋藏于地下，最早是 19 世纪地质学家 Karpinsky 识别出来的，因此被命名为卡宾斯基岭。实际上，顿涅茨盆地与东部的卡宾斯基岭之间还是有一些明显的差别，卡宾斯基岭不发育顿涅茨盆地的典型含煤层。在卡宾斯基岭，石炭系和下二叠统是单调的灰色泥质岩。侏罗系—新近系沉积盖层向东更加发育且厚度增大。充填了上二叠统红层的裂谷在里海滨岸带宽度增大。

顿涅茨-里海褶皱带的北界全部是向东欧克拉通方向逆冲的断层，其南部褶皱作用较弱。由西向东，逆冲幅度增大，在阿斯特拉罕地区达到 50 km 甚至更大，此处的阿斯特拉罕边缘隆起完全被逆冲断块掩盖。顿涅茨-里海褶皱带的南界是马内奇地堑的北缘断裂。

3. 北乌斯秋尔特地块

北乌斯秋尔特地块位于图兰年轻地台的西北部，按照基底构造演化和性质来看，它与乌拉尔褶皱系和卡宾斯基岭褶皱系一样，应该属于东欧克拉通边缘的海西期褶皱系，但其基底性质是较老的前寒武纪地块。

北乌斯秋尔特地块大致呈三角形。其南界是中乌斯秋尔特断裂带，该断裂带是萨尔马特-图兰区域大断裂的一部分。东界是沿咸海西岸延伸的库兰迪断层，该断层属于南北向延伸的乌拉尔-阿曼区域断裂带。其西端是阿格拉汉-阿特劳断层。该地块的西北边界最为复杂，恰好是俄罗斯古老地台与图兰年轻地台之间的界线；该边界在该地区的中生代沉积盖层中没有任何显示，但在古生界顶面上，该边界沿着南恩巴隆起带的一条大型断裂延伸。这条断层构成了滨里海盆地东南缘的古生界与乌拉尔褶皱系强烈褶皱的中古生界兹莱尔群的分界。在该断层带的东南侧，钻井发现了中古生代火山岩，因此该带很可能是南乌拉尔褶皱系的兹莱尔褶皱带的延伸部分，一般称之为南恩巴海西褶皱带。

在地震资料中追踪到了一个高速折射层，该折射层在滨里海台向斜代表了前寒武纪基底顶面。该界面向东南方向逐步下沉，在南恩巴褶皱带下方埋深达到最大，然后沿着边界断裂突然抬升，然后再向乌斯秋尔特方向下沉。这说明，在南恩巴褶皱带内，不仅有中古生界，可能还有古生界和里菲系沉积物，而在北乌斯秋尔特地块的基底可能与东欧克拉通的基底年代大致相同。这表明，北乌斯秋尔特地块的基底属于前寒武系。

北乌斯秋尔特地块构造具有明显的非均质性，其中被一系列近东西向和近南北向断层切割为许多较小的地块。基底顶面的深度在 2.5～3 km 到 7～12 km。钻井揭示了已变质的石炭系和下二叠统页岩和石灰岩。但在北乌斯秋尔特地块的大部分地区，沉积盖层的底部是红色的砂泥岩，其次为酸性凝灰岩夹层，偶尔含有基性和中性熔岩。主要地层是上二叠统—下三叠统磨拉石。地震勘探表明，这套 2.5～3.5 km 厚的地层覆盖在古生界之上。二叠系和三叠系的厚度较小，或在隆起带上尖灭。

沉积盖层包括厚度较小的下中侏罗统陆相碎屑岩、上侏罗统海相碳酸盐岩和陆源碎屑岩、尼欧克姆统陆相红层和阿普特—阿尔布阶海相陆源碎屑岩、上白垩统—下古近系海相陆源碎屑岩和碳酸盐岩、渐新统黏土岩，以及残缺不全的新生界。根据盖层底界的形态，北乌斯秋尔特地块具有台向斜的特征，并可以进一步划分为不同的隆起和拗陷。

（四）斯基夫-南图兰褶皱系

1. 斯基夫-南图兰褶皱系的构造范围

东欧地台南缘为一条宽 300～800 km、由西向东从普鲁特河下游（罗马尼亚-摩尔多瓦界河）向东延伸到阿富汗-塔吉克盆地的条带状地台，其黑海以西部分称为默西亚地台，里海以西部分称为斯基夫地台，里海以东部分称为图兰地台。在苏联地质学家的概念（Khain，1994）中，斯基夫-图兰年轻地台是根据基底性质和中新生代盖层分布进行划分的，因此图兰地台还包括哈萨克地盾与俄罗斯地台之间的、基底中含有一系列贝加尔期地块的中生代沉积盆地。如北乌斯秋尔特盆地、图尔盖盆地和楚-萨雷苏盆地。

但根据 Natal'in 和 Şengör（2005）的研究，斯基夫地台和图兰地台南部（曼格什拉克-中乌斯秋尔特断裂带以南部分）主要是欧亚大陆南缘晚海西期—早西莫里期火山弧和增生体受侧向挤压和剪切而堆积拼贴形成的，因此其基底的年龄相当年轻，因此这里将斯基大地台的基底称为斯基夫褶皱带，而图兰地台位于曼格什拉克-中乌斯秋尔特断裂带以南部分称为南图兰地台，其基底可称为南图兰褶皱系；而对原图兰地台位于曼格什拉克-中乌斯秋尔特断裂带以北部分，根据基底类型、固结时代以及构造演化过程进行了归位：将北乌斯秋尔特地块划归乌拉尔海西期褶皱系的一部分，将图尔盖-锡尔河一带划归加里东期褶皱为主的中哈萨克-天山褶皱系（图 1-4）。

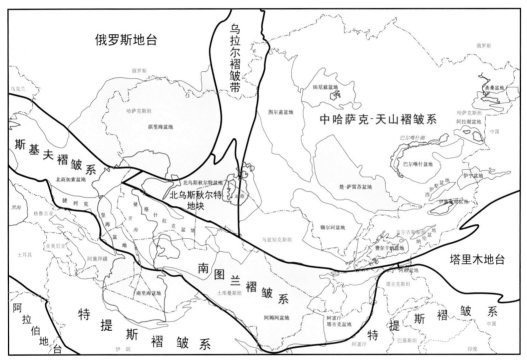

图 1-4 中亚-里海地区区域构造单元划分示意图

斯基夫-南图兰地台属于 Şengör 所说的亚洲区域构造的"中间单元"（Yin et al.，1996），其中不包括俄罗斯地质学家所说的斯基夫地台北部的卡宾斯基岭隆起和罗斯托夫陆岬以及北图兰地台。其北部边界是一系列北西向延伸的大断层，Natal'in 等（2005）统称为斯基夫-图兰断裂带。

南图兰褶皱系的北界分为两部分：在西部是中乌斯秋尔特断层，在东部为阿赖微陆，后者通常被看成是北塔里木古老地块的向西延伸。阿尔泰褶皱区与阿赖微陆之间以晚石炭世图尔克斯坦缝合线相接。阿赖微陆的南缘是下古生界增生楔和岩浆弧，它们构成了面向南的维宪—谢尔普霍夫期岩浆弧的基底，其中含有大型的深成侵入体。在西部，南图兰的北部受北西西向的中乌斯秋尔特断层带限制。该断裂表现为长 950 km、宽 100 km 的线状重力异常，断裂的北侧为一较陡的重力梯度带。在该断层带两侧，地壳的结构存在明显的差异。

中乌斯秋尔特断层带以北为一个面向南的大陆边缘弧，含有上石炭统到下二叠统凝灰岩、安山岩、玄武岩、页岩、砂岩和石灰岩，其中含有浅海化石。在该断层的西段，即布扎奇半岛地区，上石炭统—下二叠统的主要岩石类型是海相页岩和碳酸盐岩。其下部含有厚度6～50 m的安山岩。上二叠统和三叠系中的凝灰岩表明，开始于晚石炭世的火山作用一直持续到了三叠纪。

因此推测，在南图兰地台的北缘发育了一个晚古生代到三叠纪的岩浆弧，称之为索格迪弧（Sogdian Arc）。在东部，索格迪弧保存较好，其演化过程表现为向北俯冲作用。在西部，由于中乌斯秋尔特断层的切割，岩浆弧地块与其他构造单元（弧前盆地、增生组合）的相互关系模糊不清。断层的线状特征和较陡倾角表明其很可能为走滑成因。在中乌斯秋尔特断层带中发现的北倾地震反射层可能是与该断层带前方俯冲带相关的北倾缩短构造的残余。

斯基夫地台的北界由一系列断面平直的大断裂构成，断裂两侧地壳结构和地幔速度有明显的不同。

在斯基夫-图兰年轻地台的南部分布着一系列阿尔卑斯期前渊盆地：因多-库班盆地和捷列克-里海盆地是叠加于斯基夫地台南部的阿尔卑斯期前渊拗陷，而科佩特达格阿尔卑斯期前渊则位于图兰地台的南部，因此，Khain（1994）认为斯基夫-图兰年轻地台的南部边界应该是这些前渊拗陷的北缘断裂带，而Natal'in（2005）则倾向于根据基底性质和成因将年轻地台的南界划在大高加索山脉、厄尔布尔士山脉和科佩特达格山脉所代表的古特提斯缝合带上。

对南图兰褶皱系南界东段的认识比较清楚，这里的露头比较好。从北帕米尔到帕罗密苏斯，再到马什哈德/阿格达板，形成了从晚古生代到三叠纪的连续岩浆弧系统。该岩浆弧向西延伸的路线不是很清晰，因为西段缺少露头。在戈尔甘地区和里海东南角发现了二叠纪火山岩，说明岩浆弧可能大致沿着里海的南岸延伸，并在拉什特地区发现了与马什哈德弧类似的古特提斯蛇绿岩，另外还发现一系列从科佩特达格延伸到戈尔甘的正磁异常，推测北帕米尔-马什哈德弧向西可能就是沿着里海南岸延伸。因此，与北部边界相似，南图兰褶皱系的南部边界也是一个晚古生代—三叠纪岩浆弧，Şengör等（2005）称之为北帕米尔-马什哈德弧。

斯基夫褶皱系南界为大高加索山脉。大高加索山脉是由下、中侏罗统页岩和砂岩构成的一系列南倾褶皱。在山脉轴部和北坡上的较老岩层露头表明，在晚古生代大高加索地区发育了多期花岗岩侵入和中酸性熔岩喷发，为一岩浆弧。火山岩中伴生有陆相和海相硅质碎屑岩和碳酸盐岩。在大高加索主山脊还发现了二叠纪黑色页岩和条带状燧石，很可能是深水大洋环境的沉积。前晚侏罗世钙碱性类花岗岩出露于大高加索轴线以南，同位素年龄为165～175 Ma，属于该弧最年轻的岩浆活动产物。这些类花岗岩之上不整合地覆盖了上侏罗统碳酸盐岩。该岩浆弧以南为断裂切割的含有少量化石的泥盆系到三叠系复理石型地层，发生了强烈变形和低绿片岩相变质作用。推测为与大高加索岩浆弧成对的俯冲-增生组合。

2. 斯基夫-南图兰褶皱系的大地构造特征

南图兰褶皱系在磁场和重力图上表现为北西向雁列式异常，这与北图兰以及哈萨克地盾（属劳亚大陆）的大地构造单元有明显不同。根据对钻井资料和地球物理资料的分析，推测在南图兰地台内从东北部到西南部包括布哈拉、查尔朱、卡拉库姆-曼格什拉克、图阿尔克尔和卡拉博加兹等二级单元。每个二级单元中又包括两个次级单元，分别为一个岛弧地块和一个弧前区，弧前区又包括一个增生棱柱体和一个上叠的弧前盆地。

所有岛弧地块都具有镶嵌状的短波磁异常，说明其中有含磁铁矿的岩浆侵入及伴生的火山岩。增生组合特征相同，主要为负磁异常，说明主要是沉积岩和变质沉积岩。在吉萨尔岛弧地块中发现了含云母和石榴石花岗岩，认为是大陆碰撞的证据。这类花岗岩在东部的阿赖山也有发现。该岛弧向东一直延伸到昆仑山，但受到后来的走滑断层切割。大量钻井揭示了安山岩到玄武岩等不同的火山岩类以及与吉萨尔山的类花岗岩相似的岩石，年龄在 270～316 Ma。地下磁性岩石的定年资料很少，但其沉积夹层中的孢粉表明其时代为晚石炭世到三叠纪。

岩浆弧地块的地壳厚度大于相应的弧前区或与之相当。受到侵入的曼格什拉克弧前区比未受侵入部分的地壳厚度更大。地壳厚度较大的岩浆弧周边的弧前区地壳厚度也较大。南图兰地台的平均地壳厚度为 35～40 km，在各单元边界以及岩浆弧或微陆块的碰撞边界上也没有地壳增厚的现象。

岩浆弧地块的地壳速度结构与现代大陆岩浆弧地块进行对比发现二者十分吻合。图兰域中的这些弧前区以前被解释为裂谷，但其地壳速度与裂谷和伸展区进行对比发现其中差别很大。

Natal'in 和 Şengör（2005）认为斯基夫-南图兰褶皱系是由"丝路弧"经过东西向缩短和剪切叠加形成的，这一解释与其磁场和重力场特征能够较好地吻合。所谓丝路弧是处于晚古生代末的劳亚大陆南缘东段，从华北地块南缘，到塔里木地块南缘，再到东欧克拉通南缘，原始长度约 8300 km；由于劳亚大陆的东西向挤压缩短，丝路弧产生强烈剪切叠加，纵向长度减少至约 6600 km，相应地整个丝路弧由于剪切叠加而加宽，导致一系列岛弧地块呈北西—南东向雁列展布（图 1-12、图 1-13）。

（五）特提斯褶皱区

特提斯褶皱区，为特提斯洋（包括古特提斯洋和新特提斯洋）闭合形成的超级造山组合。特提斯褶皱区演化的大致构造格局，由北而南依次为：位于北部的劳亚大陆（二叠纪—白垩纪），位于劳亚大陆南侧的古特提斯洋（早石炭世—中侏罗世），位于特提斯域中间的西莫里陆块群（三叠系—中侏罗世），位于西莫里陆块群与冈瓦纳大陆之间的新特提斯洋（主要从二叠纪末到始新世），最南部是冈瓦纳大陆（奥陶纪—侏罗纪）。

尽管特提斯褶皱区内有无数的缝合线，但其中只有两个主要的大洋闭合阶段：第一阶段从中三叠世晚期到中侏罗世初，对应于西莫里褶皱系的形成；第二阶段，从晚古新世到晚始新世，在此期间形成了阿尔卑斯褶皱系。这两个大洋闭合阶段导致了西莫里褶皱系和阿尔卑斯褶皱系的形成，并在很大的范围内引起了欧亚大陆的变形。古特提斯洋、新特提斯洋以及夹在二者之间的陆块群被统称为特提斯构造域。

特提斯褶皱区构成了一个极其复杂的造山拼贴格局。其拼贴特征与阿尔泰褶皱系的拼贴形式有显著区别，前者含有大量的沿缝合线拼贴在一起的陆块或漂浮块体，而俯冲-增生块体较少。

西莫里褶皱系和阿尔卑斯褶皱系的造山事件都导致劳亚大陆发生了复杂的克拉通内变形，形成了大陆内走滑断层、张性和压性盆地、地块隆起，以及大型滑脱层之上的表皮褶皱带等"日耳曼型"构造。由阿尔卑斯运动所形成的大量日耳曼型构造单元构成了欧亚大陆北部（劳亚域）的新构造体制。日耳曼型构造单元广泛分布，从西部的第聂伯-顿涅茨反转拗拉谷，到西伯利亚地台上的反转拗拉谷以及阿尔泰褶皱区的大部分地区，其中非常著名的构造单元如西西伯利亚盆地、东伊犁盆地、伊塞克湖盆地、准噶尔盆地等。这些日耳曼型构造中，一部分是在较老的古生代（局部甚至是晚前寒武纪）构造的周围形成的，后来又叠加了与阿尔卑斯造山事件有关的新生代日耳曼型构造，给人以古老构造单元主要由于垂向构造活动而反复地复活的印象。但是，对给定构造来说，每一次复活都是一次新的、更大范围的、克拉通变形构造事件的一部分，是一系列相互独立的构造事件。劳亚域的很多古老含油气盆地就是在大陆周缘的这些反复的、相互叠加的、与造山作用相关的克拉通变形的产物，即现今广泛讨论的叠合盆地。

西莫里褶皱系和阿尔卑斯褶皱系内的主要陆块起源于冈瓦纳大陆。多期的走滑运动在特提斯构造演化过程中扮演了极其重要的角色，并使特提斯褶皱系的演化复杂化。

如前所述，在中亚-里海地区，特提斯褶皱区的北界是从北帕米尔到帕罗密苏斯再到马什哈德/阿格达板的连续岩浆弧系统所代表的古特提斯缝合线，向西该缝合线可能延伸到戈尔甘地区和里海东南岸的厄尔布尔士山脉。在里海以西地区，古特提斯缝合线位于大高加索一带。

特提斯褶皱区在欧亚大陆中段的南界是扎格罗斯褶皱带-莫克兰增生带所代表的新特提斯缝合线。尽管特提斯构造域不是本书讨论的重点，但其构造演化对劳亚大陆南缘乃至整个劳亚域沉积盆地的形成和演化有十分重要的影响。

研究区内属于特提斯褶皱区的构造单元包括：大高加索褶皱带、外高加索地块、科佩特达格褶皱带等。除了外高加索地块上发育的库拉山间盆地、南里海盆地、西土库曼盆地之外，特提斯域的其他沉积盆地均已超出本书研究的范围。

第二节　中亚-里海地区区域构造演化

沉积盆地的形成和演化与其大地构造背景是密不可分的。中亚-里海地区涉及俄罗斯地台、乌拉尔褶皱带、阿尔泰褶皱区、斯基夫-南图兰褶皱带和特提斯褶皱区等不同大地构造单元，其构造地质演化过程涵盖了从中新元古代到新生代的漫长地质历史。为了阐述研究区内沉积盆地的形成背景和演化规律，这里对该地区的区域构造演化过程进行简要回顾。

一、里菲纪

东欧克拉通的形成可以追溯到太古代，太古代到古元古代—中元古代是东欧克拉通陆核形成和拼贴的阶段；到中元古代末，整个东欧克拉通已经完全固结（Khain，1985）。

里菲纪（中元古代—新元古代早期）可能是该地区沉积盆地形成和演化的开端，主要表现为东欧克拉通内部沿着先前的构造缝合线发生裂谷作用。至新元古代中晚期，东欧克拉通已大致形成了现今的形状，其周围被地槽区（活动或被动大陆边缘）环绕。与此同时，克拉通内部开始发育早期裂谷（拗拉谷）。

东欧克拉通内部的中新元古代（里菲纪）裂谷系的形成与克拉通基底内的太古代—古元古代大型地块间缝合带有关。构成东欧克拉通的三大地块虽已于古元古代末拼接为统一的克拉通，可这些缝合带仍是克拉通内的构造薄弱带。在中新元古代（里菲纪）期间，区域性伸展作用导致了裂谷作用，沿着这些构造薄弱带形成了裂谷（地堑）系。其中北东走向的沃伦-奥尔沙裂谷系和中俄罗斯裂谷系沿着芬诺斯堪的地块与伏尔加-萨尔马特地块间的古元古代晚期缝合线发育，而北西走向的帕切尔马裂谷系则与伏尔加-乌拉尔地块和萨尔马特地块间的古元古代早期缝合带相关（图1-5）。帕切尔马裂谷系很可能在里菲纪期间就已经延伸到滨里海盆地一带。

这一时期的拗拉谷中主要沉积了陆相粗碎屑红层。早里菲纪末，沉积物已经由粗砂岩变成了粉砂岩和黏土岩，沉积物颜色仍以红色为主，局部变成了灰色甚至黑色。沉积物中见到了海绿石，说明出现了浅海环境。在早、中里菲纪之交，发生构造活动和岩浆活动，形成了辉长岩-辉绿岩岩脉。中里菲纪大致重复了早里菲纪的沉积旋回。

在卡马边缘拗陷中，下、中里菲系的厚度达到4.5 km；在俄罗斯地台中部的拗拉谷（莫斯科、帕切尔马）中，厚度为2～3 km。第聂伯-顿涅茨拗拉谷中也有较厚的里菲系。

上里菲系在东欧克拉通上的分布较少，厚度较小（在卡马边缘拗陷仅为1 km，在俄罗斯地台中部各拗拉谷中厚度不超过0.5～0.6 km）。这与前文德纪侵蚀作用有关。

滨里海盆地位于东欧克拉通东南缘，其中充填了巨厚的沉积物，Brunet等（1999）认为盆地底部沉积物为里菲系，如果是这样的话，该盆地演化应始于里菲纪。

里菲纪帕切尔马裂谷就位于现今的滨里海盆地西北侧，该裂谷很可能向东南延伸到滨里海盆地所在地区，并沟通了滨里海裂谷（盆地）与地台内部的地堑。滨里海盆地的沉降史可能开始于这一时期的地壳减薄作用。在该裂谷作用时期盆地的下伏为向东南方向延伸到前乌拉尔洋的被动大陆边缘陆壳。但由于滨里海盆地的沉积盖层巨厚，目前还无法证实其中确实发育了里菲纪裂谷沉积物。

二、文德纪—中石炭世

对于本研究区来说，文德纪—古生代是俄罗斯地台、乌拉尔褶皱系以及哈萨克-北

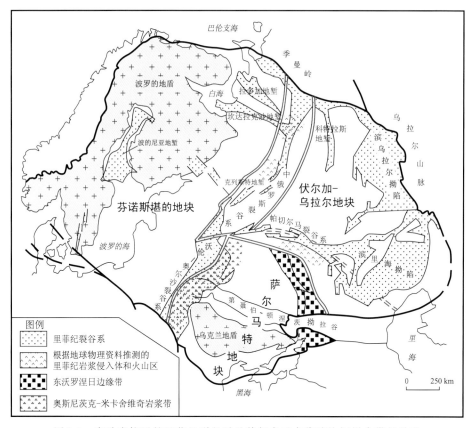

图 1-5　东欧克拉通的里菲纪裂谷系及其与古元古代陆块间拼合带的关系

天山褶皱系的形成演化阶段，从更大的范围来说，是劳亚大陆拼贴形成的阶段。

（一）文德纪（610～530 Ma）

在里菲纪与文德纪之交，东欧克拉通先前的拗拉谷发育阶段被地台发育阶段所取代，沉积区的范围远超出拗拉谷。东欧克拉通东缘和西伯利亚克拉通西南缘到东南缘发生了贝加尔构造运动，形成了贝加尔-原乌拉尔褶皱造山带。到早文德纪末，形成了从白俄罗斯南部延伸到季曼岭的波罗的-莫斯科巨型台向斜，晚文德纪沉积作用扩展到了季曼、原乌拉尔和维斯拉-德涅斯特克拉通边缘凹陷中，形成了含海绿石的海相碎屑岩，在隆起周围是杂色地层；火山作用和构造活动逐渐减弱。

至文德纪早期，西伯利亚克拉通和东欧克拉通沿着其现今北缘连接在一起，形成一个统一的超级克拉通——东欧-西伯利亚联合大陆，这两个克拉通的位置如图 1-6 所示（Yin et al.，1996）。在当时的东欧-西伯利亚联合大陆东部（参照东欧克拉通现今地理方位）可能具有一个统一的活动边缘：在东欧克拉通东侧为里菲纪—文德纪原乌拉尔碰撞岛弧造山带，而在西伯利亚克拉通东侧（推测的古方位）则是贝加尔碰撞岛弧造山带；在这两个岛弧造山带之间未来将发育一条狭长的岩浆弧——基普恰克弧（图 1-6）。

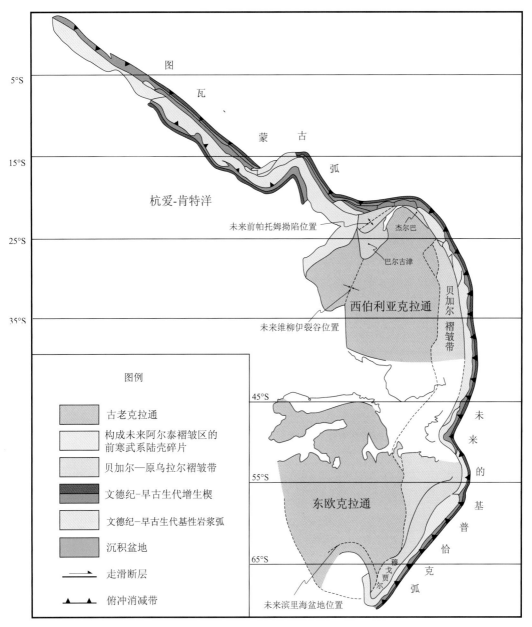

图 1-6 欧亚大陆北部文德纪古构造复原图

由于此后的大陆边缘裂谷作用，基普恰克弧与联合大陆分离，经过剪切、堆叠、挤压、揉皱，成为未来的哈萨克古陆。沿西伯利亚克拉通北缘向西北方向延伸（推测的古方位），发育了狭长的图瓦-蒙古弧，后者经过长期的剪切、堆叠、挤压和剪切构成阿尔泰褶皱区东部。

文德纪期间，俄罗斯-西伯利亚联合大陆东缘发生了广泛的裂谷作用，原乌拉尔褶皱系和贝加尔褶皱系的一系列碎块开始从联合大陆东缘分裂下来。在北乌拉尔地区见到了文德纪裂谷作用产物。在西伯利亚克拉通西缘（现今坐标）、西西伯利亚盆地之下，地震剖面揭示了里菲纪古生代裂谷体系，其中包含部分文德纪沉积物。之后裂谷作用向南延伸，至寒武纪与奥陶纪之交到达现今的南乌拉尔一带。

由此可见，在文德纪期间，除了在东欧克拉通东南部的滨里海盆地一带可能发育沉积物之外，其他地区仍没有稳定的沉积盆地发育。

（二）寒武纪

在地质历史上，早古生代期间的构造运动被称为加里东构造运动。位于东欧克拉通和西伯利亚克拉通之间及以南的阿尔泰褶皱区内的许多构造单元就是在这一时期形成并拼贴的，但在整个早古生代期间其构造形式主要是岛弧-增生体，或其碎片。

在早寒武世（547 Ma），从东欧-西伯利亚联合大陆上分裂下来一条狭窄的陆壳裂片，这就是Şengör所谓的基普恰克弧（Kipchak Arc）（图 1-7）；与此同时，东欧-西伯利亚联合大陆分裂成东欧克拉通和西伯利亚克拉通两个独立的大陆。在北乌拉尔，基普恰克弧与东欧克拉通的分裂开始于文德纪，但在南乌拉尔这一分裂过程可能更晚，因为

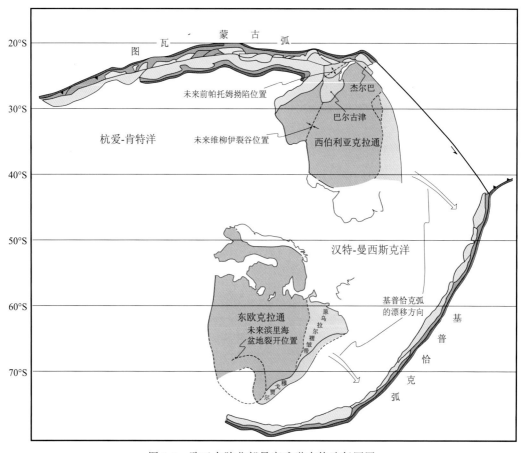

图 1-7　欧亚大陆北部早寒武世古构造复原图
图例见图 1-6

在穆戈贾尔地区发现了晚寒武世—早奥陶世裂谷作用的证据。在早寒武世，基普恰克弧南部整体与大陆分离并形成了大洋，此后该大洋的俯冲作用又导致穆戈贾尔微陆块在奥陶纪因裂谷作用从东欧克拉通上分裂下来，形成萨克马尔-马格尼托哥尔斯克边缘海。在基普恰克弧后形成了一个大型边缘盆地——汉特-曼西斯克洋。

现今的阿尔泰褶皱区在整个寒武纪期间为一条延伸很远的连续岛弧，还不可能有任何稳定的沉积盆地形成。因此，寒武纪期间中亚-里海地区的稳定古陆仍只有东欧克拉通，研究区内可能存在的沉积盆地仍然是滨里海盆地一带。东欧地台上沉积作用变化不大，但构造面貌有很大的变化，波罗的-莫斯科台向斜的范围向西大幅度扩展，但由于季曼隆起的抬升，地台东北部沉积范围缩小，原乌拉尔边缘拗陷消失。晚寒武世期间地台经历了微弱的整体抬升，形成了沉积间断。

（三）奥陶纪—志留纪

早奥陶世，研究区的构造面貌变化不大。到中奥陶世，基普恰克弧（阿尔泰褶皱区西部的前身）开始发生褶皱叠加，形成了阿尔泰褶皱区西部的所谓加里东褶皱带。

中奥陶世（458 Ma）期间，位于东欧克拉通乌拉尔边缘的萨克马尔-马格尼托哥尔斯克边缘海开始张开（图1-8）。经过漂移，穆戈贾尔弧与基普恰克弧南端发生碰撞，并可能导致了基普恰克弧的走滑叠加和弯曲造山。根据基普恰克弧增生体中最年轻岩石的年龄可以推测基普恰克弧走滑叠加的时间。基普恰克弧的叠加作用最初是从岛弧最北部开始的。

晚奥陶世（440 Ma）是基普恰克弧叠加拼贴的关键时刻。根据古地磁资料，东欧克拉通和西伯利亚克拉通面对汉特-曼西斯克洋一侧从文德纪到晚奥陶世相互之间没有明显的旋转。在晚奥陶世，西伯利亚克拉通开始相对于东欧克拉通顺时针旋转；由于基普恰克弧的一侧受穆戈贾尔微陆的限制，另一侧受到西伯利亚克拉通的限制，旋转导致处于两个古陆之间的基普恰克弧发生剪切收缩。

中志留世期间（433 Ma），基普恰克弧岩浆前锋开始褶皱叠加，开始形成未来哈萨克古陆的雏形（图1-9）。由于大洋板块向穆戈贾尔微陆之下俯冲，汉特-曼西斯克洋于奥陶纪开始收缩。

由此可见，奥陶纪—志留纪期间，研究区内可能的沉积盆地仍然仅位于滨里海盆地一带；由于该盆地内目前尚未钻遇奥陶系—志留系地层，对是否发育奥陶—志留纪盆地及其性质仍有争议。在东欧地台上，奥陶纪再次开始沉降并持续到志留纪。现今的阿尔泰褶皱区前身（基普恰克弧）在奥陶纪期间发生了强烈的褶皱叠加（即加里东褶皱运动），还不可能有任何稳定的沉积盆地形成。

（四）泥盆纪

从泥盆纪开始，阿尔泰褶皱区和乌拉尔褶皱带的演化进入了海西旋回。海西期是这两个褶皱构造单元拼贴和褶皱最强烈的时代，也是该地区构造格局最终定型的时代。

早泥盆世（390 Ma），由于萨克马尔-马格尼托哥尔斯克边缘海继续张开，东欧克拉通与西伯利亚克拉通彼此相对旋转，穆戈贾尔微陆向西运动，这导致了基普恰克弧继续

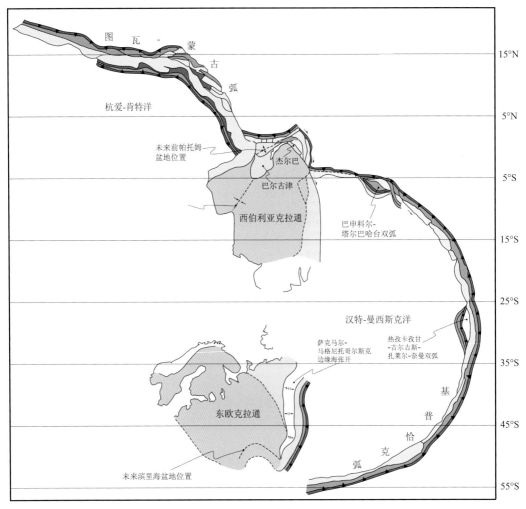

图 1-8　欧亚大陆北部中奥陶世古构造复原图

图例见图 1-6

强烈变形，并形成哈萨克古陆的雏形。在南哈萨克斯坦，沿边界断层发育了一些具有拉分性质的志留纪—早泥盆世沉积盆地。

晚泥盆世（363 Ma）期间，滨里海盆地作为萨克马尔-马格尼托哥尔斯克边缘海的一部分开始张开（图 1-10）。滨里海盆地的张开对阿尔泰褶皱区的拼贴有明显影响。滨里海盆地张开时，萨克马尔-马格尼托哥尔斯克边缘海可能也扩张达到了最宽。这就意味着穆戈贾尔微陆相对于东欧克拉通进一步向东北方向迁移。穆戈贾尔微陆向东北方向的迁移加强了东欧克拉通与西伯利亚克拉通相对旋转所引起的阿尔泰褶皱区西部的收缩。从杜内期开始，萨克马尔-马格尼托哥尔斯克边缘海关闭，同时西伯利亚克拉通与东欧克拉通之间的收缩速率以及基普恰克弧的变形速率下降。哈萨克古陆内部各岛弧地块之间沿大型走滑断层的运动，导致了雁行状排列的萨雷苏-田尼兹盆地、楚河盆地等中小型盆地的形成，其中充填了上泥盆统红层和蒸发岩，向上过渡为石炭系—二叠系浅

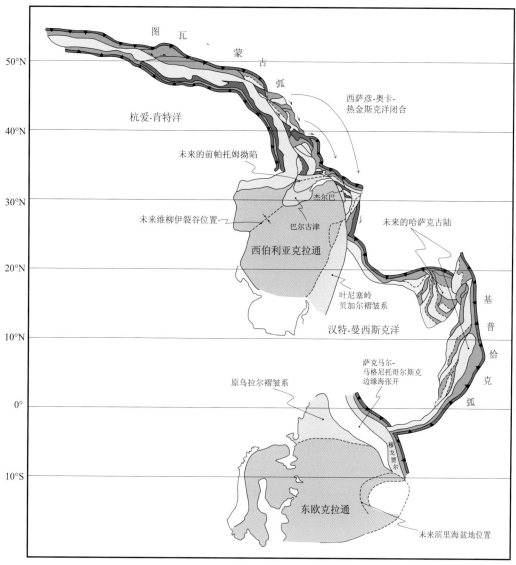

图 1-9 欧亚大陆北部中志留世古构造复原图

图例见图 1-6

海相和陆相碎屑岩以及碳酸盐岩。而在哈萨克古陆边缘的岛弧俯冲带后方可能还发育弧后盆地，其中充填了碱性火山岩、黑色页岩和燧石质石灰岩。

可以看出，滨里海盆地可以确定的最早发育时间是泥盆纪，其大幅度张开与萨克马尔-马格尼托哥尔斯克边缘海的扩张有关，可能仍然属于裂谷盆地。而哈萨克古陆内部沿大型走滑断裂带雁列式分布的萨雷苏-田尼兹盆地、楚河盆地属于小型走滑拉分盆地。由于早期的哈萨克古陆周围被大洋盆地包围，在其周边也必然发育一系列活动边缘型盆地，如弧后盆地、弧前盆地等，但这些盆地的沉积物往往很难保存下来。

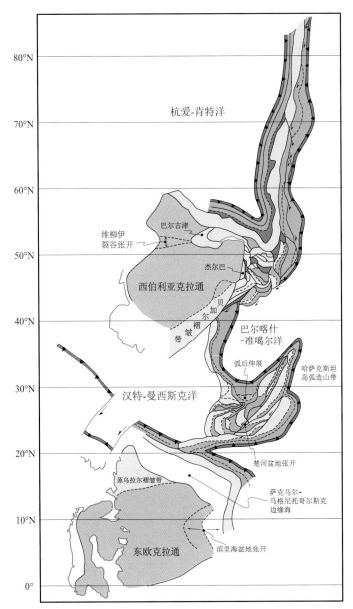

图 1-10　欧亚大陆北部晚泥盆世古构造复原图

图例见图 1-6

（五）早—中石炭世

石炭纪是劳亚大陆东段拼贴形成的最后阶段。

早石炭世（342 Ma），阿尔泰褶皱区的各岛弧褶皱带继续走滑叠加，哈萨克古陆内部各地块间存在强烈的剪切运动。

至中石炭世，东欧克拉通与西伯利亚克拉通之间以乌拉尔褶皱带、哈萨克古陆（即阿尔泰褶皱区西段）连接在一起，华北地块以满洲里褶皱带和阿尔泰褶皱区东段连接在一起，塔里木地块以阿尔泰褶皱区西段（即哈萨克斯坦-天山褶皱系）拼贴到一起。另外，北乌斯秋尔特小型地块可能也在此时拼贴到东欧克拉通（滨里海盆地）东南缘、乌拉尔褶皱带南端、哈萨克斯坦褶皱系西南角的交汇处。该阶段的主要构造变形是哈萨克古陆与穆戈贾尔地块、东欧克拉通拼贴，并最终形成乌拉尔褶皱带，同时阿尔泰褶皱区最终碰撞调整成型。

哈萨克岛弧造山带与东欧克拉通之间的挤压碰撞再次将穆戈贾尔地块拼贴到了东欧克拉通东缘，最终导致了萨克马尔-马格尼托哥尔斯克边缘海的关闭和乌拉尔造山带的形成。乌拉尔褶皱带是不同性质的地质构造单元冲断褶皱挤压形成的复杂构造带。在滨里海盆地东部的中石炭统沉积中，显示了乌拉尔造山的影响。

中石炭世以后，哈萨克古陆东缘沿鄂毕-斋桑一线的准噶尔-巴尔喀什洋的洋壳基本消失，哈萨克古陆与西伯利亚古陆通过一系列褶皱造山带拼接到了一起。然而直至二叠纪，相邻地区仍有岛弧型岩浆作用。

从泥盆纪到石炭纪，在滨里海地区形成了一个深水沉积盆地，盆地南部的古里耶夫地块可能就是于泥盆纪期间从东欧克拉通上分裂下来的陆壳碎片，并构成了阿斯特拉罕-阿克纠宾斯克隆起的主体。受盆地快速沉降和广泛海侵的影响，滨里海盆地周围和阿斯特拉罕-阿克纠宾斯克隆起带上发育了浅水台地相碳酸盐岩，相邻深水区则发育了泥质岩和泥质碳酸盐岩。在石炭纪，除了滨里海盆地继续快速沉降之外，在新拼贴到一起的哈萨克古陆和北乌斯秋尔特地块上也形成了大陆边缘浅海盆地，在北乌斯秋尔特、图尔盖、楚-萨雷苏、锡尔河等盆地中都有石炭纪浅海沉积；这些小型浅海盆地的形成可能与岛弧褶皱带的剪切叠加有关，或属于简单的被动边缘浅海盆地。

三、晚石炭世—早三叠世

晚石炭世—早三叠世阿尔泰褶皱区进一步调整成型，其主要变化是沿着戈尔诺斯塔耶夫剪切带的走滑位移，以及沿这些走滑断裂形成雁列式剪张性盆地。但在欧亚大陆南缘，开始了新的构造演化阶段，即古特提斯洋北缘的岩浆弧-俯冲带活动边缘的演化过程。

（一）晚石炭世

到晚石炭世（306 Ma），塔里木地块与阿尔泰褶皱区发生碰撞（图 1-11），阿尔泰褶皱区南缘的一部分俯冲带关闭。至此，阿尔泰褶皱区基本完成了拼贴，尽管此后一直到中三叠世期间该褶皱区又经历了强烈的内部变形。晚石炭世在阿尔泰-蒙古与天山/南哈萨克斯坦和北中哈萨克之间发生了大尺度右旋位移，这一大尺度走滑位移实际上是发生在分别以东欧克拉通和西伯利亚克拉通为核心的两个超级构造单元之间。相关变形主要集中在扎尔马-萨乌尔构造带和鄂毕-斋桑-苏尔古特构造带之间的戈尔诺斯塔耶夫剪切带上。沿额尔齐斯剪切带也存在大幅度位移。然而，哈萨克古陆内分散的晚古生代盆地（例如田尼兹盆地和楚河盆地）的石炭纪构造表明，右旋剪切活动可能不限于戈尔诺斯塔耶夫剪切带和额尔齐斯剪切带，实际上对整个哈萨克斯坦褶皱系都有影响。

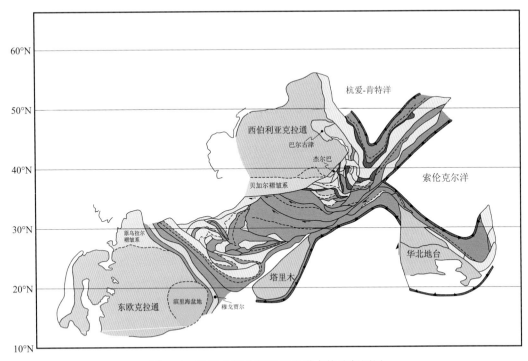

图 1-11　欧亚大陆北部晚石炭世古构造复原图

图例见图 1-6

　　哈萨克斯坦岛弧造山带进一步收缩，并在岛弧造山带核部的残余洋壳上填充了沉积物。岛弧造山带的持续收缩导致了已碰撞到一起的增生体之下的隐蔽俯冲作用。

　　从全球范围来看，北方的劳亚大陆和南方的冈瓦纳大陆此时也连接到了一起，形成了"潘基亚"超级大陆。劳亚大陆的欧亚部分在晚石炭世固结之后，南方的大洋退到了东欧克拉通、塔里木地块和华北地块以南，在欧亚大陆南缘形成了新的岛弧-俯冲活动边缘，即 Natal'in 和 Şengör（2005）称之为"丝路弧"。该活动大陆边缘的南侧为古特提斯洋（图 1-12）。

　　以丝路弧为代表的欧亚大陆南缘岛弧-俯冲带从大高加索向东延伸到马什哈德-北帕米尔和昆仑山，再到祁连山以及更远的地方。丝路弧在石炭纪甚至泥盆纪就已经形成了一个连续的整体，并一直活动到中生代古特提斯洋关闭。

　　受区域性构造挤压作用影响，此时的滨里海盆地东缘、东南缘和南缘开始抬升为水下隆起，部分地区抬升至海平面以上并受到了侵蚀，并缺失了上石炭统甚至中石炭统的部分地层，但滨里海大部分地区仍持续沉降，可能与周边逆冲构造带的压陷作用有关。

　　在中亚北部的中哈萨克褶皱系，大部分地区受褶皱造山影响发生抬升，仅邻近古特提斯洋的滨岸地区仍受到海侵影响，楚-萨雷苏盆地的沉降可能仍与沿区域性大断裂的剪张作用有关。

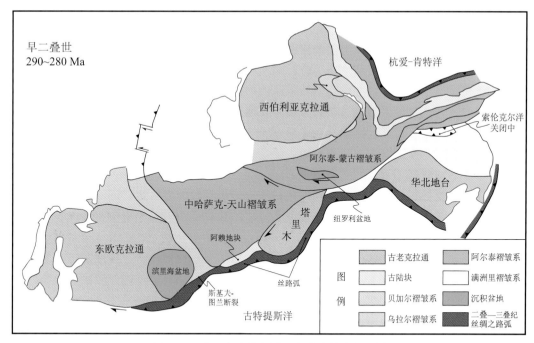

图 1-12　欧亚大陆北部早二叠世古构造复原图

（二）二叠纪—早中三叠世

早二叠世（270 Ma），在阿尔泰褶皱区，东欧克拉通与西伯利亚克拉通之间沿戈尔诺斯塔耶夫和额尔齐斯剪切带的右旋位移继续扩大。阿尔泰褶皱区内的二叠纪和三叠纪构造事件决定了此后的西西伯利亚中生代沉积盆地的形成。

晚二叠世（255～250 Ma），东欧克拉通与西伯利亚克拉通之间的右旋走滑位移转变成左旋。走滑变形主要集中在戈尔诺斯塔耶夫断裂带，该走滑断裂带不仅影响了整个阿尔泰褶皱区，而且影响到远东的满洲里褶皱区。

西西伯利亚盆地基底埋深最大的纳德姆盆地的形成可能与这一时期的构造事件有关。古生代盆地深 5 km，之上又被中生代—新生代西西伯利亚盆地 5～9 km 厚的地层所覆盖。考虑到沉积厚度巨大、整个古生界到中生界不发育角度不整合、地壳厚度较薄以及地壳缺少花岗岩层，有人推测纳德姆盆地是一个残余洋盆地。纳德姆盆地及其他一些小型盆地填充了含火山岩和石灰岩夹层的晚古生代碎屑岩，并受到粗玄岩和玄武岩侵入；这些盆地沿戈尔诺斯塔耶夫断层呈左阶拉分形态展布。根据这些盆地的分布、戈尔诺斯塔耶夫断层以及古生代岩浆活动的跳跃性排列轨迹，可以推断纳德姆盆地以及其他小型盆地都是与戈尔诺斯塔耶夫断层的走滑作用有关的拉张盆地。根据对沉积类型和沉积速率的分析、沉积中心的分布和局部构造控制作用、二叠纪和三叠纪铁镁质-长英质岩浆作用的空间分布、准噶尔和额尔齐斯断裂带构造走向的旋转以及古地磁资料的分析，发现分布于额尔齐斯/戈尔诺斯塔耶夫断层和准噶尔断层之间的广阔左旋剪切带内的准噶尔、吐鲁番和阿拉湖等盆地均为伸展盆地。

中亚与中国西北之间的大型右旋/左旋剪切作用始于塔里木板块与阿尔泰褶皱区拼贴之后。丝路弧沿着塔里木和华北地块南缘发育，但受到了这些剪切运动的影响。由于劳亚大陆的东西向缩短，丝路弧在二叠纪期间在东西向上也随之明显缩短。古特提斯洋板块向丝路弧之下的斜向俯冲引起了岩浆弧的缩短以及岛弧碎片沿平行于岩浆弧方向的迁移和叠加。这些变形将丝路弧切割为现今在南图兰和斯基夫褶皱带内呈雁列式分布的一系列地块碎片。最初，丝路弧沿着昆仑-吉萨尔-乌斯秋尔特-布扎奇方向延伸。在这些地区都见到了与二叠纪俯冲作用有关的岩浆活动。查尔朱、图阿尔克尔和卡拉库姆等单元的岩浆弧活动时间相近，说明这些单元在早中三叠世被依次排列到原始岩浆弧的前方。然后，卡拉博加兹段岩浆弧排在外侧，形成了最年轻的岩浆活动记录。最后，在叠加揉皱的岩浆弧碎片以南，形成了北帕米尔-马什哈德弧，构成了南图兰褶皱系的东南边缘。

位于阿尔泰褶皱区北部的西西伯利亚盆地经历了强烈拉张作用，在许多狭窄地堑内形成了下—中三叠统玄武岩。人们常常将这些拉张构造与经典裂谷进行对比，如非洲裂谷系。然而，不难看出大洋中脊的典型裂谷与西西伯利亚盆地的拉张构造之间的差异。在大洋中脊裂谷中，拉张作用主要集中在一个条带上，并常被转换断层切割。在西西伯利亚，三叠纪裂谷广泛分布，科尔托戈尔-乌连戈伊裂谷是其中最大的一条，大致沿直线延伸了至少有 2000 km，与一般裂谷链的几何形态十分不同。

西西伯利亚三叠纪裂谷群可以划分成两个分支：东部裂谷带和西部裂谷带。在南部，北哈萨克斯坦构成了这两个裂谷带的分界，在哈萨克地盾区没有见到明显的三叠纪拉张作用。西部裂谷带沿着乌拉尔褶皱带与哈萨克褶皱带之间的边界延伸。在该裂谷区，三叠纪地堑构成左阶雁列式分布，显示了右旋剪切成因。这些三叠纪拉张（剪张）事件非常短暂，并没有明显控制盆地后来的演化。

在斯基夫地台和南图兰地台的基底中，发现了一系列大致北西走向、由北东向南西平行排列的晚古生代—三叠纪岩浆弧和弧前构造单元（图 1-13），其年代和成分大致相同。把它看成多个独立的岩浆弧连续碰撞组合的产物是不合理的，因为没有发现地壳增厚的现象，也没有发育前渊盆地，而各单元之间的边界断层却具有走滑特征。

在斯基夫褶皱带内，各构造单元的拼贴是在卡洛夫期以前完成的，而在南图兰褶皱带内，各构造单元的拼贴是在侏罗纪初完成的。推测斯基夫-南图兰褶皱带的构造与阿尔泰褶皱区的构造极为相似，其中都发育了在走滑叠加背景下形成的雁列式排列的菱形岩浆弧碎块。这种相似性说明，斯基夫-南图兰地台的基底也是同一个岩浆弧切割叠加的产物；所不同的是，阿尔泰褶皱区的构造单元是在单薄的岩浆弧和增生体基础上褶皱叠加形成的，而斯基夫-南图兰褶皱带的岩浆弧却有相对稳定的劳亚大陆作为托架。丝路弧叠加在更老的，主要是中古生代岩浆弧/增生楔构造组合之上，这说明该弧是沿着劳亚大陆南缘形成的硅铝质岩浆弧，是古特提斯洋向北俯冲的产物。

斯基夫-南图兰地台埋藏最深的沉积盖层与这些构造单元的弧前区相吻合。弧前区之下是俯冲-增生组合，其中还可能有残余的大洋岩石圈。如果这类大洋岩石圈没有完全俯冲下去，弧前区发生沉降的可能性就更大了。

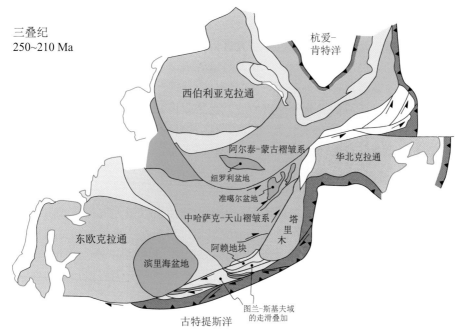

图 1-13　欧亚大陆北部三叠纪古构造复原图

　　晚三叠世末，来自南方的西莫里陆块开始与劳亚大陆南缘的丝路弧碰撞，导致斯基夫-图兰褶皱带发生进一步走滑叠加和褶皱变形。斯基夫-图兰褶皱带的变形和调整可能一直持续到早中侏罗世，但随着晚三叠世末开始的古特提斯洋的大规模闭合，已经进入了特提斯褶皱区的演化阶段。

　　滨里海盆地受海西期构造活动影响很大。中石炭世—早二叠世期间，盆地东缘的乌拉尔洋开始关闭和褶皱隆起；盆地东南缘由于北乌斯秋尔特地块的拼贴也发生了褶皱，形成了南恩巴褶皱带；盆地西南缘由于古特提斯洋板块的俯冲形成了卡宾斯基岭冲断褶皱。但石炭纪期间这些褶皱带尚未完全成型，相当一部分还位于海平面以下，滨里海盆地内仍然是正常海沉积。早二叠世末，这些褶皱带全部抬升到海平面以上，仅有有限部位仍处于海平面以下，构成了滨里海盆地与南方的古特提斯洋的通道，滨里海地区形成了一个大型的局限海盆地，随着盆地内海水的蒸发，形成了大量的蒸发岩类沉积。

　　二叠纪—早三叠世的裂谷作用，是北高加索地区到阿姆河盆地许多裂谷地堑的主要发育阶段。但 Natal'in 等（2005）认为，这些裂谷主要是剪切断裂活动的产物，而不是真正意义上的拉张活动。无论如何，这一时期在斯基夫-南图兰褶皱区的伸展作用或剪张活动，是该地区中生代盆地发育的开端。

四、晚三叠世—新生代

　　中三叠世—新生代是特提斯褶皱区的演化阶段，同时也是中亚-里海地区大量中新生代盆地形成和演化的主要阶段。

特提斯构造域是参照二叠—三叠纪期间的"潘基亚"泛大陆来定义的，因此在中石炭世"潘基亚"泛大陆形成之前就无所谓"特提斯域"的演化。古特提斯褶皱系和新特提斯褶皱系的拼贴褶皱过程，同时也是研究区内劳亚大陆南缘及特提斯域内沉积盆地形成和演化的过程。特提斯褶皱拼贴的历史，可以看成冈瓦纳大陆北缘分裂并产生小型陆块以及这些陆块向北漂移并与劳亚大陆拼合的过程（图1-14、图1-15）。

实际上，古特提斯洋的演化始于石炭纪，但来自冈瓦纳大陆的西莫里陆块群与欧亚大陆南缘的碰撞始于中三叠世，因此，特提斯域的演化一般从中三叠世开始算起；但在研究区内，古特提斯洋开始闭合的最早时间是晚三叠世。

（一）晚三叠世—中侏罗世

晚三叠世—中侏罗世是西莫里陆块群和劳亚大陆碰撞以及古特提斯洋闭合的阶段。

由于西莫里陆块群在石炭纪—早二叠世的裂谷作用，在二叠纪期间开始形成新特提斯洋。新特提斯洋的南侧是阿拉伯、印度等大陆板块，北侧是卢特、法拉、南帕米尔、羌塘等西莫里陆块。中三叠世期间，在西莫里陆块群持续向北漂移以及新特提斯洋张开的同时，古特提斯洋壳则正在关闭和逐步消亡，丝路弧也随之废弃（图1-16）。

晚三叠世，卢特、法拉和南帕米尔等地块与图兰地台南缘发生碰撞，在高加索和阿富汗之间的古特提斯洋可能已经关闭，导致了二叠系—三叠系沉积物的变形、曼格什拉克褶皱带和巴德赫兹-卡拉比尔褶皱带的形成以及前高加索和中亚地区的整体隆升，在北土耳其、北阿富汗地区的古特提斯洋收缩成了一个地中海型的残余洋盆。在南科佩特达格（阿格达板）地区、赫拉特地区以及帕米尔山脉都记录了这次挤压事件。外高加索、厄尔布尔士与卢特板块碰撞之后，沿着新特提斯洋的北缘（增生大陆的南缘）发育了一个新的北倾俯冲带（图1-16），并出现了广泛的火山活动。

晚三叠世—早侏罗世挤压作用以后，在斯基夫-图兰地台内再次发生了裂谷作用，并一直延续到中侏罗世。

到早侏罗世土阿辛期，从阿富汗到拉萨一带的一系列西莫里陆块，包括阿格达板、卢特、法拉、赫拉特、南帕米尔、羌塘等，与劳亚大陆发生了碰撞，沿缝合带发生了相对于劳亚大陆的左行走滑运动。沿着大高加索现今南斜坡一带，这一走滑运动形成了一个狭小的拉分盆地。另外，在古特提斯洋闭合之后，紧接着在高加索地区、北伊朗地区同时发生的一系列伸展事件，形成了裂谷并发生了相关的火山作用。在晚二叠世—三叠纪期间曾发育的大部分裂谷系统发生活化，形成了新的裂谷系统。在斯基夫-图兰地台的西部和中部，早—中侏罗世裂谷作用主要集中在大高加索盆地（图1-17），捷列克-里海盆地则是大高加索裂谷系统的附属裂谷。在斯基夫-图兰地台的东部，早—中侏罗世裂谷作用影响了阿姆河盆地和阿富汗-塔吉克盆地。这些盆地中主要沉积了陆源碎屑。

至中侏罗世巴柔期，古特提斯洋全部消失，但从高加索到北阿富汗，构造面貌与早侏罗世差别不大。中亚-里海地区在剪张（裂谷）作用下发生了沉降，广泛发育了陆相沉积。

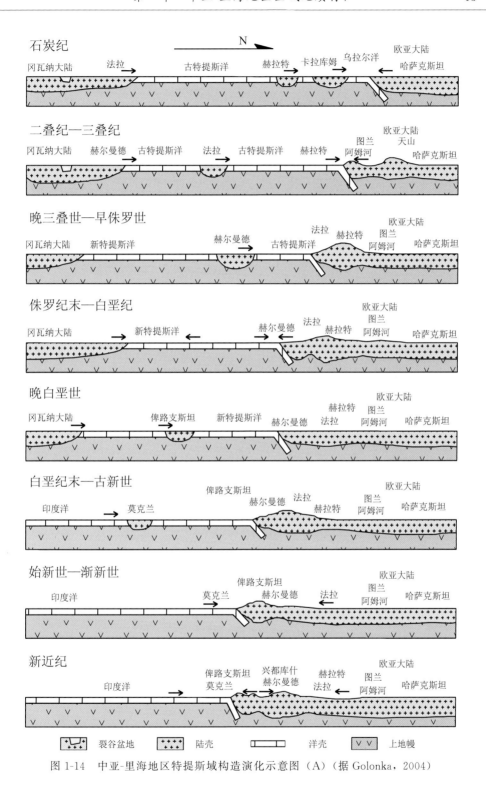

图 1-14　中亚-里海地区特提斯域构造演化示意图（A）（据 Golonka，2004）

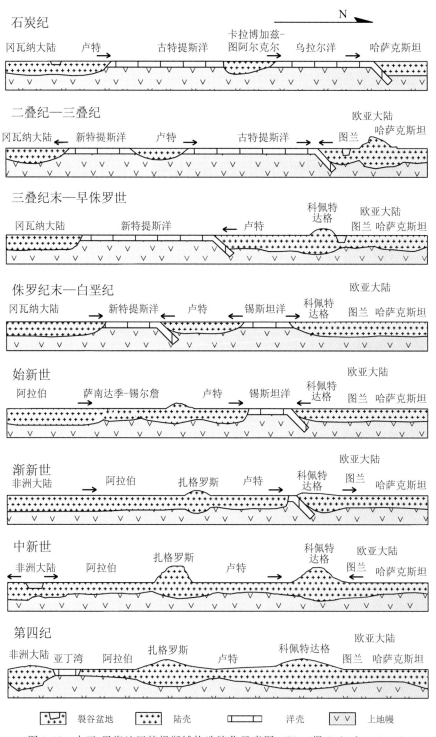

图 1-15 中亚-里海地区特提斯域构造演化示意图 （B）（据 Golonka，2004）

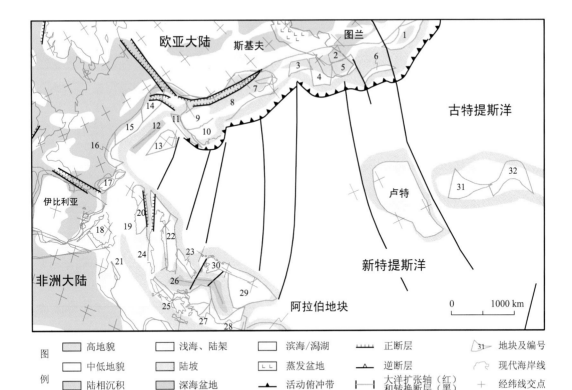

图 1-16　晚三叠世欧亚大陆南缘西段古构造复原图（据 Golonka，2004）

地块编号：1. 赫拉特；2. 南里海；3. 外高加索；4. 塔雷什；5. 厄尔布尔士；6. 阿格达板；7. 东本都；8. 西本都；9. 默西亚；10. 罗多彼；11. 塞尔维亚-马其顿；13. 蒂萨；14. 内喀尔巴阡；15. 东阿尔卑斯；16. 南阿尔卑斯；17. 科西嘉-撒丁；18. 巴里阿里；19. 卡拉布里亚-坎帕尼亚；20. 翁布里亚-马尔凯；21. 西西里；22. 迪纳拉；23. 佩拉根；24. 亚德里亚；25. 希腊；27. 东地中海；28. 托罗斯；29. 克尔谢希尔；30. 萨卡利亚；31. 法拉；32. 南帕米尔；33. 小高加索；34. 萨南达季-锡尔詹；35. 拉萨；36. 羌塘；37. 北帕米尔；40. 莫克兰；41. 外喀尔巴阡。洋编号：12. 梅里亚塔；26. 品都斯；38. 利古里亚；39. 佩尼尼；42. 准特提斯；43. 锡斯坦

（二）中侏罗世—白垩纪

中侏罗世，土耳其北部的本都地块与欧亚大陆南缘发生碰撞，斯基夫-图兰地台上的三叠纪裂谷和弧后盆地系统关闭，并引起了黑海北部克里米亚和邻近地区的变形。推测在阿林期—巴柔期之交以及巴通期，大高加索地区处于挤压状态，一般认为中侏罗世高加索地区的变形与碰撞事件有关，但也可能与裂谷肩的隆起有关。

随着古特提斯洋的消亡，在新形成的欧亚大陆南缘形成了新特提斯洋北缘岩浆弧-俯冲带。由于新特提斯洋的向北俯冲作用，沿外高加索、塔雷什和厄尔布尔士地块南缘的俯冲海沟在俯冲带后产生伸展作用，形成了大高加索-南里海以洋壳为基底的弧后裂谷盆地（图 1-18），卡洛夫期开始广泛海侵，海水占据了整个里海地区、北高加索地区，甚至东欧克拉通南部，阿姆河盆地大部分地区也属于浅海环境。中侏罗世—白垩纪

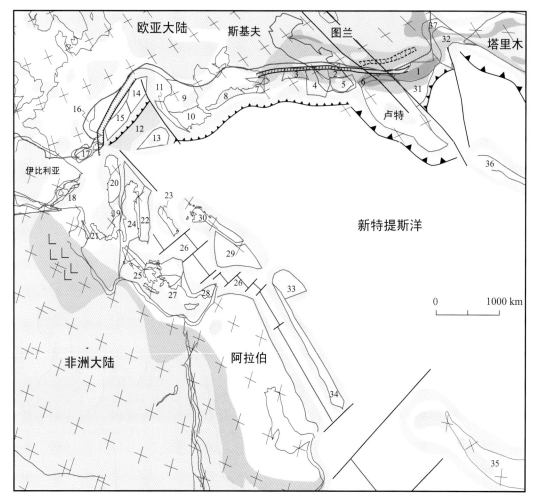

图 1-17　早侏罗世欧亚大陆南缘西段古构造复原图（据 Golonka，2004）

图例和地块（洋）编号见图 1-16

是该弧后盆地的主要扩张期。

　　晚侏罗世（图 1-19），赫尔曼德地块（阿富汗）与图兰地台和法拉-南帕米尔地块发生碰撞，赫尔曼德地块拼贴到了欧亚大陆南缘，图兰地台在基末利期—提塘期经历了一次普遍的隆升和海退，在斯基夫-图兰地台的南缘形成了蒸发岩沉积。阿姆河盆地和阿富汗-塔吉克盆地的高尔达克组蒸发岩厚度超过了 1000m，北高加索盆地和捷列克-里海盆地也发育了同时代的蒸发岩。

　　在提塘期—贝利阿斯期，沿卢特地块的北部和东部边缘开始发生裂谷作用，贝利阿斯期—欧特里夫期开始洋底扩张，到阿尔布期形成了锡斯坦洋。大高加索-南里海弧后洋盆可能通过狭窄的南北向走滑拉分裂谷与锡斯坦洋相通（图 1-20）。

　　晚白垩世初，大高加索-南里海洋盆继续扩张，大高加索地区的伸展构造活动可能至少持续到中三冬期。侏罗纪大高加索-南里海盆地位于斯基夫-图兰地台以南，以与俯

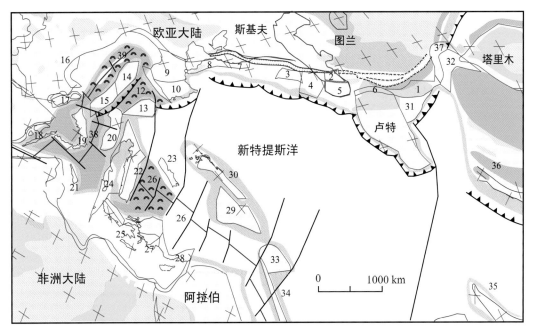

图 1-18 中侏罗世欧亚大陆南缘西段古构造复原图（据 Golonka，2004）

图例和地块（洋）编号见图 1-16

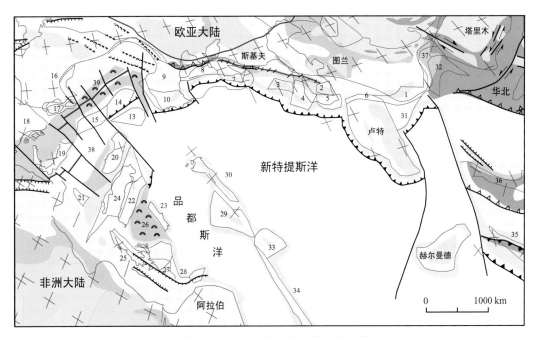

图 1-19 晚侏罗世欧亚大陆南缘西段古构造复原图（据 Golonka，2004）

图例和地块（洋）编号见图 1-16

冲作用相关的火山弧与新特提斯洋相隔。盆地的张开与新特提斯洋的持续向北俯冲作用有关。大高加索-南里海洋与位于卢特地块与阿富汗和科佩特达格之间的锡斯坦洋相连。推测南里海盆地可能存在侏罗纪沉积物，但在盆地的东部肯定存在白垩纪沉积物，因为在泥火山中曾经见到白垩纪沉积物。此外，里海石油的组分分析表明，其部分石油来自白垩系烃源岩。当然，也有人认为南里海盆地是晚白垩世才以拉分盆地的形式张开的。

　　俯冲作用引起的弧后伸展作用不但形成了大高加索-南里海弧后盆地，同时也对从里海到中亚的整个地区产生了影响，导致了区域性沉降，北高加索地台盆地、北乌斯秋尔特盆地、曼格什拉克盆地、滨里海盆地、阿姆河盆地等都受到影响，但区域沉降中心仍是大高加索-南里海盆地。在这几个盆地中形成了近于一致的沉降和沉积旋回，以及在平面上近乎连续的相带分布；相对封闭的图尔盖盆地、锡尔河盆地等也具有大致相似的沉降和沉积旋回。这说明整个中亚-里海地区在中侏罗世—白垩纪期间共同受南方的新特提斯大洋边缘演化的控制，但由于该地区的地壳固结程度差异较大，俯冲作用对大高加索-南里海弧后盆地影响较大，而对北部的其他地区影响较小。

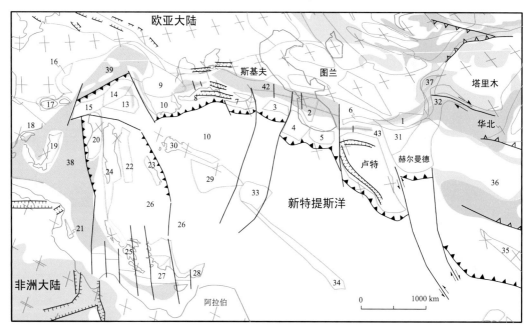

图 1-20　早白垩世晚期欧亚大陆南缘西段古构造复原图（据 Golonka，2004）

图例和地块（洋）编号见图 1-16

（三）新生代

　　新生代是新特提斯洋大幅度闭合和造山的时期。在研究区内的构造变化可以大致归纳为以下三方面：①中生代大高加索-南里海弧后裂谷盆地的洋壳俯冲消亡和盆地收缩，并最终导致陆-陆碰撞形成了大高加索褶皱带和科佩特达格褶皱带。②随着新特提斯洋北缘俯冲带向南迁移，在逐步消亡的大高加索-南里海中生代弧后裂谷以南，形成了新生代弧后裂谷系统，其中包括厄尔布尔士、塔雷什、阿伽罗-特里阿勒提和东黑海等裂谷盆地。③冈瓦纳大陆的印度板块和阿拉伯板块最终与欧亚大陆南缘发生陆-陆碰撞，两板块的顶角（陆岬）强烈嵌入欧亚大陆南缘，引起了高加索地区和帕米尔-天山地区的强烈挤压和隆起，在陆-陆碰撞边界上形成了一系列陆相前陆盆地；同时，南里海则处于弧后环境，并由于周围造山带的逆冲压陷开始了快速沉降，形成了巨厚的新生代沉积层序，属于典型的弧后前陆盆地。研究区北部的曼格斯套-中乌斯秋尔特隆起带、卡宾斯基岭褶皱带也发生了明显的变形，而研究区南部大多数沉积盆地的盖层褶皱构造都与新生代的构造挤压有关。

在白垩纪末或古近纪初，小高加索和萨南达季-锡尔詹板块以及莫克兰板块与外高加索-塔雷什-南里海-卢特地块群发生缝合，到白垩纪末小高加索下面的俯冲带已经停止活动。此时由于阿拉伯和卢特等较大板块的碰撞，俯冲作用转移到大高加索-南里海洋壳盆地北缘，即斯基夫-图兰地台的南缘，因此大高加索-南里海弧后盆地开始收缩（图1-20）。

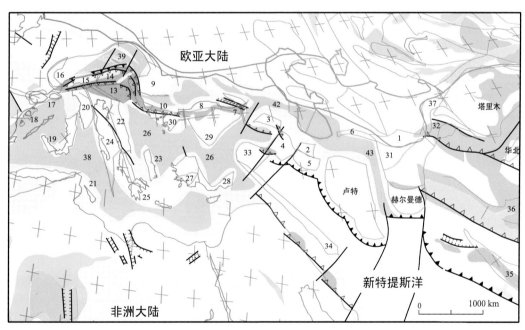

图 1-21　古近纪初欧亚大陆南缘西段古构造复原图（据 Golonka，2004）

图例和地块（洋）编号见图 1-16

弧后盆地北缘俯冲带的西段位于东黑海北缘、大高加索山脉以及阿普歇伦半岛和阿普歇伦隆起带以南。西土库曼盆地一带的一个大型转换断层系统构成了俯冲体系的东西两段的分界。该断层系统目前被深埋在西土库曼盆地的新近系沉积物之下。俯冲体系的东段位于南科佩特达格的边缘，相对于阿普歇伦隆起向南迁移了 200～300 km（图 1-21）。

古近纪南里海盆地是在中生代弧后洋盆的基础上发育的。一些学者认为，大高加索盆地在东黑海盆地张开的同时发生关闭。大高加索盆地的侏罗纪—白垩纪洋壳可能在白垩纪末与晚始新世期间俯冲到斯基夫板块之下，同时，东黑海盆地张开。东黑海盆地向东延伸到阿伽罗-特里阿勒提盆地和塔雷什盆地。在南阿塞拜疆的塔雷什盆地，继含玄武岩、粗面玄武岩、粗面安山岩和安山岩的厚层火山碎屑层序之后沉积了含滑塌岩层的复理石，古近系沉积物总厚度达到 10 km，说明塔雷什盆地的伸展作用可能也与相邻的南里海盆地的伸展作用和洋壳扩张有关。关于南里海盆地张开的时间，有人认为是始新世，还有人认为是整个古近纪。

在不同地段，弧后盆地洋壳板块的俯冲作用时间和速率可能都有差异，这种差异引起了多条大型南西—北东向平移断层的发育。这些平移断层同时切割了大陆地壳和侏罗纪—白垩纪洋壳，其中最重要的一条断层为南里海西南侧的阿拉克斯断层，该断层构成了小高加索地块和外高加索地块与塔雷什地块的分界。另一条重要的断层切割了厄尔布尔士山脉，构成了南里海微陆与西南里海盆地的分界。

自始新世开始，图兰板块的东南部地区和邻近的阿富汗地区受到了印度-欧亚大陆碰撞作用的强烈影响。印度板块与亚洲板块的碰撞大致开始于古新世—始新世之交，在印度-欧亚大陆碰撞带之下的大洋俯冲作用停止，陆-陆碰撞开始，印度板块的帕米尔突刺（陆岬）嵌入中亚南缘，引起了北巴基斯坦地区的强烈变形和地壳增厚，大约 45Ma 前该地区的地壳厚度达到顶峰，此后增厚区向南扩展（图 1-21）。

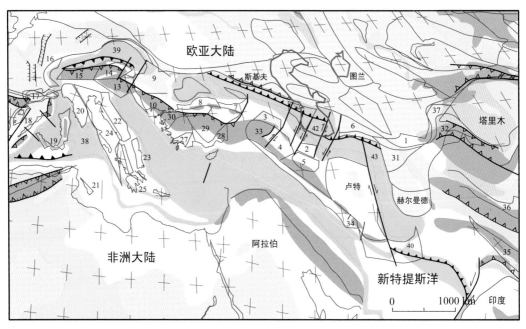

图 1-22　始新世中期（约 45 Ma）欧亚大陆南缘西段古构造和古地理复原图
图例和地块（洋）编号见图 1-16

印度与亚洲的碰撞和缝合在亚洲引起了广泛的走滑断裂活动。在帕米尔高原、阿富汗-塔吉克盆地和吉萨尔山脉地区，有多个地块发生变形并逆冲到图兰地台之上。

阿拉伯陆岬与外高加索地块的陆-陆碰撞迫使外高加索地块向北运动，并导致了大高加索造山带的碰撞和形成。外高加索地块向北运动导致了大高加索与斯基夫地台的陆-陆碰撞，但直到始新世大高加索地区仍为深水盆地。在南部，阿拉伯板块与欧亚大陆缓慢会聚，导致品都斯洋的残余部分沿着萨南达季-锡尔詹边缘带（扎格罗斯缝合带）关闭。

始新世，萨南达季-锡尔詹板块开始逆冲到阿拉伯台地之上，形成扎格罗斯山脉。在中亚地区，卢特地块与图兰地台的碰撞形成了科佩特达格褶皱带。在科佩特达格地区的渐新统—下中新统迈科普群与中生界和古近系岩层一起发生了褶皱和逆冲（图1-22）。

在渐新世—中中新世期间，大高加索-锡斯坦大洋系统的南里海部分经历了重组。南里海微陆向北运动引起了南里海与厄尔布尔士板块之间的裂谷作用，该次运动可能与俯冲作用相关。厄尔布尔士凹陷的张开可能在中中新世期间或之后，伸展作用一直影响到中亚的西土库曼地区。西土库曼盆地的上中新统、上新统和第四系沉积物不整合地覆盖在科佩特达格地区的褶皱带之上。在新近纪期间，南里海盆地的西南部重新张开，而其东北部逐渐收缩。南里海微陆把南里海盆地的南部与北部隔开，而北部盆地可能包含较老的中生代洋壳残余。南里海微陆具有与盆地边缘带不同的重力特征，可能由类似厄尔布尔士板块或与大洋高原玄武岩相关的陆壳组分组成。从土库曼斯坦海上的地震测线可以看出，科佩特达格冲断层从海岸向里海逆冲了大约50km。

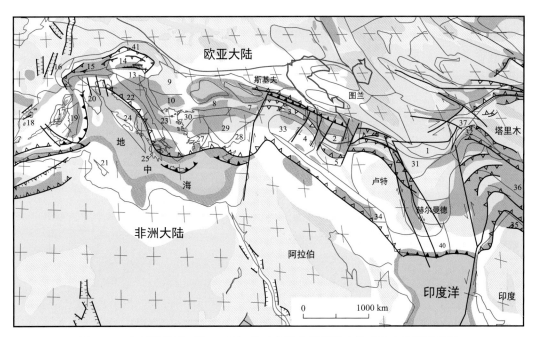

图1-23 中新世早期（约22Ma）欧亚大陆南缘西段古构造和古地理复原图
图例和地块（洋）编号见图1-16

印度板块与欧亚大陆的碰撞持续进行。变质作用和地壳增厚在赞斯卡尔地区达到高峰。欧亚大陆内沿斯基夫-图兰俯冲带的陆-陆碰撞作用，影响了从黑海到阿富汗之间的各板块的向北运动、大高加索盆地和锡斯坦洋的关闭以及南里海的重组。在东伊朗的赫尔曼德板块和卢特板块之间，锡斯坦洋关闭。在喜马拉雅造山带的前陆区继续发育了磨拉石盆地。印度与亚洲的碰撞和缝合在亚洲引起了广泛的走滑断裂活动。在帕米尔、阿富汗-塔吉克和吉萨尔地区，有多个地块发生变形并逆冲到图兰地台之上。在天山-帕米尔高原地区，由于新生代期间印度板块特别是其帕米尔突刺向北强烈挤压，在天山褶皱带内形成了多个山间盆地，阿富汗-塔吉克盆地也受到了强烈改造，并从现代地貌上表现为与阿姆河盆地相互独立的盆地。

在此期间，萨南达季-锡尔詹板块开始向阿拉伯台地逆冲，形成扎格罗斯山脉。在扎格罗斯山脉，逆冲的主要原因可能是阿拉伯板块的逆时针旋转。在中亚地区，卢特地块与图兰地台的碰撞形成了科佩特达格褶皱带。在科佩特达格地区的渐新统—下中新统麦考普群与下伏中生界和古近系一起发生了褶皱和逆冲。

中中新世以后，特提斯域的大幅度板块运动主要发生在非洲大陆与欧亚大陆之间，并多次发生了板块俯冲、弧后裂谷和陆-陆碰撞（图 1-23、图 1-24）。

印度与欧亚大陆的碰撞作用通过远程走滑断层的发育影响了中亚地区。在帕米尔、阿富汗-塔吉克和吉萨尔地区，有多个地块发生变形并逆冲到图兰台地之上。中亚的科佩特达格山脉的中新世逆冲和褶皱作用伴有强烈的走滑分量，这是卢特板块与欧亚大陆碰撞最后阶段的结果。小高加索和外高加索地块与斯基夫台地的碰撞，导致了大高加索盆地的最终关闭，并且开始形成高加索山脉雏形。

上新世是阿尔卑斯褶皱活动最为强烈的阶段，并开始形成现代的地貌轮廓。印度板块与欧亚大陆的碰撞作用直接影响到中亚-里海地区的南部。印度板块的向北强烈挤压

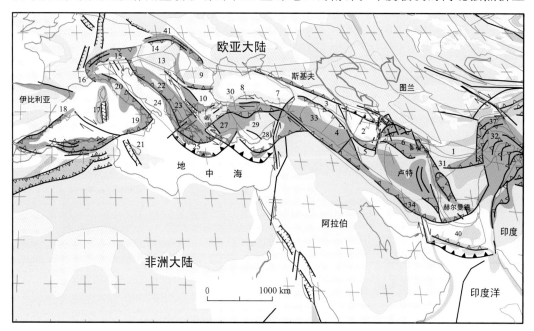

图 1-24　中新世末期（约 6Ma）欧亚大陆南缘西段古构造和古地理复原图

图例和地块（洋）编号见图 1-16

导致了帕米尔地区的强烈隆起,西天山褶皱和阿富汗塔吉克盆地发生了强烈褶皱。阿拉伯板块与欧亚大陆南缘继续碰撞,小高加索和外高加索地块与斯基夫地台强烈碰撞,小高加索和大高加索开始形成山脉,并开始为南里海盆地提供碎屑物源。同时,南里海周边的褶皱山系的隆起及其向南里海盆地边缘的逆冲,导致了盆地周边重力载荷的增大,南里海盆地开始快速沉降、快速沉积,形成了世界上独一无二的巨厚新生界沉积盖层。

在上新世—第四纪期间,印度大陆和卢特板块与欧亚大陆的碰撞引起了中亚地区的变形,发育了北西—南东向的转换断层系统。在图兰地台和科佩特达格地区,这些断层控制了主要板块的构造作用力并对南里海地区产生了强烈影响。大巴尔汉山脉、阿普歇伦脊、南里海盆地、厄尔布尔士山脉和库拉盆地内的变形与这些断层的作用有关。南北向的走滑运动系统可能仍在活动,但其强度已经大大减弱。由于岩石圈板块的南东—北西向的运动,阿普歇伦脊南侧的俯冲带在中新世末期可能已停止活动,但南里海微陆与斯基夫-图兰板块的碰撞从来没有停止。切列肯地区和西南里海盆地的侏罗纪—白垩纪弧后系统的残余、洋壳和减薄陆壳,以及厄尔布尔士盆地和部分西南里海盆地的第三纪洋壳和减薄陆壳,被锁定在周边的大陆板块与造山系之间。

小　　结

1) 中亚-里海地区构造性质差异明显,分别属于东欧克拉通、阿尔泰褶皱区、乌拉尔褶皱带、斯基夫-南图兰褶皱带(中间单元)和特提斯褶皱区。

2) 除了东欧克拉通这一古老稳定单元之外,中亚-里海地区的构造演化主要是不同类型的岛弧和地块褶皱拼贴和大陆不断增生扩大的过程。

3) 构造演化过程的复杂性也决定了该地区成盆机制的多样性:包括陆内裂谷作用、弧后裂谷作用、克拉通内拗陷作用、造山驱动的压陷作用、区域剪张作用等;大多数盆地经受了不同时期不同地球动力学条件的影响,具有叠合改造的特点。

中亚-里海地区含油气盆地 类型与基本特征

◇ 中亚-里海地区可划分出约 20 个沉积盆地，其中已发现工业油气储量的有 11 个。最常见的盆地类型包括内克拉通盆地和前陆盆地，此外还有个别古被动边缘盆地和裂谷盆地。根据目前的勘探结果，含油气最丰富的是年轻克拉通基底上发育的内克拉通盆地，其中主要是中生代内克拉通盆地，其油气可采储量占整个中亚-里海地区已发现储量的 46%；其次是古被动边缘盆地，占整个中亚-里海地区已发现油气储量的 30.4%；前陆盆地中以弧后前陆盆地所含油气占主导地位，占整个中亚-里海地区已发现油气储量的 21.4%；而再生前陆盆地已发现储量仅占 1.4%；其他盆地类型资源潜力有限。

◇ 内克拉通盆地主要分布于图兰地台和斯基夫地台构成的年轻克拉通内，基底为古生代期间褶皱拼贴而成的年轻克拉通，其中包括前寒武纪地块、加里东褶皱系和海西褶皱系；中生代年轻内克拉通盆地占有主导地位，油气资源丰富；仅楚-萨雷苏盆地属于晚古生代内克拉通盆地。

◇ 滨里海盆地先后经历了裂谷、被动边缘、前陆、内克拉通等多个不同性质的构造演化阶段，是一个典型的复合叠合盆地。该盆地晚古生代早期发育为原洋裂谷，部分基底为从东欧克拉通分裂下来的微陆块，并在盆地北缘、微陆块周缘长期广泛发育被动边缘环境，并沉积了台地碳酸盐岩和生物礁碳酸盐岩；中石炭世—早二叠世盆地东缘和南缘的造山和地体拼贴导致盆地封闭并与广海逐步隔绝，盆地东缘和南缘具有前陆性质，早二叠世末在深水局限环境中沉积了巨厚蒸发岩；晚二叠世之后该盆地的沉降则具有内克拉通性质。由于主要含油气层系被限制于盐下层系，即古被动边缘层系内，因此本书将该盆地作为古被动边缘盆地。

◇ 前陆盆地主要分布于中亚-里海地区南部与特提斯褶皱区之间的过渡带内，其前陆演化阶段全都与中新世以来欧亚大陆南缘的陆-陆碰撞有关。其中西部的一系列盆地是在弧后裂谷和弧后原洋盆地基础上发育起来的，属于弧后前陆盆地，得益于前陆阶段初期深水盆地环境沉积的优质烃源岩，该类盆地的前陆层系含有丰富的油气资源；而东部的一系列盆地则是在早期克拉通盆地基础上发育起来的，属于再生前陆盆地，特点是不发育前陆层系烃源岩，油气主要分布于前前陆（即内克拉通）层系内。

第一节　中亚-里海地区沉积盆地类型及含油气性

一、中亚-里海地区沉积盆地的时代和性质

中亚-里海地区沉积岩分布总面积约为 $3.0×10^6 km^2$，至少可以划分出 20 个沉积盆地（图 2-1）。从沉积盖层形成的主要年代来看，该地区既有古生代（主要是晚古生代）

盆地，也有中生代盆地和新生代盆地，多数盆地的沉积盖层包含多个不同的构造层。

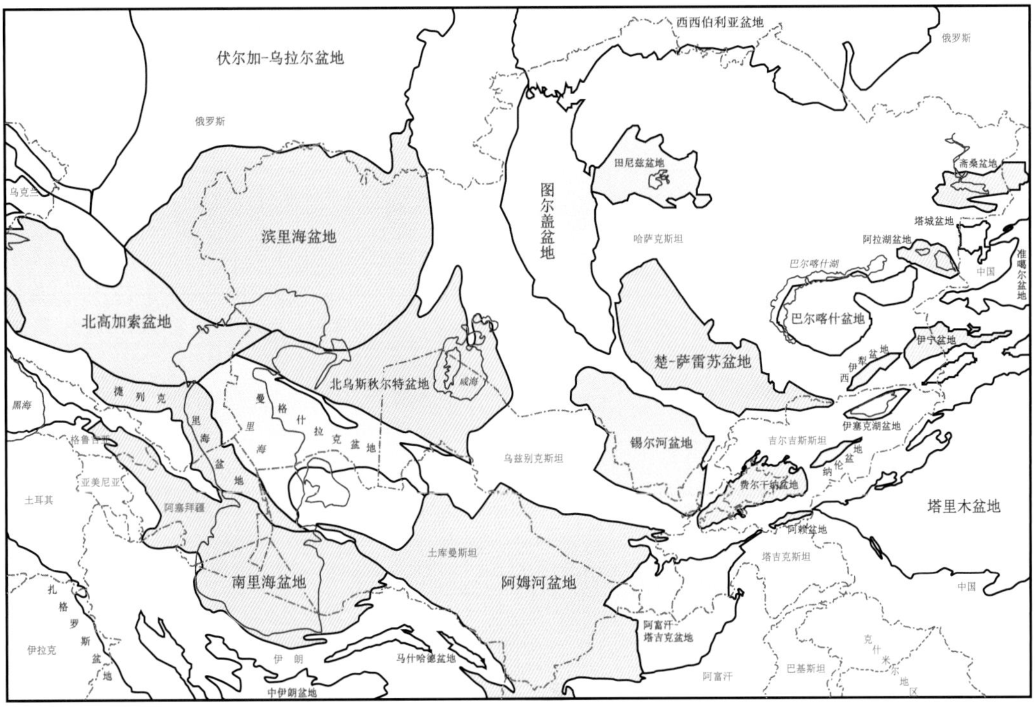

图 2-1　中亚-里海地区沉积盆地分布图

中生代盆地或叠加于古生代沉积盖层之上，如阿姆河盆地、北高加索地台盆地，或以前寒武纪微陆块或古生代（加里东和海西）褶皱带为基底，如北乌斯秋尔特盆地、曼格什拉克盆地等。新生代盆地大多叠加于晚古生代—中生代沉积盖层之上，如费尔干纳盆地、伊塞克湖盆地等；特提斯域的新生代盆地局部发育中生代褶皱基底，甚至存在残余洋壳，如南里海盆地。

（一）前寒武纪盆地

在相邻的俄罗斯地台上，发育了里菲纪裂谷（拗拉谷），其中的一个分支——梁赞-萨拉托夫（帕切尔马）裂谷可能延伸到滨里海盆地。滨里海盆地中央发育的巨型深拗陷可能与该前寒武纪裂谷相连。但由于滨里海盆地沉积盖层厚度巨大，目前难以证实前寒武纪裂谷的存在（表 2-1）。

（二）古生代盆地

古生代中亚-里海地区存在两个大陆系统：一是以波罗的克拉通为主体的早古生代东欧（俄罗斯）古陆，至志留纪末与劳伦（北美）古陆合并为劳罗古陆；二是由早古生代一系列岛弧地体剪切、拼贴和揉挤形成的哈萨克斯坦古陆，早二叠世期间与劳罗古陆、西伯利亚古陆碰撞、拼接形成了劳亚古陆。早古生代在中亚-里海地区仅存在东欧古陆，在其东南缘的滨里海地区可能存在范围有限的裂谷活动；晚古生代在中亚-里海地区，劳罗古陆和哈萨克斯坦古陆并存，在这两个古陆的内部和周边分别发育了沉积盆地。

表 2-1　中亚-里海地区沉积盆地的时代和性质

发育时代		盆地或构造单元名称	构造背景	盆地类型
前寒武纪		滨里海中央拗陷	古克拉通内部伸展	裂谷（?）
晚古生代		滨里海盆地中央拗陷（D_2）、南恩巴褶皱冲断带（D_3—C_1）	古克拉通边缘伸展	裂谷
		滨里海盆地东缘和南缘（C_2—P_1）	碰撞挤压	前陆拗陷
		北乌斯秋尔特	地块、被动/会聚边缘	被动边缘
		图尔盖、田尼兹、楚-萨雷苏、伊塞克湖	哈萨克古陆被动边缘	被动边缘
		斋桑	岛弧，弧后伸展	弧后裂谷
中生代	里海超级盆地	滨里海	稳定克拉通	内克拉通
		北乌斯秋尔特	年轻克拉通	内克拉通
		曼格什拉克、北高加索	年轻克拉通	内克拉通
		捷列克-里海	准特提斯洋被动陆缘	被动边缘
		大高加索-南里海	弧后扩张带、准特提斯洋	弧后裂谷
		阿姆河-阿富汗-塔吉克	年轻克拉通	内克拉通
		图尔盖	年轻克拉通、剪张（J）年轻内克拉通（K）	陆内裂谷内克拉通
		锡尔河	年轻克拉通	内克拉通
		费尔干纳	年轻克拉通	内克拉通
		斋桑	年轻克拉通	内克拉通
新生代		南里海	阿尔卑斯褶皱带内挤压	前陆
		库拉拗陷（南里海盆地西部）	外高加索地块	山间盆地
		捷列克-里海、科佩特达格前渊	褶皱带前渊	前陆拗陷
		阿富汗-塔吉克、费尔干纳、阿赖、阿拉湖、伊塞克湖等	褶皱带内部、中间地块	山间盆地

晚古生代劳罗古陆东缘和东南缘发育了一系列沉积盆地，由北而南依次为季曼-伯朝拉、伏尔加-乌拉尔、滨里海、第聂伯-顿涅茨等盆地；其中滨里海盆地发生了强烈的裂谷作用，并可能达到原洋裂谷（红海）阶段，因此该盆地在晚古生代期间的构造背景总体上属于被动大陆边缘；乌斯秋尔特微陆块被认为是附属于东欧克拉通的一个古老地块，并可能于晚泥盆世从东欧克拉通的古里耶夫微陆上分裂下来，因此晚古生代期间的乌斯秋尔特地块周边也具有被动边缘的性质。

晚古生代期间，在哈萨克斯坦古陆西缘和南缘可能发育了图尔盖、锡尔河、费尔干纳、伊塞克湖等被动边缘盆地，在东缘和东北缘可能发育了巴尔喀什、斋桑等弧后或弧前盆地，而在古陆内部则发育了楚-萨雷苏、田尼兹等内克拉通盆地。与东欧古陆相比，在加里东运动期间克拉通化的哈萨克斯坦古陆具有明显的非均质性和不稳定性，其晚古生代盆地的沉积盖层容易受到后期构造活动的影响而发生褶皱、错断、抬升和侵蚀。

从基底性质来看，中亚-里海地区晚古生代盆地的基底性质差别很大。东欧古陆一侧的盆地具有相对稳定的基底，而哈萨克斯坦古陆一侧的盆地具有活动性较强的基底。滨里海盆地基底包含从东欧地台上分裂下来的由古老结晶岩构成的碎块，盆地中央甚至推测存在早古生代—泥盆纪洋壳基底，而晚古生代期间的哈萨克斯坦古陆主要由前寒武纪微陆块与加里东褶皱带构成。

早泥盆世末在滨里海盆地北部开始发育一条大致东西走向的裂谷——滨里海北部裂谷。该裂谷的东端与乌拉尔洋相接，并具有洋壳基底。当马格尼托哥尔斯克地块向东欧地台增生时，裂谷活动停止，并被区域性热沉降所代替。至晚吉维特期或早弗拉期，东欧克拉通东南缘开始发育第聂伯-顿涅茨-卡宾斯基-南恩巴裂谷，这条裂谷的东段大致对应于滨里海盆地的南缘，当时可能也曾具有洋壳基底。

滨里海盆地在晚泥盆世—早石炭世期间为快速沉降的大陆边缘裂谷盆地，可能与滨里海北部裂谷（现今中央拗陷）及南恩巴裂谷的裂开过程有关。因此，即便存在前寒武纪裂谷作用，晚泥盆世—早石炭世裂谷作用也是该盆地发育过程中最重要的一个阶段。中石炭世开始，滨里海盆地东缘、东南缘分别与穆戈贾尔地块和北乌斯秋尔特地块碰撞，形成了乌拉尔海西褶皱带和南恩巴褶皱带，西南缘受到古特提斯洋板块俯冲形成卡宾斯基褶皱冲断带，此时盆地南缘和东缘具有前陆拗陷的特征，而首次形成了封闭的环状盆地。至早二叠世末，上述褶皱冲断带不断增高，开始限制并最终切断了滨里海盆地与周边大洋之间的联系，形成了大型局限海盆地。裂谷早期以陆源碎屑充填为特征，盆地鼎盛阶段以碳酸盐岩-陆源碎屑岩沉积为特征，浅水区广泛发育了台地-生物礁碳酸盐岩，局限盆地阶段则以蒸发岩沉积为主。

与哈萨克斯坦古陆相关的晚古生代盆地包括内克拉通（楚-萨雷苏、田尼兹盆地）、被动/聚敛边缘盆地（图尔盖盆地）以及弧后裂谷盆地（斋桑盆地）（表2-1）。内克拉通盆地的发育始于陆内裂谷作用或剪张作用，中晚泥盆世以陆源碎屑沉积为主，夹少量火山岩，石炭—二叠纪以浅海-局限海相和陆相沉积为主，岩性包括碳酸盐岩、蒸发岩和陆源碎屑岩。

晚古生代的图尔盖盆地处于哈萨克斯坦古陆西缘，早期属于被动大陆边缘和浅海陆架，发育了大套碳酸盐岩；晚期受乌拉尔洋关闭影响转变为会聚边缘，并广泛发育了火山岩。类似的被动/聚敛边缘盆地还有东咸海、锡尔河、费尔干纳、伊塞克湖等盆地。

晚古生代早期斋桑盆地位于哈萨克斯坦古陆东北缘，泥盆纪末—早石炭世斋桑-额尔齐斯洋关闭形成缝合带，前期火山-沉积岩发生褶皱变质，之后在准噶尔-巴尔喀什洋的弧后伸展背景下发育了斋桑盆地，以陆源碎屑沉积为主，夹碳酸盐岩、碳质页岩和煤层，晚二叠世受海西晚期构造活动影响盆地发生抬升剥蚀。

北乌斯秋尔特地块属于亲东欧克拉通的微陆块，与东欧克拉通之间可能仅以南恩巴裂谷相隔，而与哈萨克斯坦古陆之间则可能相隔着宽阔的乌拉尔洋，在石炭纪可能表现为被动陆缘浅海盆地，广泛沉积了浅海相碳酸盐岩-陆源碎屑岩，夹层状火山岩，由西向东水体明显加深；早二叠世晚期，乌拉尔造山导致北乌斯秋尔特地块特别是其东部的古生代沉积层系褶皱变形，并发生了抬升剥蚀。

　　除滨里海盆地外，中亚地区其他晚古生代盆地基底以海西期拼贴的微陆块、岛弧和增生体为特征。沉积盖层的岩石类型与基底的构造稳定性有很大关系，由于区域性伸展活动或基底构造单元之间的剪切活动，这些盆地的沉积物中常含有火山岩、陆相碎屑红层，区域海侵则导致浅海相碳酸盐岩沉积。同时，由于这些盆地的基底构造单元未最终固结定型，在晚海西期的褶皱活动中发生了较为严重的变形，这些晚古生代盆地的沉积盖层也受到了影响，并影响了古生界层系的含油气性。

（三）中生代盆地

　　中生代期间，中亚-里海地区的伸展活动主要表现为特提斯洋北缘的弧后伸展，受此影响在大高加索-南里海一线形成了大型裂谷盆地并最终演化为准特提斯原始洋盆。围绕准特提斯洋盆，在从北里海到南里海的广大地区发育了统一的中生代沉积盆地，称为中生代里海超级盆地，其范围包括现今的滨里海、北乌斯秋尔特、曼格什拉克、北高加索地台、捷列克-里海盆地以及南里海盆地的一部分（表2-1）。阿姆河-阿富汗-塔吉克盆地在中生代也是一个大型的统一盆地，向西可能也与上述里海超级盆地相连。

　　在中生代里海超级盆地中，南北基底结构明显不同。滨里海盆地到中生代已经远离区域构造活动带，盆地的沉降和沉积速率变缓，属于内克拉通盆地。北高加索、曼格什拉克盆地、阿姆河和北乌斯秋尔特等盆地的基底是中间地块及海西期拼贴和固结的褶皱带，晚二叠世—三叠纪裂谷活动可能与褶皱带变形调整有关，也可能与区域性伸展有关；三叠纪沉积主要分布在一些狭长、线状的地堑-半地堑中。三叠纪之后该地区基底固结，形成内克拉通盆地。

　　侏罗纪到白垩纪的大高加索-南里海盆地是现今的南里海盆地和大高加索褶皱带的前身。该地区当时处于新特提斯洋北缘俯冲带的弧后伸展区，形成了大型的弧后拉张盆地。该盆地的区域性伸展可能也是整个中生代里海超级盆地形成的主要原因。

　　在研究区中东部的早中生代伸展活动主要沿大型剪切断裂带发育，形成一系列相对孤立的中生代盆地，如图尔盖、锡尔河、楚-萨雷苏、巴尔喀什等盆地，通常表现为叠加于早期地堑粗碎屑充填物之上的内克拉通盆地。由于沉降幅度有限，这些盆地的中生代地台盖层厚度通常较小，且常遭受后期抬升和剥蚀。

（四）新生代盆地

　　中亚-里海地区的新生代盆地主要与特提斯域的强烈挤压有关，所形成的盆地主要是前陆拗陷或山间盆地（表2-1）。

　　位于大高加索-科佩特达格山脉以北地区，新生代期间为稳定的克拉通环境，大部分沉积盆地沉降缓慢，仅形成了厚度有限的沉积。但在大高加索褶皱带和科佩特达格褶皱带的前方分别形成了捷列克-里海盆地和科佩特达格前渊这两个前陆拗陷，其中沉积了较厚的新生界盖层。

　　南里海盆地位于大巴尔坎-大高加索山脉以南、厄尔布尔士-小高加索山脉以北，盆地西段（库拉拗陷）基底为外高加索中间地块，南里海部分的基底为中生代弧后扩张形成的洋壳或减薄陆壳。新生代期间受特提斯褶皱区的多期挤压构造活动影响，南里海盆地具有山间盆地的性质。

中亚东南部的天山褶皱带内，分布着多个小型新生代山间盆地，其中重要的有费尔干纳盆地。这些小型山间盆地的基底为古老中间地块或晚古生代褶皱带，除了新生代造山磨拉石层系，其深部还常常存在古生代海相沉积和中生代陆相沉积；山前盆地的强烈挤压变形主要是在中新世及以后。

二、中亚-里海地区沉积盆地基本类型

由于形成和发育的地质历史阶段的不同、所处的大地构造背景和基底性质的差异，中亚-里海地区的不同沉积盆地经历了明显不同的构造演化，其基底性质、成盆机制、沉降特征、沉积类型、构造特征及含油气性等具有很大的差别，这些差别构成了沉积盆地分类的基础。

通常根据盆地形成和演化过程的地球动力学性质对沉积盆地进行分类，一般可划分出内克拉通、前陆、裂谷等盆地类型。

有些盆地仅经历一个简单的演化旋回，盆地性质相对清晰，盆地类型也相对容易确定。如曼格什拉克盆地，其基底为海西期褶皱拼贴在一起的前寒武纪地块和加里东褶皱，晚二叠世—三叠纪经历了裂谷作用，充填了陆相粗碎屑红层、浅水湖泊相砂泥岩和部分火山岩，被称为过渡层系；从侏罗纪开始，该盆地发生区域性热沉降，进入内克拉通演化阶段，广泛发育了地台型沉积地层。地台型地层构成了该盆地沉积盖层的主体，同时也是该盆地的主要含油气层系，因此将该盆地归入内克拉通盆地。

有些盆地经历了多个演化旋回，不同旋回所处的构造背景明显不同，不同时期盆地的地球动力学性质和沉积盖层特征也明显不同，很难归属于某个特定的盆地类型。为了体现该盆地不同地球动力学演化阶段与含油气性的关系，以该盆地的主要含油气层系所属的演化旋回的构造属性来确定盆地类型，如滨里海盆地在晚古生代早期是东欧克拉通东南缘的被动边缘盆地，晚石炭世—早二叠世盆地东缘和南缘具有前陆拗陷的特征，而盐上层系属于典型的内克拉通盆地，考虑到绝大部分油气资源分布于盐下层系内，将该盆地归为古被动边缘盆地。若多旋回盆地最后一期构造活动对盆地的沉积盖层构造影响很大且总体控制了潜在含油气圈闭的形成以及油气运聚与分布，则该盆地的归类通常参考最后的地球动力学特征，如伊塞克湖盆地经历了寒武—奥陶纪被动边缘、泥盆纪大陆边缘裂谷-被动边缘、侏罗纪陆内裂谷、古近纪内克拉通和新近纪山间盆地等多个旋回，尽管尚未发现油气，但可以肯定，该盆地的油气潜力在很大程度上取决于喜马拉雅造山运动对盆地的改造，因此该盆地应归为前陆（山间盆地）。

按照以上分类原则，通过综合分析和研究，中亚-里海地区的沉积盆地可以归纳为以下4类：古被动边缘盆地、内克拉通盆地、裂谷盆地、前陆（山间、山前拗陷）盆地（表 2-2）。

表 2-2　中亚-里海地区沉积盆地分类

盆地类型	盆地名称
古被动边缘盆地 （晚古生代）	滨里海（卡拉恰干纳克、比伊科扎尔、阿斯特拉罕、恩巴等被动边缘）、乌斯秋尔特、东咸海、图尔盖、锡尔河、费尔干纳
内克拉通盆地	阿姆河、北高加索地台、曼格什拉克、北乌斯秋尔特、楚-萨雷苏、锡尔河、田尼兹、巴尔喀什
前陆盆地/ 山前拗陷/山间盆地	南里海、阿富汗-塔吉克、费尔干纳、捷列克-里海、阿赖、阿拉湖、伊塞克湖、纳伦
裂谷盆地	图尔盖、西伊犁、斋桑

三、中亚-里海地区主要含油气盆地油气分布特征

在中亚-里海地区的 20 个沉积盆地中，已发现工业油气储量的盆地有 11 个，包括滨里海、北乌斯秋尔特、北高加索地台、曼格什拉克、捷列克-里海、南里海、图尔盖、阿姆河、阿富汗-塔吉克、楚-萨雷苏、费尔干纳盆地等。此外，在斋桑盆地发现了一个气田和多处稠油显示，由于缺乏相关储量数据，这里不作讨论。

从目前探明和控制的油气储量（表 2-3、图 2-2）来看，中亚-里海地区最重要的含油气盆地是阿姆河盆地、滨里海盆地和南里海盆地，三盆地的油气探明＋控制储量占全区油气总储量的 67.1%。液态石油储量最丰富的盆地是滨里海盆地和南里海盆地，其储量分别占该地区总储量的 41.9% 和 31.4%。阿姆河盆地是典型的富气盆地，其天然气储量占整个中亚-里海地区天然气总储量的 56.6%。

表 2-3　中亚-里海地区油气探明＋控制储量

序号	盆地	石油/$10^6 m^3$	凝析油/$10^6 m^3$	天然气/$10^8 m^3$	合计/$10^6 m^3_{oe}$	占比/%
1	阿姆河	200.31	355.64	136 461.91	13 326.51	36.70
2	滨里海	4727.08	1016.44	56 432.83	11 024.70	30.38
3	南里海	4040.5	271.44	27 502.86	6885.74	18.97
4	曼格什拉克	879.85	21.85	4626.05	1334.63	3.70
5	北高加索地台	551.51	35.07	6908.78	1233.13	3.40
6	捷列克-里海	667.84	4.09	2314.72	888.55	2.45
7	北乌斯秋尔特	488.94	3.41	2893.85	763.16	2.10
8	阿富汗-塔吉克	30.23	14.65	2798.86	306.81	0.84
9	图尔盖	249.42	0.41	386.22	285.98	0.79
10	费尔干纳	142.99	1.89	492.56	190.97	0.53
11	楚-萨雷苏	0	10.06	442.42	51.46	0.14
	合计	11 978.67	1734.95	241 261.06	36 291.64	100
	占比/%	33.0	4.8	62.2	100	

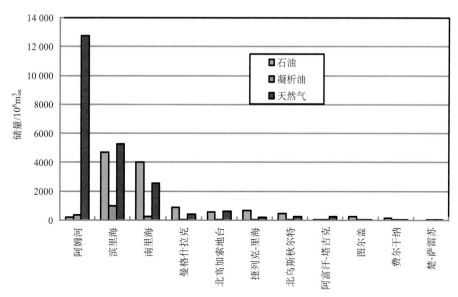

图 2-2　中亚-里海地区油气储量分布

　　从盆地类型来看，中亚-里海地区最重要的含油气盆地类型为内克拉通盆地，其中包括阿姆河、曼格什拉克、北高加索地台、北乌斯秋尔特和楚-萨雷苏等盆地。除楚-萨雷苏盆地属于哈萨克斯坦古陆上的晚古生代内克拉通盆地外，其他4个盆地均属于中生代内克拉通盆地。尽管此类盆地探明＋控制储量占了中亚-里海地区总储量的46.0%（表2-4），实际上绝大部分储量集中在阿姆河盆地内，其余盆地的储量仅占不足10%，而楚-萨雷苏盆地所发现的油气储量最少、含油气潜力最低，可能与晚古生代内克拉通盆地在中新生代的多次改造和破坏有关。

　　仅滨里海盆地为古被动边缘盆地，其探明＋控制油气储量占全区油气总储量的约30.4%（表2-4）。但这类盆地缺乏代表性，不仅在中亚-里海地区仅此一例，在全球也十分少见。

　　前陆盆地也是重要的含油气盆地类型，其中包括南里海、捷列克-里海、阿富汗-塔吉克、费尔干纳4个盆地。最重要的前陆盆地为南里海盆地，该盆地以周边褶皱带构造载荷驱动下的新近纪快速沉降和巨厚三角洲沉积为特征，其探明＋控制油气储量占该地区总储量的18.97%，占了该类盆地油气储量的绝大部分（表2-4）。捷列克-里海盆地为典型的褶皱造山带前渊，具有典型的不对称结构。阿富汗-塔吉克盆地、费尔干纳盆地是在中生代内克拉通盆地基础上叠加发育的，新近纪以来的强烈构造变形为油气成藏提供了丰富的圈闭，但也造成一些早期油气藏的破坏。

　　中亚-里海地区的沉积盖层下部多存在裂谷层系，但这些裂谷层系的发育多与特提斯北缘俯冲带的弧后伸展或大陆内区域性剪张活动有关，因此裂谷层系多作为过渡层系存在，因此含油气潜力不高。目前唯一证实的裂谷含油气盆地为图尔盖盆地的南部次盆，该次盆为侏罗纪裂谷层系与白垩纪裂后层系叠合的结果，且两个层系均含油气，其探明＋控制油气储量仅占中亚-里海地区总储量的1%不到（表2-4）。

表 2-4　中亚-里海地区盆地类型与油气储量分布

盆地类型（个数）	石油/$10^6\,m^3$	凝析油/$10^6\,m^3$	天然气/$10^8\,m^3$	合计/$10^6\,m^3_{oe}$	占比/%
内克拉通（5）	2120.61	426.03	151 333	16 708.89	46.0
古被动边缘（1）	4727.08	1016.44	56 432.83	11 024.7	30.4
前陆/前渊/山间（4）	4881.56	292.07	33 109	8272.07	22.8
裂谷（1）	249.42	0.41	386.22	285.98	0.8
合计（11）	11 978.67	1734.95	241 261.1	36 291.64	100

第二节　内克拉通盆地

一、内克拉通盆地的基本特征

内克拉通盆地的主要特点是在主要成盆阶段远离板块边界，盆地的沉降往往始于大陆内部裂谷作用，之后发生区域性沉降形成范围更加广阔的盆地。我们根据克拉通基底的性质和年龄，可以将内克拉通盆地分为古老内克拉通盆地和年轻内克拉通盆地两个亚类。

古老内克拉通盆地发育于古老克拉通内部，其基底由前寒武纪古老结晶岩构成。中亚-里海地区仅涉及东欧古老克拉通东南部的很小部分，这里的滨里海盆地晚二叠世以来处于新形成的劳亚古陆腹部，属于内克拉通盆地，但考虑到该盆地基底的复杂性及晚二叠世以来沉积的盐上含油气层系在该盆地的次要地位，这里不把滨里海盆地作为内克拉通盆地看待。

哈萨克斯坦古陆由中间地块、岛弧及褶皱带构成，经过长期碰撞、拼贴与早古生代末克拉通化，晚古生代楚-萨雷苏盆地和田尼兹盆地均是在该古陆上发育的内克拉通盆地；这两个盆地的共同特点是发育加里东期褶皱基底、巨厚的晚古生代沉积地层和厚度不大的中新生代沉积地层，以及一定程度的晚期（西莫里期和阿尔卑斯期）构造改造（褶皱、错断、抬升和侵蚀）。

楚-萨雷苏盆地位于哈萨克斯坦古陆中南部（图 2-3），具有加里东期固结的褶皱基底；晚古生代浅海相和海陆过渡相沉积构成了沉积盖层的主体，同时也是该盆地油气勘探的目的层，最大厚度可达 5000 m；中生代和新生代沉积局限分布且厚度不大。

田尼兹盆地位于哈萨克斯坦古陆中部（图 2-3），基底为强烈褶皱错断的前寒武纪和早古生代变质岩，晚古生代浅海相和陆相碎屑岩及少量碳酸盐岩构成沉积盖层的主体，最大厚度可达 5000 m；缺失中生代沉积，新生代沉积了厚度不大的陆相碎屑岩。

拼接于东欧、西伯利亚、哈萨克斯坦和塔里木等古陆之间的各类地体和晚古生代褶皱带也具有年轻克拉通的特征，它们构成了晚古生代末劳亚古陆及此后的欧亚大陆巨型克拉通的一部分，而在这些新近克拉通化的地区发生了局部伸展和区域性沉降，形成了西西伯利亚、斯基夫、图兰等年轻地台，其中包括一系列中生代年轻内克拉通盆地，属于中亚-里海地区的就有曼格什拉克、北乌斯秋尔特、阿姆河、锡尔河、北高加索地台

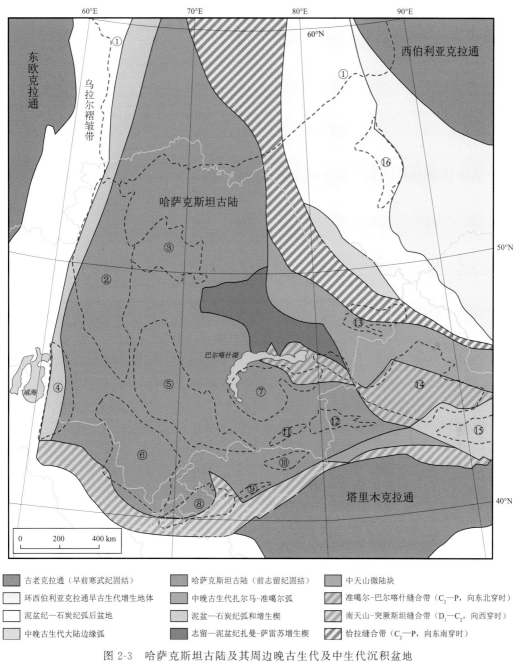

图 2-3　哈萨克斯坦古陆及其周边晚古生代及中生代沉积盆地

盆地编号：①西西伯利亚；②图尔盖；③田尼兹；④东咸海；⑤楚-萨雷苏；⑥锡尔河；⑦巴尔喀什；
⑧费尔干纳；⑨纳伦；⑩伊塞克湖；⑪伊犁；⑫伊宁；⑬斋桑；⑭准噶尔；⑮吐哈；⑯库兹涅茨

等盆地。

　　中亚-里海地区的中生代年轻内克拉通盆地通常具有海西期褶皱拼贴的基底，如北高加索地台盆地和阿姆河盆地；或叠覆于加里东期褶皱基底及晚古生代地台型沉积盖层之上，如北乌斯秋尔特盆地、图尔盖盆地。盆地发育早期通常具有区域性伸展构造背景，形成裂谷地堑并伴有火山活动；之后发生区域性热沉降，在河流-湖泊、滨浅海环境下沉积了以陆源碎屑为主的大套沉积地层，并构成了这些盆地的主要含油气层系。

年轻内克拉通盆地是中亚-里海地区最重要的含油气盆地类型，特别是中生代年轻内克拉通盆地。由于阿姆河、南曼格什拉克和北乌斯秋尔特盆地的石油地质特征还将分别在本书的第四章、第六章和第七章进行详细介绍，因此，本节选择曼格什拉克盆地和楚-萨雷苏盆地分别作为中生代和晚古生代年轻内克拉通盆地进行对比介绍。

二、曼格什拉克盆地

曼格什拉克盆地是中亚-里海地区中生代年轻内克拉通盆地，其中生代沉积盖层与同处于年轻地台上的北乌斯秋尔特盆地、北高加索盆地及阿姆河盆地有很多相似之处，而且与这些盆地相通。

（一）盆地概况

曼格什拉克盆地基底为海西期拼贴形成的劳亚古陆的一部分，主体是介于东欧古克拉通与哈萨克斯坦古陆之间的一系列前寒武纪陆块和加里东期褶皱带；晚二叠世—三叠纪，里海地区发生了区域性构造伸展，在曼格什拉克地区发生了裂谷活动，并在地堑拗陷内充填了陆源粗碎屑沉积和火山岩；早侏罗世—始新世，曼格什拉克地区经历了区域热沉降，沉积了巨厚的陆源碎屑层序。

中生代年轻内克拉通盆地在晚期构造活动中也受到了明显的改造。盆地发育早期，受西莫里陆块群向欧亚大陆南缘拼贴碰撞的影响，在沉积盖层中形成了多个侵蚀面或沉积间断；渐新世—早中新世，来自特提斯域的挤压构造活动导致了盆地内沉积盖层的明显变形，并开始发育背斜构造；至晚中新世—第四纪，受印度板块与欧亚板块陆-陆碰撞的影响，沉积盖层进一步变形。

（二）石油地质特征

曼格什拉克盆地发育多套烃源岩，其中中上三叠统湖相、潟湖-浅海相烃源岩含有腐泥-腐殖混合型有机质，下侏罗统陆相烃源岩以腐殖型有机质为主，中侏罗统湖相-浅海相烃源岩以腐泥-腐殖混合型有机质为特征。主力烃源岩层系埋深适中，大部分处于成熟生油阶段，局部达到深部生气阶段，决定了该盆地总体上液态石油为主的面貌。

曼格什拉克盆地的含油气储层以陆源碎屑岩为主，其中最重要的储层为中侏罗统河流-三角洲相砂岩。在曼格什拉克盆地及里海中生代超级盆地的其他地区，晚侏罗世和晚白垩世为大规模海侵时期，沉积了区域性分布的泥页岩和泥灰岩，构成区域性盖层。

曼格什拉克盆地已发现油气田以构造型和地层-构造复合型圈闭为主，圈闭的构造因素与中生代以来特别是中新世以来的区域构造挤压活动有很大关系。相对而言油气成藏时间较晚，保存条件好。

阿姆河、曼格什拉克、北乌斯秋尔特等中生代内克拉通盆地的详细情况将在后面的

第四、六、七章分别进行详细介绍。

三、楚-萨雷苏盆地

楚-萨雷苏盆地是中亚-里海地区晚古生代内克拉通盆地。与中生代年轻内克拉通盆地相比，这类盆地的基底固结时代较早，沉积盖层主体部分形成时间也更早，但经历了更漫长的后期改造，包括褶皱、错断、抬升、剥蚀，导致已成藏的油气大部分散失，而楚-萨雷苏盆地得益于上泥盆统蒸发岩，特别是下二叠统蒸发岩的封闭作用，仍有一定的含油气远景，而其他不发育蒸发岩的盆地的含油气远景可能更低。

(一) 盆地概况

楚-萨雷苏盆地大部分位于哈萨克斯坦南部，少部分延伸到了吉尔吉斯斯坦境内。盆地为西宽东窄的长条形，长约 900km，宽约 300km，盆地面积约 16×10^4 km^2，大致呈北西—南东向展布。

1. 构造和地层特征

区域构造上，楚-萨雷苏盆地位于图兰地台的东北部，其东北侧是中哈萨克地盾，东侧和东南侧为西天山褶皱系，盆地周边全部由早古生代褶皱系构成。

沿石炭系碳酸盐岩层系底界面，楚-萨雷苏盆地大致呈北西—南东向延伸。盆地中部发育了方向与盆地走向大致平行的塔斯金隆起带，该隆起带将整个盆地划分为东北、西南两个近平行的凹陷带。东北侧的凹陷带包括特斯布拉克（Тесбулакский）凹陷和莫因库姆（Моинкумский）凹陷，西南侧的凹陷带包括考克潘索尔（Кокпансорский）凹陷和苏扎克-拜卡达姆（Сузак-Байкадамский）凹陷。各凹陷沉积盖层厚度不同，断层切割程度有别。各凹陷与隆起之间均以断层带为界（图 2-4）。

楚-萨雷苏盆地存在明显的构造分异，据此可以将盆地划分为一系列正向和负向构造单元。尽管盆地及其下级凹陷带和隆起带具有特征的北西—南东走向，更低级别构造的走向却相当分散，证明在盆地演化和构造形成过程中存在多方向和多因素的区域构造作用。

楚-萨雷苏盆地几乎所有的凹陷都呈不对称形状。凹陷部分的面积通常较小，而周边隆起部分或围斜部分面积更大。泥盆系—二叠系总体上具有相似的构造面貌，但受抬升和侵蚀影响，凹陷边缘上古生界地层大量缺失。局部构造主要是背斜和短轴背斜，常见断层切割。在莫因库姆凹陷西北侧的楚河下游地区，上泥盆统—下石炭统蒸发岩发育了复杂的盐底辟（图 2-5）；下二叠统蒸发岩层则变形幅度较小。

2. 沉积演化

晚古生代楚-萨雷苏盆地处于哈萨克斯坦古陆中南部，其基底由前寒武纪陆壳地体与岛弧碎片碰撞会聚构成；沉积盖层包括上古生界和中新生界，其中上古生界厚度一般在 3000～5000 m，构成该盆地沉积盖层的主体，目前已发现的油气也主要集中在上古

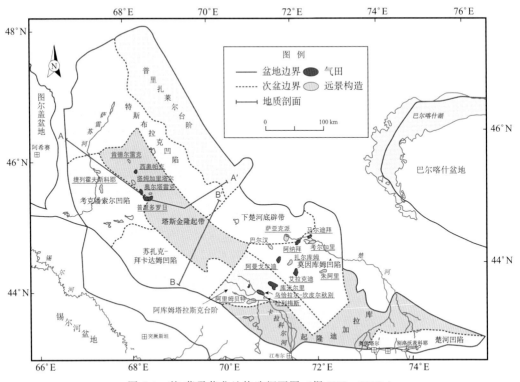

图 2-4　楚-萨雷苏盆地构造纲要图（据 IHS，2012a）

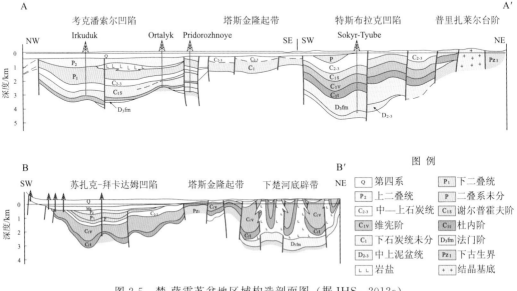

图 2-5　楚-萨雷苏盆地区域构造剖面图（据 IHS，2012a）

剖面位置见图 2-4

生界内。泥盆纪至早石炭世，楚-萨雷苏盆地属于哈萨克古陆滨海湖泊或浅水陆架，泥盆纪以陆相和滨海相陆源碎屑沉积为主，早石炭世以浅海相碳酸盐沉积为主；中晚石炭世—早二叠世哈萨克斯坦古陆与周边大陆或陆块碰撞拼贴，楚-萨雷苏盆地成为陆内局限盆地，开始沉积海陆过渡相-陆相地层，包括蒸发岩；晚二叠世—晚三叠世初，楚-萨雷苏盆地发生区域性抬升并遭受强烈剥蚀（图 2-6）。

中新生代楚-萨雷苏盆地受到了明显的构造改造，但局部仍存在内克拉通拗陷，沉积了一套厚度不大的陆源碎屑岩地层。晚三叠世末—侏罗纪盆地发生了裂谷作用，在狭长的半地堑内沉积了碎屑岩。侏罗纪末—白垩纪初发生了区域性挤压，盆地经历了又一次抬升剥蚀。早白垩世—上新世期间盆地发生缓慢热沉降，在盆地大部分地区沉积了浅海相为主的砂泥岩和砾岩。从晚上新世开始该地区受到喜马拉雅造山运动影响，开始沉积陆源粗碎屑岩（图 2-6）。

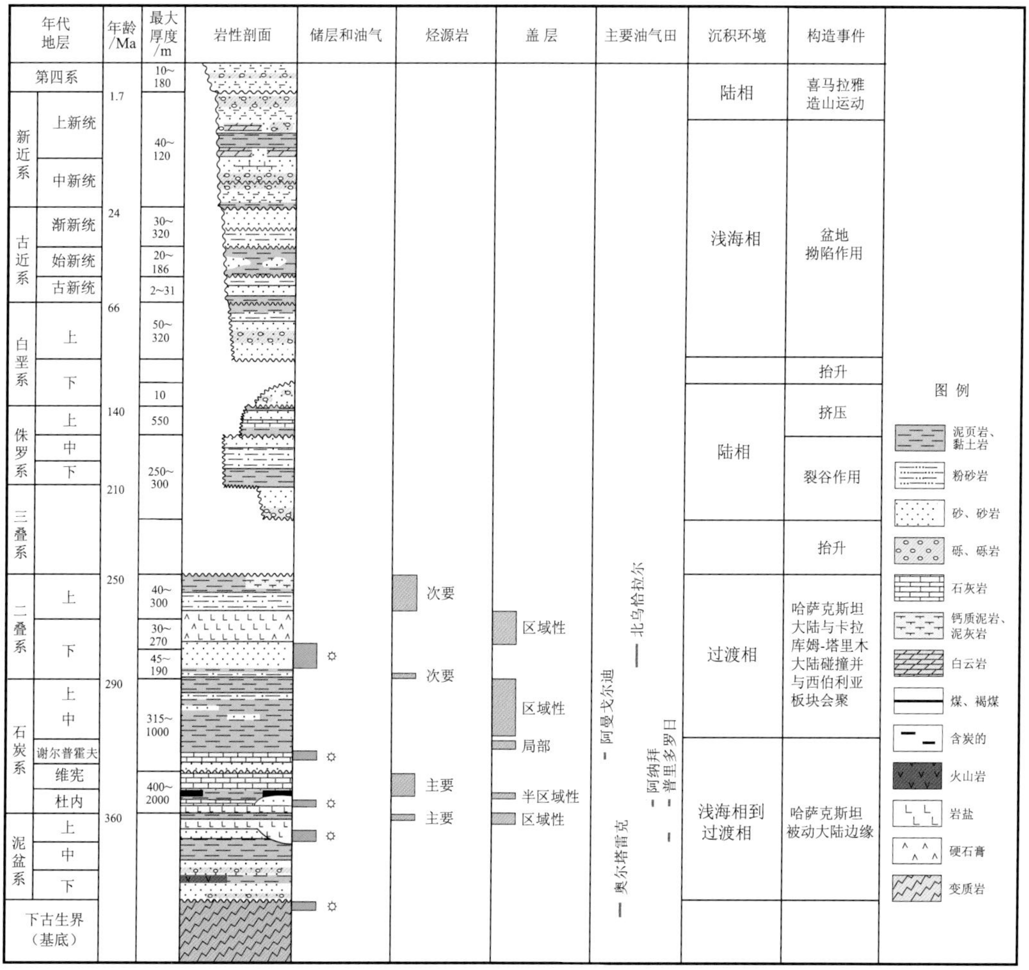

年代地层			年龄/Ma	最大厚度/m	岩性剖面	储层和油气	烃源岩	盖层	主要油气田	沉积环境	构造事件
第四系			1.7	10~180						陆相	喜马拉雅造山运动
新近系	上新统			40~120						浅海相	盆地拗陷作用
	中新统		24								
古近系	渐新统			30~320							
	始新统			20~186							
	古新统		66	2~31							
白垩系	上		140	50~320							抬升
	下			10							
侏罗系	上			550					北乌哈拉尔	陆相	挤压
	中			250~300							
	下		210								裂谷作用
三叠系											抬升
二叠系	上		250	40~300		次要	区域性		奥尔塔雷克	过渡相	哈萨克斯坦大陆与卡拉库姆-塔里木大陆碰撞并与西伯利亚板块会聚
	下		290	30~270 / 45~190		次要	区域性		阿纳拜		
石炭系	上						局部		普里多罗日		
	谢尔普霍夫			315~1000			区域性		阿曼戈尔迪		
	维宪			400~2000		主要	半区域性			浅海相到过渡相	哈萨克斯坦被动大陆边缘
	杜内		360			主要	区域性				
泥盆系	上										
	中										
	下										
下古生界（基底）											

图例

泥页岩、黏土岩　粉砂岩　砂、砂岩　砾、砾岩　石灰岩　钙质泥岩、泥灰岩　白云岩　煤、褐煤　含炭的　火山岩　岩盐　硬石膏　变质岩

图 2-6　楚-萨雷苏盆地综合地层表（据 IHS，2012a）

（二） 石油地质特征

1. 烃源岩条件

楚-萨雷苏盆地所有已知烃源岩都分布于上古生界，包括上泥盆统法门阶—下石炭统的富含腐殖型有机质的海相-潟湖相陆源碎屑岩-碳酸盐岩，以及莫因库姆凹陷北部的维宪阶含煤地层。

上泥盆统—下石炭统烃源岩主要是浅海陆架、潟湖沉积；碳酸盐岩所含有机质主要是腐泥型，而碎屑岩主要为腐殖型和腐殖-腐泥型。法门阶和杜内阶潟湖相深灰色泥岩含有丰富的腐泥型有机质，含量一般在 3%～4%，最高可达 16.5%。下维宪阶碎屑岩含煤地层中的煤层厚达 3.5 m，局部达 14 m。

楚-萨雷苏盆地在地质历史上曾有异常热流存在；现在的温度远低于古地温（低 100℃）。上泥盆统—下石炭统烃源岩成熟度较高，现在已经穿过生油窗，进入下部生气窗。二叠系烃源岩则刚进入生油窗。

根据热史分析推测，上泥盆统—下石炭统的烃源岩于晚石炭世开始生油，晚二叠世达到生油高峰，并可能形成了大量油藏。在晚二叠世—三叠纪挤压抬升构造活动期间，这些油藏遭到破坏。目前在楚-萨雷苏盆地边缘仍然有类似的古油藏的残余，主要分布于下楚河底辟构造带。中新生界地层沉积之后，上泥盆统—下石炭统烃源岩开始二次生烃，目前处于下生气窗；盆地内发现的气藏主要是二次生烃的结果。

楚-萨雷苏盆地目前的发现全部是天然气，偶尔含凝析油。天然气的主要成分是甲烷和氮气。下石炭统气藏甲烷含量为 75%～95%，含少量重烃（约 2%）和氮气（4%～14%）；盐下泥盆系气藏的氮气含量较高，可达 28%；下二叠统气藏中氮气含量更高，达 43%～100%。

2. 储盖条件

楚-萨雷苏盆地已发现油气全部储集于古生界地层内，其中下石炭统占 73.7%，下二叠统占 22.1%；由于成岩演化程度较高，储层物性较差且具有很强的非均质性。

上泥盆统—下石炭统储层在盆地大部分区域内广泛分布。法门阶储层由盐下的潟湖相碎屑岩构成，厚度达到 150 m，孔隙度为 2%～20%，渗透率为 0.21～38.5mD；储集空间为孔隙-裂缝型。

杜内阶—下维宪阶储层为滨浅海碳酸盐岩和碎屑岩，合计厚度达到 300 m。砂岩孔隙度为 15%～22%，渗透率为 10～20 mD；储集空间为孔隙型，偶尔为孔隙-裂缝型。

上维宪阶—谢尔普霍夫阶储层为浅海陆架相碳酸盐岩，厚度达到 200 m，孔隙度为 1.5%～4.0%，渗透率为 0.21 mD；储集空间主要是裂缝型，部分为孔洞-裂缝型。

阿瑟尔阶—亚丁斯克阶储层为潟湖相碎屑岩，厚度为 150～250 m，孔隙度为 0.8%～10.7%，渗透率为 1.4～12.0 mD；储集空间主要是孔隙型。

此外，还在基岩侵蚀面之下发现了裂缝性的下古生界变质岩含气储层。

尽管存在大量断裂，楚-萨雷苏盆地仍具有良好的盖层条件，这得益于上古生界剖面中发育的两套蒸发岩和一套巨厚泥页岩（图 2-6）。

下二叠统亚丁斯克阶—空谷阶蒸发岩以岩盐为主，向盆地边缘变为石膏-硬石膏；该套蒸发岩在盆地内广泛分布，仅在考克潘索尔凹陷中部缺失，构成盆地内最重要的区域性盖层，确保了盐下地层中的气藏得以有效保存。

此外，上泥盆统—下石炭统的蒸发岩和泥页岩也可以构成区域性优质盖层，中上石炭统巨厚泥页岩也构成了区域性盖层。维宪阶—下谢尔普霍夫阶页岩、硬石膏则构成了可靠的局部盖层。

3. 圈闭特征

到目前为止，盆地内发现的气藏多为地层-构造复合型圈闭。断背斜可以独立构成圈闭，但多数构造与储层物性变化和岩性尖灭共同构成复合型圈闭。在盆地的褶皱基岩中还发现了构造-不整合遮挡型圈闭。

构造圈闭的形成与晚二叠世—三叠纪、早白垩世晚期以及上新世以来的多次构造挤压活动有关，推测天然气成藏的高峰期在古近纪，气藏的圈闭在喜马拉雅造山运动期间再次受到改造。

存在区域性分布的蒸发岩和泥岩盖层，盐下发育了大量与断层相关的圈闭，这也是形成油气聚集的另一个积极因素。断裂带附近的裂缝作用使储层性质得到改善，储层厚度巨大等都被认为是控制盆地内烃类分布的主要因素。

第三节　古被动大陆边缘盆地

一、古被动大陆边缘盆地的基本特征

乌拉尔洋和古亚洲洋关闭之后，中亚-里海地区处于内陆，不再存在被动大陆边缘构造环境。该地区被动大陆边缘盆地主要存在于晚古生代劳罗（北美-东欧）古陆东缘和南缘、哈萨克斯坦古陆西缘和南缘以及一系列微陆块的边缘。

加里东造山运动之后，劳伦（北美）克拉通与波罗的（东欧）克拉通联合为劳罗（Laurussia）古陆。在东欧克拉通东南缘，从早泥盆世开始发生构造伸展，乌斯秋尔特、古里耶夫、外乌拉尔等地块从东欧克拉通上面分裂下来，形成微陆，并在微陆间或微陆与东欧克拉通之间形成洋壳。

微陆从古大陆分离的结果是形成了一系列新的被动大陆边缘。在东欧克拉通东南缘形成了卡拉恰干纳克被动边缘，在古里耶夫微陆北缘和南缘东南缘分别形成了比伊科扎尔、阿斯特拉罕和恩巴被动边缘，在乌斯秋尔特微陆周边形成了门苏阿尔马斯、中乌斯秋尔特和咸海被动边缘（图 2-7）。

在哈萨克斯坦古陆的西缘和南缘，晚古生代期间也曾长期存在被动边缘构造环境（图 2-3）。

受板块古纬度和古气候条件影响，晚古生代在这些古陆和微陆边缘浅水区广泛发育清水沉积，形成了碳酸盐台地和生物礁系统，构成潜在的储层，而在相邻的深水区则沉

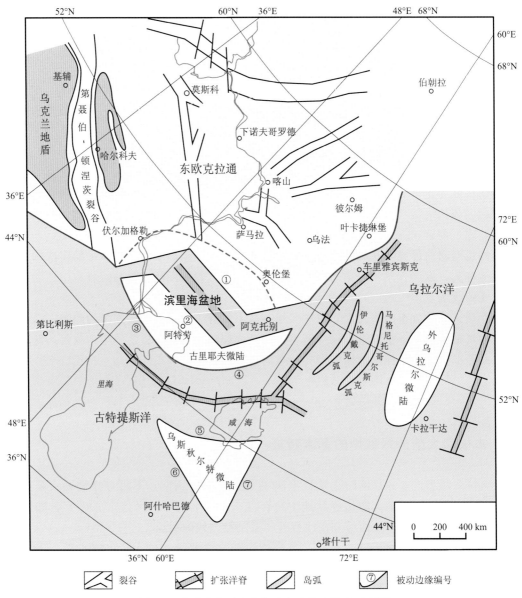

图 2-7　东欧克拉通东南缘晚古生代古构造示意图

被动边缘编号：①卡拉恰干纳克；②比伊科扎尔；③阿斯特拉罕；④恩巴；
⑤门苏阿尔马斯；⑥中乌斯秋尔特；⑦咸海

积了盆地相泥岩和泥灰岩，其中富含有机质，构成潜在的烃源岩。

但所有上述被动边缘都在晚古生代晚期转变为会聚边缘，各大陆或微陆板块沿着这些边缘带碰撞缝合形成了劳亚古陆。在这个过程中，大部分被动边缘沉积地层发生了强烈褶皱和错断，含油气远景在很大程度上遭到破坏。而滨里海盆地内的卡拉恰干纳克边缘和比伊科扎尔边缘受到的挤压较弱，被动边缘层系的构造面貌未发生明显变化，而是被之后的内克拉通层系所充填。

古被动边缘盆地（主要是滨里海盆地）在中亚-里海地区含油气盆地中占有重要地位，其中已发现的油气储量占全区总储量的 30.4%。

二、滨里海晚古生代盆地

（一）盆地概况

根据地球物理资料推测，在滨里海盆地轴部的深处存在晚古生代早期裂谷，被称为滨里海北部裂谷。该裂谷于早泥盆世开始裂开，至晚泥盆世停止活动时已经发展为原洋裂谷，导致古里耶夫地块从东欧克拉通分裂下来；裂谷南北两侧分别形成了比伊科扎尔和卡拉恰干纳克被动边缘（图 2-7）。推测裂谷轴部可能存在洋壳，并在重力、磁场上存在明显异常。晚泥盆世，在沿南恩巴-卡宾斯基-第聂伯-顿涅茨一线发生裂谷作用，乌斯秋尔特地块最终与古里耶夫地块分离，在该地块南缘和东南缘（即现今滨里海盆地南缘和东南缘）形成了被动边缘，即阿斯特拉罕和恩巴被动边缘（图 2-7）。乌斯秋尔特地块作为一个独立地块也在周边发育了被动边缘构造环境，其中东部的咸海被动边缘层系可能保存最好。

滨里海盆地在晚古生代曾长期存在被动边缘构造环境。卡拉恰干纳克和比伊科扎尔被动边缘从早泥盆世延续至早二叠世；恩巴和阿斯特拉罕被动边缘则从晚泥盆世持续至晚石炭世。

与周边地块碰撞之后，乌拉尔洋和古特提斯洋最终关闭，滨里海盆地所在地区处于新形成的劳亚古陆内部，在新的沉降机制驱动下形成了大型内克拉通盆地。考虑到该盆地主要含油气系统和成藏组合均分布于晚古生代被动边缘层系内，将该盆地归入古被动边缘盆地。

（二）石油地质特征

与东欧克拉通东缘其他古被动边缘（季曼-伯朝拉、伏尔加-乌拉尔）相似，滨里海盆地在晚古生代期间也发育了富含水生有机质的深水盆地相烃源岩，即多马尼克相烃源岩，并在合适的埋深条件下生成了大量液态石油。与北面的伏尔加-乌拉尔和季曼-伯朝拉被动边缘相比，晚古生代滨里海地区被动边缘沉降更快，水体更深，更有利于盆地相优质烃源岩发育；因此，除了上泥盆统弗拉阶—法门阶之外，滨里海地区下石炭统、下二叠统还发育多套优质烃源岩。

晚古生代期间东欧克拉通东缘及中亚地区的一系列古陆-微陆边缘广泛发育清水沉积作用，其中的台地相碳酸盐岩和生物礁碳酸盐岩构成了滨里海地区的重要含油气储层。目前已发现的油气大部分储集于相对深水环境中塔礁碳酸盐岩中，如卡拉恰干纳克、田吉兹和卡沙干等巨型生物礁油气田；少部分储集于障壁礁碳酸盐岩储层中。生物礁储层具有垂向连通的特征，侧向上过渡为其他非储层岩相并自行封闭构成地层型圈闭。

滨里海晚古生代被动边缘层系的含油气圈闭多为地层圈闭，但盆地东缘和南缘的被动边缘层系发生了较强烈的褶皱变形，形成了一系列背斜圈闭，如扎纳若尔构造。

滨里海古被动边缘盆地之所以能够保存丰富的油气，还与周边大洋关闭、被动边缘消亡后在局限盆地内广泛沉积的巨厚蒸发岩有关。这套蒸发岩几乎全盆分布，构成了晚古生代被动边缘层系的区域性流体封闭层，确保古被动边缘层系内所形成的油气藏没有遭到大规模破坏而保存至今。

滨里海盆地东缘和南缘在晚古生代晚期的碰撞和褶皱变形导致了南恩巴和阿斯特拉罕两个被动边缘的褶皱抬升，并在其上叠加了以陆源碎屑沉积为主的前陆层系。由于蒸发岩盖层缺失，该前陆层系的含油气远景较低。

关于该盆地的详细情况见本书第三章。

三、其他古被动边缘

晚古生代期间，图尔盖盆地位于哈萨克斯坦古陆西缘，面向乌拉尔洋，中石炭世之前属于被动边缘（图 2-3），在盆地北部发育了浅海相碳酸盐岩，其中发现了沥青和重油，说明该套地层具有生烃条件。随着乌拉尔洋开始关闭，中石炭世图尔盖地区转变为会聚边缘，被动边缘层系最终发生褶皱错断，其中形成的油气聚集因此遭到破坏。

锡尔河盆地在晚古生代处于哈萨克古陆南缘（图 2-3），从泥盆纪末到晚石炭世发育了大套浅海相碳酸盐岩和陆源碎屑岩，至晚石炭世晚期受天山-突厥斯坦洋关闭和造山的影响发生褶皱抬升，古被动边缘层系受到侵蚀。

费尔干纳盆地南缘在晚古生代处于哈萨克古陆南缘（图 2-3），面向西天山洋，也发育了石炭系浅海相碳酸盐岩和陆源碎屑岩层系。由于更为强烈的新构造运动影响，这里的古生界经历了更严重的褶皱错断和抬升侵蚀，现今分布范围有限。

晚古生代期间的乌斯秋尔特微陆是一个相对独立的陆块，在其周边发育了被动边缘构造环境；在乌斯秋尔特微陆内，由西向东水体逐步加深，西部可能发育台地或生物礁碳酸盐岩，构成潜在储层，而东部可能过渡为盆地相细粒沉积，其中可能发育优质烃源岩。目前对北乌斯秋尔特盆地的上古生界的研究仍很少，从含油气系统的观点来看，不发育区域性优质盖层是其重大缺陷；这里的被动边缘层系同样经受了晚期碰撞造山引起的褶皱错断，含油气远景可能远逊于滨里海地区的被动边缘层系。少量钻遇上古生界的探井已证实这里存在古被动边缘碳酸盐岩层系，但尚未发现工业油气藏。

综上所述，晚古生代期间在中亚-里海地区广泛存在被动大陆边缘构造环境，但除了滨里海盆地内部的比伊科扎尔边缘和卡拉恰干纳克边缘未受到后期强烈构造运动影响，其他被动边缘层系都发生了强烈的褶皱错断、抬升剥蚀，而且剖面中不发育区域性优质盖层，因此尽管可能存在优质烃源岩和有利储层，所形成的油气藏也很难保存下来。而处于哈萨克古陆内部的楚-萨雷苏盆地的上古生界层系，尽管也经历了晚古生代末构造活动的影响，却因为晚二叠世蒸发岩的良好封闭作用而保存了一定的油气资源。

第四节　前陆盆地

一、前陆盆地的基本特征

（一）中亚-里海地区前陆盆地分布和成因

前陆盆地毗邻造山带发育，盆地的沉降受造山带构造载荷以及盆内沉积载荷驱动，盆地的充填则主要来自造山带的陆源碎屑沉积物。

中亚-里海地区发育有乌拉尔南段、天山西段、大高加索、小高加索、科佩特达格、兴都库什等褶皱造山带，其中乌拉尔和天山造山带形成于海西晚期，其他造山带大多是新构造运动的产物，现今西天山则是天山海西褶皱带在新构造运动中复活隆升的结果。

乌拉尔造山带是劳罗古陆东缘在晚石炭世—早二叠世期间与一系列地块、岛弧碰撞导致乌拉尔洋关闭造山的结果；也正是在晚石炭世—早三叠世期间，乌拉尔造山带抬升和逆冲产生的构造载荷引起了东欧克拉通东缘的快速沉降和乌拉尔前渊拗陷的形成；在滨里海盆地东缘，哈萨克古陆、穆戈贾尔地体等向古里耶夫微陆和东欧克拉通的靠近导致乌拉尔洋的关闭，并进一步碰撞挤压形成乌拉尔造山带，滨里海盆地则在构造载荷作用下发生快速沉降，晚石炭世—早二叠世是该盆地演化史上除了中晚泥盆世裂谷阶段之外沉降最快的时期之一，从这个意义上来说，滨里海盆地东部此时属于乌拉尔造山带的前陆拗陷；与盆地西北缘仍以碳酸盐岩为主不同，盆地东部此时充填了来自乌拉尔造山带的大量陆源碎屑沉积物，且整个沉积剖面在持续挤压背景下发生了褶皱和逆冲错断。

滨里海盆地南缘的斯穆什科夫-卡拉库尔冲断带介于阿斯特拉罕隆起与卡宾斯基海西褶皱带之间，晚古生代晚期这里也具有前陆拗陷的性质，沉积物以来自卡宾斯基褶皱带的陆源碎屑为主，并发生了强烈的褶皱冲断变形。

但就整体来说，滨里海盆地不具备典型前陆盆地的结构，而且从晚二叠世以后盆地的沉降主要与克拉通内的拗陷作用有关，因此被看作中新生代的内克拉通盆地。

中亚-里海地区南部的前陆盆地主要与阿尔卑斯晚期（喜马拉雅期）造山活动有关，但不同地区的情况还有明显差异。

在研究区西段的大高加索地区，中生代新特提斯俯冲带的弧后伸展导致了准特提斯洋（黑海-大高加索-南里海盆地）的形成；受阿拉伯板块北缘突刺向北欧亚大陆南缘碰撞，准特提斯洋于渐新世局部关闭，大高加索开始褶皱抬升并在北缘前陆区形成了因多-库班、捷列克-里海、南里海等前陆盆地；它们是在弧后伸展盆地基础上经区域造山压陷而形成的，与板块活动边缘密切相关，属于弧后前陆盆地。弧后前陆盆地在地层层序上的突出特点是在前陆阶段早期发育深水细粒沉积，因此前陆层系本身存在较好的烃源岩条件。

准特提斯洋于晚始新世开始关闭，外高加索微陆与北高加索地块发生碰撞，但在构造载荷驱动下该地区仍持续沉降，并于渐新世—早中新世期间在北高加索地台、捷列克-里海、南里海等地区广泛沉积了迈科普群深水泥页岩；中中新世以后，阿拉伯板块与欧亚大陆南缘碰撞，大高加索和小高加索山脉开始隆升形成碎屑物源区，与这些褶皱山系相邻的盆地如捷列克-里海、南里海等转变为前陆盆地，接受了来自造山带的大量陆源碎屑沉积物，同时在构造载荷和沉积物载荷驱动下继续快速沉降。

南里海盆地是准特提斯洋关闭后的残余盆地，根据地球物理资料推测，在南里海部分海域至今仍残存洋壳基底；始新世以来，随着周边造山带的抬升，南里海盆地受构造载荷驱动开始快速沉降和快速沉积，早期以泥质沉积为主，至上新世开始发育大型三角洲；由于快速沉积和埋藏，沉积物中捕集了大量水分，因而盆地深部普遍存在异常高压，并沿断裂带发育了大量泥火山构造；另外，区域性构造挤压还导致了沉积盖层的褶皱变形，形成了成排成带分布的背斜构造，为油气成藏提供了丰富的圈闭。

哈萨克古陆南缘的南天山-突厥斯坦褶皱带形成于中晚石炭世古特提斯洋的关闭，但沿该褶皱带并未发现大型中生代前陆盆地。目前中亚地区南部的主要造山带与海西期以及西莫里期褶皱带或微陆缝合线在新构造运动过程中的复活有关，这些褶皱带复活抬升的同时，发育了一系列再生前陆盆地。再生前陆盆地的沉积地层以粗碎屑磨拉石为特征，早期缺乏深水细粒沉积，烃源岩条件较差；连续沉积的大套粗碎屑岩又不利于储盖组合的形成。

受印度板块西北部突刺向欧亚大陆南缘冲刺的影响，中亚南部地区特别是在帕米尔地区发生强烈构造变形和明显的区域性隆升，天山海西褶皱带大部分复活，在西天山褶皱带内部发育了一系列规模不大的新生代山间盆地，如费尔干纳、阿赖、伊塞克湖、纳伦等，它们多与相邻的褶皱山系平行延伸，新生界特别是新近系以陆源粗碎屑沉积为主，沉积盖层经受了明显的褶皱变形。

阿富汗-塔吉克盆地在中生代期间与阿姆河盆地为统一盆地，二者具有相似的中生界沉积地层和岩相剖面，具有年轻内克拉通盆地特征；但新近纪新构造运动导致了两个盆地的分化：吉萨尔山脉以西的阿姆河盆地介于印度和阿拉伯板块向北强烈推挤区之间构造挤压相对较弱的地区，盆地南缘的科佩特达格山脉的隆升与沿马什哈德深大断裂的走滑挤压活动有关，所形成的科佩特达格前渊具有前陆拗陷性质，但范围较小，阿姆河盆地大部分地区受新构造运动影响较弱；吉萨尔山脉以东的阿富汗-塔吉克盆地南邻印度板块西北突刺向北挤压形成的帕米尔褶皱区，北倚复活隆升的南天山褶皱带，中新世以来盆地受构造载荷驱动快速沉降，堆积了巨厚的陆源碎屑磨拉石层系，而且沉积地层受区域挤压构造背景影响发生了强烈褶皱，形成了成排成带的背斜构造带。

（二）前陆盆地石油地质特征

前陆盆地是中亚-里海地区重要的含油气盆地类型之一。目前已经证实的前陆含油气盆地有 4 个，包括南里海、捷列克-里海、费尔干纳和塔吉克-阿富汗盆地，已发现油气储量占该地区油气总储量的 22.8%。南里海及其西岸的捷列克里海盆地，位于准特提斯洋沿线，属于弧后前陆盆地；南里海以东及西天山地区的前陆盆地多叠加于内克拉通盆地之上，如费尔干纳盆地、阿富汗-塔吉克盆地，为古褶皱带或古缝合带在新构造运动作用下复活的结果，属于再生前陆盆地。

1. 前陆盆地的烃源岩特征

对于弧后前陆盆地来说，弧后伸展阶段和前陆挤压阶段早期均有烃源岩发育，但对于南里海及其西岸的此类盆地来说，主力烃源岩为前陆阶段早期沉积，此时盆地快速沉降但造山带尚处于隆升初期，未构成重要碎屑物源区，沉积物以大套泥质岩为特征，如南里海盆地和捷列克-里海盆地的迈科普群烃源岩；而前期的弧后盆地烃源岩可能因为埋藏较深，通常处于高熟或过熟阶段，对整个盆地的生烃贡献较低。

前高加索盆地的主力烃源岩为前前陆层系的下中侏罗统含混合型有机质的烃源岩，在北高加索地台部分正处于生油窗内，而在捷列克-里海拗陷内已经达到高成熟，但仍是该盆地的主要烃源岩；前陆阶段初期（渐新世）沉积的迈科普群泥岩，在北高加索地台的大部分地区未达到成熟，但在捷列克-里海和因多-库班两个前渊拗陷内均已达到成熟，是一套重要烃源岩，其中因多-库班盆地的油气主要来自迈科普群烃源岩。

再生前陆含油气盆地通常也发育两套烃源岩：内克拉通层系的烃源岩和前陆层系的烃源岩。但盆地内的油气主要来源于内克拉通层系的烃源岩，包括陆相煤系地层和碳质页岩，以及浅海-局限盆地相烃源岩；再生前陆阶段虽具有与弧后前陆盆地相似的快速沉降条件，但相邻造山带的快速抬升和大量碎屑供应导致盆地的快速充填，烃源岩发育条件较弧后前陆盆地而言要差得多。

2. 前陆盆地的储层特征

前陆盆地是在前前陆阶段和前陆阶段均发育良好的储层。前前陆层系多为地台型沉积，既有陆相和滨浅海相的陆源碎屑岩储层，也有浅海相碳酸盐岩储层；由于盆地周边抬升和碎屑物源区的发育，前陆阶段通常不发育碳酸盐岩储层，已证实的储层几乎全部为陆源碎屑岩储层，主要为三角洲、扇三角洲、深水浊积岩等沉积类型。

按盆地性质的不同，含油气储层在垂向上的分布也有明显差异。

对于弧后前陆来说，前前陆层系和前陆层系也都发育含油气储层。前前陆层系储层包括浅海相砂岩和碳酸盐岩，在捷列克-里海盆地最为发育，其中所含的油气储量占该盆地已发现油气储量的 72.5%；但由于埋深较大导致的强烈压实和胶结作用，前前陆层系的储层物性通常较差，位于挤压构造转折端的储层因为伸展裂缝和溶蚀作用其物性有明显改善；前前陆层系储层在因多-库班盆地所含的储量仅占该盆地总储量的17.3%，而在南里海盆地则仅占 1.6%。埋藏深度大、储层物性变差、钻探难度大等是弧后前陆盆地的前前陆层系中发现油气储量较低的主要原因。

弧后前陆盆地的前陆层系也是以陆源碎屑岩占主导地位，但前陆阶段早期的区域挤压导致深水环境，其中沉积了大套泥岩，通常是前陆盆地的有效烃源岩，也包含少量碎屑岩储层，如捷列克-里海和南里海盆地的迈科普群储层。前陆阶段中期则以三角洲沉积为主，形成前陆盆地的主要含油气储层段，如南里海盆地产层/红层群，捷列克-里海盆地的乔克拉克组，以及因多-库班盆地的迈科普群上部、麦奥特组和乔克拉克组；前陆阶段中期的三角洲砂岩储层具有厚度大、分布广的特点，由于地层年代较新，成岩作用较弱，具有较高的储集物性，此外与三角洲砂体互层的泥岩构成良好的储盖组合，更有利于油气聚集；南里海盆地已发现油气储量的 94.2％集中于前陆阶段中期沉积的三角洲砂岩储层中。前陆阶段晚期则以大套粗碎屑磨拉石沉积为特征，储集条件较差。

与弧后前陆盆地相比，再生前陆盆地通常不发育前陆阶段早期的深水环境，前陆层系以大套粗碎屑磨拉石沉积为特征，本身烃源岩条件较差，也缺乏有效的储盖组合，含油气条件相对较差，因此含油气储层主要是前前陆层系的陆源碎屑岩和碳酸盐岩。如费尔干纳盆地的古近系浅海相和潟湖相碎屑岩及碳酸盐岩储层构成该盆地的主要储层，此外还有侏罗系、白垩系的河流相和冲积扇相砂砾岩、浅海相砂岩和石灰岩储层；整个前前陆层系的储层所含油气占该盆地已发现储量的 73.2％，其中古近系储层占了 53.2％。费尔干纳盆地的前陆层系以巨厚的陆相粗碎屑岩为特征，储层岩性为砖红色砂岩和含砾砂岩；由于储盖组合条件较差，含油气性明显低于前前陆层系。

阿富汗-塔吉克盆地也是典型的再生前陆盆地，该盆地在前陆层系为一套巨厚粗碎屑磨拉石地层，到目前为止未在该层系发现工业性含油气储层；而已发现的油气全部分布于前前陆层系内，其中绝大部分储层为浅海相碳酸盐岩，包括库基唐组（卡洛夫—牛津阶）石灰岩储层（占全盆地已发现油气储量的 82.9％）和古新统石灰岩/白云岩储层（占全盆地已发现油气储量的 8.8％）；只有少量油气分布于浅海相砂岩储层中。

3. 前陆盆地的圈闭特征

中亚-里海地区前陆含油气盆地的构造型圈闭主要形成于中新世以来的新构造运动，与阿拉伯板块、印度板块同欧亚大陆南缘的碰撞和挤压密切相关。

前陆盆地内的含油气圈闭类型以构造型或地层-构造复合型为主，盆地基底的继承性活动以及造山阶段的构造挤压都有利于形成构造圈闭。盆地靠近造山带的部分变形强烈，可能导致完整背斜圈闭的破坏，远离造山带向盆地内部构造变形逐步减弱，构造密度和幅度降低，但圈闭完整性增高。挤压构造常平行于盆地边缘造山带成排成带分布，或构成雁行状、帚状分布。

除构造圈闭或构造复合型圈闭外，在前前陆层系内的继承性隆起顶部或周边还分布有大量地层型圈闭。砂岩尖灭带、生物礁等地层型圈闭。

4. 前陆盆地油气分布特征及主控因素

在平面上，前陆盆地的油气藏明显受构造带控制，如南里海盆地北部大致呈东西走向的阿普歇伦-滨巴尔坎构造带、盆地东部的格戈兰达格-奥卡雷姆帚状构造带和下库拉帚状构造带，其中发育了大量挤压型背斜，构成该盆地主要的含油气构造带。

由于存在古近系烃源岩，中亚-里海地区的弧后前陆盆地具有生烃时间晚、油气藏成藏期晚的特征，直至目前仍在进行着活跃的油气生成和运聚过程，这确保了在构造活动比较活跃的背景下仍能够保持丰富的油气聚集，油气藏的充注和散失可能达到某种动平衡；而对于再生前陆盆地来说，生储盖组合主要分布于前前陆层系内，油气的生成和运聚较早，但前陆阶段的构造活动对先前的油气聚集具有强烈的改造作用，导致油气藏的调整和破坏。

目前中亚-里海地区的前陆盆地仍处于特提斯构造域内或靠近该构造域的边缘，构造活动活跃，逆冲构造、走滑构造活动有可能切割现有闭合构造而导致圈闭失效，造成油气散失，南里海盆地大量的泥火山活动证明油气的散失过程仍在持续；区域构造挤压造成的地层抬升和剥蚀也可能导致油气藏的破坏，在南里海盆地、捷列克-里海盆地边缘都见到了油藏破坏形成的地沥青。

二、费尔干纳盆地

（一）盆地概况

费尔干纳盆地位于中亚地区东南部，分布于吉尔吉斯斯坦、乌兹别克斯坦和塔吉克斯坦三国交界地区，面积约 $4.12 \times 10^4 \mathrm{km}^2$。该盆地是南天山褶皱带内的一个山间拗陷，沿锡尔河上游的纳伦河谷延伸，周边群山环绕。盆地北侧以西北倾的北费尔干纳冲断层与恰特卡尔山脉为界，南侧以南倾的南费尔干纳冲断层与突厥斯坦山和阿赖山为界，盆地的东界可能由北西—南东向延伸的塔拉斯-费尔干纳（Talasso-Fergana）大型走滑断层的一系列帚状分支断裂带构成（图 2-8）。

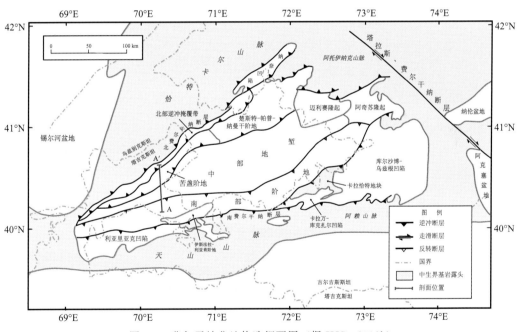

图 2-8　费尔干纳盆地构造纲要图（据 IHS，2012b）

1. 构造特征

受北东东向断层切割，费尔干纳盆地表现出明显的南北分带特征。盆地南北两缘分别向盆地轴部逆冲，形成大型逆冲掩覆带和构造阶地，北缘发育了苦盏阶地和楚斯特-帕普-纳曼干阶地，南缘发育了南部阶地（图 2-9）。南费尔干纳逆冲断层在中段向东北分叉，在两条北冲断层之间形成了库尔沙博-乌兹根和卡拉万-库克扎尔等次级凹陷。

　　盆地轴部被称为中央地堑，两侧分别以反转正断层或冲断层为界，边界断层之外是盆地周围的阶地。

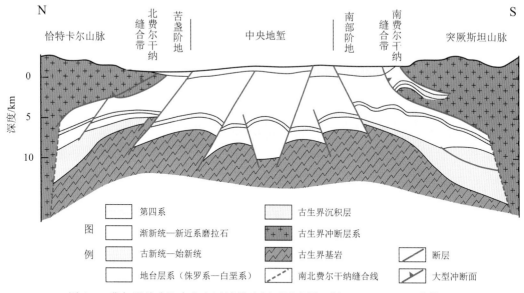

图 2-9　费尔干纳盆地南北向区域构造剖面示意图（据 IHS，2012b，有修改）

2. 构造和沉积演化

　　费尔干纳盆地是在中生代内克拉通基础上经新近纪强烈构造挤压形成的再生前陆盆地。盆地的基底为一古生代微陆，由三个不同地块组成：西北部由块断火山岩组成，发育北东向断层；东北部由变质沉积岩组成，发育北西向的背形和向形褶皱构造；南部由变质沉积杂岩组成，含志留系—泥盆系火山岩，构造走向以东西向为特征。沿盆地边缘发现了古生界基底露头，向盆地中央方向块断作用增强。但中石炭世以后，该微陆缝合到欧亚板块上，构成最初的中天山造山带和南天山造山带。

　　晚二叠世—三叠纪期间，天山造山带发生了造山后塌陷伸展，在一系列狭窄半地堑内沉积了河湖相红色磨拉石（撒马尔罕组）和少量凝灰岩。

　　从侏罗纪至渐新世，费尔干纳地区与中亚西部的阿姆河、曼格什拉克、北乌斯秋尔特等盆地一样发生了区域热沉降，在盆地及周边广大地区发育了地台型层系。早白垩世阿普特期之前以陆相沉积为主，包括河流-湖泊相、沼泽相；阿尔布期至渐新世发生了多次海侵，盆地内的海水曾一度与特提斯洋相通，沉积了浅海相和潟湖相陆源碎屑岩、碳酸盐岩和膏岩（图 2-10）。

　　中新世，受印度板块与欧亚板块陆-陆碰撞和强烈挤压的影响，天山造山带强烈复活和抬升，并从南北两侧向盆地逆冲，构成了强大的构造载荷，导致费尔干纳盆地在受到反转、逆冲和褶皱作用的同时仍存在持续沉降，形成了大型山间盆地，其中充填了来自南北两侧抬升山系的厚层磨拉石地层。

　　随着持续的褶皱和逆冲，上新世构造变形增强，至第四纪最为强烈。随着时间的推移，变形作用向盆地中央迁移，盆地内普遍发育了与盆地轴向大致平行的一系列褶皱构造。绝大部分构造型含油气圈闭也是在这一阶段形成的。

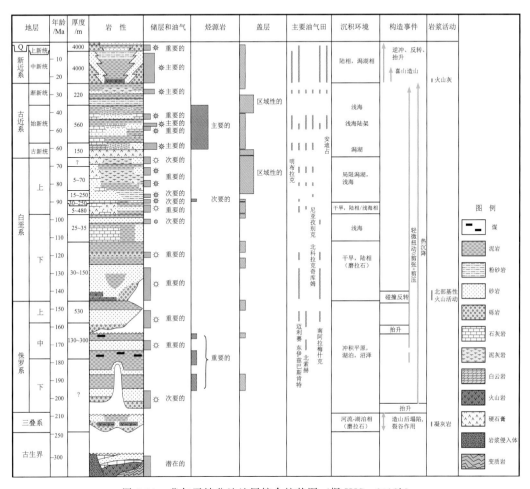

图 2-10　费尔干纳盆地地层综合柱状图（据 IHS，2012b）

（二）石油地质特征

1. 烃源岩

费尔干纳盆地内的主要烃源岩分布于下—中侏罗统和古近系。在盆地边缘附近，下—中侏罗统烃源岩为湖沼相煤层和碳质页岩，与阿姆河盆地的同期地层相似，以生气为主。早侏罗世还原环境和氧化环境周期性交替，而中侏罗世则以还原环境为主。土仑阶也发育了一套暗色泥岩，但其烃源岩潜力较低。

古近系烃源岩主要分布于古新统—始新统，富含有机质的岩石类型主要是泥质灰岩，总有机碳平均含量为 0.59%，在页岩中可达 1%；有机质通常为腐泥型，其中类脂体达到 90%，个别样品的腐殖组分含量可达 50%。古近系烃源岩分布的深度范围较宽，因此成熟度差别很大。

快速堆积的巨厚新近系和第四系导致主要烃源岩在短期内快速埋深成熟-过成熟。中生界烃源岩目前已埋藏很深（超过 7000m），可能早在中新世—上新世中期就已经达到了生油高峰，目前已经穿过生油窗和生气窗，处于过成熟状态。古近系烃源岩生油窗的深度范围较大，目前大部分仍处于生油窗内；费尔干纳盆地液态石油的储量占总储量的 76%，主要来自古近系烃源岩。

2. 储盖特征

费尔干纳盆地内的主要储层包括古新统、始新统和渐新统浅海相和潟湖相砂岩及碳酸盐岩，以及新近系河流-湖泊相碎屑岩（图 2-11），其中古近系已发现的油气储量占全盆地储量的 53.2%，新近系占 26.8%。费尔干纳盆地古近系和新近系储层以含油为主，所发现的油田几乎都存在古近系含油层，特别是在盆地最西部。

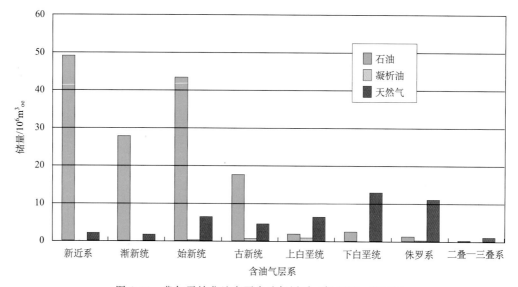

图 2-11　费尔干纳盆地主要含油气层系（据 IHS，2012b）

侏罗系和白垩系剖面中也有少量储层：侏罗系储层以河流相碎屑岩为主，白垩系储层为冲积扇砂砾岩到浅海相砂岩和石灰岩。中生界储层以含气为主。

除了中新生界储层外，在一些油气田中的古生界地层中见到了油气显示，包括上石炭统和下二叠统的生物礁灰岩和碎屑岩。

费尔干纳盆地发育了多套区域性盖层：

上侏罗统广泛分布的湖相页岩，构成了下伏下—中侏罗统储层的层内盖层和区域性盖层。

上白垩统赛诺曼阶、坎潘—马斯特里赫特阶发育了区域性分布的浅海相和潟湖相页岩夹石膏，构成下白垩统储层的区域性盖层。

古新统下部发育了一套区域性分布的潟湖相膏岩，构成下伏中生界的区域性盖层。上始新统和下渐新统的浅海相页岩、泥质石灰岩和泥灰岩。

3. 构造活动与油气成藏

费尔干纳盆地经历了晚二叠世—早三叠世的伸展阶段、早侏罗世—渐新世的区域性热沉降阶段，和中新世以来的强烈挤压阶段，但中新世之前的构造活动仅在沉积盖层中形成了区域性隆起和凹陷，缺乏与油气聚集相关的局部构造。

侏罗系烃源岩生烃可能始于白垩纪，白垩纪末达到高峰，但当时构造活动较弱，成藏规模有限。

中新世以来，与印度板块和欧亚板块碰撞相关的挤压作用导致了盆地南北两侧的逆冲作用，在沉积盖层中形成了大量挤压变形构造，如近东西向的冲断层、上盘背斜、雁列式背斜、断背斜和上冲背斜。这一构造变形阶段伴随着盆地的强烈压陷和沉降，以及陆源碎屑沉积物的快速堆积；至中晚中新世，古近系烃源岩开始生成油气，并在强大的构造动力作用下开始运聚成藏；侏罗系烃源岩则进入高成熟生气阶段，其所生成的石油则开始裂解为干气，先前所形成的油气藏也因为构造变化而发生大规模调整甚至破坏。

到早上新世，全盆地的古近系烃源岩达到生油高峰，晚中新世—早上新世构造活动为油气运移提供了新的通道。油气从古近系烃源岩经垂向和侧向运移进入背斜、断背斜构造，形成了多产层油田。

第四纪构造作用对油田的分布产生了重要影响，冲断层和平移断层活动破坏了大量早期圈闭，为油气向新近系储层中的运移提供了通道。

古近系烃源岩生成的油气比例大致相当，但目前在古近系和新近系发现的储量中石油超过 90%，这与新近纪以来强烈构造活动导致天然气大量逸散有关。

4. 勘探潜力

该盆地的勘探始于 19 世纪末，到 20 世纪 30～50 年代陆续发现了一批中型油田，此后发现规模明显变小，然而到 20 世纪 80 年代以后仍有较大发现，如 1992 年发现的明布拉克中新统油藏（$3366 \times 10^4 m^3$ 油当量），2001 年发现的 Mayli-Su 油田（$1131 \times 10^4 m^3$ 油当量）。到目前为止，已发现 60 个油气田，探明和控制总储量为石油 $1.45 \times 10^8 m^3$，天然气 $492.6 \times 10^8 m^3$。

据研究（EIA，1995），费尔干纳盆地待发现资源量主要分布于中央地堑，包括 $7.5 \times 10^8 m^3$ 石油和 $4500 \times 10^8 m^3$ 天然气。中央地堑的古近系具有较大的勘探潜力，埋深约 6500m。南部阶地有可能发现更多的构造型和地层型圈闭，而沿盆地南翼和北翼冲断带之下发育的构造圈闭可能也有相当大的勘探潜力。

三、阿富汗-塔吉克盆地

（一）盆地概况

阿富汗-塔吉克盆地是位于中亚地区南部的一个大型山间拗陷盆地，面积约 $12.5 \times 10^4 km^2$；盆地周边发育了古生代变质岩和火山岩组成的山脉，北缘为高达 5.0 km 的吉萨尔山脉，东缘为高达 6.0～7.0 km 的达尔瓦扎山脉（帕米尔），东南缘为高达 4.0～

7.0 km 的兴都库什山脉，西缘为吉萨尔山脉的西南分支。

　　阿富汗-塔吉克盆地与盆地周边褶皱带之间大都以深部断层系统为界：如西缘的拜孙-库基唐（Baysun-Kugitang）断裂、北缘的吉萨尔-考克沙尔（Gissar-Kokshaal）断裂、东部的达尔瓦扎（Darvaza）断裂、东南缘的伊什卡梅什（Ishkamysh）断裂和南缘的厄尔布尔士-莫木尔（Albruz-Momul）断裂。北帕米尔从南向北逆冲于阿富汗-塔吉克盆地之上。

　　盆地内部可以划分为一系列南北向的拗陷和隆起带。从东往西依次为：库里亚布拗陷、奥比加姆隆起带、瓦赫什拗陷、卡菲尔尼干隆起带、苏尔汉河拗陷和西南吉萨尔隆起带（图 2-12）。仅盆地北部的杜尚别拗陷呈东西走向。盆地基底埋深一般在 6～8km，东部的库里亚布拗陷最深可达 16～18km。

　　盆地的基底最终形成于海西期拼贴和褶皱，其中包含强烈变形的前寒武系和古生界变质岩，与阿姆河盆地的基底相似；中生代—古近纪期间，该盆地与阿姆河盆地为统一的内克拉通盆地，新近纪期间受强烈区域挤压构造活动影响，演化为再生前陆盆地。

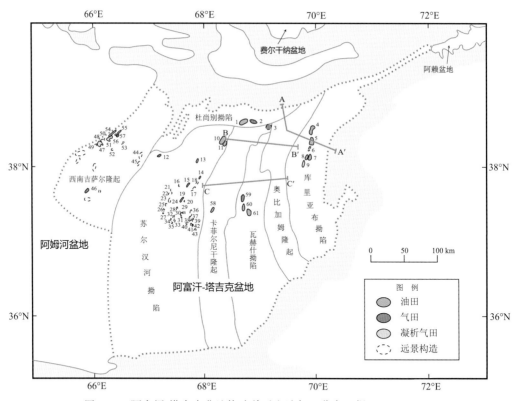

图 2-12　阿富汗-塔吉克盆地构造单元和油气田分布（据 IHS，2012c）

　　晚二叠世—三叠纪，一系列微陆块从冈瓦纳大陆裂离和向欧亚大陆漂移，沿着欧亚大陆南缘俯冲带可能发生了弧后伸展，导致阿姆河、阿富汗-塔吉克等一系列盆地开始发育地堑拗陷并充填了巨厚（2500～4000 m）的陆相粗碎屑岩、火山岩-火山碎屑岩、海相碎屑岩和碳酸盐岩。早三叠世末发生反转抬升，缺失了中上三叠统（图 2-13）。

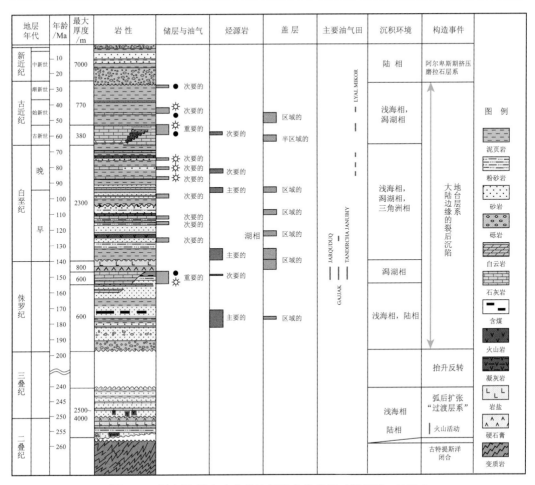

图 2-13 阿富汗-塔吉克盆地地层综合柱状图（据 IHS，2012c）

侏罗纪—古近纪，阿富汗-塔吉克盆地进入裂后区域沉降阶段，沉积环境与西侧的阿姆河盆地相似，沉积了厚度相对均匀的地台层系。早中侏罗世沉积了陆相、浅海相碎屑岩夹煤层；中侏罗世卡洛夫期—牛津期发生大范围海侵，沉积了浅海相砂岩和陆架碳酸盐岩，基末利期—提塘期在局限潟湖环境下广泛沉积了一套蒸发岩，构成了后期构造变形的重要滑脱面，同时又是下伏地层的区域性盖层。

早白垩世以浅海相砂泥岩夹碳酸盐岩沉积为特征，至晚白垩世水体加深，泥质和碳酸盐沉积增多，至古近纪则沉积了大套泥岩夹碳酸盐岩。

始新世末—渐新世初，印度板块向欧亚大陆靠近并与之发生陆-陆碰撞，中新世以来的碰撞决定了阿富汗-塔吉克盆地和帕米尔地区的构造面貌。盆地周边的造山带因强烈挤压而抬升并向盆地提供了丰富的碎屑物源，阿富汗-塔吉克盆地在周边造山载荷的作用下持续快速沉降，盆地进入再生前陆演化阶段，沉积了厚达 7 km 的红色和灰色磨拉石层系（图 2-13）。强烈挤压导致帕米尔褶皱系向盆地的沉积盖层之上逆冲，盆内的沉积盖层甚至基底发生了明显的构造变形（图 2-14）。

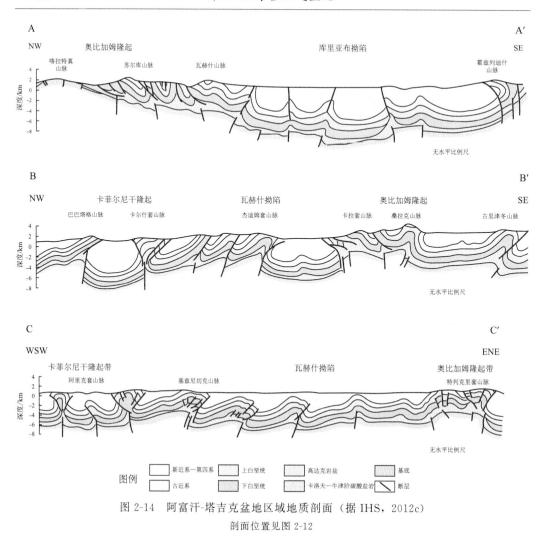

图 2-14　阿富汗-塔吉克盆地区域地质剖面（据 IHS，2012c）

剖面位置见图 2-12

（二）石油地质特征

阿富汗-塔吉克盆地的含油气层系主要是前前陆层系，其烃源岩、储层和盖层类型、层位与相邻的阿姆河盆地相似。

主要烃源岩包括中侏罗统和下白垩统泥质岩。

中侏罗统（巴通阶—巴柔阶）含煤碳质页岩富含陆源有机质，是该盆地内绝大部分油气的主要来源；上侏罗统盆地相泥岩和泥质碳酸盐岩是盐下层系的次要烃源岩。

侏罗系烃源岩灶位于盆地东部的库里亚布拗陷内，首次生烃发生在晚白垩世—渐新世，大致在埋深 1200m 到 3600～4000m 进入生油窗，在 4500～5000m 进入生气窗。但这一时期形成的油气藏很可能在此后的阿尔卑斯造山期间受到强烈改造和破坏。渐新世之后侏罗系烃源岩进一步沉降可能导致大量生气。

下白垩统烃源岩包括尼欧克姆统和阿普特—阿尔布阶页岩以及泥质碳酸盐岩。该套烃源岩于新近纪进入生油窗，目前仍处于生油窗至生气窗上部。但这套烃源岩的有机质相对贫乏，生油气量有限。

阿富汗-塔吉克盆地的油藏几乎全部分布于古近系储层中，其中识别出两类石油：一类是高硫、高胶质含量、低汽油馏分的重质稠油，主要分布于盆地西部的苏尔汗河拗陷和瓦赫什拗陷，可能与强烈生物降解有关；另一类是低硫、高汽油馏分的轻质油，主要分布于盆地东部的库里亚布拗陷，属于保存良好的常规油藏。

已证实的储层主要分布于上侏罗统、白垩系和古近系。

卡洛夫—牛津阶碳酸盐岩储层含有该盆地已发现储量的83%（图2-15），岩性包括鲕粒灰岩、碎屑石灰岩、核形石石灰岩、生物礁石灰岩，以及盆地相黑色泥质石灰岩，储层的总厚度为30~300m。

白垩系储层为浅海相碎屑岩和碳酸盐岩，主要是砂岩和粉砂岩。土仑阶和阿尔布阶砂岩储层常分布于大套泥岩层中，常具有异常高压力，压力系数可达到2.3。

已证实的古近系储层段包括古新统布哈拉/古里组石灰岩、始新统阿赖组石灰岩和砂岩以及渐新统砂岩。

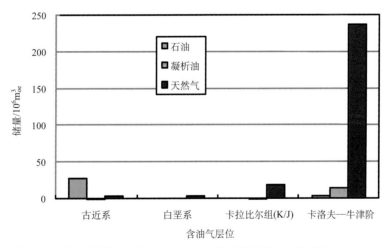

图2-15　阿富汗-塔吉克盆地已发现油气储量层位分布（据IHS，2012c）

上侏罗统基末利阶—提塘阶高尔达克组在盆地西部为蒸发岩，在盆地东部主要是页岩，是盆地内最重要的区域性盖层。一般来说，该套地层在盆地边缘的厚度为数十米，到盆地中央增加到800m。在高尔达克组盖层尖灭的地区，上提塘阶—下贝利阿斯阶卡拉比什组泥岩构成了上侏罗统储层的盖层。

白垩系也发育了多套区域性盖层，其中包括：贝利阿斯阶含膏泥岩、阿尔布阶下部的盆地相和浅海相泥岩、土仑阶中部的深水泥岩、康尼亚克阶—三冬阶深水泥岩。白垩系还发育了多套半区域性盖层。

始新统苏扎克组泥岩和里什坦组泥岩/石膏几乎全盆地分布，构成了下伏古新统和下始新统储层的区域性盖层。

古新统底部的丹麦阶阿克加尔组石膏和白云岩也是一套半区域性的盖层。

一般认为盆地的现今构造样式形成于第四纪。强烈构造变动的地层、广泛发育的破裂、较大的压力梯度、盐底辟作用和一些其他因素促进了圈闭再造和活跃的油气运移。根据一些学者看法，第四纪强烈的构造活动导致了深达盐下侏罗系地层的大断裂，这些断裂构成了油气从侏罗系到白垩系和古近系储层的运移通道。

局部构造是新近纪—第四纪阿尔卑斯期挤压的结果。盆地内大部分地区的构造沿着深断裂带呈链条式分布，由东向西、向西南，构造带呈帚状撒开。在盆地北部的杜尚别拗陷内，构造带大致呈东西向。

盐上层系（白垩系—第四系）内的局部构造主要为不对称的长轴背斜，构造长轴一般在 30～40km，短轴 5～6km。较缓的一翼倾角为 25°～30°，而在较陡的一翼倾角为 50°～80°。陡翼通常伴生反转断层。几乎所有背斜构造轴部都受到逆冲断层切割，含油气圈闭主要与冲断背斜带内的各种断层遮挡圈闭、冲断背斜圈闭有关（图 2-16）。盆地东部（库里亚布隆起带）还发育盐底辟构造。

阿富汗-塔吉克盆地盐下层系的相关构造信息很少，目前已发现的油气主要集中在卡洛夫—牛津阶生物礁-台地相碳酸盐岩中，含油气圈闭既有地层遮挡因素，也有构造因素。

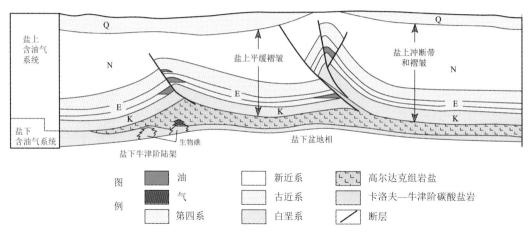

图 2-16　阿富汗-塔吉克盆地的主要构造型油气藏剖面示意图（据 IHS，2012c）

截至 2012 年，阿富汗-塔吉克盆地内已发现 57 个油气田。该盆地以产气为主，绝大部分储量集中于卡洛夫阶—牛津阶石灰岩中，该套地层仍然是盆地内远景最高勘探层系。大型隆起带内的上侏罗统埋藏较浅，但在拗陷中埋深常超过 5000m。

四、伊塞克湖盆地

（一）盆地概况

伊塞克湖盆地位于吉尔吉斯斯坦东北部，是天山加里东造山带内的一系列山间盆地之一。盆地呈北东东走向，长约 270 km，宽约 75 km，面积约 $1.2 \times 10^4 \text{km}^2$（图 2-17）。盆地南侧的泰尔斯山脉沿泰尔斯冲断层向北逆冲，构成了盆地南部和东南部边界。北缘的昆格冲断层构成了盆地与昆格山脉之间的分界线（图 2-18）。这些冲断层系统向东收敛靠近，盆地变窄尖灭。西南面则以一条狭窄的北西—南东向山脉作为盆地边界。

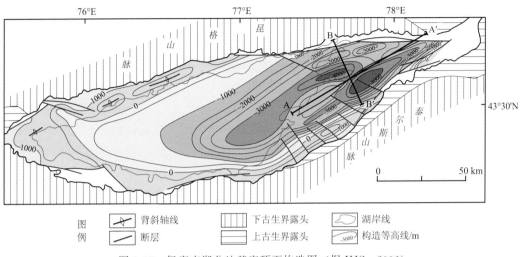

图 2-17　伊塞克湖盆地基底顶面构造图（据 IHS，2006）

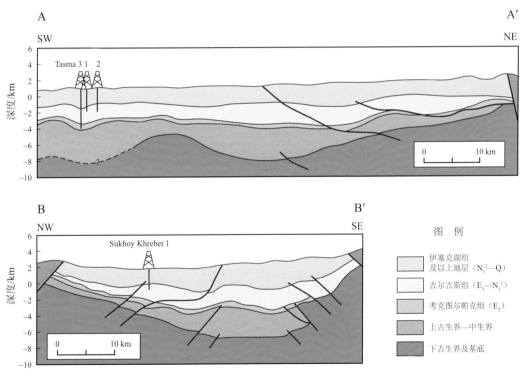

图 2-18　伊塞克湖盆地区域地质剖面（据 IHS，2006）

剖面位置见图 2-17

　　根据地磁测量资料，中天山加里东褶皱系内的山间盆地的基底由强烈变质的里菲纪—文德纪裂谷沉积物构成。伊塞克湖盆地经历了复杂的构造和沉积演化，形成了厚达

7000～10 000 m 的巨厚沉积盖层。

早古生代期间，伊塞克湖地区属于塔里木板块北缘的被动边缘，在浅海环境中沉积了晚寒武世—早奥陶世粗碎屑岩、砂质和黑色粉砂质页岩夹少量碳酸盐岩、晚奥陶世粗碎屑岩。奥陶纪末加里东造山导致抬升剥蚀并持续至早泥盆世。

晚志留世南天山洋开始张开，伊塞克湖地区位于哈萨克板块南缘，在中晚泥盆世发育了大量火山岩，至泥盆纪末—早石炭世发生广泛海侵，再次处于被动边缘构造环境，并沉积了浅海相碳酸盐岩和碎屑岩。

中石炭世南天山洋开始关闭，被动边缘转变为陆内残余海盆，沉积了浅海相复理石碎屑岩。到晚石炭世，塔里木板块与哈萨克板块碰撞缝合，天山造山带形成并进一步隆升，引发了持续至三叠纪的长期剥蚀。

受特提斯域板块碰撞挤压影响，研究区内发育了前陆盆地，早—中侏罗世在狭窄伊塞克湖前陆盆地沉积了浅海-三角洲相碎屑岩和煤层。受拉萨地体和羌塘地体与欧亚大陆的缝合作用影响，白垩纪至古新世期间南天山地区发生了大规模抬升侵蚀，晚侏罗世和早白垩世沉积物被剥蚀殆尽。

受区域构造载荷的影响，始新世—早渐新世期间南天山地区发生区域性热沉降，伊塞克湖盆地发生海侵，沉积了厚达 250m 的滨海-潟湖相砂泥岩，其中含有少量粗砂岩、砾岩和蒸发岩。

晚渐新世，印度板块与欧亚大陆的碰撞引起了喜马拉雅造山运动，并开始形成现今的天山山脉。受北西—南东向至北北西—南南东向走滑断层活动影响，开始形成现今面貌的伊塞克湖山间盆地，并发生了碱性玄武岩喷发。晚渐新世至中中新世期间，在干旱陆相环境下沉积了吉尔吉斯组磨拉石碎屑岩。

持续挤压作用导致盆地南北两侧山脊的隆起以及古生界地层向盆地边缘的逆冲，并向盆地提供了丰富的碎屑物源，晚中新世—上新世伊塞克湖组为陆相磨拉石碎屑岩，之上被第四纪粗碎屑沉积物所覆盖。

（二）石油地质特征

伊塞克湖盆地迄今尚未发现工业性油气储量，但预测其潜在的含油气层系主要是前前陆层系，主要的生储盖层段均分布于前前陆层系内。

盆地的下石炭统、下中侏罗统和始新统—中新统是三个潜在烃源岩段。下石炭统浅海相碳酸盐岩和泥岩含有腐泥型有机质，有机质含量平均为 0.6%，从露头样品来看已经达到了生油高峰（$R_o = 0.78\% \sim 1.12\%$）。在盆地周围的石炭系露头中发现了沥青（图 2-19）。

下中侏罗统三角洲相沉积物富含腐殖型有机质并发育了煤层，有机质已经进入成熟门限（$R_o = 0.70\% \sim 0.88\%$）。

始新统—中新统盐湖相泥岩含腐殖-腐泥混合型有机质，目前处于低成熟（$R_o = 0.55\% \sim 0.68\%$）。钻井揭示在始新统砂岩中见到了干沥青，同时在钻井液中见到了可燃气体；盆地边缘浅井在石炭系中钻遇了含甲烷溶解气的地层水，此外在盆地周边的石炭系露头中也见到了沥青。这些迹象表明伊塞克湖盆地具有含油气远景。

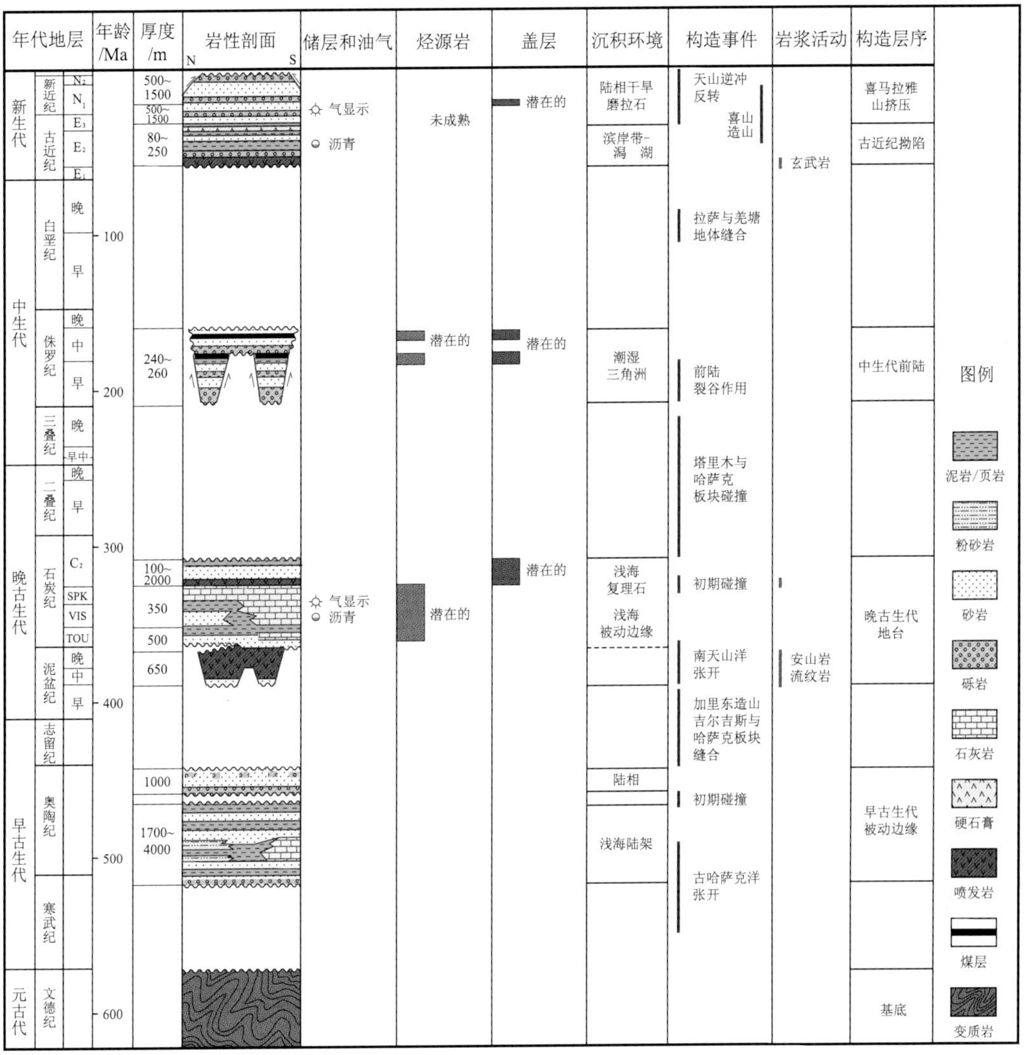

年代地层			年龄/Ma	厚度/m	岩性剖面 N　　S	储层和油气	烃源岩	盖层	沉积环境	构造事件	岩浆活动	构造层序
新生代	新近纪	N₂		500~1500		✿ 气显示	未成熟	潜在的	陆相干旱磨拉石	天山逆冲反转		喜马拉雅山挤压
		N₁		500~1500						喜山造山		
	古近纪	E₃		80~250		◎ 沥青			滨岸带-潟湖		玄武岩	古近纪拗陷
		E₂										
		E₁										
中生代	白垩纪	晚	—100						拉萨与羌塘地体缝合			中生代前陆
		早										
	侏罗纪	晚		240~260		潜在的	潜在的	潜在的	潮湿三角洲	前陆裂谷作用		
		中	—200									
		早										
	三叠纪	晚								塔里木与哈萨克板块碰撞		
		早中										
晚古生代	二叠纪	晚										
		早	—300									
	石炭纪	C₂		100~2000				潜在的	浅海复理石	初期碰撞		晚古生代地台
		SPK		350		✿ 气显示	潜在的		浅海被动边缘			
		VIS		500		◎ 沥青					安山岩流纹岩	
		TOU							南天山洋张开			
	泥盆纪	晚		650						加里东造山吉尔吉斯与哈萨克板块缝合		
		中	—400									
		早										
早古生代	志留纪											
	奥陶纪			1000					陆相	初期碰撞		早古生代被动边缘
			—500	1700~4000					浅海陆架			
	寒武纪									古哈萨克洋张开		
元古代	文德纪		—600									基底

图 2-19　伊塞克湖盆地地层综合柱状图（据 IHS，2006）

图例

▦	泥岩/页岩
▤	粉砂岩
⋰	砂岩
∘∘	砾岩
▥	石灰岩
△△	硬石膏
▨	喷发岩
▬	煤层
〰	变质岩

　　盆地内至今未发现油气田，根据地层剖面以及露头和井剖面的油气显示，前上泥盆统—下中石炭统浅海相碎屑岩和碳酸盐岩、下中侏罗统三角洲相砂岩和古近系—中新统河流-冲积相碎屑岩可能构成潜在的含油气储层。在砂泥岩剖面中与砂岩互层的泥页岩可能构成区带性或局部盖层。

　　根据地震资料解释，在上古生界—中生界层系（主要是下中石炭统）内见到了平缓的背斜构造，这些构造可能成为含油气圈闭，可能发育碳酸盐岩生物礁和砂岩透镜体圈闭。此外，在盆地南北两翼还可能存在大量逆冲断层遮挡型圈闭。受喜马拉雅造山运动影响，一些早期形成的圈闭可能已经被破坏，其中油气可能已经运移到上覆新生界地层的圈闭中重新聚集或已经散失。

　　古近系—新近系是盆地内最有前景的含油气层系，储层包括渐新统—中新统的河湖相砂岩，含油气圈闭主要与喜马拉雅造山运动期间的强烈挤压形成的局部构造有关，包括挤压背斜、逆冲断层、双冲构造、逆掩推覆断层等。在盆地边缘已经识别出了一系列挤压型背斜、冲断背斜和逆断层遮挡构造。但该层系内的烃源岩尚未成熟，推测其油气可能来自下伏上古生界和侏罗系烃源岩所生成油气向上运移。

第五节　裂谷盆地

一、裂谷盆地的基本特征

中亚-里海地区经历了多次区域性裂谷作用。

早古生代裂谷作用可能局限于东欧克拉通内部及边缘，滨里海地区可能存在早古生代裂谷；滨里海地区在晚古生代继续发生强烈的裂谷作用，但持续伸展导致古里耶夫微陆块与东欧古陆主体之间的分离，并形成了一系列被动边缘；之后乌斯秋尔特地块与古里耶夫微陆块之间又发生裂谷作用，但随后的海西造山运动导致该裂谷带的褶皱变形，现今南恩巴褶皱带内可能含有晚古生代裂谷充填层系。

在晚古生代哈萨克斯坦古陆上可能也曾存在裂谷作用，但由于古陆较强的活动性，这些裂谷的充填物可能因褶皱、抬升而剥蚀殆尽；田尼兹盆地和楚-萨雷苏盆地发育的早期可能都存在裂谷作用。此外，位于哈萨克斯坦东北部的斋桑盆地，其上古生界属于哈萨克斯坦古陆与准噶尔洋边缘的弧后裂谷充填层系。

晚古生代晚期的区域性板块拼贴和碰撞造山之后，劳罗古陆与哈萨克斯坦古陆和西伯利亚古陆构成了统一的劳亚大陆，并在晚二叠世—三叠纪期间发生了区域性地壳伸展或剪张活动，在现今西西伯利亚中部以及中亚地区的曼格什拉克、北高加索、图尔盖、楚-萨雷苏、阿姆河等盆地所在地区发育了裂谷作用，其中充填了基性火山岩和以粗碎屑为主的沉积物。这一阶段的裂谷活动一般在中三叠世结束，此后中亚-里海地区不再有区域性伸展构造活动，直至沿大高加索-南里海一线发生特提斯洋活动边缘的弧后伸展活动，并形成准特提斯洋盆。而图尔盖地区是个特例，其裂谷作用一直持续到早中侏罗世，形成了一系列地堑和半地堑；其地堑和半地堑的形成主要与沿着大型走滑断裂的剪张活动有关。

图尔盖盆地是一个典型的内陆裂谷盆地，裂谷作用主要发生在早中侏罗世，晚侏罗世—白垩纪该盆地进入热沉降阶段。该盆地也是中亚-里海地区唯一一个发育典型裂谷层系的盆地。

中亚-里海地区中新生代裂谷活动较弱，可能也与晚二叠世以来区域上总体以挤压构造活动为主的大地构造背景有关。伸展活动主要限于弧后伸展和大型走滑活动伴生的局部伸展。南里海、大高加索一带的中生代—早新生代被动边缘可能就是由弧后伸展作用引发的裂谷作用的产物，因此在这些盆地的底部可能都存在着中生代裂谷层系。

图尔盖盆地的典型裂谷层系主要分布于南部次盆，盆地内部常被正断层切割为一系列地垒和地堑构造单元，各地堑凹陷之间常以地垒或阶地相隔，尽管全盆地内构造和沉积条件相似，但各地堑凹陷构成独立的次盆，具有相对独立的沉积中心。裂谷层系总体上以粗碎屑岩为主，但在地垒和地堑部位的沉积物厚度和岩性存在明显的差异，这也决定了盆地内有效烃源岩和储层的分布：烃源岩局限于地堑凹陷中心，而储层沿地垒带及侧翼分布，具有短距离搬运、成分和结构成熟、弧度较低的特征；裂后拗陷层系的河流-三角洲相砂岩和滨浅湖相泥岩构成了该盆地重要的储盖组合。

目前已发现的油气藏主要分布于南部次盆，明显受侏罗系烃源岩分布控制；尽管把图尔盖盆地看作典型的裂谷盆地，但其油气藏圈闭类型却与北海盆地、渤海湾盆地等经典裂谷盆地明显不同，缺乏生长断层、滚动背斜等典型构造。圈闭类型以断背斜、背斜为主，相当部分的圈闭伴有储层侧向尖灭因素，少部分圈闭与不整合遮挡有关。大量长轴背斜和不对称背斜构造的存在，凸显了新近纪以来区域性挤压构造活动的影响。

二、图尔盖盆地

（一）盆地概况

图尔盖盆地为乌拉尔山东侧的一个大型长条形盆地，大致呈南北向延伸，面积为 202 180 km^2。

1. 构造特征

在区域构造上，图尔盖盆地位于图兰地台北部，西邻乌拉尔褶皱带，东为哈萨克地盾。但从基底结构上来看，图尔盖盆地所在地区属于哈萨克-北天山褶皱系的最西部，基底为前寒武纪（贝加尔期）地块和加里东期褶皱带。该盆地基底的固结时间与田尼兹盆地、楚-萨雷苏盆地等相似，大致在晚泥盆世—石炭纪，所以在这些盆地中形成了晚古生代沉积层序。

图尔盖盆地可以分为南北两个次盆（图 2-20），中生界沉积盖层主要分布于南部次盆。

南部次盆包含阿雷斯库姆和日兰奇克两个凹陷，之间以门布拉克鞍部相隔。受侏罗纪剪张性构造活动影响，阿雷斯库姆凹陷中发育了一系列大致呈北西向延伸的地堑，白垩纪表现为整体沉降（图 2-21、图 2-22）。

北部次盆中新生界厚度很小。在盆地最北部发育了北东—南西向的库什穆伦地堑，其中发育了厚度较大的三叠系—侏罗系裂谷层序（图 2-22），但白垩系及以上地层绝大部分缺失。

2. 构造及沉积演化

图尔盖盆地的基底为早古生代期间由一系列前寒武纪地体和早古生代岛弧拼贴成型的哈萨克斯坦古陆。中晚泥盆世—早石炭世期间，图尔盖盆地位于哈萨克斯坦古陆西部被动边缘，与东欧大陆以乌拉尔洋相隔。中泥盆世期间，哈萨克斯坦古陆发生伸展和裂谷作用，图尔盖盆地内发生了陆上火山活动和陆相碎屑沉积作用。至法门期开始海侵，在被动边缘环境中沉积了大套碳酸盐岩，夹碎屑岩和煤层；至杜内期，由于乌拉尔洋壳向东侧的哈萨克大陆之下俯冲，海侵达到了顶峰，随后在盆地西部边缘开始发育岛弧，

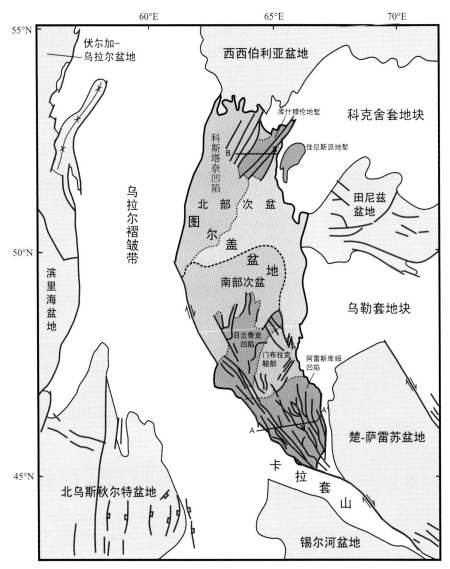

图 2-20　图尔盖盆地构造纲要图（据 IHS，2012d）

盆地北部的中石炭统地层中凝灰岩和火山岩的比例逐步增加。在晚石炭世-二叠纪期间，哈萨克斯坦古陆与东欧大陆碰撞，乌拉尔洋关闭，图尔盖盆地所在的大陆边缘发生强烈变形、抬升和侵蚀。

现今图尔盖盆地的沉积盖层主要形成于中生代裂谷盆地（图 2-23）。中生代初期的伸展作用导致哈萨克斯坦古陆的区域性伸展，中三叠世—中侏罗世图尔盖盆地再次发生裂谷作用，在盆地的北部发育了北东—南西向地堑（库什穆伦凹陷，见图 2-20），在盆地南部则发育为北西—南东向地堑。北部地堑中充填了三叠系火山岩，在南部则充填了陆相粗碎屑岩夹火山岩。早中侏罗世的持续伸展和沉降导致海侵，在局限浅海环境中沉积了泥岩和砂岩，但沉积物仍然局限于线状凹陷中。

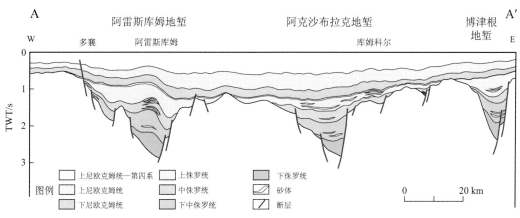

图 2-21 图尔盖盆地南部构造剖面图（据 IHS，2012d）

剖面位置见图 2-20

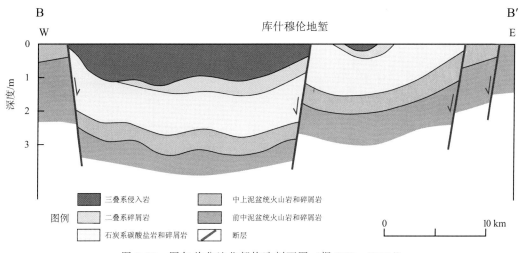

图 2-22 图尔盖盆地北部构造剖面图（据 IHS，2012d）

剖面位置见图 2-20

中侏罗世末发生了一次构造反转事件，标志着盆地演化进入裂后拗陷阶段，此后盆地开始了区域性热沉降，上侏罗统砂泥岩开始向基底隆起和盆地边缘超覆，沉积范围扩展至全盆地。

白垩纪初的抬升导致海退和侵蚀，此后盆地内开始发育陆相沉积，盆地南部的阿雷斯库姆凹陷构成早白垩世的主要沉积中心。晚白垩世再次发生海侵并沉积了浅海相碎屑岩和少量碳酸盐岩。

白垩纪末—古近纪初，受西莫里陆块向欧亚大陆南缘增生碰撞的影响，中亚地区受到间歇性局部挤压，抬升作用导致了沉积物的局部侵蚀，在日兰奇克凹陷和门布拉克鞍部的局部地区甚至侵蚀到了中侏罗统。始新世—渐新世期间，印度板块与欧亚大陆南缘的碰撞导致了前期断层的复活和右旋走滑，引起了盆地的分异及周边褶皱带的变形和隆

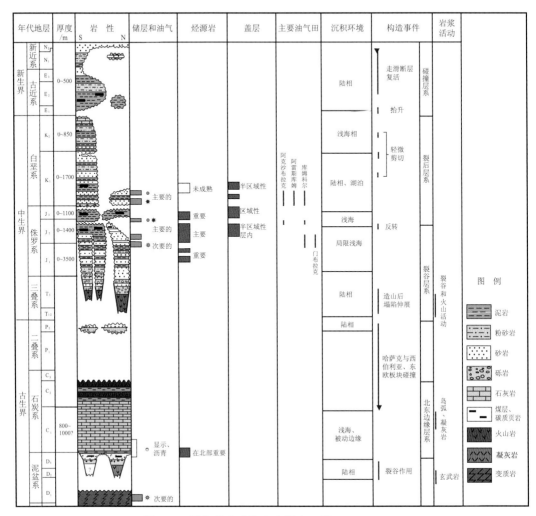

图 2-23 图尔盖盆地综合地层表（据 IHS，2012d）

升；至新近纪，强烈挤压导致沉积盖层广泛的走滑变形，仅沉积了厚度不大的新近系、第四系陆相地层。

（二）石油地质特征

1. 烃源岩特征

图尔盖盆地的烃源岩主要是下中侏罗统的局限浅海相泥岩。

下中侏罗统泥岩含有腐泥-腐殖型有机质，总有机碳含量（TOC）最高可达 12％～15％，氯仿沥青含量可达 0.07％～0.8％。在盆地南部，下中侏罗统烃源岩的生烃作用大致始于早白垩世末，在深凹陷内均已达到成熟生油，埋藏最深的一些地区可能已进入生气窗。

上侏罗统卡洛夫—牛津阶浅海相泥岩 TOC 含量可达 10％～15％，氯仿沥青含量平均0.08％。这套地层的埋深在800～3000 m，在盆地的大部分地区未达到成熟，在最深的部分地区可能达到了成熟生油阶段。

在北部次盆的下石炭统石灰岩和火山岩中发现了大型沥青矿，在库什穆伦地堑还钻遇了重质油，证明在盆地北部存在上古生界烃源岩，可能是晚泥盆世到早石炭世碳酸盐岩和煤层。上古生界烃源岩可能在晚石炭世——二叠纪期间生成了油气，但后续的变形和隆升使生成的石油发生了降解并形成了沥青矿。

2. 储盖条件

图尔盖盆地目前发现的工业性油气藏全部分布于南部次盆，主要储层为上侏罗统和下白垩统浅海相砂岩，其次为下中侏罗统陆相碎屑岩（图2-24）。此外还发现了古生界基岩风化壳和裂缝性变质岩构成的含油气储层。

中侏罗统（土阿辛阶—巴柔阶）砂岩孔隙度为3％～11％，渗透率为8mD；在地垒构造上该套砂岩的孔隙度可达23％，渗透率可达400mD（如库姆科尔油田）。

卡洛夫阶—牛津阶浅海相砂岩具有较好的储层物性，孔隙度平均为21％～27％，渗透率最高达到2200mD。

库姆科尔油田下白垩统湖相砂岩孔隙度平均高达28％，渗透率最高达500mD。然而在阿雷斯库姆、阿克沙布拉克、努拉里和克孜尔克油田，下白垩统砂岩储层的孔隙度一般在15％～20％，渗透率在30～70mD。

已证实的盖层包括中侏罗统—下白垩统泥岩，特别是上侏罗统浅海相泥岩构成了盆地的区域性盖层。下白垩统上部泥岩构成了半区域性盖层和层内盖层；下侏罗统内部的泥岩也构成潜在的半区域性盖层。

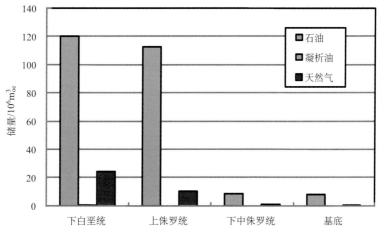

图2-24 图尔盖盆地已发现油气储量层位分布（据IHS，2012d统计）

3. 圈闭类型及成因

南图尔盖盆地的含油气圈闭主要是地层-构造复合型，少数为单纯的构造型。

在南部次盆的古生界基底顶面上也发现了油气藏，属于构造-不整合型圈闭，或潜山型圈闭，储层为古生界裂缝性变质岩，盖层为超覆于其上的侏罗系页岩。

下侏罗统砂岩储层不整合超覆于古生界基底隆起之上，形成了构造-不整合型圈闭。

库姆科尔油田是已发现储量最大的油田，其中侏罗统油藏属于构造-不整合型圈闭，卡洛夫阶—上侏罗统油藏主体为背斜圈闭，其中含有砂岩尖灭和透镜状砂体的岩性侧向遮挡因素。这类圈闭是盆地内最重要的圈闭类型之一。

库姆科尔油田下白垩统油藏的圈闭为基底隆起之上长轴背斜，并被断层切割，其形成与深部走滑断层的活动有关，常发育砂岩透镜体或砂岩尖灭。

导致圈闭形成的挤压和剪压作用多与欧亚大陆南缘的地体拼贴有关，特别是新近纪以来的构造挤压作用。新近纪的挤压事件，导致区域性大断裂的走滑复活，在盆地内产生了广泛的挤压变形，形成了一系列背斜、花状构造、走滑断层和反转冲断层，是盆地内构造圈闭形成最重要的阶段。

南部次盆的勘探潜力主要与基底隆起边缘构造圈闭及地层圈闭有关。北部次盆的石炭系稠油和重油也具有一定的勘探潜力。

三、斋桑盆地

（一）盆地概况

斋桑盆地位于哈萨克斯坦东北边境，为一宽阔的山间谷地，因发育斋桑泊而得名，大致呈东西向延伸，长约 400 km，宽约 100 km，面积约 4×10^4 km²，其中约 1×10^4 km² 延伸至中国境内。

斋桑盆地北面以阿尔泰山脉的分支为界，南面以塔尔巴哈台山脉为界。在区域构造上，该盆地位于斋桑华里西造山带东北缘，靠近哈萨克板块与西伯利亚板块之间的斋桑-额尔齐斯缝合带，其基底为塔尔巴哈台-萨乌尔古生代岛弧带。

曼拉克、萨乌尔和赛康等山脊将斋桑盆地分隔为什里克金和斋桑两个次级凹陷（图2-25），前者以错断变形的上古生界沉积地层为主，后者在上古生界褶皱地层之上又覆盖了中新生界，特别是厚度较大的新生界地层。上古生界与上覆地层之间呈现明显的角度不整合（图 2-26）。

斋桑凹陷又称为普里曼拉克凹陷，是斋桑盆地最大的构造单元，大致呈东西走向，长 160 km，宽约 50 km。该凹陷的南北两侧以北斋桑和北赛康断层带为界，剖面上具有明显的不对称特征，北部基底埋藏较浅，表现为构造阶地；向南至北赛康断层带基底埋深逐步增大，最大可达-6600 m（图 2-25）。

断层在不同级别的构造形成中起了重要作用，并总体上控制了构造的方向、边界和形态。最常见的局部构造包括断层遮挡构造、鼻状构造以及完整的背斜构造；局部构造面积一般为 15~20 km²，最大可达 35~50 km²。

斋桑-额尔齐斯洋于泥盆纪末—早石炭世逐步关闭，区域性挤压作用导致先前的岛弧带火山-沉积岩发生褶皱错断和抬升侵蚀。中石炭世斋桑地区发生伸展和沉降，并伴有强烈火山活动，形成了斋桑盆地，其中堆积了火山岩、火山碎屑岩和陆源碎屑岩；火

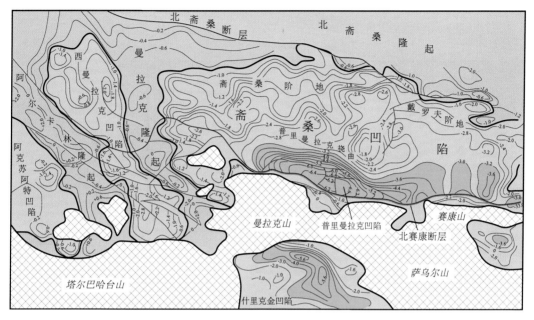

图 2-25　斋桑盆地基底顶面构造图（据 Даукеев н др.，2002）

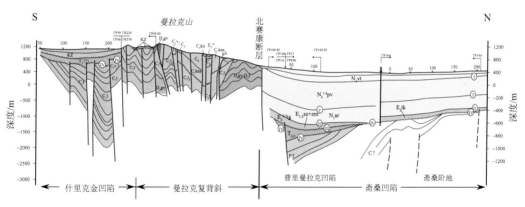

图 2-26　斋桑盆地地质地球物理解释剖面图（据 Даукеев н др.，2002）

斋桑凹陷与其他二级构造单元的垂向比例不同

山活动可能延续到晚二叠世，并在此期间发育了浅海相陆源碎屑岩夹碳酸盐岩，从晚石炭世至二叠纪还沉积了多套煤层或碳质泥岩；这一时期的盆地伸展和沉降，可能与沿斋桑-额尔齐斯缝合线的走滑活动有关，也可能与南面的巴尔喀什-准噶尔洋的俯冲带弧后伸展有关。至晚二叠世，巴尔喀什-准噶尔洋由西向东逐步关闭，受区域强烈挤压的影响，斋桑盆地的石炭—二叠系地层发生褶皱错断，并遭受抬升剥蚀。此后斋桑盆地进入内克拉通体制，局部发育了三叠系、侏罗系和白垩系陆相碎屑岩；至第三纪，斋桑盆地发生区域性沉降，形成了以湖相泥页岩为主的沉积（图 2-27）。

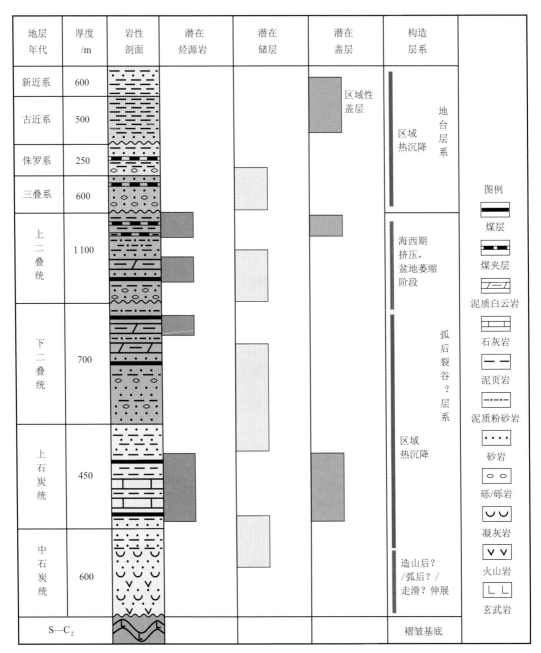

图 2-27　斋桑盆地地层综合柱状图

（二）石油地质特征

潜在烃源岩主要包括上石炭统和二叠系的泥岩和碳酸盐岩。

上石炭统肯德尔雷克组发育了含沥青质的深灰色泥岩与薄层碳酸盐岩互层；碳酸盐岩夹层也含有腐泥型有机质，呈褐黄色或橘黄色；泥岩富含黑色有机质，并含有少量镜质组分。

下二叠统上部发育了页岩、粉砂岩和白云岩构成的薄互层，其中碳酸盐岩纹层中主要含腐泥型有机质，而泥岩纹层中含腐殖型有机质。

上二叠统为粗碎屑岩夹凝灰岩和页岩薄层；上二叠统上部以细粒碎屑岩为主，并含有较高的有机质，主要岩性为深灰色泥岩、碳质泥岩、粉砂岩和泥灰岩。钻井在凝灰岩夹层中见到了被氧化的石油沥青。

大部分石炭系和二叠系烃源岩已于古生代/中生代之交开始进入生油窗，但由于三叠纪—侏罗纪期间盆地沉降明显减速，生烃过程基本停止，而至新生代随着大幅度沉降而再次生烃。生烃灶主要分布于普里曼拉克凹陷，这里上古生界地层厚度最大，经历了最大埋深但并未受到强烈改造。由此向北、向东和向西，上古生界潜在烃源岩层埋深减小且厚度明显减薄直至侵蚀尖灭，不利于油气生成。

潜在的储层主要包括中生界、二叠系和上石炭统的砂岩、砂砾岩和砂岩-粉砂岩，岩心实测孔隙度最高可达 25%。石炭系和下二叠统的凝灰岩也有可能构成储层，但其孔渗性较低-中等。由于广泛发育断裂，断裂带可能存在较高的裂缝孔隙度。

潜在的圈闭类型包括断层遮挡构造、背斜、断背斜、鼻状构造以及不整合遮挡的地层圈闭，此外可能还有岩性圈闭。

斋桑盆地周边山系的地表水和地下水向盆地内汇流，而上古生界地层又受到了明显的抬升侵蚀，因此地下水容易沿中新生界底部的角度不整合面向上古生界各层渗透，这样的水文地质条件不利于油气保存。只有在斋桑凹陷埋藏最深的部分，下二叠统含水层保持了较高矿化度（最高可达 11.9%），仍具有较好的油气聚集条件。因此，斋桑盆地最有利于油气聚集的构造单元包括斋桑凹陷的戴罗夫阶地、普里曼拉克挠曲带和斋桑阶地。

小　　结

1）中亚-里海地区中北部以中生代内克拉通盆地为主，个别为晚古生代内克拉通盆地。地区南部以新生代前陆盆地为主，西段主要是新特提斯洋活动边缘弧后前陆盆地；而东段主要是内克拉通盆地基础上发育的再生前陆盆地。滨里海盆地不同部位也具有明显不同的构造性质，在垂向上则是由古裂谷层系、古被动边缘层系、局限盆地蒸发岩层系和中新生代内克拉通层系构成的复合叠合盆地，从主要含油气层系的原型盆地性质来看，属于古被动边缘盆地。

2）中亚-里海地区绝大部分已发现油气储量分布于年轻内克拉通盆地、弧后前陆盆地和古被动边缘盆地内。年轻内克拉通盆地包括阿姆河盆地、曼格什拉克盆地、北乌斯秋尔特盆地、北高加索地台等盆地，主要含油气层系为侏罗系和白垩系陆源碎屑岩和碳酸盐岩；弧后前陆盆地主要是南里海盆地，主力含油气层系为新生界，特别是其中的上新统三角洲砂岩；古被动边缘盆地仅涉及滨里海盆地的盐下层系，主力含油气层系为晚古生代生物礁和台地碳酸盐岩。

滨里海盆地

◇ 滨里海盆地是中亚-里海地区最重要的含油气盆地之一，分布于乌拉尔山脉南段西侧，伏尔加河和乌拉尔河下游以及里海北部；在大地构造上，盆地位于东欧地台东南端，是在古生代克拉通边缘裂谷之上叠加中新生代克拉通内坳陷形成的复合盆地。

◇ 滨里海盆地已发现油气田 237 个，探明油气可采储量 $110.24 \times 10^8 m^3$ 油当量，占中亚-里海地区探明油气储量的 30.38%。其中液态石油 $57.43 \times 10^8 m^3$，天然气 $5.64 \times 10^{12} m^3$。

◇ 滨里海盆地是在克拉通边缘裂谷作用基础上发育起来的复杂叠合盆地。裂谷作用可能始于文德纪—奥陶纪，甚至里菲纪，但强烈裂谷和沉降主要发生在中晚泥盆世，这与东欧克拉通东南缘和东缘的泥盆纪裂谷作用吻合；在晚古生代从克拉通东南缘分裂下来的一系列微地块上，以及盆地西北缘断坡上，发育了碳酸盐台地，二者分别构成了盆地内最重要的含油气构造带——阿斯特拉罕-阿克纠宾斯克隆起带和西北边缘断阶带；晚石炭世，受周边板块会聚运动的影响，乌拉尔洋和古特提斯洋开始关闭，滨里海盆地逐步与广海隔绝形成局限盆地，至早二叠世空谷期充填了巨厚蒸发岩；三叠纪以来，滨里海盆地以克拉通内坳陷作用为主，沉积了滨海相-陆相砂泥岩，与此同时，二叠系蒸发岩层在上覆沉积物的差异载荷作用下发生了强烈的盐构造活动，形成了极为复杂的盐构造。

◇ 空谷期蒸发岩将整个盆地的地层划分成盐下层系、含盐层系和盐上层系三大构造层。滨里海盆地主要烃源岩分布于盐下层系的盆地相沉积中，包括上泥盆统、下中石炭统和下二叠统的泥岩和泥质碳酸盐岩；由于较低的地温梯度以及二叠系巨厚蒸发盐层的冷却作用，埋藏较大的盐下烃源岩仍处于生烃高峰，是该盆地内丰富的液态石油聚集的重要因素；而盐上层系的潜在烃源岩一般未达到成熟。

◇ 已发现油气储量绝大部分分布于盐下层系的台地相和生物礁相碳酸盐岩储层中，盐上碎屑岩是次要储层；下二叠统空谷阶蒸发岩构成了盐下储层的全盆地性封闭层，是滨里海盆地盐下油气藏得以保存最重要的条件，并造成了盐下层系普遍的超压现象；此外，盐下层系和盐上层系内还发育了多套区域性的泥岩或蒸发岩盖层，构成了多套储盖组合。

◇ 盐下层系的油气藏大多属于生物礁地层圈闭，盆地东部发育的少量构造圈闭与乌拉尔造山挤压有关，南缘的阿斯特拉罕气田的构造型圈闭则与古特提斯洋关闭时卡宾斯基岭的挤压变形有关；受持续的盐构造活动影响，盐上层系中形成了类型多样的盐构造相关圈闭。

第一节　盆地概况

一、盆地位置

滨里海盆地位于伏尔加河、乌拉尔河和恩巴河下游的平原和低地，南濒里海，且有少部分延伸到里海北部水域，因此又称北里海盆地（图3-1）。盆地大致呈东西向延长的椭圆形，东西长约1000km，南北最宽处约650km，面积约$54.1 \times 10^4 km^2$。

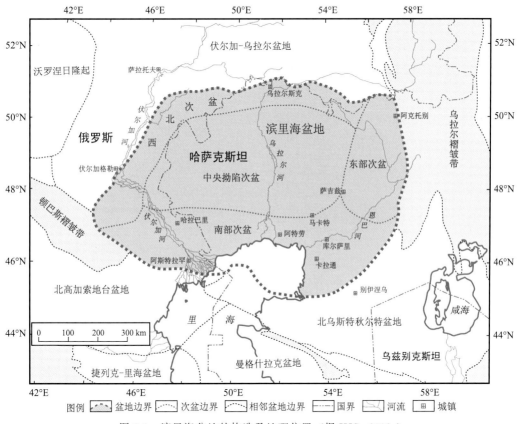

图3-1　滨里海盆地的构造及地理位置（据IHS，2012e）

在行政区划上，滨里海盆地位于俄罗斯和哈萨克斯坦两国境内，盆地总面积的85％属于哈萨克斯坦共和国，其余15％属于俄罗斯联邦（图3-1）。盆地所在地区属于荒漠和半荒漠区，地形整体上向现今里海倾斜。

滨里海盆地北部和西部边界为俄罗斯地台南部的一系列隆起构造单元，东侧为海西期褶皱的乌拉尔山及其南延的穆戈贾尔山，东南部为南恩巴隆起，南为里海。其西南部和南部以低平的卡宾斯基隆起与北高加索地台盆地相邻（图3-1）；在里海海域，滨里海盆地与中里海各盆地的分界可能是卡宾斯基岭及南恩巴隆起带的延伸部分。

二、勘探开发概况

（一）勘探概况

尽管滨里海盆地开始勘探的时间可以追溯到 19 世纪末至 20 世纪初，但直到 20 世纪 70 年代勘探力量转向盐下层系之后才有了重大发现（图 3-2）。

滨里海盆地的石油勘探开始于 19 世纪末。最初的勘探集中在盆地东南部的南恩巴地区，因为这里发现了油苗；1898 年这里发现了第一个油田——卡拉顺古尔油田；1908 年发现了可采储量超过 $5 \times 10^6 \, \mathrm{m}^3$ 的多索尔油田，产层为盐上侏罗系砂岩，埋深仅 226 m，单井原油日产量为 1.5~525t，由此掀起了在盆地东南部进行石油勘探的热潮。

十月革命和内战期间该地区的勘探陷入停滞。到 1923 年，在南恩巴重新开始勘探；直到 20 世纪 50 年代，主要勘探工作量集中在该地区的盐上地层。在这一时期发现了大量与盐丘构造有关的小型油田（如卡拉通、穆奈雷、杰列努祖克等油田）。

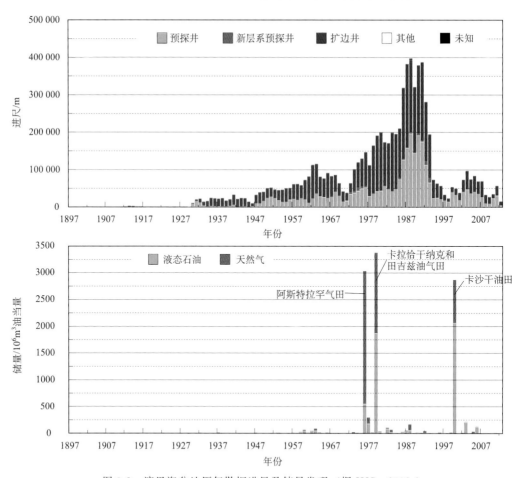

图 3-2　滨里海盆地历年勘探进尺及储量发现（据 IHS，2012e）

从 20 世纪 60 年代早期，勘探转移到盆地的东部，发现了肯基亚克盐上油气藏。然而，到 20 世纪 60 年代末，勘探成功率明显降低。盆地西北缘的勘探也局限于盐上层系，至 60 年代末仅发现了约 10 个规模不大的油气田。

至 20 世纪 70 年代，滨里海盆地的勘探开始指向了一个全新的层系，即当时仍处于完全未勘探状态的盐下层系，并在短期内发现了一系列重要油气田：阿斯特拉罕巨型凝析气田（1976 年）、扎纳若尔油田（1978 年）、卡拉恰干纳克油气田（1979 年）和田吉兹油田（1979 年）（图 3-2）。阿斯特拉罕、卡拉恰干纳克和田吉兹均是储量超过 $10 \times 10^8 m^3$ 油当量的特大型油气田。

在 20 世纪 80～90 年代早期仅在盐下发现了一些规模不大的油气田；到 80 年代末，受经济状况恶化及苏联解体的影响，滨里海盆地的勘探活动明显减少（图 3-2）。在 20 世纪 90 年代，外国石油公司开始大量进入独立后的哈萨克斯坦进行油气勘探和开发。1993 年由几家外国石油公司与哈萨克国家石油公司共同组成的"哈萨克斯坦里海陆架集团"获得了哈萨克斯坦里海海域的全部勘探权，此后进行了精细的二维和三维地震，连续钻了多口深井，并于 2000 年发现了卡沙干特大油田，2003 年发现了西南卡沙干油田和阿克托特油田。与此同时，在陆上也在盐上层系中发现了一些规模不大的油气田。

滨里海盆地陆上钻探成功率总体上不高，特别是在 1977～1994 年对盐下层系开展勘探阶段，探井成功率最低；这一方面说明了盐下层系地质特征的特殊性和复杂性，同时也与计划经济时期不遵循勘探程序、急于求成的做法有很大关系。

陆上勘探早期主要是针对侏罗系—新近系构造型目标，构造相对简单且埋藏较浅，钻探成功率相对较高；而三叠系—上二叠统目标全都分布于盐丘间凹陷中，构造非常复杂，地震资料分辨率较低，因此对圈闭构造形态较难把握，勘探成功率下降；到更深的盐下层系，也由于盐丘构造及盐层本身的影响，地震解释提交圈闭的精度难以提高，造成勘探成功率的下降。

滨里海盆地海域的勘探始于 20 世纪 50 年代。出于里海海域环境保护的考虑，对海域的勘探一直受到严格限制，1990 年前主要是在滨岸带附近针对盐上层系的勘探，发现的油气田数量很少，规模也不大。海域部分大规模勘探始于"里海陆架"国际财团的成立，经过精细地震和构造编图，确定了卡沙干盐下构造目标，并于 2001 年发现了卡沙干大油气田。

滨里海盆地海域部分探井成功率明显高于陆上。但早期（1984～1997 年）成功率较低，所统计的 17 口探井中只有一口见油，一口见到显示，其余均为干井；钻探失利与构造不落实有直接关系。2001～2003 年所钻的 4 口探井全部获得了成功，得益于地震精细解释和构造编图提交的可靠圈闭。

根据 IHS 数据库资料，滨里海盆地的总体勘探程度中等偏低（表 3-1）。全盆地的地震勘探密度为 $6.0 \text{ km}^2/\text{km}$ 测线，说明地震测线相当稀疏，三维地震勘探很少。滨里海盆地海域部分的地震勘探程度较高，测线密度为 $2.8 \text{ km}^2/\text{km}$。

滨里海盆地的预探井密度平均为 $443 \text{ km}^2/\text{井}$，其中海域部分的密度为 $1189 \text{ km}^2/\text{井}$，不到全盆地平均值的一半；陆上部分的预探井密度平均为 $422 \text{ km}^2/\text{井}$，考虑到中央拗陷次盆的钻探程度很低，陆上其余部分的预探井密度为 $280～300 \text{ km}^2/\text{井}$。

　　表征勘探程度的另一个工作量参数是预探井平均井深。全盆地预探井平均井深为
2436.3 m，海域与陆地的差别不大。但 1970 年以前，勘探目标是盐上含油气层系，因
此大批勘探井是井深不超过 1000m 的浅井。1970 年以后，大部分勘探井瞄准盐下目
标，钻井深度一般在 3500 m 以上，少部分井超过 5000 m。目前发现的盐下油气田主要
分布于石炭系和下二叠统内，泥盆系的发现很少。因为滨里海盆地的地温梯度较低，烃
源岩在 5000～6000 m 的深度上仍有液态烃生成，所以，埋深较大的泥盆系和下石炭统
仍具有很高的勘探潜力。

表 3-1　滨里海盆地油气勘探基础数据表（据 IHS，2012e 资料统计）

盆地概况	盆地位置	东欧地台	
	盆地面积/km²	540 713	
	盆地性质	裂谷-被动边缘/内克拉通盆地	
油气储量	可采储量	油	气
	探明＋控制总储量/m³	57.29×10^8	$56\ 490.43 \times 10^8$
	累计总产量/m³	8.78×10^8	4859.22×10^8
	剩余总储量/m³	48.51×10^8	$51\ 631.21 \times 10^8$
工作量	地震	地震测线长度/km	90 600
		地震测线密度/(km²/km)	陆上 6.5；海上 2.8
	钻井	预探井总数/口	1221
		预探井密度/(km²/口)	陆上 422；海上 1189
		最深探井/m	陆上 7050；海上 5875

（二）开发概况

　　滨里海盆地具有较长的石油开发历史。该盆地的石油含硫量普遍较高，天然气中常
含有酸气（CO_2 和 H_2S），盐下油气田普遍存在异常高压，这些特点给油气田的开发带
来了一系列工艺难题。

　　在滨里海盆地的哈萨克斯坦部分，从 20 世纪初到 70 年代，主要是对盐上含油层系
进行开采，1953 年全盆地石油产量达到 1×10^6 t，此后至 60 年代初曾达到 300×10^4 t。
20 世纪 60 年代后期到 70 年代早期，由于盐上的老油田枯竭，产量开始下滑。通过采
用注水等提高采收率方法，加上盐上新发现投入开发，1978 年石油产量超过 4×10^6 t
（图 3-3）。

　　1984 年在盐下层系中发现的扎纳若尔油田和卡拉恰干纳克油气田投产。直到 1994
年田吉兹油田投产，扎纳若尔油田仍然是主要的产油田。

　　1939 年在库尔萨雷油田第一次尝试收集伴生气。1985 年以前，石油生产是主要任
务，因此大部分伴生气（占 78%）被直接烧掉（1984 年），有时这一比例高达 98%
（1972 年）。当 1984 年卡拉恰干纳克油气田投产时，开始重视回收伴生气，损失的比例
下降至 7%。在盆地的北部，伴生气和凝析油成为主要产品。

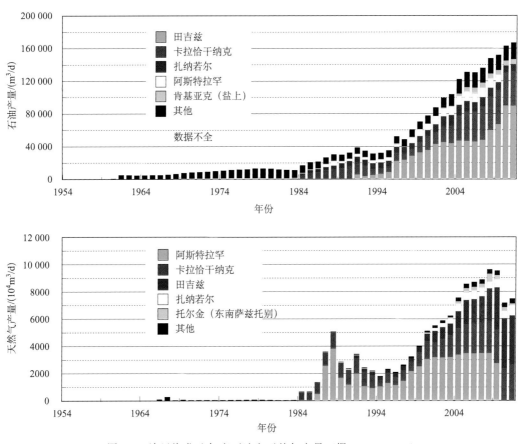

图 3-3　滨里海盆地年度石油和天然气产量（据 IHS，2012e）

滨里海盆地俄罗斯部分的石油生产开始于 1983 年别什库尔油田投产，1993 年在 Kurilovka 和 Verblyuzhye 两个油田进行试产，石油产量约 $4 \times 10^4 t$。1985 以来，阿斯特拉罕气田开始生产凝析油，平均年产量约 $86 \times 10^4 m^3$。

1906 年，在滨里海盆地俄罗斯部分的梅尔尼科沃气田开始生产天然气，但该气田在 1920 年代末就已经枯竭。在 20 世纪 70～80 年代初，天然气产量较低，日产量不超过 $18 \times 10^4 m^3$。随着 1985 年阿斯特拉罕气田的投产，天然气产量明显增加，日产量达到 $1500 \times 10^4 m^3$。

20 世纪 40 年代，在滨里海盆地哈萨克部分钻了第一口严格意义上的开发井，此前的生产井全部由探井转产而来。20 世纪 30 年代，有 10 个油气田投入生产。因为产层埋藏浅，生产成本非常低。在这一时期，建造了第一条输油管线。1941～1945 年，尽管处在战争状态，开发钻井并没有减少；到 1945 年末，共在 15 个油田上进行了开发钻井。

1946～1963 年，另有 10 个油田进行了开发钻井。1964 年在东部的肯基亚克油田上钻了第一口开发井（1964 年以前，仅在盆地的南部地区钻了开发井）。1974 年钻了第一口目标层为盐下的开发井。1984 年卡拉恰干纳克特大气田投产，而田吉兹油田在苏联时期未进行开发。到 1987 年，累计在 20 多个油田上钻了开发井，有 41 个油田投入生产。

最近几年的最大开发项目是卡拉恰干纳克油气田、田吉兹油田和卡沙干油田。

1. 卡拉恰干纳克油气田

1988 年至苏联解体后的相当一段时间内，卡拉恰干纳克油气田的天然气产量持续下降，从年产 $43.6 \times 10^8 m^3$ 下降到 $22.4 \times 10^8 m^3$。1998 年由不列颠天然气和 ENI 等公司参与的 KPO 财团接管了卡拉恰干纳克油气田的开发，通过大规模修井、天然气回注以及水平井和直井相结合等措施来稳定和提高油气产量。2002 年，该油田的日产量已经达到液态石油 17 500 m^3、天然气 $1274 \times 10^4 m^3$。开发者计划利用水平井和天然气回注保持气藏压力来开发油环。1998 年，卡拉恰干纳克油气田有 103 口作业井，其中包括 12 口注气井，日产量已经达到液态石油 23 850 m^3、天然气 $2747 \times 10^4 m^3$。

2003 年，卡拉恰干纳克油气田开始钻第一口偏移开发井，目标是开采 4950m 深度上的法门阶—巴什基尔阶生物礁储层中的油环，共设计了 20 口同类开发井。所产石油通过 CPC（里海管道集团）管线出口。至 2009 年，该油气田的年产量已经达到 $1500 \times 10^4 m^3$ 液态石油和 $150 \times 10^8 m^3$ 天然气。

KPO 对该油气田的第三阶段生成目标是到 2009 年达到年产天然气 $3680 \times 10^8 m^3$、液态石油 $262 \times 10^4 m^3$。由于全球经济危机对油气需求的影响，该财团已经向哈萨克斯坦政府提出延缓这一增产计划。

2. 田吉兹油田

田吉兹油田的石油储量约为 $15 \times 10^8 m^3$。该油田于 1991 年进行了试产。1993 年，雪佛龙通过与哈萨克油气公司成立合资公司 TCO 参与了田吉兹油田的开发，此后又有埃克森美孚、鲁克、阿科等公司加入。

田吉兹油田的石油含有 $0.5\% \sim 0.7\%$（质量分数）的硫，而其天然气的硫含量平均为 18.5%（体积分数），储层具有很高的异常高压。全面投产后，该油田每天生产的硫副产品约达 4500t。2008 年，TCO 完成了油田二期扩大开发计划，包括酸气回注（SGI）项目和酸气再生产（SGP）的建设，产出的酸气约 1/3 被回注到储层，其余加工成商业天然气、丙烷、丁烷和硫磺。2009 年，该油田的石油产量达到了 $3200 \times 10^4 m^3$。

TCO 还计划将田吉兹油田的年产量再增加 $1600 \times 10^4 m^3$，达到年产 $4800 \times 10^4 m^3$，为此将把全部天然气回注地下。

3. 卡沙干油田

卡沙干油田位于北里海水域，环保要求较高，可采储量为约 $20 \times 10^8 m^3$ 液态石油和 $8584 \times 10^8 m^3$ 天然气。1997 年 11 月，哈萨克斯坦政府签署了北里海油田群开发的产品分成协议，其中包括滨里海盆地的海上卡沙干大油田。参与该油田开发的包括哈萨克油气、ENI、道达尔、埃克森美孚和壳牌等石油公司。

该油气田的单井产能可达 1176 m³ 石油和 2×10⁴ m³ 天然气。2003 年，作业者宣布了海上卡沙干油田的三阶段开发方案：第一阶段计划在 2007 年、2008 年和 2010 年的日产量分别达到 1.2×10⁴ m³、4.8×10⁴ m³ 和 7.2×10⁴ m³；第二阶段（2010～2013 年）日产量达到 14.3×10⁴ m³；第三阶段（2013～2018 年）日产量将达到 19×10⁴ m³。该油田开发项目包括建设两条 100km 的 28 英寸管线向陆上硫处理厂输送石油和天然气。通过天然气回注，卡沙干油田的石油最终可采储量可达到（14～20）×10⁸ m³。

但是，由于费用升高和投产日期延迟，哈政府与项目作业者之间产生了严重分歧。后经协商确定 2012 年末开始第一阶段生产，如 2013 年 10 月前仍不能投产，作业者将失去根据产品分成合同回收成本的机会。

第一阶段初始日产量将达到 23 850 m³，2014 年达到日产 58 830 m³，2015 年达到日产 71 550 m³，最高升至日产 23.85×10⁴ m³。为满足该油田的全面开发需要建设 6 座人工岛，2009 年底已建成 4 座。此外还有管道和油气处理加工厂的建设。

在盆地俄罗斯部分，第一个投入开发的油田是梅尔尼科沃油田（1906 年）。一直到 20 世纪 70 年代，所有的油气田都是利用探井进行生产。1977 年在盆地的卡尔梅克共和国境内的 Shaja 气田进行了开发钻井。1983 年，在别什库尔油田钻了第一口开发井。

1985 年，在阿斯特拉罕特大气田上进行了开发钻井，1986 年 12 月阿斯特拉罕天然气处理厂建成后该气田开始生产天然气。阿斯特拉罕天然气处理厂的最初目标是生产硫磺，此后转向生产天然气、LNG、汽油、机油和硫磺。1997 年阿斯特拉罕石油化工厂的二期工程投产，其年处理能力达到 120×10⁸ m³ 天然气和 4×10⁶ t 石油和凝析油。

该气田的生产由 GazProm 生产公司承担，生产受到了较高的硫化氢和二氧化碳含量的制约，在投产后的 20 多年内仅采出了该气田储量的约 10%。目前的天然气年产量约为 125×10⁸ m³。

第二节　基础地质特征

一、区域构造背景及盆地边界

滨里海盆地大地构造位置属于俄罗斯地台的东南部（图 3-4），是俄罗斯地台上基底沉降范围最大、沉降最深的一个地区，也是世界上沉降最深的盆地之一，根据地球物理资料估计其沉积厚度最大的地区可能接近 20km。在俄罗斯地台上，快速沉降且沉积厚度巨大的滨里海盆地被称为滨里海台向斜，而伏尔加-乌拉尔盆地沉积厚度要小得多，因此被称为台背斜。

滨里海盆地位于俄罗斯地台东南部，与周围的构造单元以深断裂为界，盆地发育早期具有裂谷盆地的特征，因此，其基底顶面起伏变化很大，形成了一系列幅度达数千米的局部隆起与拗陷。

盆地的东缘和南缘分别以海西期的古板块缝合线为界，这些缝合线同时也构成了东欧克拉通的边界。盆地的西部和北部边界是一条大型陡坡带的坡折带（图 3-5）。从盆地基底顶面来看，盆地西缘和北缘是一条大型断阶带；沿上古生界碳酸盐岩层系，盆地

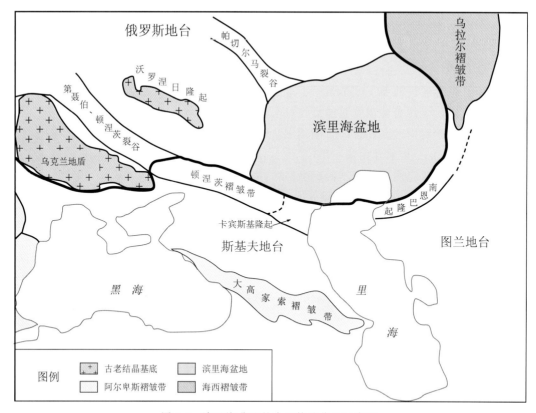

图 3-4　滨里海盆地的大地构造位置示意图

的西北缘则是碳酸盐台地与深水盆地相之间的坡折带；该坡折带构成了滨里海盆地与伏尔加-乌拉尔盆地之间的边界。西北缘断阶带从盆地西部的伏尔加格勒地区以南延伸到盆地东北部奥伦堡一带，距离超过 1500km。石炭纪至早二叠世期间，西北断阶带的西北侧以台地相浅水碳酸盐岩沉积为主，夹少量页岩、蒸发岩和陆源碎屑岩；断阶带附近以台地边缘障壁礁及礁前深水碳酸盐岩沉积为主，向滨里海盆地中央拗陷方向逐步过渡为厚度小得多的深水黑色页岩。

　　在滨里海盆地东北端，乌拉尔前渊向南延伸至滨里海盆地，并构成了滨里海盆地与乌拉尔褶皱带的分界。乌拉尔褶皱带边缘部分被埋藏在薄层中生界之下。

　　盆地东南部以南恩巴断裂隆起带与北乌斯秋尔特盆地相邻；南恩巴隆起表现为沿古生界顶面的隆起，但沿古生界底面表现为深凹陷；南恩巴隆起向西南方向倾没，重力和磁力异常逐渐减弱并在里海的东部消失；因此，南恩巴断裂隆起带可能也是盆地东缘乌拉尔海西褶皱系的一个分支。

　　在盆地西南部，北西西走向的卡宾斯基隆起（褶皱带）构成了滨里海盆地的西南边界（图 3-5、图 3-6）。泥盆纪—石炭纪期间，卡宾斯基隆起一带是第聂伯-顿涅茨裂谷盆地的一部分，沉积了巨厚的裂谷沉积物，其中石炭系的视厚度可达 15km。在早二叠世亚丁斯克期，受古特提斯洋关闭的影响，卡宾斯基裂谷盆地发生了构造反转，并向滨里

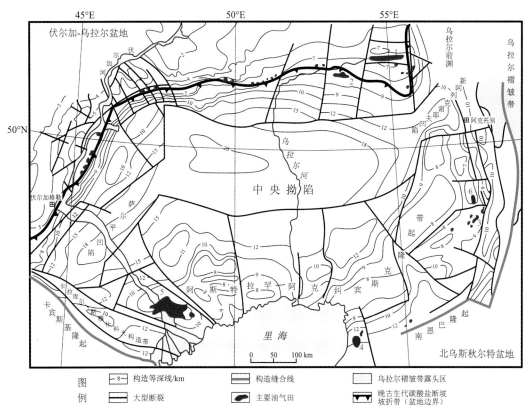

图 3-5　滨里海盆地基底顶面构造图（据 Ulmishek，2001a）

主要油气田（红色数字）：1. 奥伦堡气田；2. 卡拉恰干纳克油气田；3. 扎纳若尔油田；

4. 田吉兹油田；5. 阿斯特拉罕气田；6. 肯基亚克油田

海盆地边缘褶皱和逆冲。

二、沉积盖层构造特征

滨里海盆地沉积厚度巨大，特别是在中央拗陷部分，最大沉积厚度可能接近 20 km。但不同层系的构造面貌存在明显差别，特别是盐上层系与盐下层系之间。

（一）盐下层系构造特征

在盐下层系的各界面上，中央拗陷均表现明显，且在盆地南部和东部发育了连续分布的大型隆起带，即阿斯特拉罕-阿克纠宾斯克隆起带；在该隆起带的南侧和东侧，存在明显的线状拗陷（图 3-7A、B、C）。盐上层系的盆地形态表现为简单的碟形盆地（未考虑盐构造的影响），盆地东缘和南缘的线状拗陷不复存在，而由下而上阿斯特拉罕-阿克纠宾斯克隆起带的幅度逐步缩小，至新生界内完全消失（图 3-7F、G、H）。

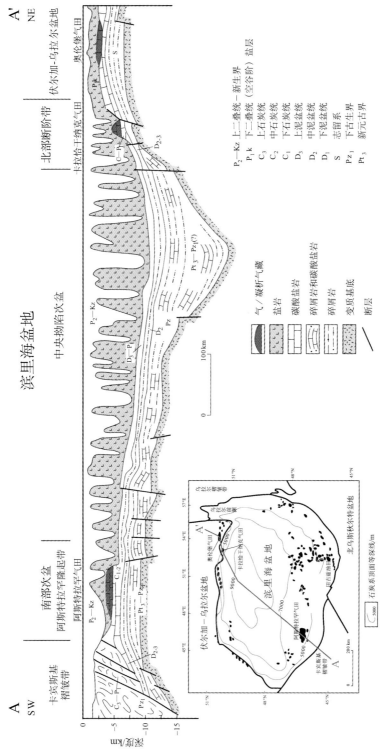

图 3-6　过滨里海盆地南西—北东向地质剖面图 (Effimoff, 2001)

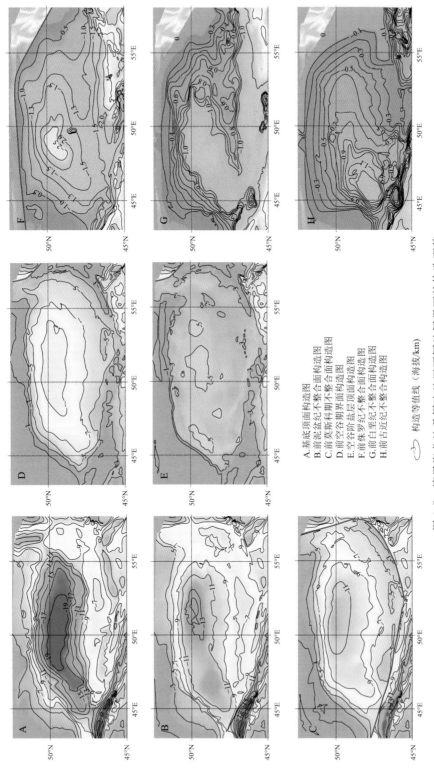

A. 基底顶面构造图
B. 前泥盆纪不整合面构造图
C. 前莫斯科期不整合面构造图
D. 前空谷期界面构造图
E. 空谷阶盐层顶面构造图
F. 前侏罗纪不整合面构造图
G. 前白垩纪不整合面构造图
H. 前古近纪不整合面构造图

⟨⟩ 构造等值线（海拔/km）

图 3-7　滨里海盆地及周边地区不同地层界面的构造面貌

根据基底顶面的构造形态,可以将盆地划分为南部、东部、西北部和中央拗陷4个次盆。中央拗陷是盆地内最大的二级单元,也是盆地内沉降最深的部分。其他3个次盆基底埋藏较浅,根据其沉积盖层构造特征又可划分为一系列更次级的构造单元(图3-8)。

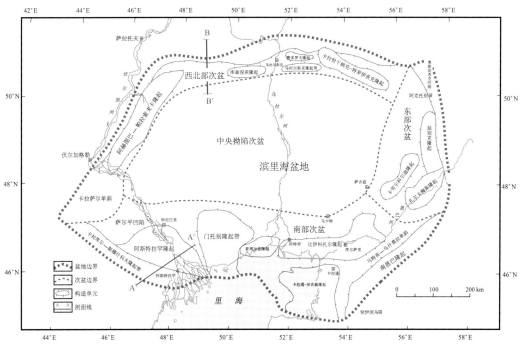

图 3-8　滨里海盆地盐下层系构造单元划分(据 IHS,2012e)

1. 中央拗陷次盆

由于沉积厚度巨大,目前无法通过钻探揭示其地层和构造特征。对中央拗陷的研究主要是通过地球物理资料进行的。中央拗陷具有明显较高的重力(图3-9),推测盆地中央因早期裂谷作用而形成了部分洋壳基底。在基底顶面构造图上,中央拗陷次盆是深度近 20 km 的巨型拗陷,面积可达 $20 \times 10^4 km^2$(图3-5、图3-6);该拗陷的东端与基底埋深达 12 km 以上的北东走向的新阿列克谢耶夫凹陷相接,西端与基底埋深达 18 km 的萨尔平凹陷相连。中央拗陷以及东西两端的两个狭长的凹陷可能都是盆地发育早期形成的裂谷带所在。

2. 南部次盆

南部次盆面积约 $18 \times 10^4 km^2$,其中包括阿斯特拉罕、门托别、新博加金、比伊科扎尔、卡拉通-田吉兹、卡拉库尔-斯穆什科夫、南恩巴等隆起构造,主要隆起构造之间为相对凹陷或过渡性构造。

南部次盆的大多数隆起构造属于在微地块基底之上发育起来的继承性构造。阿斯特

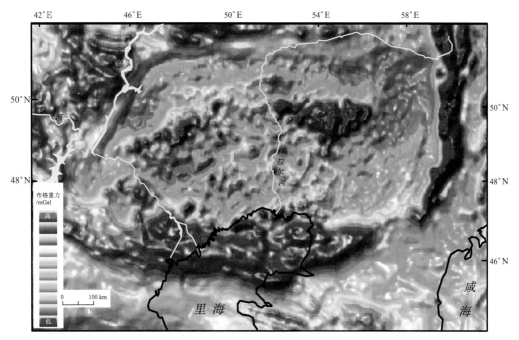

图 3-9　滨里海盆地及周边重力特征（据 Barde et al.，2002b）

拉罕隆起为大型基底隆起背景上发育的上古生界沉积披覆构造，受中石炭世抬升影响缺失了中石炭统莫斯科阶和上石炭统；位于盆地西南缘的卡拉库尔-斯穆什科夫隆起也具有类似的性质，但受卡宾斯基褶皱带影响很大，形成强烈的逆冲叠瓦构造（图 3-10）。盆地东南缘的南恩巴隆起的形成，也与晚古生代板块碰撞有关。

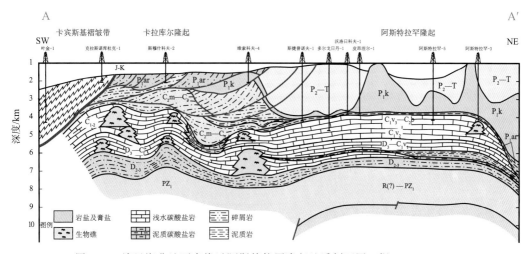

图 3-10　滨里海盆地西南缘过阿斯特拉罕隆起地质剖面图（据 IHS，2012e）

剖面位置见图 3-8

3. 东部次盆

东部次盆面积约 $6.6×10^4 km^2$，其中发育了卡劳尔科尔迪、扎尔卡梅斯和延别克等隆起构造及其周边的单斜或凹陷。盆地东部和南部的大型正向构造构成了贯穿盆地东南部的一条弧形隆起带，称为阿斯特拉罕-阿克纠宾斯克隆起带。该隆起带受乌拉尔造山挤压作用的影响，盆地东部发生了明显的构造变形，并在沉积盖层中形成了成带分布的长轴状褶皱构造，特别是在乌拉尔前渊拗陷内（图 3-11）。另外，受乌拉尔山脉抬升作用的影响，东部次盆的上古生界地层呈现明显的向西掀斜特征（图 3-12）。

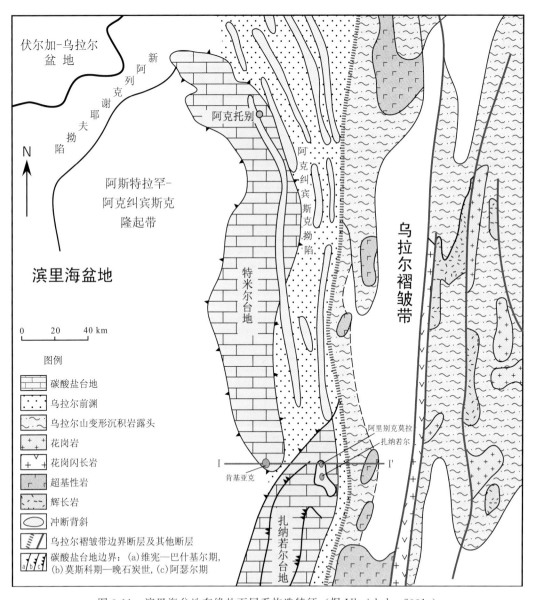

图 3-11　滨里海盆地东缘盐下层系构造特征（据 Ulmishek，2001a）

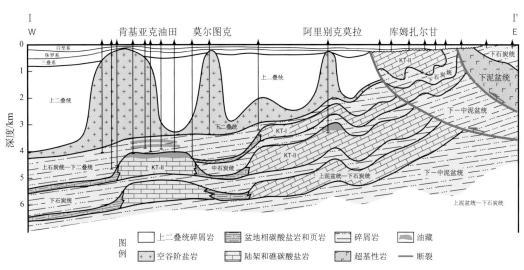

图 3-12　滨里海盆地东部和乌拉尔褶皱带地质剖面图（据 Ulmishek，2001a）

剖面位置见图 3-11

4. 阿斯特拉罕-阿克纠宾斯克隆起带

南部次盆发育的阿斯特拉罕、门托别、比伊科扎尔等大型隆起，与东部次盆的扎尔卡梅斯和延别克隆起等一起构成了盆地南部到东南部的弧形构造带——阿斯特拉罕-阿克纠宾斯克隆起带。它们是泥盆纪裂谷作用过程中从东欧克拉通分裂下来的古里耶夫微地块作为基底发育起来的大型继承性构造带。

阿斯特拉罕-阿克纠宾斯克隆起带走向近北东—东西向，呈半环状，基底顶面埋深在 8～10 km，内部发育了大量次一级隆起和凹陷，由西向东依次为阿斯特拉罕隆起、北里海（门托别）隆起、诺沃博加金斯克隆起、卡拉通-田吉兹隆起、比伊科扎尔隆起、扎尔卡梅斯隆起、卡劳尔科尔迪隆起、延别克隆起、奥斯坦苏克凹陷（乌拉尔前渊）等次级构造单元。现有资料表明，这一隆起带在志留纪就具备其雏型，控制了古生代地层的分布，导致古生代地层在隆起带上急剧减薄，从拗陷区的 6～15km 减小到隆起区的 2～3km，另外，该隆起带对内部各构造单元的沉积面貌影响巨大。从早古生代一直到早石炭世，俄罗斯地台东南部分的被动边缘与广阔的古特提斯洋和古乌拉尔洋之间形成了活动岛弧（阿斯特拉罕-阿克纠宾斯克岛弧），该活动岛弧经过差异构造运动的改造，形成了局部和区域性的隆起和拗陷，在大型隆起构造顶部发育了陆棚相碳酸盐岩，而在快速沉降的局部隆起上发育了大型生物建隆。

在阿斯特拉罕-阿克纠宾斯克隆起带与盆地东南缘之间，还存在一个规模较大的拗陷带，即东南部拗陷带。早二叠世空谷期以前的古生代盆地范围比现今滨里海盆地大得多，包括了俄罗斯地台东南部的广大区域及相邻的海西褶皱区，现今盆地的东、东南部和南部边缘隆起带是古盆地由陆棚区向欠补偿深水凹陷的过渡带。

5. 西北部次盆

该次盆位于现今滨里海盆地的北部和西北部，总体上表现为向盆地中心方向陡倾的大型单斜，基底顶面构造等高线密集分布（图 3-5），它的形成与早中泥盆世期间古里耶夫等地块与东欧克拉通主体之间的裂谷作用有关，被称为滨里海盆地的西北缘断阶带，又称为西北部次盆（图 3-8）。西北缘断阶带的北部边缘为罗博金诺-捷普洛夫斯克陡坡带，在断阶带内发育了阿赫图巴-帕拉索夫卡隆起带、库兹涅茨隆起带、费多罗夫隆起、乌拉尔斯克隆起、卡拉恰干纳克-特罗伊茨克隆起带等大型正向构造单元，在构造带的西南部发育了卡拉萨尔单斜。

在剖面上，西北部次盆以较陡的大型单斜带为特征。在盆地西北缘以西和以北，是相对平坦的伏尔加-乌拉尔台背斜；在晚古生代的大部分时期，伏尔加-乌拉尔台背斜上发育了广阔的浅水碳酸盐台地；在台地边缘则发育了串珠状分布的障壁礁，向滨里海盆地方向则过渡为深水碳酸盐岩和泥岩。碳酸盐台地边缘不同时期的障壁礁系统叠加在一起，构成了碳酸盐陡坡带（escarpment）（图 3-13）。

（二）含盐层系及盐上层系构造特征

滨里海盆地巨厚的含盐层系在漫长的地质历史上经历了复杂的盐构造活动，并在含盐层系和盐上层系中形成了复杂多样的盐相关构造。据 Volozh 等（2003）统计，滨里海盆地共有约 1800 个正向盐构造，其中大型盐基构造的下部常连接在一起，甚至形成很长的盐脊；但在盐基和盐脊内还可以识别出次级的、大致呈柱状的盐丘构造，称为盐株；在正向盐构造之间，是总面积大致相当的负向盐构造，即盐丘间凹陷，又称为微盆地（图 3-14）。

1. 盐丘构造特征

从平面构造形态来看，滨里海盆地的正向盐构造可以分为等轴（穹隆）状、非等轴状、长垣状、网状等，通常笼统地称为盐丘构造；根据盐构造与盐上层系的关系，可以划分为非刺穿型、隐刺穿型、刺穿型三类。

非刺穿盐丘构造的特点是三叠系地层的褶皱很微弱，而且完整地保存了从三叠系到新生界的所有盐上地层。这类盐构造通常分布于盆地边缘及外围，盐层厚度一般在数十米到数百米不等，其中常含有碳酸盐岩、硬石膏夹层，且盐层与围岩呈整合接触。

隐刺穿盐丘构造中岩盐层向上刺穿到中生界地层的不同层位中，导致盐丘顶部三叠系地层减薄，有时甚至是完全缺失，而侏罗系和白垩系地层直接覆盖于盐丘之上。

刺穿盐丘构造的特点是盐丘顶部出露到了新近系—第四系盖层之下，或达到古地面上。盐丘的一个特别的变种是盐梁，它们是狭窄的长条状延伸的盐底辟长垣或盐墙，它们将一系列盐丘连在一起。

盐层的变形强度与盐层的厚度及其他岩性夹层有关：盐层厚度小，并存在其他岩性夹层时，盐构造的幅度相对较低，通常以非刺穿盐构造为主；盐层厚度大，成分相对均质，有利于盐的塑性流动，形成幅度较大的刺穿盐构造。在盆地西北缘和北缘的外围，

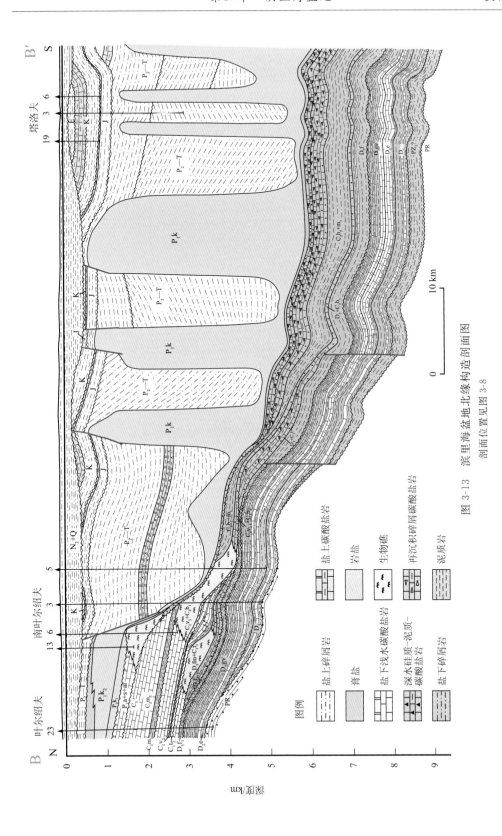

图 3-13　滨里海盆地北缘构造剖面图

剖面位置见图 3-8

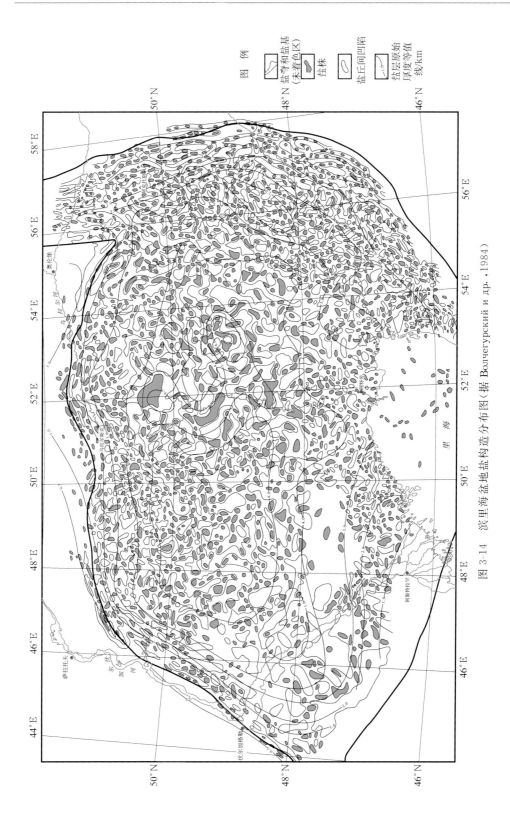

图 3-14 滨里海盆地盐构造分布图（据 Волчегурский и др.，1984）

盐层厚度一般在 500 m 以下，并与碳酸盐岩形成互层，因此盐层变形微弱，基本上呈平缓的层状分布（图 3-15 中的 c 区；图 3-13 南叶尔绍夫 6 井以北部分）。至盆地边缘带附近，盐层厚度明显增大，盐丘的高度一般可达 500～1000m；向盆地内部盐丘高度明显增大，在盆地中央最大可达 8000～9000m（图 3-6）。

区域构造活动也是影响盐构造变形强度的因素之一。盆地西北缘向伏尔加-乌拉尔盆地一侧，属于俄罗斯地台内部，具有坚实的结晶基底，晚古生代以来区域构造活动对这里影响很小；西北缘地区（图 3-15 的 a1 区）盐层厚度虽然增加到 500～1000m，但仍邻近俄罗斯地台的沃罗涅日隆起和伏尔加-乌拉尔隆起，仍属于稳定构造环境，主要发育了等轴状的盐枕构造或平行于盆缘陡坡带延伸的盐脊构造。在盆地的东缘和东南缘（图 3-15 的 a3 区），则发育了具有明显定向排列的盐背斜，它们的形成与晚二叠世以来沿乌拉尔造山带和南恩巴褶皱带的挤压构造活动有明显的关系。

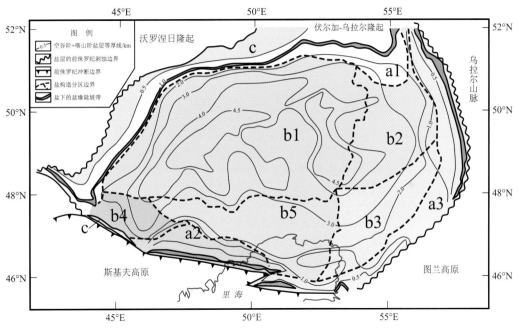

图 3-15　滨里海盆地盐层厚度分布及盐构造形态分区（Volozh et al.，2003）

盆地边缘盐丘、盐枕（非底辟）发育区：a1、a2. 空谷阶等轴状盐丘和盐枕；a3. 空谷阶盐背斜、龟背构造。
盆地内部盐株、盐墙（底辟）发育区：b1. 空谷阶和喀山阶盐层均发生底辟作用；b2～b5. 仅空谷阶盐层发生底辟作用：b2. 底辟至二叠纪末；b3. 底辟至三叠纪末；b4. 底辟至侏罗纪末；b5. 底辟至第四纪（侵出至地表）；c. 盆地外围二叠系盐层呈层状分布的地区

盆地东缘和东南缘（图 3-15 的 a3 区）盐层厚度在 0～1000m，这里受晚二叠世—侏罗纪来自乌拉尔造山带和南恩巴褶皱带的大量碎屑供应的影响，发育了一系列向盆地方向不对称倾斜的岩墙。这与北缘和西北缘较为对称的盐构造有明显区别。由于盐层厚度较小，盐丘间凹陷之下的盐层大部分被排走，盐上层系与盐下层系发生"焊接"，并常在盐丘间形成乌龟构造（turtle structure）（图 3-16）。

盆地东南部处于继承性隆起（阿斯特拉罕-阿克纠宾斯克隆起）的中段，由于晚二

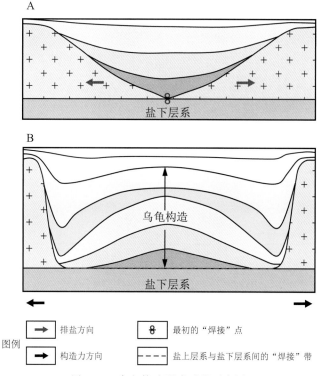

图 3-16　乌龟构造形成过程示意图

叠世以来盆地内明显的水深差异，该地区发育的盐丘在刺穿上覆沉积物到达地表或当时的水体底面时，盐体受重力作用或水体的溶解作用影响向盆地中心方向迁移形成盐席，经后期沉积物埋藏，盐席构成了盐丘边缘的盐檐（悬挂体）构造（图 3-17）。目前发现的盐檐构造主要见于盆地南部和东南部（即图 3-15 中的 b3 和 b5 区）。

2. 盐丘间凹陷构造特征

盆地内部的盐丘之间发育了大量主要由盐上陆源碎屑岩构成、由盐丘侧翼作为边界的负向构造，也被称为盐丘间凹陷或微盆地（图 3-18）。

Волож 等（1997）将盐丘间凹陷划分为被动凹陷和主动补偿凹陷两类。

被动凹陷是位于盐丘间的平缓的负向构造，盐丘及盐丘间凹陷的发育均晚于盐丘间盐上地层的沉积，盐丘的生长导致凹陷翼部抬升剥蚀。这类凹陷的特征是充填其中的地层具有较稳定的岩相和厚度，且凹陷边缘部分地层被不整合面切割（图 3-19A），两侧的盐丘形成于不整合形成之前，盐丘的上拱导致盐丘顶部地层抬升剥蚀，这种情况下的盐丘间凹陷实际上是盐体构造变形的产物，其中的地层属于剥蚀残余，而非微盆地的沉积充填。

主动补偿凹陷的发育是盐上层系的沉积物不均衡加载的结果，被沉积物排挤的盐向相邻的盐丘流动所腾出的空间又被新的沉积物所充填，凹陷内特定地层的厚度甚至岩性

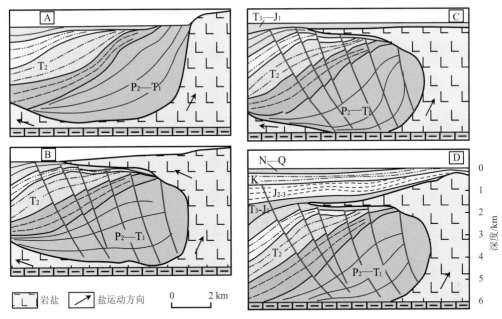

图 3-17　新博加金盐丘及其盐檐（悬挂体）构造演化示意图（Volozh et al.，2003）

A、B. 中三叠世末，盐体刺穿上覆地层、侵出地表，并从盐株顶部向盐间洼地运动；C、D. 晚三叠世至今，盐体被沉积物覆盖，在盐丘边缘形成了盐檐构造

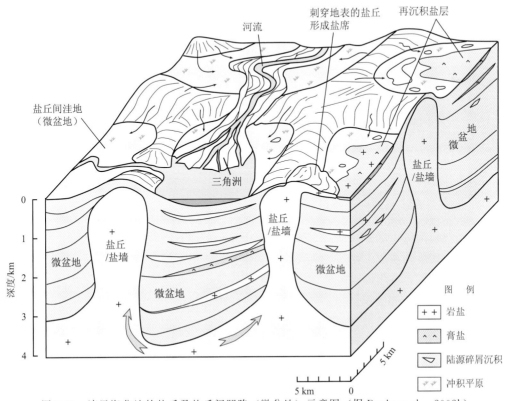

图 3-18　滨里海盆地的盐丘及盐丘间凹陷（微盆地）示意图（据 Barde et al.，2002b）

有较大变化。还可以分为以下 2 种情形：①原生补偿凹陷（图 3-19B），主要形成于盐活动早期、盐层尚未失去连续性的阶段，盐丘间凹陷内的沉积地层向盐丘侧翼减薄尖灭；②次生补偿凹陷，是在盐构造活动晚期、盐核所占面积继续收缩的产物，其中包括斜靠盐丘边缘型的（图 3-19C）和顶部嵌入型的（图 3-19D）。

　　递进补偿凹陷是主动补偿凹陷的一个特殊类型（图 3-19E）。此类盐丘间凹陷的形成可能贯穿盐构造活动的整个历史，由于沉积物供应方向相对稳定，沉积物载荷导致单侧的盐体持续或断续后退，微盆地的沉积中心随之不断迁移，形成明显不对称的盐上递进充填沉积。

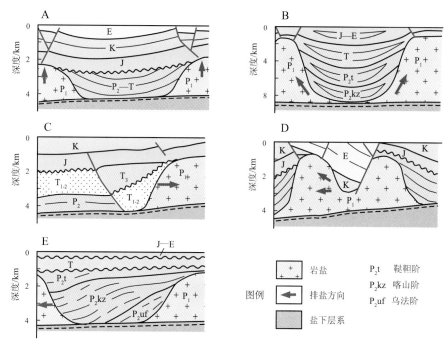

图 3-19　滨里海盆地盐丘间凹陷类型（据 Волож и др.，1997）

3. 盐上层系浅层的构造特征

　　这里所说的盐上层系浅层，主要是覆盖于盐丘和盐丘间凹陷之上的地层，在滨里海盆地包括中侏罗统及以上地层，主要是中上侏罗统、白垩系和古近系。

　　至早侏罗世，滨里海盆地的盐构造已经基本定型。侏罗系至古近系是大规模盐构造运动基本结束之后的沉积产物，其产状平缓，厚度相对均一，一般在 2.1～2.5 km。但受晚侏罗世以及早白垩世区域剪张构造活动的影响，盐丘构造发生复活并呈现一定幅度的增长，导致上覆地层广泛发育张性断裂。

　　由于晚期盐层活动和盐丘构造的拱升，盐上层系普遍发生张性断裂，形成了走向复杂多变、连通程度不同的多边形网状断层系统；在盐构造顶部断层成对相向发育，形成小型地堑（图 3-20）。多边形断块的宽度一般是 5～20 km，相关地层的倾角一般不超过

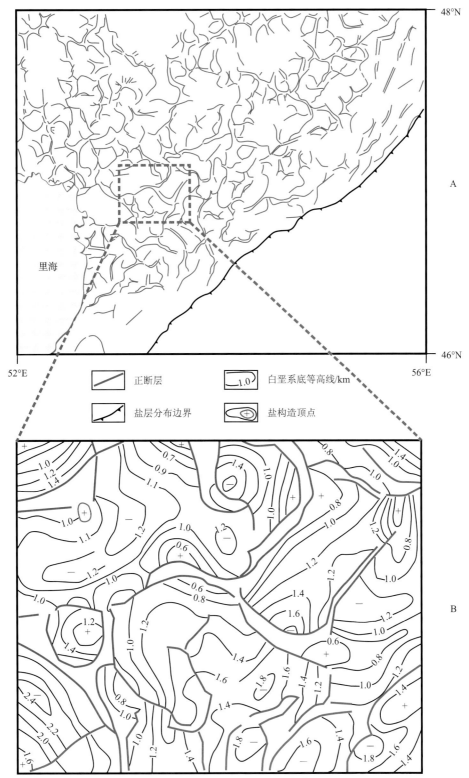

图 3-20　滨里海盆地东南部白垩系底断裂系统（A）和局部构造图（B）（Volozh et al.，2003）

1°。断层在平面上呈弯曲状态，在剖面上大致呈铲状。地堑的一对边界断层一般是不对称的。一些断层向下交汇并在侏罗系底部附近交切（大约交叉 0.6 km）。更多的断层是在二叠纪至三叠纪之间有生长能力的二叠系盐构造顶面交叉会聚。多边形断裂的活动与盐构造在侏罗纪至古新世的活化有关，有一些断层至今还在活动。

大多数断层都断至复活盐构造的顶部，这表明断层是受重力作用控制的。滨里海盆地仅东缘不发育多边断层，因为这里的盐构造到三叠纪末已停止生长。

三、地层层序与沉积特征

滨里海盆地属于俄罗斯地台东南部的克拉通边缘拗陷。盆内充填了巨厚的古生代、中生代和新生代沉积物，在剖面上可分为三个层系：盐下层系、含盐层系和盐上层系。

钻井揭示了中泥盆统以上全部地层。由于面积巨大，盆地不同构造部位的构造演化史和沉积充填史存在差异，地层特征也有所区别（图 3-21）。

（一）盐下层系

盐下层系包括下二叠统空谷阶岩盐层之下的所有沉积地层。但目前钻遇的地层主要是泥盆系—下二叠统亚丁斯克阶的地层。

盐下层系埋藏很深，其顶界深度在盆地边缘 3000～4000 m，在盆地中心可达 10 000～13 000 m，为巨厚的碎屑岩和碳酸盐岩。由于含盐层系的屏蔽，盐下层系地震分辨率低，整体研究水平不高。

盐下碳酸盐岩包括台地碳酸盐岩和生物礁碳酸盐岩。碳酸盐台地主要位于盆地西北缘及伏尔加-乌拉尔盆地一侧，并沿台地边缘发育了障壁礁，在台地斜坡上发育了大型深水碳酸盐台地和塔礁；在盆地南部和东南部的阿斯特拉罕-阿克纠宾斯克隆起带上，发育了深水碳酸盐滩或台地，其中有大型生物礁（图 3-22）。

碎屑岩几乎全盆分布。盆地东缘、南缘发育了三角洲碎屑沉积体，碎屑物质主要来自晚古生代晚期隆起的乌拉尔造山带和顿巴斯-卡宾斯基-图阿尔克尔褶皱带；西缘局部发育的三角洲源于俄罗斯地台南部的沃罗涅日隆起。

盆地内部的斜坡区以泥质碳酸盐岩、泥岩和斜坡扇碎屑岩沉积为特征。早期斜坡沉积物可能被大型侵蚀沟道切割，并被陆源碎屑岩充填。中央拗陷以深海沉积的泥页岩为主，东部和南部可能存在大量来自三角洲和上部斜坡扇的浊积扇沉积物（图 3-22）。

滨里海盆地钻遇的盐下层系主要包括：中上泥盆统、石炭系和下二叠统阿瑟尔—亚丁斯克阶。

1. 中上泥盆统

泥盆纪是东欧克拉通东缘和东南缘一系列沉积盆地发育的重要阶段，裂谷作用导致盆地快速沉降和海侵，盆地内开始充填陆源碎屑岩和碳酸盐岩。目前钻遇的泥盆系地层主要分布于盆地北缘和东缘，包括中上泥盆统的艾菲尔阶、吉维特阶、弗拉阶和法门阶。盆地中央和南部的广大地区尚未揭示泥盆系。

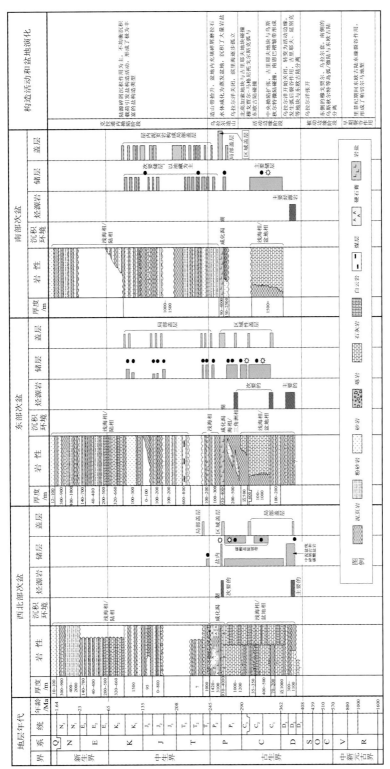

图 3-21　滨里海盆地西北部断阶带、东部和南部地层综合对比表（据 IHS,2012e）

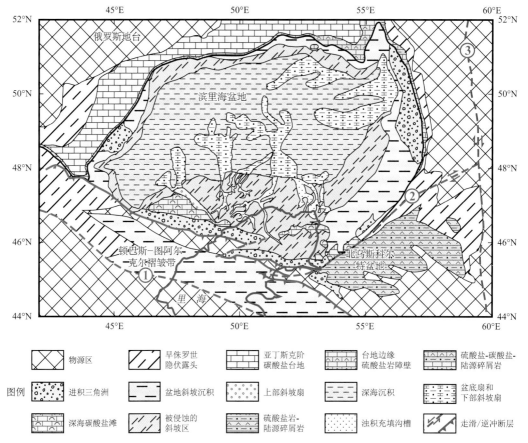

图 3-22　滨里海盆地盐下层系的岩相分布简图（Volozh et al.，2003）

主要剪切构造带：①萨尔马特-图阿尔克尔；②南恩巴；③乌拉尔-科佩特达格

　　艾菲尔阶为浅海相或深海斜坡相沉积，岩性为砂岩、粉砂岩、石灰岩和白云岩，其次为钙质页岩。该套地层厚度为 0～240 m，平均为 100 m，与上覆吉维特阶呈整合或不整合接触。

　　吉维特阶属浅海相沉积。由下而上分为两个层：沃罗比约夫层（Vorobyevskiy horizon）为泥岩、粉砂岩、砂岩、石灰岩和白云岩互层；斯塔瑞奥斯科尔层（Staryy Oskol horizon）为泥质岩夹石灰岩。

　　弗拉阶也是浅海相沉积。在盆地边缘弗拉阶的岩性以陆源碎屑岩为主，包括砂岩和砾岩，少部分为泥岩和泥灰岩；在盆地的斜坡部位，该套地层以石灰岩和白云岩为主；在盆地中央，弗拉阶可能为富含有机质的盆地相泥岩，在相邻的伏尔加-乌拉尔盆地和季曼-伯朝拉盆地，这套地层中都发育了优质烃源岩。该套地层厚度为 410～1630 m，平均为 870 m，与上覆法门阶及下伏吉维特阶均呈整合接触。

　　法门阶也是浅海相沉积，在盆地北部断阶带由下而上可分为三部分：下部以石灰岩为主，其次为泥岩和白云岩；中部为含炭化植物碎屑的泥岩，夹泥质石灰岩、粉砂岩和砂岩；上部为不含碳酸盐的泥岩，夹砾岩和砂岩。在卡拉恰干纳克油气田，法门阶生物成因石灰岩和生物礁石灰岩构成了有效产层。该套地层厚度为 410～1200 m，平均为640 m，与上覆下石炭统杜内阶及下伏弗拉阶均呈整合接触。

在盆地东部和东南部，发育了兹莱尔组（或伊泽姆贝特组）（法门阶—下石炭统维宪阶）杂砂岩。该组的下部主要是细粒碎屑岩，其中还含有一些碎屑碳酸盐岩；这些岩石可能是在深水盆地中沉积的。该套地层为一个向上变粗的层序，上部出现了砾岩和煤层。砂岩分选性差，碳酸盐胶结物含量变化较大，局部可达很高，侧向上通常不连续。

2. 石炭系

滨里海地区的石炭系仍沿用三分方案，包括下石炭统杜内阶、维宪阶、谢尔普霍夫阶，中石炭统巴什基尔阶和莫斯科阶，上石炭统卡西莫夫阶和格舍尔阶。

下石炭统全部为海相沉积。在盆地北部和西北部，杜内阶为石灰岩夹泥岩和白云岩；在盆地南部和东南部，为砂岩、泥岩和粉砂岩互层。维宪阶岩性由下而上为：钙质泥岩夹石灰岩、白云岩，偶尔还有硬石膏；重结晶石灰岩，偶尔夹泥岩；白云岩夹石灰岩、页岩、砂岩、粉砂岩和硬石膏。谢尔普霍夫阶由下而上，岩性为泥质碳酸盐岩、白云岩、硬石膏和石灰岩，白云岩夹硬石膏和泥岩。下石炭统各阶以及与上覆和下伏地层之间多为整合接触。

目前钻遇的巴什基尔阶—莫斯科阶为浅海相或深海斜坡相沉积，岩性以碳酸盐岩为主，包括石灰岩、白云岩、砂岩、粉砂岩和页岩。水体较浅的地区发育碳酸盐台地和生物礁，沉积厚层碳酸盐岩；较深水地区则以泥灰岩和泥岩为主，厚度较小。该套地层厚度为 460～540 m，平均为 460 m。在盆地的大部分地区，该套地层与上覆卡西莫夫阶—格舍尔阶呈整合接触，与下伏谢尔普霍夫阶呈不整合接触；在部分大型碳酸盐台地或生物礁的顶部，则可能发生暴露和溶蚀，缺失部分或全部上石炭统地层，形成与上覆地层间的不整合接触，如在田吉兹油田和阿斯特拉罕气田。

在田吉兹油田，中石炭统碳酸盐台地沉积环境包括深水台地、浅水台地、浅滩、台地边缘（生物礁）和台地斜坡；台地顶部在低水位期暴露地表并发生了溶蚀和角砾化。阿斯特拉罕碳酸盐台地发育了石灰岩和鲕粒石灰岩。在盆地东部发育了碳酸盐台地和障壁礁。

在盆地西部识别出了一套厚层的中石炭统碎屑扇体，钻井揭示厚度达 1400 m，而地震资料显示其最大厚度可达 2500 m，可能是在晚古生代盆地陆坡上方的一条大型河流的沉积产物。陆架边缘由碳酸盐岩陡坎构成，浊积岩可能在海流的作用下进行了重新分配。

卡西莫夫阶—格舍尔阶为浅海沉积。格舍尔阶顶部为钙质页岩和砂质页岩与砂岩和生物碎屑石灰岩互层；生物成因石灰岩分布于底部。在卡拉通-田吉兹构造带上，卡西莫夫阶为生物成因石灰岩；在盆地东北部，卡西莫夫阶为石灰岩、白云岩夹页岩。中石炭世晚期，受北乌斯秋尔特、北高加索等地块与东欧克拉通会聚碰撞的影响，盆地南缘和东南缘部分地区发生褶皱抬升，缺失了上石炭统和下二叠统部分地层。

3. 下二叠统

下二叠统盐下部分包括阿瑟尔阶、萨克马尔阶和亚丁斯克阶。

阿瑟尔阶为浅海相沉积，岩性包括石灰岩、白云岩、砂岩、砾石、粉砂岩、页岩和硬石膏。该套地层最大厚度为 370 m，平均为 240 m，与上覆萨克马尔阶呈整合接触，与下伏石炭系整合或不整合接触。

在盆地南部和东南部，该套地层基本上为碎屑岩（泥岩和砂岩，在泥岩段偶尔夹有白云岩，在砂岩段中夹有粉砂岩和粗砂岩）；在盆地北部和西北部，该套地层为生物礁石灰岩和角砾石灰岩，夹硬石膏和白云岩薄层。

萨克马尔阶属浅海沉积。在盆地南部和东南部，该套地层为泥岩和砂岩互层，偶尔含有硬石膏、粗砂岩、砾岩和石灰岩；在盆地的东部和东北部，主要是生物成因石灰岩夹白云岩、硬石膏和石膏。该套地层与上覆亚丁斯克阶和下伏阿瑟尔阶均呈整合接触，地层厚度为 0～560 m，平均为 340 m。

亚丁斯克阶为浅海相沉积，岩性包括石灰岩、白云岩、页岩和砂岩。该套地层最大厚度为 565 m，平均为 400 m，与上覆空谷阶呈不整合接触，与下伏萨克马尔阶呈整合接触。

在盆地南部和东南部，该层序主要是碎屑岩，其次为白云岩和石灰岩，在盆地北部和东北部石灰岩和白云岩占主导地位。卡拉恰干纳克生物礁中发育了亚丁斯克阶生物礁和台地碳酸盐岩。中石炭世—早二叠世盆地边缘的会聚和挤压事件，导致碳酸盐台地面积大幅度收缩并形成了很厚的生物礁层序，早二叠世塔礁覆盖于石炭系不整合面之上；生物礁主要岩性为生物黏结岩，礁翼岩性主要是角砾状灰岩和泥粒灰岩，礁间地区发育了盆地相泥灰岩和泥岩。

在同一时期，盆地北缘和西北缘还发育了障壁礁。

（二）含盐层系

滨里海盆地的含盐层系包括下二叠统空谷阶、上二叠统乌法阶和喀山阶。

在滨里海盆地沉积剖面上，一个最突出的特点就是广泛发育的二叠系蒸发岩。下二叠统空谷阶以岩盐为主，含硬石膏夹层，并含有钾盐、镁盐等矿物，偶见陆源碎屑岩-碳酸盐岩夹层；盐层几乎全盆地分布，盆地东部陆源碎屑沉积增多，盐层厚度明显减薄。上二叠统乌法阶和喀山阶以岩盐夹泥岩为主，盆地东部和南部以陆源碎屑沉积为主（图 3-23）。

根据推算，盐层的原始厚度在 1～5km，盆地内发育了约 1800 个大小不等的盐丘。在一个盆地中发育如此多的盐丘构造，在世界上是绝无仅有的。

由于盐层塑性活动的影响，盐上层系变形明显，形成了一系列背斜、穹隆和盐体刺穿型圈闭，盐上层系的许多油气藏的形成都与盐丘构造有关。

空谷阶为局限海-咸化潟湖沉积。至空谷期，滨里海盆地与周边广海几近隔绝，逐步演变为蒸发盆地，空谷阶几乎全部为蒸发岩，岩性为岩盐和硬石膏，向盆地东部相变为碎屑岩-硫酸盐岩，向西相变为硫酸盐岩-碳酸盐岩，向南相变为硫酸盐岩-泥岩。该套

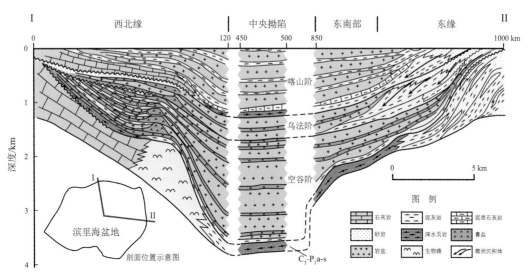

图 3-23 滨里海盆地含盐层系的结构示意图 (Волож и др.，1997)

C₃-P₁a-s. 上石炭统—下二叠统亚丁斯克阶至萨克马尔阶

地层厚度为 910～4012 m，平均为 1800 m，与上覆上二叠统为整合接触，与下伏亚丁斯克阶呈不整合接触。

上二叠统乌法阶、喀山阶属海陆过渡相或局限海-潟湖相沉积。岩性主要是硬石膏夹泥岩、蒸发岩夹泥岩透镜体，或碎屑岩（砾岩、砂岩、粉砂岩和泥岩）夹硬石膏透镜体。

喀山阶砂岩一般是在蒸发性的、季节性湖泊环境中沉积的，常与硬石膏、粉砂质页岩甚至岩盐构成互层；砂岩为岩屑长石砂岩，粒度一般较细，胶结作用强烈，胶结物有方解石、白云石和部分硬石膏。

（三）盐上层系

滨里海盆地的盐上层系包括上二叠统鞑靼阶和中新生界。

盐上层系的岩性主要为陆源碎屑岩，厚 5000～9000m，受盐的塑性活动和盐丘构造形态的影响，盐上层系发育了大量隆起和凹陷，地层产状与盐构造的形态密切相关。

盐上层系可分为两个沉积组合：下部组合为鞑靼阶—三叠系，上部组合为侏罗系—新近系。下部组合多由陆源碎屑岩组成，颜色混杂，海相碳酸盐岩仅见于盆地西部三叠系；该组合的特点是受盐丘构造影响强烈，产状不稳定，厚度变化大，从数百米到 6～8km 不等。上部组合的侏罗系至下白垩统主要为灰色滨岸沉积和杂色陆源沉积，厚度从数百米到 3000m；上白垩统主要由碳酸盐岩组成；而古近系—第四系主要为砂质泥岩和杂砂岩组成。两个组合的碎屑岩储层多为浅海相和三角洲相石英砂岩，少量为长石砂岩，普遍具有较高的成分成熟度和结构成熟度，油气储集条件较好。

1. 鞑靼阶

砂岩沉积于冲积扇和三角洲平原环境中，常见泛滥平原泥岩、分流河道和决口扇等沉积，常直接分布于三叠系底部的不整合面之下，为不成熟的岩屑砂岩。

2. 三叠系

三叠系可划分为下三叠统、中三叠统和上三叠统，其中下三叠统和上三叠统为陆相沉积，而中三叠统为海相沉积。

下三叠统下部为砂岩、粉砂岩、泥岩和页岩互层，上部为杂色页岩和厚层泥质石灰岩。中三叠统以海相泥岩为主。上三叠统属陆相沉积，岩性包括砂岩、粉砂岩和泥岩。三叠系的分布受空谷阶盐构造活动影响很大，地层厚度在平面上变化很大，在盐丘构造顶部厚度为零至数百米，到盐间洼地可达数千米。

3. 侏罗系

侏罗系为陆相、海陆过渡相和浅海相沉积，以陆源碎屑岩为主，岩性包括泥岩、粉砂岩、砂岩和细砾岩，偶见煤层，上侏罗统还发育了少量浅海相石灰岩和泥灰岩。受盐构造影响，地层厚度变化较大，最厚可达千米。

4. 白垩系

下白垩统为陆相-海陆过渡相沉积，偶尔有浅海相沉积，岩性包括石灰岩、页岩、粉砂岩和砂岩，地层厚度为 240～1020 m，与上覆和下伏地层均为不整合接触。

上白垩统属浅海沉积，岩性以石灰岩、泥灰岩为主，其次为砂岩和泥岩。该套地层与上覆古新统呈整合或不整合接触，而与下伏下白垩统呈不整合接触，厚度为 320～660 m。

5. 新生界

滨里海地区新生界为浅海相-海陆过渡相沉积，岩性为泥灰岩、页岩、粉砂岩、砂岩和砂，碎屑岩成岩胶结程度普遍较低。地层厚度受盐丘构造活动影响较大，可达数百米到上千米。

四、构造演化与沉降史分析

一种观点认为，滨里海盆地的发育始于中泥盆世末期，因此推测在盆地中央拗陷存在巨厚的泥盆纪和石炭纪沉积。但多数人支持另一种观点，即滨里海盆地起始于早古生代甚至更早（里菲纪）的三叉裂谷。

尽管存在多种不同观点，但早期裂谷作用对盆地形成的控制作用则是被普遍承认的。强烈的裂谷作用之后，有微型陆块从东欧克拉通上分裂下来，在微陆块与古大陆之间形成了原洋裂谷，并在此基础上发生了大规模沉降和广泛的海侵，形成了滨里海盆地。中石炭世以来南乌拉尔洋的关闭和造山开始从根本上改变滨里海盆地的面貌和性质，使之再次与东欧克拉通连为一体。因此，滨里海盆地的演化可以大致包括三类地质过程，即裂谷作用、拗陷作用和挤压碰撞作用。

根据现有资料，滨里海盆地的演化大致可以划分出 5 个阶段（图 3-24）。

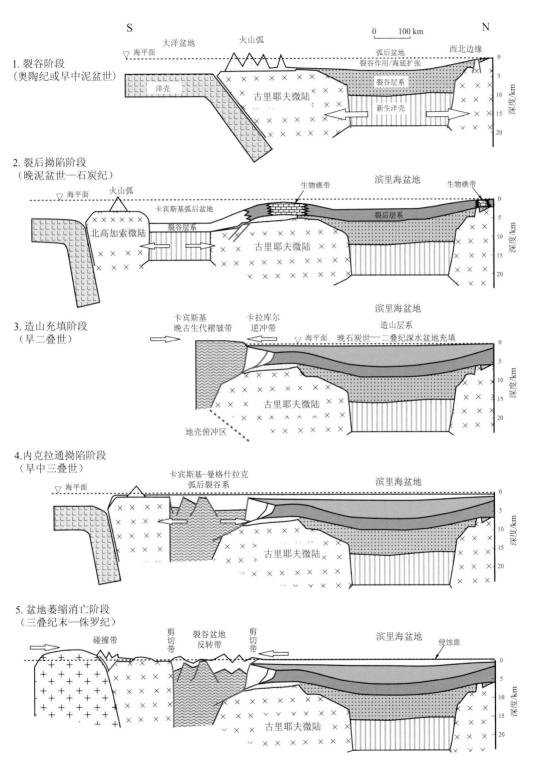

图 3-24 滨里海盆地及周边构造环境演化示意图

（一）裂谷阶段

滨里海地区的裂谷作用发生于奥陶纪或早中泥盆世，甚至可能追溯到里菲纪。

根据地震资料，滨里海盆地中央部分的高速地壳上存在厚达 $20 \sim 25$ km 的沉积物，沉积层之下的深部地壳纵波速度为 $6.7 \sim 7.1$ km/s，具有洋壳（玄武质）的特征。因此，大多数学者把滨里海盆地中央拗陷的地壳看作洋壳，而洋壳的形成年代很有可能是中泥盆世。

Зоненшайн 等（1990）认为，滨里海盆地起源于俄罗斯地台、哈萨克古陆与外乌拉尔、穆戈贾尔、古里耶夫、乌斯秋尔特、图兰、卡拉库姆以及北高加索（斯基夫）等一系列微陆、古亚洲洋和古乌拉尔洋的相互作用。在盆地演化的最早阶段（里菲纪—寒武纪），俄罗斯地台东南部可能形成了三叉裂谷系统，包括帕切尔马-霍布达裂谷、兹莱尔裂谷和恩巴裂谷，推测其中充填了裂谷期沉积的中上里菲系和裂后拗陷期沉积的文德系—寒武系。在盆地北部，发现了一套纵波速度为 $5.9 \sim 6.5$ km/s、厚度为 7 km 的层序，一般把它解释为褶皱的里菲系—下古生界，这套地层向盆地中央变薄。

奥陶纪—中泥盆世期间，滨里海盆地中部发育了一个大型裂谷带，中央裂谷带向东北方向与霍布达裂谷（即现今的新阿列克谢耶夫拗陷）相接，向西南与萨尔平裂谷（即现今的萨尔平拗陷）相接；这些裂谷又与周边的其他裂谷系统（海盆或洋盆）相通。但此时盆地基底的快速沉降很快被陆源碎屑沉积物所充填，盆地内水体较浅（图 3-25）。

志留纪末到早泥盆世，随着滨里海盆地及周边地区裂谷作用的加剧和快速构造沉降，滨里海盆地开始广泛海侵，盆地中央水体逐步加深。至中泥盆世末，被裂谷带和海槽所分隔的微陆块逐步被海水淹没，碎屑沉积作用逐步被碳酸盐沉积作用所取代。

（二）裂后拗陷阶段

中泥盆世晚期，俄罗斯地台东南缘经历了一次新的三岔裂谷作用。这一次裂谷作用可能是古特提斯洋弧后扩张的结果，在古里耶夫微陆与北高加索微陆之间、乌斯秋尔特微陆与延别克-扎尔卡梅斯微陆之间形成了一系列海槽，而滨里海盆地内部的中央裂谷带基本上停止了裂谷活动，开始快速沉降。到中维宪期，古里耶夫微陆与乌斯秋尔特微陆发生碰撞，先前的阿斯特拉罕-恩巴被动边缘转变成长条状的隆起。

中维宪期之后，北高加索微陆向乌斯秋尔特-古里耶夫微陆方向运动，并沿着卡拉库尔被动边缘与古里耶夫微陆发生碰撞，形成了卡宾斯基褶皱冲断带。乌斯秋尔特微陆与北高加索微陆之间的边界转换断层（即阿格拉汉-阿特劳断层）可能形成于这次大陆碰撞。

在这一时期，滨里海盆地开始整体快速沉降，海侵范围进一步扩大，沿西北缘断阶带和东南部的阿斯特拉罕-阿克纠宾斯克隆起带发育了碳酸盐台地和生物礁，滨里海中央扩张带则形成了被碳酸盐台地环绕的深水海相盆地，推测当时的最大水深可能接近 2 km（图 3-25）。在盆地西北缘和东缘的碳酸盐陆坡带上发现了分别属于三个时期（中弗拉期—中维宪期、晚维宪期—早巴什基尔期和莫斯科期—空谷期）的一系列障壁礁。向盆地中央，障壁礁相过渡为深水碳酸盐岩和页岩，其中发育了具有重要意义的塔礁

（如卡拉恰干纳克塔礁）。陡坡带的碳酸盐岩沉积作用夹杂着多次碎屑沉积。到谢尔普霍夫期末，穆戈贾尔微陆与俄罗斯地台发生缝合，盆地东部的兹莱尔边缘海闭合，滨里海盆地与乌拉尔洋之间的联系中断。

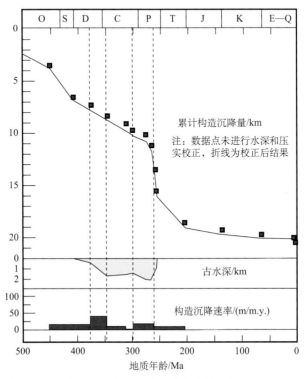

图 3-25　滨里海盆地中央拗陷次盆构造沉降史曲线（据 Brunet et al.，1999）

（三）造山充填阶段

从中石炭世晚期开始，南乌拉尔地区的各微陆块开始与东欧古陆碰撞，在滨里海盆地东南部的阿斯特拉罕-阿克纠宾斯克隆起带的许多地区缺失了中石炭统上部和上石炭统地层，下二叠统直接不整合覆盖于中石炭统巴什基尔阶侵蚀面上。

海西期挤压导致盆地构造体制于石炭纪发生逆转，并形成了目前作为盆地东缘和南缘的冲断带。东欧、哈萨克、西伯利亚等古陆碰撞引起了盆地东缘的磨拉石沉积、推覆体侵位和兹莱尔-阿克纠宾斯克褶皱带的最终发育成型。由于晚维宪期乌斯秋尔特-古里耶夫微陆与北高加索微陆的碰撞、石炭纪—早二叠世东欧古陆与哈萨克古陆的碰撞等一系列碰撞作用，所形成的造山带至空谷期初已最终把滨里海盆地从南方的古特提斯洋、东面的乌拉尔洋孤立出来。

随着盆地周边的造山作用，滨里海海盆与大洋逐渐分离，周边造山挤压形成的构造载荷导致盆地继续沉降，并演化形成了一个局限的、超咸化的深水海盆，盆地中央的最大水深可能超过 2 km。空谷期可能是滨里海盆地历史上沉降最快的时期，但此时盆地周边尚无大型造山带和碎屑物源区发育，在整个盆地范围内广泛沉积了厚层蒸发岩，盆地中央部分厚度可达到 4.5 km。

在晚二叠世和三叠纪期间,乌拉尔造山带抬升形成区域内重要的碎屑物源区,滨里海盆地则受构造载荷和沉积载荷影响而继续快速沉降并接受了以陆源碎屑为主的沉积,但喀山期在盆地的大部分地区仍发育了厚度较大的蒸发岩。在三叠纪期间,盐层曾异常活动,由此形成的盐构造影响了中生代的沉积作用,并形成了中生界—新生界剖面中所识别出的各种构造圈闭。盐底辟幅度最高达到 5000m。在某些盐丘间凹陷中,盐层完全被排入相邻的盐丘中,盐上层系与盐下层系发生"焊接"。在这样的盐丘间凹陷中,上二叠统—下三叠统沉积物的厚度可达数千米。

(四) 克拉通内坳陷阶段

至早中三叠世,在海西期拼接于东欧克拉通周边的陆块和褶皱带逐步克拉通化,造山挤压活动逐步被区域性伸展过程所取代,滨里海盆地因构造载荷驱动的沉降明显减弱,而代之以克拉通内裂谷和坳陷作用。

一种观点认为,这一时期曼格什拉克-北高加索地区的区域伸展与欧亚大陆古特提斯洋活动边缘的弧后拉张有关。还有一种观点认为,该地区的大陆裂谷作用可能与海西造山带的整体塌陷有关。沿卡宾斯基岭-曼格什拉克一带的裂谷作用导致了区域性沉降,受此影响,滨里海盆地发生了明显的构造沉降,但碎屑沉积速率较高,因此盆地水体较浅 (图 3-25),在浅海环境中沉积了陆源碎屑岩和少量碳酸盐岩。

(五) 盆地萎缩消亡阶段

侏罗纪以来,随着西莫里陆块群不断向欧亚大陆南缘拼贴,高加索地区发生碰撞,卡宾斯基-曼格什拉克裂谷系发生挤压和反转,滨里海地区发生多次抬升和侵蚀,构造沉降明显减缓 (图 3-25),沉积环境也由侏罗纪和白垩纪的滨浅海环境至新生代逐步转变为陆相河流-沼泽环境,标志着滨里海地区作为沉积盆地的消亡。

新生代期间滨里海盆地的地质演化相对平静。但是,在整个中生代和新生代期间,盐构造活动十分活跃,并逐步改变了沉积作用和沉积中心的格局。然而盆地沉降在新近纪再次加快,特别是上新世期间在盆地的西部和西南部。新近纪沉降作用可能与挤压应力场作用下岩石圈向下挠曲有关。

第三节　石油地质特征

一、烃源岩及其成熟度

(一) 烃源岩特征

滨里海盆地的主要烃源岩分布于盐下层系内,而盐上层系的烃源岩对生烃贡献不大。在盆地不同地区,有效烃源岩的地层层位不同,而且由于岩性、温压条件、岩石热导率及构造条件的差异,成熟度也各不相同。这些烃源岩分布于几个孤立的生烃灶内,每个次盆可能至少有一个生烃灶。

1. 北部次盆的盐下烃源岩

在盆地北部卡拉恰干纳克气田一带，中泥盆统艾菲尔阶比伊斯科组和阿芳宁群岩性以浅海相碳酸盐岩为主，夹少量碎屑岩薄层；比伊斯科组厚 85～118 m，阿芳宁群厚 85～150 m，TOC 含量平均 2.8%，最高可达 11.7%；所含有机质为 I-II 型，现今镜质体反射率（R_o）为 1.0%～1.5%。该套地层已经穿过生油窗、进入热解生气窗，根据热解评价的生烃潜力（S_2）为 0.16～30.0 mg HC/g，平均为 5.8 mg HC/g。上泥盆统弗拉阶仍以碳酸盐岩为主，TOC 含量为 1.5%～1.8%，生烃潜力最高为 23.0 mg HC/g，平均为 7.6 mg HC/g。

Даукеев 等（2002）将滨里海盆地的石油划分为 A、B、C、D 四个类型。其中 A 型和 B 型分别生自碳酸盐岩和碎屑岩烃源岩，在滨里海盆地广泛分布，又可分别分为多个亚型；而 C 型和 D 型仅局限分布（图 3-26、图 3-27）。

中泥盆统艾菲尔阶和上泥盆统弗拉阶被认为是滨里海盆地北部的主要烃源岩。卡拉恰干纳克气田的石油和凝析油均属于 A1 亚型，被认为来自以碳酸盐岩为主的同一套烃源岩。

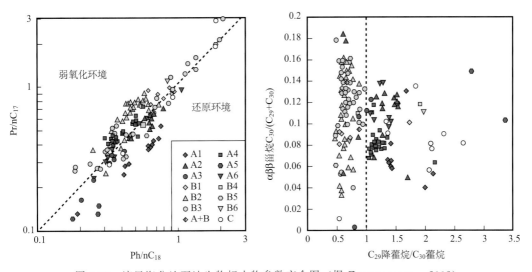

图 3-26　滨里海盆地石油生物标志物参数交会图（据 Даукеев и др.，2002）

位于盆地北缘陡坡带的捷普洛夫-托卡列夫油田群的石油主要分布于下二叠统碳酸盐岩中，其石油为来自碳酸盐岩和碎屑岩的混源型。

卡拉恰干纳克一带的下泥盆统岩性为碎屑岩和碳酸盐岩，TOC 含量为 0.1%～0.38%，在泥质石灰岩和泥灰岩中最高可达 3%。

北部次盆下石炭统的 TOC 含量平均略高于 1%，碳酸盐岩中通常低于 1%，而泥质岩中较高，在杜内阶泥岩中最高可达 3%～4%。卡拉恰干纳克地区石炭统和下二叠统有机质含量不高，生烃潜力一般不超过 1.0 mg HC/g，仅杜内阶的一个页岩样品达到 16.6mg HC/g。

　　在卡拉恰干纳克气田的含盐层系内部的菲利波夫组储层中见到的石油与盐下主要储层中的石油明显不同，前者可能来自下二叠统烃源岩（Даукеев и др.，2002）。

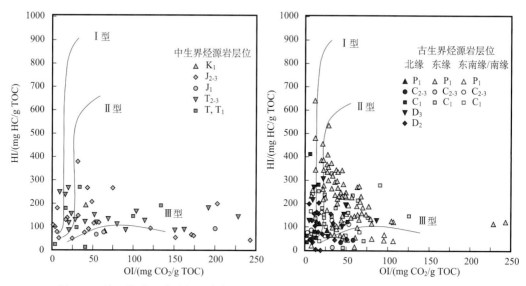

图 3-27　滨里海盆地潜在烃源岩氢指数和氧指数交会图（据 Даукеев и др.，2002）

2. 东部次盆的盐下烃源岩

　　盆地东部资料很少，难以对烃源岩进行可靠的识别。在东部识别出了两类石油，其一是源自碳酸盐岩烃源岩的 A 型（A2 和 A4），另一类是来自碎屑烃源岩的 B 型。

　　A 型石油见于盆地东缘的大型油田，如扎纳若尔、肯基亚克、乌里赫套等。在盆地东部的特米尔区块的石炭系和泥盆系钻遇了一些黑色的放射性页岩，但没有详细的分析数据。

　　综合分析认为，局限分布于特米尔地区的中上泥盆统碳酸盐岩是盆地东部 A 型石油最有可能的烃源岩。

　　盆地东缘的泥盆系碳酸盐岩向南相变为法门阶—下维宪阶伊泽姆贝特（Izembet）群碎屑岩。东部次盆的 B 型石油就源于这套碎屑岩，常见于 A 型石油分布区以西和以南地区的泥盆系和下石炭统至下白垩统储层中。

　　伊泽姆贝特群下部以细粒碎屑岩为主，含少量碎屑碳酸盐岩，可能属于深水盆地沉积。整个群表现为向上变粗层序，上部出现砾岩和薄煤层，碎屑物源区位于盆地以东。在滨里海盆地东缘北段，在弗拉阶石灰岩之上为薄层的深水黑色页岩。

　　伊泽姆贝特群厚度巨大。在伊泽姆贝特气田一带，其法门阶厚约 1540 m，下石炭统厚度可达 1500 m，其中的碎屑岩中见到了富含有机质（薄煤层）的页岩段。在阿克扎尔-科扎赛一带，该套地层中见到了有机质含量高达 4.0% 的页岩。石炭系杜内阶和维宪阶页岩具有较高的生烃潜力，最高可达 9.84 mg HC/g，平均可达 3.25 mg HC/g。

　　在阿克扎尔-科扎赛一带，下二叠统也具有较高的生烃潜力，TOC 含量一般在

1%～2%，最高可达5%～10%。在特米尔区块，下二叠统底部发育了放射性页岩，其中的海相黑色粉砂质页岩富含藻类和无定形有机质，属于Ⅱ型干酪根，但放射性页岩在侧向上分布范围有限。

这套下二叠统烃源岩与北部次盆的中上泥盆统烃源岩相似，但其成熟度要低得多。部分下二叠统页岩在热解实验中表现为较高的生烃潜力，某些样品的S_2最高可达37 mg HC/g，氢指数可达600 mg/g。由于其较低的成熟度，下二叠统烃源岩对东部次盆的盐下石油聚集贡献不大，而在中部和南部次盆这套烃源岩所生成的石油可能向盐上层系充注。南部次盆的萨吉兹、阿克扎尔-舒巴库杜克等盐上油藏的生物标志物表明盐上石油成熟度较高，应该来自盐下的下二叠统烃源岩。

3. 南部次盆的盐下烃源岩

南部次盆田吉兹地区的盐下碳酸盐岩储层中含有C型石油，与其他石油类型相比具有较高的成熟度。在相邻的卡拉通-普里布列日地区的盐上侏罗系和白垩系储层中也见到了类似的石油。在阿斯特拉罕碳酸盐台地上见到了A型石油。

南部次盆的这些大型油气藏的烃源岩也是中上泥盆统，其岩性与北部次盆的同时代烃源岩相似。但除了中上泥盆统之外，在南部次盆的石炭系和下二叠统碳酸盐建隆的同期盆地相沉积中存在较高的TOC含量，有机质属于Ⅱ-Ⅲ型，以Ⅲ型为主；且由于地温较低，某些层位目前仍有相当高的生烃潜力（图3-28）。三叠系和侏罗系页岩的TOC含量为0.5%～1.5%，有机质为Ⅱ-Ⅲ混合型。

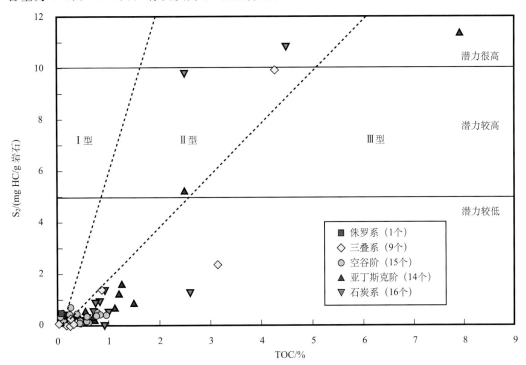

图3-28　滨里海盆地南部次盆潜在烃源岩TOC含量-生烃潜力交会图（据Gürgey，2002）

　　然而 Pairazian（1999）认为，在滨里海盆地大部分地区，至少在南部次盆，中石炭统是最重要的烃源岩。中石炭统烃源岩的 TOC 含量为 2%～3.5%，其中以海相 Ⅱ 型有机质为主，只有少量陆源 Ⅲ 型有机质。在卡拉通-田吉兹地区的恩巴凹陷，在中石炭统内见到了厚度不大（10～20 m）但有机质含量很高（TOC 为 6%～8%）的页岩段，含湖相 Ⅰ 型有机质。在盆地东南部的比伊科扎尔深井，钻遇中石炭统黑色页岩，TOC 高达 6.1%。

　　卡拉通-田吉兹地区的下中石炭统以碳酸盐台地沉积为主，TOC 含量很低（一般在 0.02%～0.10%），但在其相邻地区的同期盆地相沉积中，应该存在富含有机质的有效烃源岩，但其成熟度较低，可能并非田吉兹等大型油田的石油来源。

　　在盆地东南缘的南恩巴隆起一带，石炭系和下二叠统潜在烃源岩 TOC 含量较低且生烃潜力较低，有机质为混合型，其中含有较多的腐殖组分。这可能是该构造带上有大量油气显示但发现较少的原因。

　　西部次盆下二叠统盆地相沉积的 TOC 含量在 1.3%～3.2%，氢指数为 300～400 mg HC/g TOC。

4. 盐上层系的潜在烃源岩

　　目前，在滨里海盆地盐上层系的上二叠统至上新统地层中均见到了工业油气流，但规模一般较小。盐上油气田分布、硫化氢的含量、油苗及硬沥青的分布以及大量地球化学分析结果都表明，盐上层系中发现的油气藏绝大部分是从盐下古生代源岩运移来的。

　　盐上的潜在烃源岩在滨里海盆地仅占据次要地位。上二叠统—下三叠统陆相沉积中有机质贫乏，上二叠统 TOC 含量为 0.01%～0.15%，平均为 0.05%；下三叠统为 0.01%～8.0%，平均仅为 0.4%。另外，由于盐的底辟作用，上二叠统呈补丁状分布，阻碍了潜在烃源岩中所生油气的侧向运移。

　　下侏罗统潟湖相/陆相沉积富含炭化植物，含有大量腐殖型有机质，TOC 含量在 0.07%～3.4%，碳质页岩中可达 8%。在埋藏较深的盐丘间凹陷内，这些地层可能达到生油窗。中侏罗统潟湖相/陆相沉积也以含有较高的腐殖型有机质为特征。在盐上层系中，下中侏罗统是生烃潜力最高的，但从其较低的镜质体反射率来看，可能大多处于低成熟甚至未成熟。

（二）成熟度

　　滨里海盆地以较低的地温梯度为特征，现今地温梯度为 17.7～28.1℃/km，局部地温受蒸发岩厚度影响很大。除中央拗陷外，盆地大部分地区的盐下层系顶面的地温仍处于生油窗温度范围内（图 3-29），这是盐下深层仍能保存大量液态石油的重要条件。

　　在盆地北部的卡拉恰干纳克一带，3500～5150m 深度段的地温为 70～90℃，下泥盆统的超过 6000m 处仅达到 0.9%。

　　盆地南部的现今地温和古地温高于东部。田吉兹油田在 5km 深度的温度为 90～110℃，向东南升高到 120～140℃。

　　中泥盆统—下石炭统在盆地边缘埋深较大，向盆地中心方向更进一步加深，其现今

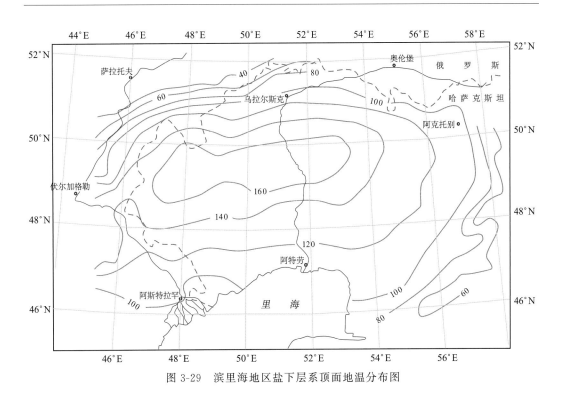

图 3-29　滨里海地区盐下层系顶面地温分布图

地温一般在 90～135℃以上，在全盆地内均已达到成熟。

中上石炭统成熟度也具有从盆地边缘向中心逐步升高的特点，在延别克-扎尔卡梅斯构造带、比伊科扎尔隆起、卡拉恰干纳克-特罗伊茨克和罗博金诺-捷普洛夫陡坡带等地区仍处于生油窗的范围内，盆地中心处于热解生气窗内，二者之间是生凝析气窗。

二叠系底在盆地边缘处于生油窗内，北里海地区和其他地区处于凝析气窗内，但都没有进入热解生气窗。

巨厚的空谷阶岩盐层系对盆地内地层温度和有机质成熟度有明显的影响，特别是与盐层相邻的地层更为明显。受空谷阶盐层分布的影响，盐下层系顶面的温度分布呈马赛克状：在盐丘间凹陷处，盐下层系顶面的温度比盐丘处高 20～40℃。

总之，滨里海盆地盐下层系的成熟度与深度关系缺乏一致性，难以进行横向对比。

（三）油气性质

1. 石油性质

盐下石油一般具有中等密度（38～46°API）。某些古生界油藏的石油较重，如乌里赫套-萨雷布拉克、比伊科扎尔等油田的盐下油藏密度低于 25.7°API，其中一些重油可能是受到了生物降解，另一些可能是低成熟油。

滨里海盆地原油的含硫量在 0.1%～2.5%，高硫原油通常分布于碳酸盐岩储层中。低硫原油（含硫量低于 0.5%）来自碎屑烃源岩，而高硫原油通常来自碳酸盐岩为主的烃源岩。生物降解的原油含硫量最高，可达 $2.0\%\sim2.5\%$。

盐下碳酸盐岩储层中的石油通常具有较高的气油比。田吉兹油田的原始气油比高达 $487\ m^3/t$。伴生气中通常含有大量硫化氢，田吉兹油田伴生气的硫化氢含量高达 20%。

盐上油藏大多数分布于盆地东南部。这些石油多属于 B2 和 B3 类，来自碎屑岩为主的烃源岩。盐上石油或多或少经历了生物降解，密度中等-较高，气油比较低，含硫量为 $0.2\%\sim2\%$。

2. 天然气和凝析气性质

滨里海盆地盐下天然气为酸气。卡拉恰干纳克气田的硫化氢含量平均为 3.5%，阿斯特拉罕气田高达 $45\%\sim48\%$。卡拉恰干纳克气田天然气的硫醇含量平均为 0.07%，CO_2 含量平均为 5.5%。

阿斯特拉罕气田的天然气含有近 20% 的 CO_2。在阿斯特拉罕隆起以南的卡拉库尔-斯穆什科夫构造带也钻遇了高产非烃气流。盐下层系中的大部分天然气-凝析气藏具有特别的流体组分，含有少量气态烃和液态烃，因此形成了凝析油含量极高的气藏，这类气藏很容易向轻质油藏转变。如卡拉恰干纳克气田在挥发性油层之上形成了一个高凝析油含量的气藏，该油藏属于反向凝析油藏。随着深度增加，储层中的临界流体的组分具有稳定的变化梯度。在卡拉恰干纳克气田，气藏顶部的原始气油比为 $1870cm^3/cm^3$，至气油界面附近下降到 $740\ cm^3/cm^3$，至气水界面下降至 $220\ cm^3/cm^3$。也就是说，凝析油含量由上而下是增加的。气油界面附近的凝析油密度为 $0.770\sim0.810\ g/cm^3$。

卡拉恰干纳克气田的液态石油属于甲烷-环烷族。凝析油具有较高的含蜡量（$1\%\sim5\%$）、沥青和胶质含量（分别为 $0.1\%\sim0.3\%$、$1.0\%\sim1.7\%$）、含硫量（$6\%\sim2.2\%$）；石油总体上也属于高蜡（$3.6\%\sim5.1\%$）、高沥青胶质（$2.0\%\sim4.4\%$）和高硫（$0.5\%\sim2.0\%$）石油，并含有硫醇。

阿斯特拉罕气田的凝析油密度为 $0.812\ g/cm^3$。扎纳若尔油田的凝析油密度为 $0.710\sim0.750\ g/cm^3$。

在古近系和新近系储层中见到的干气可能属于生物成因。

二、储层特征

滨里海盆地从中泥盆统到更新统都有储层发育。盐下层系的上古生界既发育了碳酸盐岩储层，也发育了碎屑岩储层，其中台地相和生物礁相碳酸盐岩构成了盐下的主要储层，整个滨里海盆地探明油气储量的绝大部分储集于盐下碳酸盐岩储层中；空谷阶蒸发岩构成了盐下层系的超区域性盖层，但其中所夹的碳酸盐岩或碎屑岩薄层偶尔也含有油气；盐上层系的储层几乎全部为碎屑岩；尽管盐上碎屑岩储层分布广泛，其中探明的储量占该盆地的比例却很小，是该盆地的次要储层（图 3-30）。

（一）盐下储层

目前滨里海盆地盐下发现的主要碳酸盐岩储层包括孤立台地-塔礁型、大型浅水台

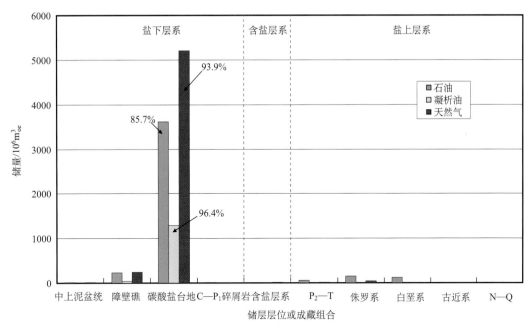

图 3-30　滨里海盆地已发现油气储量的层位分布（据 IHS，2012e）

地型和盆地边缘的深水台地型。

1. 孤立台地-塔礁型碳酸盐岩储层

孤立的台地-塔礁往往处于深水包围中。台地-塔礁型碳酸盐岩储层的典型实例如盆地北缘的卡拉恰干纳克凝析气田的泥盆系—下二叠统碳酸盐岩，盆地南缘的田吉兹油田和卡沙干油田的上泥盆统—下二叠统碳酸盐岩。

卡拉恰干纳克台地（图 3-31 中的①）的盐下层系包括下泥盆统埃姆斯阶到下二叠统亚丁斯克阶，其中中泥盆统吉维特阶碳酸盐岩和碎屑岩、上泥盆统弗拉阶碳酸盐岩含油，上泥盆统法门阶—下二叠统亚丁斯克阶块状碳酸盐岩构成主力气层。卡拉恰干纳克台地平面规模为 15 km×30 km，主力气藏的气柱高度为 1450m，下伏油柱高度为 200m。

卡拉恰干纳克地区在晚泥盆世为潮坪环境，至早石炭世演化为孤立的碳酸盐台地，台地边缘发育边缘生物丘，内部发育潟湖。台地中部常见浅水沉积的窗格状泥粒灰岩、骨骼泥粒灰岩-颗粒灰岩，而沿台地边缘的较深水微生物黏结岩则构成了宽阔的生物丘（图 3-32）。生物丘黏结岩和侧翼的角砾状碳酸盐岩是该气田最重要的储层类型。

巴什基尔阶/下二叠统不整合代表了海西挤压活动的一个重要事件。至早二叠世，台地的范围大大收缩，形成了很厚的生物丘层序。下二叠统生物丘叠加成为尖塔状，并与生物丘的礁翼和披盖沉积的角砾状碳酸盐岩和泥粒灰岩互层。

卡拉恰干纳克气田的储层孔渗性通常较低。下二叠统凝析气层、石炭系凝析气层和石炭系油层三个主要产层段的测井解释孔隙度在 8.59%～9.45%。以孔隙度 6% 作为产

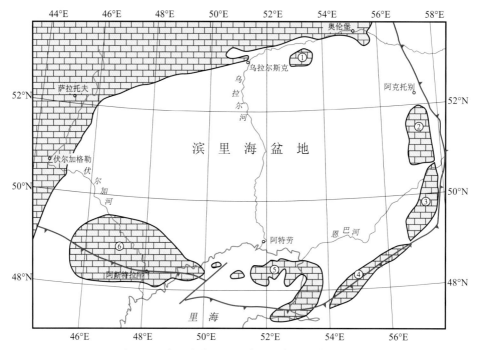

图 3-31　滨里海盆地盐下碳酸盐台地分布示意图

碳酸盐台地名称：①卡拉恰干纳克；②特米尔；③扎纳若尔；④南恩巴；⑤田吉兹-卡沙干；⑥阿斯特拉罕

层下限，则产层的岩心孔隙度最高为 34.2%，平均为 9.67%～11.7%；产层的岩心渗透率最高为 2198mD，平均为 9.97～14.54mD，产层下限渗透率约为 0.2mD。

　　石炭系和二叠系储层经历了各不相同但趋势一致的成岩变化。卡拉恰干纳克气田储层的岩相和成岩变化导致了明显的孔渗非均质性。孔隙网络受到胶结、淋滤、白云化和重结晶等过程的反复多次改造。在生物丘相碳酸盐岩中，海水中的文石和方解石的同沉积胶结作用是堵塞孔隙的主要过程。二叠系和石炭系地层中的文石溶蚀和方解石亮晶胶结，反映了海平面下降造成的台地暴露过程。早期成岩溶蚀作用形成了大量连通的溶蚀孔洞和扩大粒间孔。

　　白云化通常会使台地碳酸盐岩储层性质得到改善。但在卡拉恰干纳克生物丘内，白云化作用常伴有硬石膏沉淀，白云化之后的含膏卤水对储层性质产生了严重的影响。

　　滨里海盆地南缘的卡拉通-田吉兹地区在盐下层系中发育了大型孤立碳酸盐台地（图 3-31 中的⑤），由台地向周边过渡为深水盆地相沉积。沿盐下层系顶反射界面，该台地表现为一个环状构造。

　　田吉兹构造也是一个典型的孤立碳酸盐台地：台地内部平坦，边缘突起，台地边缘斜坡较陡（图 3-33）。台地沉积由一系列向上变浅的层序构成，下部为开阔海相泥粒灰岩，上部为浅滩颗粒灰岩。生物礁局限于台地边缘的一个狭窄的条带内。沿台地斜坡向下，由黏结岩过渡为角砾碳酸盐岩，最终变为泥质石灰岩。

　　田吉兹台地的碳酸盐岩储层主要与浅滩相颗粒灰岩、台地边缘黏结岩和斜坡角砾碳

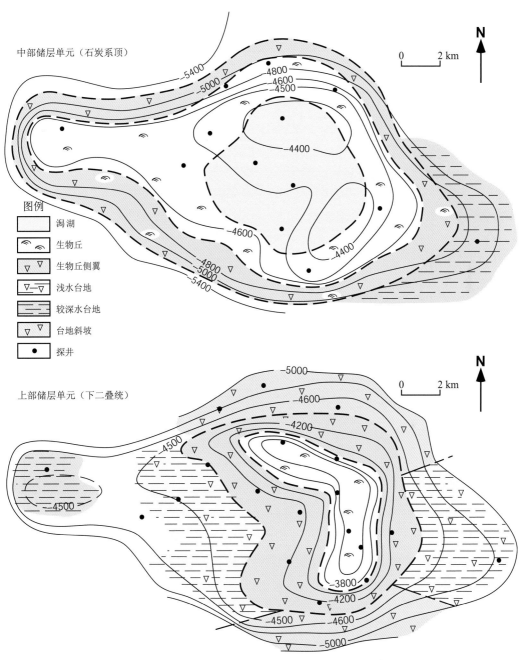

图 3-32 卡拉恰干纳克气田碳酸盐台地的岩相分布 (据 C&C，2003a)

酸盐岩有关。台地边缘最发育喀斯特溶蚀孔洞，台地边缘及斜坡都发育裂缝。碳酸盐岩的孔隙度损失主要与方解石胶结有关，压实作用影响较小。

阿斯特拉罕台地位于滨里海盆地西南部 (图 3-31 中的⑥)，在泥盆纪—中石炭世是一个发育于基底隆起之上的大型碳酸盐浅滩，沿台地边缘发育了障壁礁 (图 3-34)。与

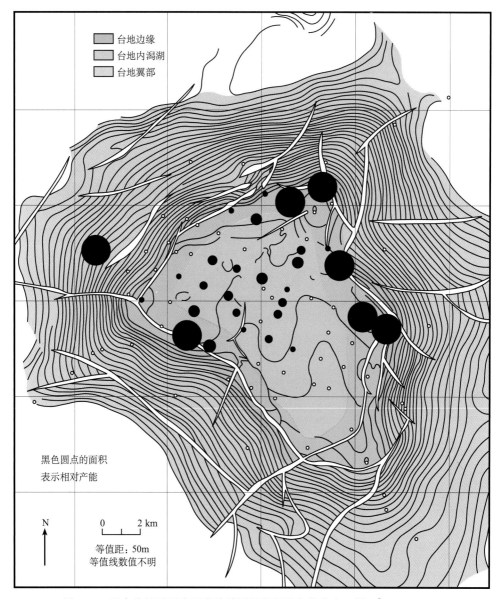

图 3-33 田吉兹油田下中石炭统储层的岩相及产能分布（据 C&C，2003b）

卡拉恰干纳克和田吉兹-卡沙干两个碳酸盐台地不同，该台地的基底沉降速率较低，生物丘及碎屑碳酸盐岩斜坡等相带不发育，而以大型碳酸盐浅滩及其边缘的小型障壁礁为特征。该台地的盐下碳酸盐岩层系包括上泥盆统法门阶—中石炭统巴什基尔阶；在台地的大部分地区，中石炭统莫斯科阶和上石炭统缺失，薄层下二叠统深水页岩直接覆盖于碳酸盐岩储层之上（图 3-34）。

在阿斯特拉罕台地上，巴什基尔阶顶面埋深在 3800～5600m。台地东高西低，阿斯特拉罕凝析气田就位于台地东部最高部位，巴什基尔阶顶面埋深为 3800～4000m，

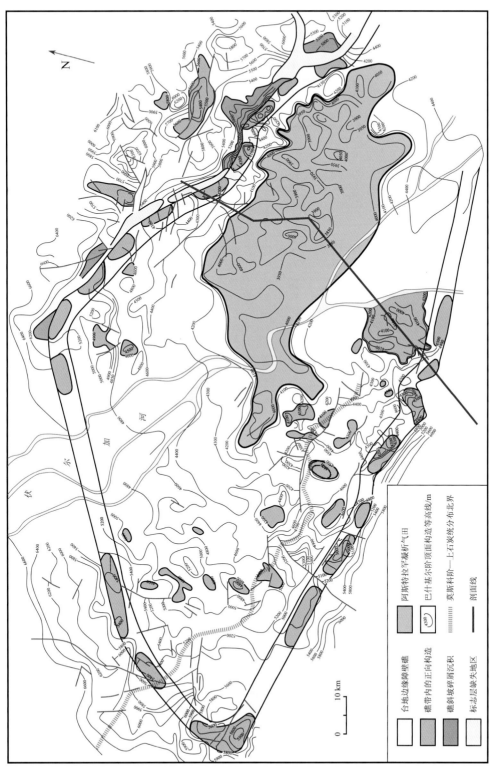

图 3-34 阿斯特拉罕台地及边缘障壁礁分布

气柱高度为250m。含气储层为颗粒碳酸盐岩，孔隙度为6%～10%，原生孔和次生孔约各占一半。实测渗透率较低，仅1～2mD，但具有较高的裂缝渗透率。

阿斯特拉罕台地内部的孔隙度分布相当复杂，储层形成孤立的透镜状。钻遇的碳酸盐岩段岩性变化较大，井间难于进行对比（图3-35）。储层性质通常较差且多变。较高的孔渗性多与碳酸盐台地顶部（巴什基尔阶）曾长期暴露和溶蚀有关。台地内部法门阶—谢尔普霍夫阶通常较为致密，仅局部发育透镜状储层。

阿斯特拉罕隆起上的下泥盆统—弗拉阶碳酸盐岩和碎屑岩也具有发育有效储层的潜力，其中Devonskaya 2井在该套地层中发现了一个气藏。

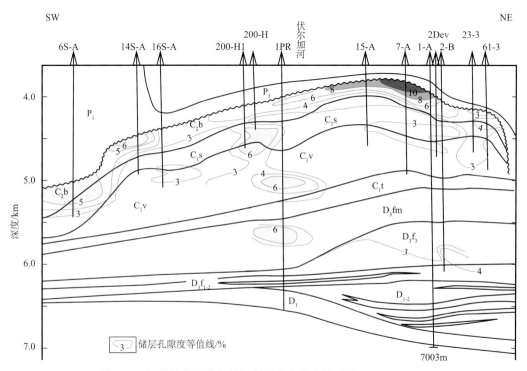

图 3-35　阿斯特拉罕隆起储层剖面非均质特征（据 IHS, 2012e）

地层代号：D_3f. 弗拉阶；D_3fm. 法门阶；C_1t. 杜内阶；C_1v. 维宪阶；C_1s. 谢尔普霍夫阶；C_2b. 巴什基尔阶。

大致剖面位置见图3-34

2. 盆地边缘邻近褶皱-冲断带的台地碳酸盐岩储层

滨里海盆地东部的特米尔和扎纳若尔碳酸盐台地，以及东南缘的南恩巴碳酸盐台地（图3-31中的②、③和④）。与盆地内的孤立台地不同，它们沿盆地边缘的褶皱-冲断带发育，受周边造山挤压和碎屑输入的影响，碳酸盐沉积受到一定程度的抑制。

特米尔台地位于东部次盆的北部，其碳酸盐岩层段的时代范围始于泥盆系。这里的石炭系全部由碳酸盐岩构成，而次盆南部的扎纳若尔台地则主要由碎屑岩构成。特米尔台地的碳酸盐岩总厚度在1.5～2.0km，其中泥盆系约1200m，石炭系约850m。台地北部的顶面钻井深度为4km，到北部增至7km。

　　在特米尔台地上，对盐下层系仅钻了少量探井，只发现了肯基亚克油田，储层为KT-II碳酸盐岩（下石炭统谢尔普霍夫阶—中石炭统莫斯科阶）。

　　扎纳若尔台地位于特米尔台地南偏西，其盐下层系的主要储层为石炭系谢尔普霍夫阶—格舍尔阶台地-障壁礁型碳酸盐岩（图3-36）。储层岩性为生物颗粒灰岩和泥粒灰岩，偶尔还见到鲕粒颗粒灰岩，藻黏结岩局限于KT-II层。KT-II层中较为常见的藻颗粒灰岩储层物性最好，其粒间孔隙度常在15％以上。鲕粒灰岩常发生早期方解石胶结，渗透率较低。在局部还发现了鲕粒铸模孔、白云化储层的晶间孔。

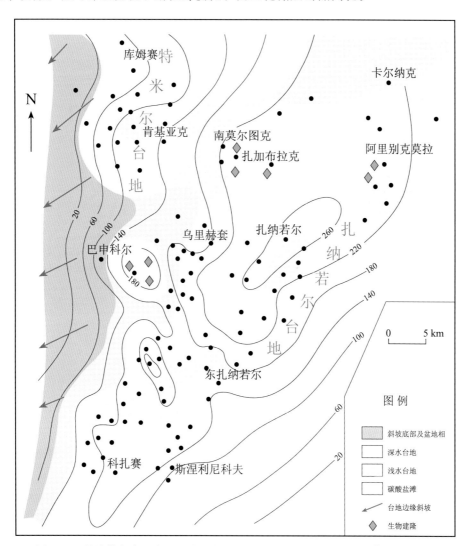

图3-36　扎纳若尔台地中石炭统巴什基尔阶厚度及岩相分布（据C&C，2003c）

　　南恩巴碳酸盐台地位于滨里海盆地东南缘。碳酸盐沉积作用始于晚维宪期，谢尔普霍夫期—莫斯科期该台地的水深为30～70 m，来自东南侧和南侧的大量碎屑输入导致碎屑岩和碳酸盐岩的交互沉积。晚石炭世的海平面下降导致局部侵蚀，碳酸盐沉积范围明显减少。在南恩巴隆起的大部分地区，空谷阶蒸发岩缺失，盐下古生界地层直接被三叠系和侏罗系碎屑岩覆盖，储层性质较差，油藏规模较小。

3. 盆地边缘陡坡带-障壁礁型碳酸盐岩储层

盆地北缘、西缘以及东缘还发育了一类重要的盐下碳酸盐岩储层，即沿盆地边缘发育的一系列障壁礁构成的碳酸盐岩陡坡带。在盆地北缘，以下三个层位发育了障壁礁碳酸盐岩：莫斯科阶—亚丁斯克阶、维宪阶—巴什基尔阶和上泥盆统—下石炭统。障壁礁碳酸盐岩具有良好的孔渗性，在滨里海盆地北缘的一系列障壁礁内发现了呈串珠状分布的油气田（图 3-37、图 3-38），其储层主要是石炭系和下二叠统。

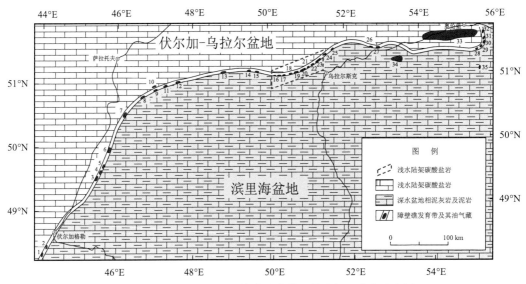

图 3-37　滨里海盆地西北缘障壁礁带及其油气田分布示意图

油气田名称：1. 丁古丁；2. 纳里马诺夫；3. 南基斯诺夫；4. 费多罗夫；5. 萨尔达特-斯捷普诺夫；6. 共青团；7. 里曼；8. 西克拉斯诺库特；9. 日达诺夫；10. 克拉斯诺库特；11. 卡尔品科夫；12. 莫克洛伊索夫；13. 帕夫洛夫；14. 西利波夫；15. 利波夫；16. 西托卡列夫；17. 托卡列夫；18. 茨冈诺夫；19. 乌里扬诺夫；20. 格列米亚钦；21. 东格列米亚钦；22. 西捷普洛夫；23. 捷普洛夫；24. 乌索夫；25. 克拉斯诺乌拉尔；26. 库兹涅佐夫；27. 博罗金；28. 别尔江；29. 科潘；30. 北科潘；31. 奇卡洛夫；32. 罗杰斯特温；33. 奥伦堡；34. 卡拉恰干纳克；35. 纳古曼诺夫

盆地西北缘的障壁礁储层物性中等。亚丁斯克阶储层以较低的孔渗性为特征，孔隙度和渗透率分别为 5%～9.8% 和 3 mD。维宪阶—巴什基尔阶碳酸盐岩的孔隙度在 9%～15%，渗透率为 2～350 mD。

在盆地北缘中段的捷普洛夫-托卡列夫油气田群沿着伏尔加-乌拉尔碳酸盐台地边缘的坡折带分布，沿盐下层系顶面表现为一系列长轴状背斜构造。主要储层是盐下层系的维宪阶—巴什基尔阶和莫斯科阶—亚丁斯克阶障壁礁碳酸盐岩，其中包括生物黏结岩和角砾状石灰岩。储集空间除了部分原生骨架孔隙外，还与生物礁体的淋滤溶蚀形成的溶孔有关。

西捷普洛夫油气田的储层为下二叠统亚丁斯克阶生物礁黏结岩。礁体的含油气部分孔隙度较高，大部分储层的孔隙度超过 6％；而在油水界面以下，方解石胶结较为强烈，非储层的比例明显增加（图 3-39）。

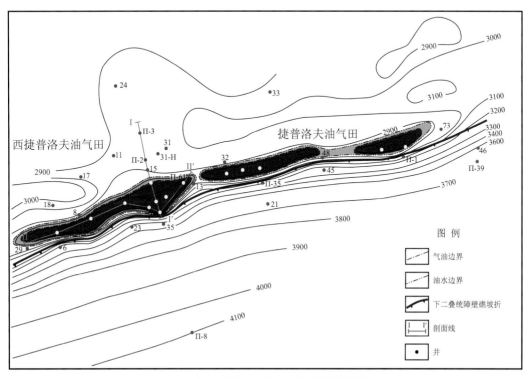

图 3-38　捷普洛夫和西捷普洛夫油气田

4. 盐下碎屑岩储层

在滨里海盆地，盐下碎屑岩在平面和剖面上的分布都远比碳酸盐岩广泛，但由于较高的钙质和泥质杂基含量，碎屑岩储层的孔渗性通常较低，而且截至目前仍未发现具有较高储量的盐下碎屑岩油气藏。

扎纳若尔台地的伊泽姆贝特群为一向上变粗层序：下部以细粒碎屑岩为主，含碎屑碳酸盐岩；上部出现砾岩和薄煤层。砂岩分选差，含有不等量的碳酸盐胶结物，孔隙度在 10％～20％，渗透率变化较大，部分样品可达数百毫达西。这套砂岩中仅发现了少量油藏，如扎纳坦、拉克特拜、卡拉托别、东阿克扎尔等油田的维宪阶砂岩油藏，大多数为低产油藏。

盆地西部发育了厚 1.0～2.5 km、面积约 25 000km² 的中石炭统（上巴什基尔阶—莫斯科阶）碎屑扇体，是陆架浅海的碎屑物质沿帕切尔马拗陷向深海搬运形成的海底扇浊积岩。目前为止钻遇的中石炭统以泥质碎屑岩为主，仅在卡尔品油田的该套地层中获得了日产 10 000 m³ 的气流。

盆地东缘和南缘的下二叠统主要是造山磨拉石碎屑岩，其储层性质通常较差。乌拉

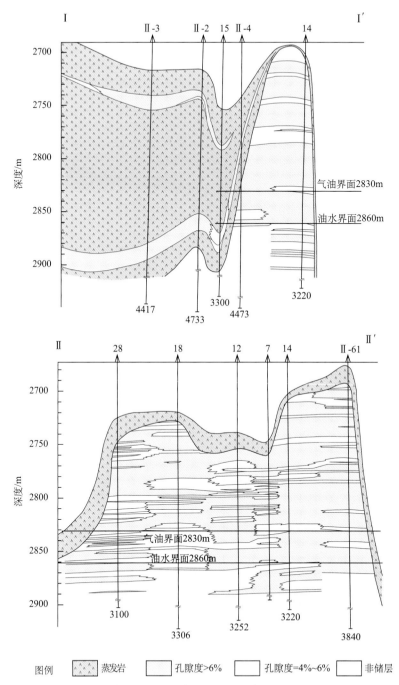

图 3-39　滨里海盆地北缘西捷普洛夫障壁礁地质剖面图

剖面位置见图 3-38

尔造山带和南恩巴隆起构成下二叠统碎屑岩的物源区。阿克纠宾斯克隆起带和奥斯坦苏克拗陷的挤压背斜带中的下二叠统砂岩由于埋深较大以及构造挤压而变得相当致密；挤压背斜带以外的下二叠统砂岩储层物性相对好一些，如肯基亚克油田的下二叠统砂岩在 4~4.5 km 深处孔隙度可达 7%~13%。这类储层的主要缺点是砂岩连续性低，可能与造山碎屑层序的快速前积有关。

（二）盐上储层

盐上储层单元全部为碎屑岩。

上二叠统—三叠系层序中主要是碎屑岩，沿剖面向上，砂质含量增大。下中三叠统也含有一些泥质石灰岩，该层序受到的构造破坏最强，一般仅见于一些孤立的排盐盆地中。不发育区域性盖层，只有带状的或局部性的盖层。

在滨里海盆地南部的某些排盐盆地中，上二叠统—三叠系层序的厚度超过 4500 m，平均 3400~3800 m。由于岩性相似，又缺乏化石证据，因此在上二叠统与三叠系沉积物之间没有明显的界线。大部分储层分布于该层序的上三叠统中。储层为 5~50 m 厚的砂岩和粉砂岩，中间夹有厚 20 m 的泥岩隔层。

在盆地顶部和东南部的上二叠统—三叠系浅海磨拉石砂岩、粗砂岩和砾岩储层产出了商业性的油流。喀山阶砂岩由于与硬石膏、粉砂质页岩甚至岩盐构成了互层，储集性能较差（Barde et al.，2002b）。该层沉积于强烈蒸发的季节性湖泊中。砂岩为岩屑长石砂岩，一般为细砂岩，成岩强烈，被方解石、白云石和一些硬石膏胶结。储集性能较差，孔隙度为 2%~8%，渗透率为 0.01~10 mD。储层差的原因有两个，一是这里蒸发岩与碎屑岩混杂，二是该层较鞑靼阶砂岩的埋深更大。鞑靼阶砂岩直接位于三叠系底部不整合面之下。鞑靼阶砂岩沉积于冲积和三角洲平原环境。常见泛滥平原泥岩、分流河道和决口扇等沉积。这些砂岩为成熟度低的岩屑砂岩，物性参数与上覆的三叠系储层相当。在延别克和扎尔卡梅斯隆起带，该储层的孔隙度为 15.7%~31.1%，渗透率高达 1326 mD，平均为 193 mD。

三叠系储层在萨尔平凹陷是已证实的主要储层，在延别克、扎尔卡梅斯、南恩巴和卡拉通-田吉兹等构造带上也有发现。下三叠统碎屑岩是肯基亚克、申基兹（Shingiz）、扎克西麦（Zhaksymay）、考克日杰（Kokzhide）、布格林斯科耶（Bugrinskoye）、沙加（Shaja）等油气田上含油气的储层。上三叠统砂岩储层在南恩巴构造带上为含油气储层。在盆地东缘，三叠系砂岩在三叠系底部不整合面之上最发育，其总厚度达到 200~500 m（Barde et al.，2002b）。这些储层为多层的辫状河道和砂质的泛滥平原沉积，夹有页岩和粉砂岩。这些砂岩是具有棱角状和尖锐棱角状的不成熟的岩屑砂岩。储集性能一般较好，孔隙度为 15%~25%，渗透率为 20~1500 mD。这些储层的产能都比较高，为 159~636 m³/d。

除了在滨里海盆地的中央深盆区和盆地的西北部和北部边缘之外，在整个盆地中都发现了侏罗系储层，并构成了其中 50 个油气田的产层。在盆地的东南部和东部发育了下侏罗统砂岩储层（莫尔图克、肯基亚克、舒巴库杜克、卡拉秋别等油气田），为河流相砂岩。孔隙度为 22.3%~39.5%，渗透率可达 1900 mD。

盆地中部和西部地区的中侏罗统沉积物为海相砂岩和泥岩。最好的储层为盆地西翼的砂岩，孔隙度达到 $16\% \sim 35\%$，最大渗透率达到 1270 mD。盆地东部和东南部的中侏罗统发育了陆相砂岩、泥岩和煤层，总厚度为 $0 \sim 900$ m。一般来说，在东部靠近物源区的地区，中侏罗统层序的砂岩含量增高。在巴柔阶和巴通阶潟湖相和陆相砂岩中发育了储层（古峡谷，如卡拉托别、肯基亚克和阿克扎尔等油田；三角洲砂岩，如南恩巴地区的油气田）。中侏罗统储层中所含的油气资源占了盐上层系中的大部分。上侏罗统储层是伏尔加阶砂岩。

白垩系储层也广泛发育，主要是在盆地南部，在南恩巴和卡拉通-田吉兹构造带中的 40 多个油气田中见到了白垩系储层。尼欧克姆统—阿普特阶储层为砂、砂岩和粉砂岩，储集性能极好。尼欧克姆统的产层主要是欧特里夫阶砂岩和砂（砂岩的孔隙度为 $10.8\% \sim 18\%$，渗透率为 $32.3 \sim 153$ mD；砂的孔隙度为 35.4%，渗透率高达 692.6 mD）以及巴雷姆阶的疏松砂和粉砂（孔隙度为 $28.6\% \sim 41.8\%$，渗透率高达 5680 mD）。

阿普特阶底部的储层段为砂岩，孔隙度为 $20.7\% \sim 38.8\%$，渗透率为 $295 \sim 2230$ mD，产层净厚度为 $20 \sim 25$ m。油田内发育了多层叠合的储层。储层分布浅，一些油田上的石油已经发生了生物降解。原始储量较小，一般不超过 $10 \times 10^6 m^3$。阿普特阶—下阿尔布阶泥岩构成了下白垩统储层的区域性盖层。

在阿尔布阶—上白垩统层序中，储层主要发育在阿尔布阶和赛诺曼阶，其他上白垩统储层（如土仑阶）很少见。阿尔布阶—赛诺曼阶层序的总厚度为 $400 \sim 650$ m。阿尔布阶砂岩的孔隙度为 $23.7\% \sim 44.1\%$，渗透率为 $666.7 \sim 5373.3$ mD。赛诺曼阶砂岩、粉砂岩和页岩在盆地东南部已证实为储层（科姆索莫尔斯克、南考什卡尔、卡尔萨克、拜丘纳斯、捷列努祖克等油气田），孔隙度为 $27.7\% \sim 32.8\%$，渗透率为 $151 \sim 2130$ mD。油气田上一般发育 $2 \sim 4$ 个储层。盖层为上白垩统泥灰岩和石灰岩。石油储量较大，但多为重油和稠油。

新生界储层包括古新统、始新统和阿普歇伦阶（按地方地层表为上新统，按国际地层表为更新统）砂岩和粉砂岩。古新统砂岩在萨尔平凹陷是工业性产层；始新统在萨尔平凹陷和卡拉通-田吉兹构造带上为产层，孔隙度为 $18\% \sim 22\%$，渗透率为 $20 \sim 120$ mD。

（三）储层的温压条件

1. 盐下层系地层温压分布特征

滨里海盆地深处地温有从北向南、从东向西升高的趋势。盆地南部有较高的地温和地温梯度，盆地的东部和东北部地温和地温梯度都较低。西部较高的温度场与广泛发育的古近系和新近系黏土层有效阻止热流的扩散，以及地下水交替循环慢等因素有关。由于岩盐具有较高的导热率，岩盐层起到了散热的效果，岩盐局部厚度较大的位置盐下层系地温较低。

滨里海盆地盐下层系普遍存在异常高压，异常高压的形成与盆地内区域性分布的厚盐层的封闭作用有直接关系。对盆地内盐下地层压力分布特征的研究表明，盆地南部和东部的地层压力比西部和北部要高。如在里海东部沿岸的卡拉通-田吉兹地区，盐下层系顶部的地层压力值最高，压力系数达 1.9；而在里海西部沿岸，阿斯特拉罕地区压力系数略低些（图 3-40）。在同一地区，盐下层系顶部的地层压力系数常比深部地层更高。如在肯基亚克油田盐下 3000m 深处下二叠统碎屑岩层的地层压力系数为 1.7～2，而在约 4000 m 深处石炭系碳酸盐岩层的压力几乎等于流体静压；在盆地北东部的卡拉恰干纳克气田也反映出上述变化规律，在 4200 m 深处压力系数约 1.39，而在 5200 m 处压力系数只有 1.21。

田吉兹油田石炭系储层有很高的异常压力（图 3-40），在 3867 m，储层压力为 83.2 MPa，压力系数高达 2.1；阿斯特拉罕凝析气田的中石炭统产层也具有异常高压，但压力系数仅为 1.6，明显低于田吉兹油田。卡拉恰干纳克凝析气田在 3700 m 深处的下二叠统储层的压力系数为 1.55，4400 m 深处的石炭系储层压力系数为 1.32。

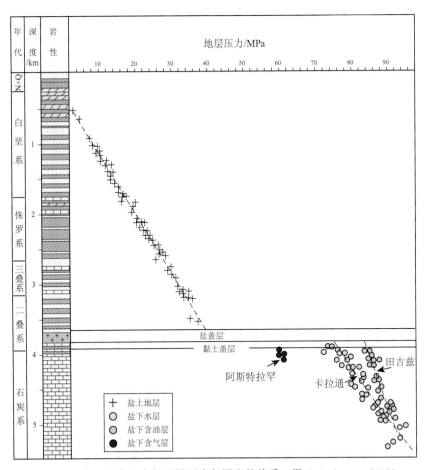

图 3-40 滨里海盆地南部地层压力与深度的关系（据 Anissimov，2001）

2. 盐上层系温压条件

盐上层系主力产层侏罗系和白垩系储层地温梯度一般小于 2.7℃/100 m，但在不同地区和层段地温梯度有所不同。中侏罗统和下白垩统储层多属正常压力体系（图 3-40），压力梯度在 1.03～1.37 MPa/100 m，但个别区块和层位有异常高压存在。如阿斯特拉罕州的别什库利油田中侏罗统埋深 1373 m，储层压力为 32.8 MPa，压力梯度达到了 2.39 MPa/100 m，为正常储层压力的两倍以上。

高黏度、高密度、高含硫和高含蜡的原油多分布在侏罗系和白垩系储层中，二叠—三叠系储层含有相对轻质、低硫、低蜡的石油。

盆地内油气性质多样，在不同地区和层位变化较大。黏度大于 500 mPa·s 的高黏油藏有 10 多个，黏度在 100～500 mPa·s 的则有 40 多个。这些高黏油多数分布在南恩巴地区的盐上层系内，产层多为下白垩统陆源碎屑沉积，埋深在 600 m 以内。

二叠—三叠系中既有轻质、低硫、低蜡原油，也有较重的高硫原油；侏罗系原油密度为 0.805～0.933 g/cm³，含硫量为 0.07%～0.61%，含蜡 0.33%～5%；白垩系原油比侏罗系的更重，密度为 0.850～0.930 g/cm³，含硫 0.03%～0.82%，含蜡 0.13%～4.47%。

盆地南部盐上气藏的天然气凝析液含量为 14～154 g/m³，明显低于阿斯特拉罕、卡拉恰干纳克等盐下气藏。第三系气藏的甲烷含量一般都大于 95%，盐上伴生气中甲烷含量变化很大（20.5%～94.5%），而盐下地层油藏伴生气中的甲烷含量则较为稳定（85.4%～96.6%）。

三、盖层

滨里海盆地最重要的区域性盖层是下二叠统空谷阶（局部为亚丁斯克阶—喀山阶）盐层。这套盐构成了盆地中绝大多数油气储量的有效盖层。

除了在盆地东缘和南缘的狭窄条带上盐层未沉积或由于前侏罗纪侵蚀而缺失，下二叠统空谷阶区域性盖层几乎全盆地分布。空谷阶盐层变形成了无数的底辟构造及与之相间盐间凹陷（排盐盆地），在盐间凹陷中盐层厚度很薄甚至消失。在这套盐盖层缺失的地区，为烃类从盐下向盐上储层的垂向运移提供了通道。一些幅度较高的碳酸盐建隆（生物礁）上含水，可能就与油气向盐上的泄漏有关（如卡拉通碳酸盐建隆）。

其他盐下盖层包括：①弗拉阶页岩和泥岩构成了吉维特阶碎屑岩储层的区域性盖层；②法门阶白云岩和泥岩构成了弗拉阶和法门阶碳酸盐岩和碎屑岩储层的局部性盖层；③下石炭统杜内阶和下维宪阶页岩构成了半区域性盖层；④下石炭统谢尔普霍夫阶泥岩和泥质碳酸盐岩构成了局部性盖层；⑤中石炭统莫斯科阶泥岩构成了半区域性盖层；⑥下二叠统（亚丁斯克阶）泥岩构成了同时代的夹层储层和下伏石炭系储层的局部性盖层；⑦喀山阶、鞑靼阶盐层和泥岩构成了喀山阶和鞑靼阶储层的局部性盖层。

在盐上层系中，也发育了大量的局部性和半区域性盖层，主要是下列地层中的泥岩：瑞替阶、阿林阶、巴柔阶、巴通阶、牛津阶、欧特里夫阶、提塘阶、上阿普特—下阿尔布阶、上白垩统、古新统、上始新统、上新统（更新统）。

四、圈闭及形成机制

滨里海盆地含油气圈闭类型多样，包括盐下的碳酸盐台地-生物礁地层圈闭、盆地东缘的背斜构造圈闭、盐上层系内的盐丘相关圈闭。尽管圈闭类型很多，特别是盐上层系中与盐丘构造相关的圈闭类型很多，目前已发现的油气绝大部分分布于盐下层系的碳酸盐台地-生物礁地层型圈闭内，但盐下的这些重要含油气圈闭并非单一圈闭机制，常表现为大型正向构造，或与不整合面遮挡有关，因此属于复合型圈闭（图3-41）。

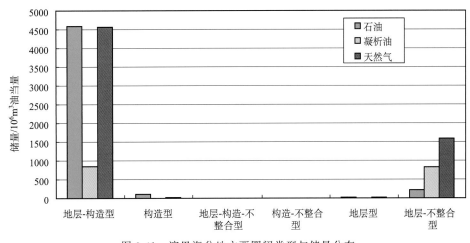

图 3-41　滨里海盆地主要圈闭类型与储量分布

（一）盐下层系圈闭特征

滨里海盆地盐下层系圈闭主要为碳酸盐建隆构成的地层型圈闭和盆地边缘的挤压背斜型圈闭。

盐下层系中最重要的一类圈闭是与碳酸盐台地或生物礁有关的构造-地层圈闭。盆地中部在晚泥盆世—早石炭世中维宪期发生了活跃的扩张作用，与此同时在盆地边缘发育了障壁礁和塔礁系统，在阿斯特拉罕-阿克纠宾斯克隆起带上发育了浅水碳酸盐台地。浅水区的碳酸盐台地和生物礁的演化一直持续到早二叠世，形成了大型的盐下隆起，构成了滨里海盆地最重要的含油气圈闭。这类含油气圈闭的发育与早期裂谷作用形成的掀斜断块、基底隆起或盆地侧翼的裂谷肩有关，它们构成了浅水碳酸盐台地或生物礁发育的基础。上覆深水泥质岩或蒸发岩披覆于生物礁或碳酸盐台地之上，形成了良好的封闭。

滨里海盆地盐下层系发育了多种生物礁相关圈闭，其中包括塔礁、障壁礁和环礁（深水碳酸盐台地）。碳酸盐建隆地层型圈闭主要分布于盆地东部和南部的阿斯特拉罕-阿克纠宾斯克隆起带和盆地西北缘陡坡带上，盆地内最大的油气田如田吉兹、卡沙干、卡拉恰干纳克等就属于巨型碳酸盐建隆构成的地层型圈闭。田吉兹碳酸盐台地上的大型塔礁礁块面积 400~500km²，幅度超过 1000m，是滨里海盆地已发现最大的油田之一。

卡拉恰干纳克油气田的盐下圈闭也与陆棚边缘的大型塔礁有关。在平面上，该气田的下二叠统储层顶面（亚丁斯克阶）表现为不规则的大型短轴-穿隆背斜，东西向长 13km，南北宽约 8km，垂向闭合高度超过 1700 m（图 3-42）。但从剖面上看，圈闭的形成主要与生物丘的快速生长有关，是典型的地层型圈闭（图 3-43）。

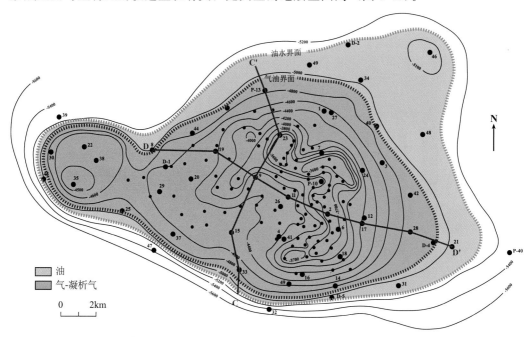

图 3-42　卡拉恰干纳克油气田下二叠统产层顶面构造图（Kazhegeldin，1997）

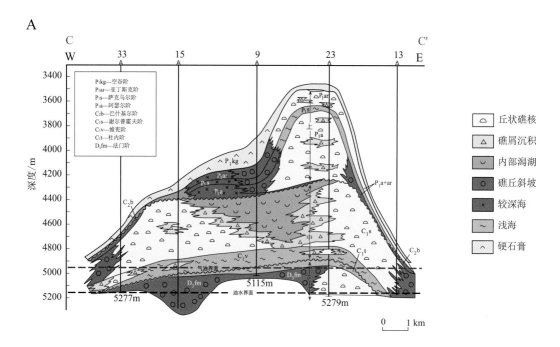

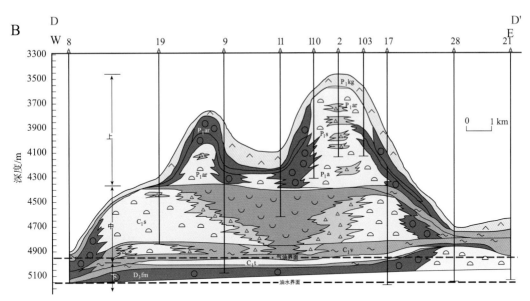

图 3-43　卡拉恰干纳克碳酸盐建隆构成的地层型圈闭剖面图（据 C&C，2003a）

　　西北缘的碳酸盐陡坡带顶部发育的一系列油气田则属于障壁礁地层圈闭，这些障壁礁型地层圈闭在平面上表现为短轴至长轴状背斜，长 2～3km，宽 1～1.5km，圈闭幅度高达 300m。障壁礁圈闭的长轴平行于盆地边缘展布，向台地一侧较缓，向盆地方向较陡（图 3-44、图 3-45）。

　　阿斯特拉罕气田的盐下圈闭与大型基底隆起上的碳酸盐台地披覆沉积有关；尽管在该台地周边也发育了障壁礁，但后者没有发现油气。

　　盆地东缘的扎纳若尔、肯基亚克、科扎赛等油田的盐下圈闭既有与生物建隆相关的地层因素，也与晚石炭世—二叠纪的乌拉尔造山挤压作用有关。扎纳若尔油田的盐下圈闭与莫斯科阶—上石炭统生物礁有关；肯基亚克油田的盐下圈闭与下巴什基尔阶生物礁有关。

　　西南缘的拉夫宁纳亚、萨兹托别等油田的圈闭与二叠纪南恩巴褶皱带的构造挤压有关。阿斯特拉罕气田的盐下圈闭受大型基底隆起构造控制，同时也与海西晚期构造挤压有关。

　　盐下层系中另一类重要的圈闭是挤压背斜圈闭。从中石炭世至早二叠世，滨里海盆地东缘、东南缘和南缘先后与不同陆块碰撞，在盆地东缘形成了乌拉尔前渊和前乌拉尔冲断带，东南缘形成了南恩巴隆起，西南部形成了卡拉库尔-斯穆什科夫隆起。因此，滨里海盆地内与挤压褶皱作用有关的圈闭主要分布于盆地东部，如肯基亚克、扎纳若尔和阿里别克莫拉油田的圈闭（图 3-46、图 3-47）；在盆地东南缘的南恩巴隆起带及其西北侧相邻地区也有类似构造发育；预计在盆地西南缘也应该发育类似构造。

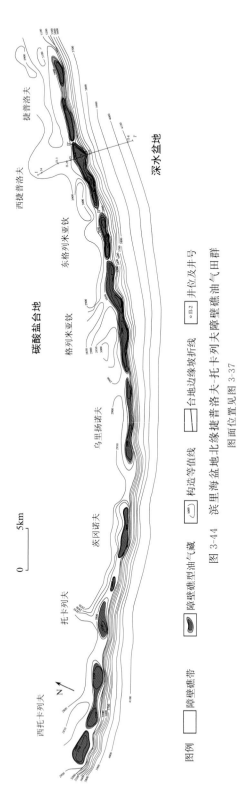

图 3-44　滨里海盆地北缘普捷普洛夫-托卡列夫障壁礁油气田群

图面位置见图 3-37

图例　□ 障壁礁带　　□ 障壁礁型油气藏　　□ 构造等值线　　□ 台地边缘坡折线　　○ 11.2 井位及井号

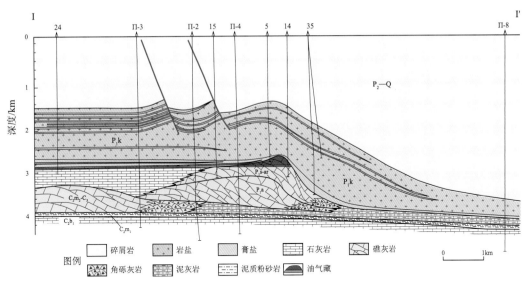

图 3-45 滨里海盆地北缘西捷普洛夫障壁礁地质剖面图

剖面位置见图 3-44

（二）盐上层系圈闭特征

空谷阶盐层盐构造活动始终伴随着盐上层系的沉积过程，在盐上层系中形成了与盐丘构造相关的各种圈闭。

盐上层系中，大多数圈闭为与盐丘构造有关的构造型圈闭。由于构造对沉积的控制作用，在局部地区，盐上层系也发育有单斜型、侧向相变地层尖灭型、砂岩透镜体型等地层圈闭，在有些地方还发育了不整合面遮挡型圈闭。Волож（1997）对盐上层系圈闭进行了统计分析，其中背斜、断背斜及断层遮挡圈闭占大多数，其次为盐体刺穿遮挡和地层尖灭、砂岩透镜体型圈闭，还有少量盐檐遮挡型圈闭。三叠系和侏罗系多为盐体刺穿遮挡型，白垩系和古近系则以断背斜型为主。背斜多为穹隆型，断鼻构造也常见。

根据所接触的盐丘部位，可将盐上层系的圈闭分为盐丘上方圈闭、盐丘周缘圈闭、盐檐遮挡圈闭和盐丘间圈闭。盐丘上方圈闭与盐丘顶部相关，盐丘周缘圈闭与盐丘侧缘相关，盐檐遮挡圈闭与盐檐（盐悬挂体）相关，盐间圈闭与盐丘之间的排盐凹陷相关。

所谓丘上构造就是指位于盐丘顶面之上的构造，即位于盐丘的最高隆起点至其急剧向盐丘间凹陷倾伏的界线点以内的构造。

丘上圈闭见于非刺穿盐丘上方。非刺穿盐丘发育在盆地的近边缘地带，而且在发育这类盐丘的地方，盐上地层表现为轮廓完整的背斜，其中不发育断层（西普罗尔瓦），或发育断层（中、东普罗尔瓦）。圈闭的规模为（2×1）～（6×3）km，沿第Ⅲ反射层的幅度为 20～50m。石油储量最大的那些油田集中分布于这类圈闭中，但是它们在数量上是有限的。据推测，这类圈闭分布于普罗尔瓦长垣向海相延伸的范围内。

盐丘和盐梁上方的圈闭受盐体两翼的盐上地层的构造格局控制。在盐丘顶部，其两

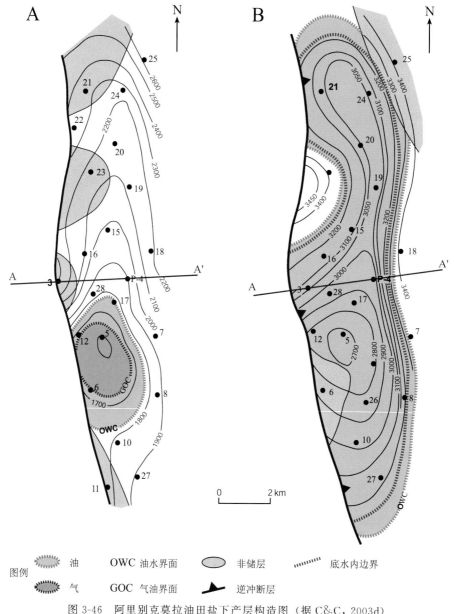

图 3-46　阿里别克莫拉油田盐下产层构造图（据 C&C，2003d）

A. KT-I层产层顶面；B. KT-II层 M 储层单元顶面

翼被晚白垩世地堑或构造断裂所分隔，并被断裂和褶皱所复杂化，这一切均受断块构造和地层不整合制约。因此，在大多数隐刺穿盐丘上方的圈闭为构造型或地层遮挡型圈闭。在卡梅什托沃耶油田的西南部同时见到了这两类圈闭，其中大部分油藏与盐丘顶部引张形成的断背斜和断块有关，个别油藏的分布与阿普特/阿尔布期的不整合面有关（图 3-48）。

盐丘周缘圈闭沿盐丘顶面的盐斜坡分布。在库尔萨雷油田发育了从三叠系到下白垩

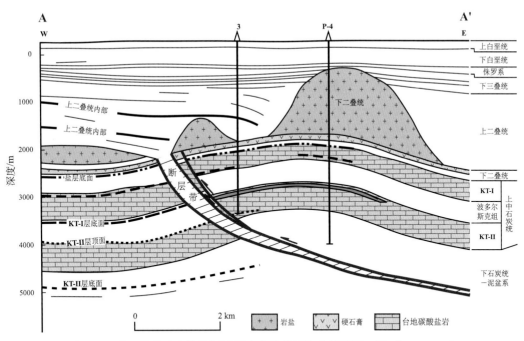

图 3-47　滨里海盆地东缘的阿里别克莫拉背斜构造剖面图 （据 C&C，2003d）

剖面位置见图 3-46

统的多套油气产层，所有产层均向侧方的盐丘斜坡抬升并被盐丘遮挡；中侏罗统油藏的圈闭是沿盐丘边缘发育的半背斜，但该背斜在白垩系底面消失（图 3-49）。尽管盐丘周缘圈闭中的油气储量有限，但它们却是在油气田内进行滚动勘探的重要对象。对盐丘周缘构造特征进行精细分析可发现更多的类似圈闭。

目前发现的盐丘周缘圈闭多位于盐丘的缓坡。由于地层倾角高达 45°～90°，盐丘陡坡的地震反射资料品质往往较差，这导致陡坡圈闭的研究程度很低。就滨里海盆地南部的许多盐丘而言，这种陡坡带的宽度变化很大（5～8 km）。其中常发育倾角和产状不同的角砾岩块体。

在发育陡坡盐丘的丘间凹陷中，三叠系的分布决定了陡坡圈闭的发育。但这类圈闭的勘探难度很大，效率也较低，仅在肯基亚克油田证实了类似圈闭含油，其石油储量也有限。但上述情况表明，对沿盐丘斜坡分布的圈闭进行勘探是很有必要的，这类圈闭的含油性在盐丘顶部已得到证实。

在时间剖面上，沿盐丘陡坡可清楚地看出三叠纪沉积中的地层间断，这表明存在地层遮挡油藏。因此，对盐丘的陡坡构造单元进行深入研究有可能发现油气田。

盐檐遮挡圈闭取决于地层和盐檐底面的产状条件。在卡拉托别盐丘的盐檐之下划分出背斜圈闭；在东扎纳塔拉普盐丘的盐檐之下划分出一个单斜圈闭，该单斜受盐檐底面遮挡；在新鲍塔汉盐丘的半圆形盐檐之下划分出一个盐檐底面遮挡的凸起；新博加金油田主要是盐檐遮挡的上倾单斜油藏（图 3-50）。根据地震勘探结果推测，在滨里海盆地的盐丘构造中可能广泛发育盐檐构造。因此，对油气运移通道附近的盐檐构造进行勘探

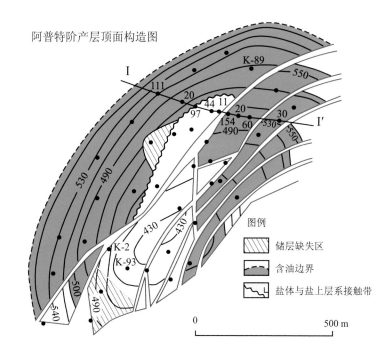

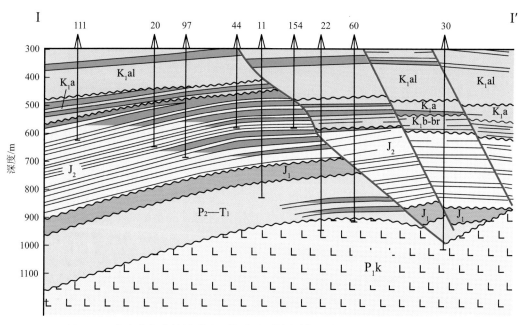

图 3-48　东南卡梅什托沃耶油田构造平面图和剖面图（Даукеев и др.，2002）

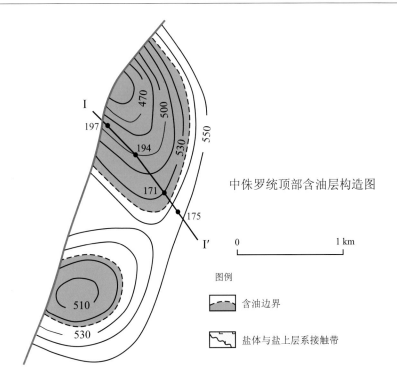

中侏罗统顶部含油层构造图

0 ——————————— 1 km

图例

含油边界

盐体与盐上层系接触带

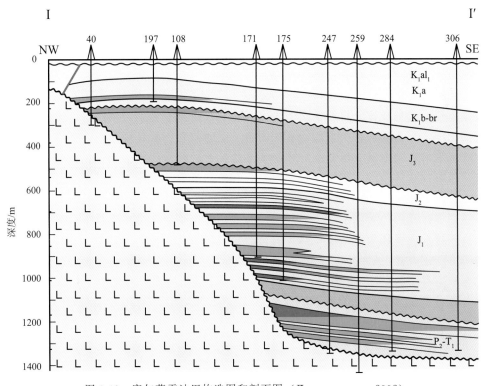

图 3-49　库尔萨雷油田构造图和剖面图（Даукеев и др.，2002）

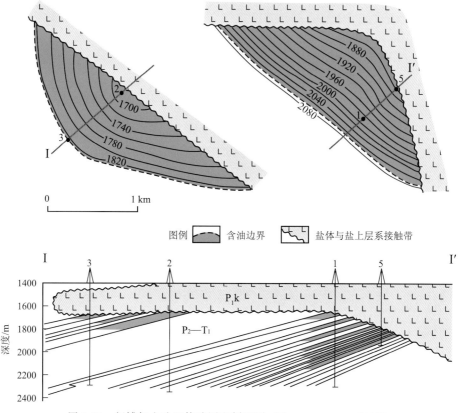

图 3-50　新博加金油田构造图和剖面图（Даукеев и др.，2002）

是很有意义的。

　　盐上层系中也发育大量岩性圈闭。但实际上，在从三叠系到第四系所发现的所有岩性遮挡圈闭都与上述各种类型的构造圈闭有一定的关系。就其规模和油气储量而论这些圈闭是有限的，但也有少量非刺穿和隐刺穿盐丘上的岩性圈闭中发育了具有工业价值的油藏。在刺穿盐丘顶部，岩性油藏规模小，石油储量少，因此，不能把它们作为有油气勘探远景圈闭。

　　在许多盐丘的边缘也发现了岩性遮挡油藏，其产层通常为三叠系。这类圈闭的有效性取决于盐丘周缘和盐丘顶部三叠系的岩相变化。

　　综上所述，盐上层系圈闭十分发育，数量大、类型多，其中的一个重要特征就是受下二叠统空谷阶盐层构造的控制十分明显，盐体上拱和底劈作用对盐上层系中圈闭的形成和分布有重要影响。

五、油气生成和运移

　　在盆地东部扎尔卡梅斯隆起带上，泥盆系烃源岩在早石炭世末可能就进入了生油窗，而在中央拗陷地区该套烃源岩进入生油窗的时间可能更早；在南恩巴隆起的北坡、延别克隆起和卡拉通-田吉兹构造带上进入生油窗的时间可能是中—晚石炭世；在盆地北部（卡拉恰干纳克）是在亚丁斯克期；在比伊科扎尔构造带是在空谷期末。

在扎尔卡梅斯构造带，中石炭统烃源岩从石炭纪末开始到亚丁斯克期逐步进入生油窗，在盆地的其他地区是在亚丁斯克期。在滨里海盆地的中央坳陷，热流值最高，盐下烃源岩最早开始生成油气。主要运移路径大都指向盆地侧翼的圈闭以及中央坳陷内的可能圈闭（与裂谷作用相关的掀斜断块）。从中维宪期开始，扎尔卡梅斯构造带的生烃范围明显增大，所生成的油气向盆地东翼的冲断带方向运移。

在盆地北部，主要的烃源岩是中石炭统。由于地温较低，下二叠统烃源岩可能没有成熟。

在盆地东部的延别克-扎尔卡梅斯构造带，沉降作用始于早石炭世，泥盆系烃源岩进入生油窗的时间不晚于早石炭世末。到中石炭世末，这套地层全部进入了生油窗。上覆石炭系碳酸盐岩-碎屑岩层系下部在晚石炭世末进入生油窗，但该层系上部到亚丁斯克期才达到成熟。在晚二叠世—新生代期间，随着该构造带的持续沉降，下二叠统盐下烃源岩在三叠纪末进入了生油窗。然而，此后该构造带的冷却限制了烃源岩的进一步成熟。目前，该构造带的上泥盆统、石炭系和下二叠统烃源岩都处于生油窗内，生烃和运移过程仍在进行中。

在南恩巴隆起带北坡，从石炭系烃源岩中运移出来的烃类可能在亚丁斯克期开始在这里聚集。在比伊科扎尔构造带，烃源岩的成熟历史受到了周期性抬升事件的影响。该带在早石炭世沉降，在石炭纪末又被抬升。沉降和抬升的交替、地热体制的改变，不利于石油的生成。中石炭统薄层烃源岩和泥盆系烃源岩可能在空谷期进入了生油窗，但生油气量不大。在 5000 m 深处的现今地温为 105℃，仍处于生油窗内。

在卡拉通-田吉兹构造带的陆上部分，在 2500～5000 m 深度段的现今地温为 90～160℃。在晚石炭世到亚丁斯克期，泥盆系烃源岩生成了有限的油气。空谷期厚层岩盐层的堆积以及泥盆系和石炭系沉积物的进一步沉降引发了一个新的生烃脉冲，此时石炭系烃源岩也进入了生油窗。下二叠统烃源岩在白垩纪末进入了生油窗。

由于盐上缺乏有效的烃源岩，盐下层系中的烃源岩是盆地中绝大部分油气的来源，因此石油天然气的运移过程就有三种机理（图 3-51）。

由于全盆地分布的空谷阶厚层岩盐的封闭，盐下烃源岩生成和排出的烃类优先在盐下储集层中聚集，这一过程是盐下至盐下圈闭的二次运移过程。在断裂活动的过程中，从烃源岩中排出的油气可能沿开启断层直接到达盐上储集层，即从盐下烃源岩直接到盐上圈闭的二次运移；由于盐层的良好封闭性，这种直接进行穿层二次运移的机会较少。油气从盐下向盐上的运移可能更多地是采取另一种方式，即三次运移的方式：在盐下圈闭中聚集的油气往往具有很高的异常压力，在断裂开启时从盐下油气藏中向上穿过断层到达盐上圈闭中聚集，甚至到达地表形成油苗。

盐上油气田分布、盐上碎屑岩储层中的含硫石油、油苗和硬沥青等都表明，盐上油气是从盐下烃源岩中运移上来的。原油的芳烃和饱和烃碳同位素分析结果也显示，古生界（除中泥盆统外）石油与中生界石油具有相似的碳同位素值，都是海相烃源岩的产物。

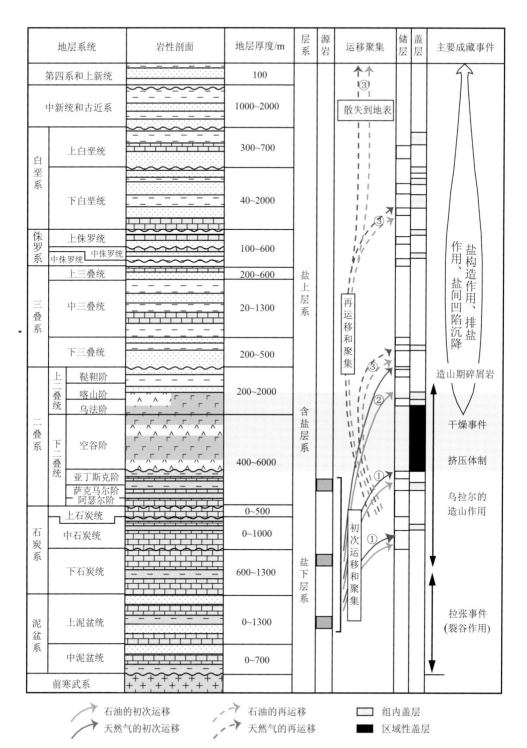

图 3-51 滨里海盆地油气垂向运移示意图

①盐下烃源岩至盐下圈闭；②盐下烃源岩至盐上圈闭；③盐下圈闭至盐上圈闭或地表

　　盐上烃源岩可能在晚侏罗世开始生成液态石油，并一直持续到古近纪末。盐上层系的生烃作用可能主要发生在盐间凹陷的深部，这里的中生界烃源岩由于均衡沉降和盐底辟作用可能局部进入了生油窗。海相三叠系和侏罗系的有机质含量较高，局部热异常可能导致盐丘间凹陷内有机质的成熟。

　　盐下烃源岩能否向盐上圈闭中充注油气受多个因素影响：首先，盐下层系中是否发育断层排烃通道是关键因素，断层发育有助于盐下所生成烃类的运移；其次，断层通道能否穿越厚层的下二叠统岩盐盖层也是一个重要的制约因素，在盐下层系的构造高点上，有些盐丘间凹陷中的盐层被完全排走，形成盐层缺失的窗口，如果此处恰好有倾斜的盐上渗透层以一定的角度覆于盐下地层之上，且同时盐下层系发育了可以作为烃类运移通道的断层，则有利于烃类从盐下向盐上运移；另外，盐下圈闭中的油气聚集通常具有很高的异常压力，因此将伺机通过断裂向上泄漏，在断裂活动期间可能发生再运移，向盐上常压系统中充注。

　　分布于盐刺穿带中的油气藏的聚集过程比较特别。在底辟作用初期，盐上碎屑岩处于与盐体接触面上的高压环境，烃类的注入受到限制。发生刺穿之后，邻近底辟盐体的断块逐渐下沉，并形成裂缝带，为烃类向上覆地层和盐内储层的运移提供了通道。

六、含油气系统特征

　　在滨里海盆地的盐上层系和盐下层系中都发现了油气田。在盐下层系中，在构造圈闭和生物礁隆起地区的上泥盆统到下二叠统的碳酸盐岩和碎屑岩储层中发现了大型油气田。在上二叠统到三叠系盐上碎屑岩层系中也发现了油气，其中大部分油气聚集于与盐丘构造相关的圈闭中，储层大部分为侏罗系和白垩系。Ulmishek（2001）认为，滨里海盆地盐上烃源岩即使是局部达到成熟，所生油气的量也是微不足道的；只有盐下烃源岩达到了成熟并为圈闭提供了具有工业价值的油气。因此，滨里海盆地中只有一个含油气系统，即古生界含油气系统（图3-52）。

　　滨里海盆地古生界含油气系统包括整个滨里海盆地。在相邻的伏尔加-乌拉尔油区和北乌斯秋尔特盆地西部的北布扎奇隆起上发现的一些油气田中可能也是滨里海盆地上古生界烃源岩生成的油气向上倾方向侧向运移的结果。然而，还没有地球化学证据来证实这一观点。这样的话，该含油气系统可能延伸到盆地以北的伏尔加-乌拉尔盆地南缘，以及盆地以南的北布扎奇隆起。

　　根据Ulmishek的观点，滨里海盆地的烃源岩是中上泥盆统—下二叠统中的碳酸盐岩和泥页岩。钻井已经揭示了盐下层系富含有机质的烃源岩层。但盐上的三叠系，主要是下三叠统，在一些沉降比较强烈的盐丘间凹陷中埋深比较大，可能也达到了成熟生烃阶段，但生产的烃类数量可能很有限，远远不能与上古生界烃源岩相提并论。

　　滨里海盆地的储层主要是盐下层系中的台地相碳酸盐岩和生物礁碳酸盐岩。台地和生物礁局限分布，因此其发育过程同时也就是圈闭的形成过程，如田吉兹、科罗廖夫、卡拉恰干纳克等大型台地或礁体本身构成了地层型圈闭。但对于盆地东缘和南缘的构造带来说，晚古生代晚期的海西挤压造山作用对大型褶皱构造的形成或幅度的进一步增大

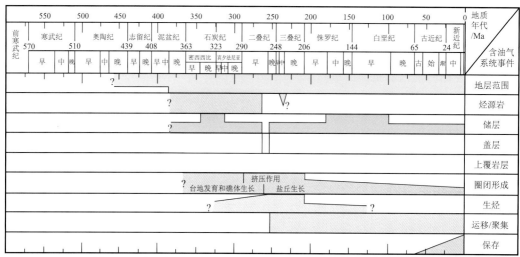

图 3-52　滨里海盆地古生界含油气系统事件图（Ulmishek，2001a）

起了重要作用，形成了如阿斯特拉罕隆起、扎纳若尔背斜等构造。

　　下二叠统空谷阶蒸发岩层是盆地内盐下古生界层系的区域性优质盖层，正是这套盖层的存在，将盆地中绝大部分油气资源封闭在了盐下层系之中。同时，空谷阶盐层的构造活动又是盐上层系中各类圈闭形成的主导因素，盐上层系中的圈闭大多与盐构造活动有关。盐构造活动贯穿了整个晚二叠世到现今的漫长地质历史阶段，所形成的圈闭类型也是复杂多样。

第四节　典型油气田

　　滨里海盆地目前已发现 200 多个油气田，近 600 个油气藏，绝大多数油气田分布于盆地边缘的三个次盆内，其中盆地东南部发现油气田最多；中央拗陷次盆内发现油气田数量很少（图 3-53）。盐下层系发现油气田或油气藏数量较少，但规模较大；盐上油气藏数量多，但规模一般较小。盐上层系内发现了大量中小型油气藏，几乎全部分布于碎屑岩储层中；盐上层系以盆地东南部地区勘探程度最高，发现油气藏数量最多（图 3-53）。

　　盐下碳酸盐岩油气藏全部分布于盆地边缘的三个次盆内，其中南部次盆发现盐下油气储量最大，而西北次盆发现的盐下油气藏数量最多。已发现的储量超过 $1 \times 10^8 \mathrm{m}^3$ 油当量的特大型油气田总共有 7 个，包括阿斯特拉罕气田、卡沙干油田、田吉兹油田、伊马舍夫气田、阿克托特油田、卡拉恰干纳克油气田和扎纳若尔油田（图 3-54）。盆地南部是大型油气田发现最多的次盆，前述的特大型油气田的前 5 个分布于盆地南部地区。除了卡拉恰干纳克特大型油气田外，盆地北缘的盐下油气藏以中小型为主。除扎纳若尔油田之外，盆地东缘发现的盐下油气田均属于中小型。盐下层系的圈闭以碳酸盐岩台地及生物礁构成的地层型圈闭为主，生物礁圈闭又包括深水塔礁和浅水台地边缘的障壁礁两种类型；构造型或与构造相关的复合型圈闭主要分布于盆地东缘、东南缘和南缘受海西褶皱作用影响的地区，主要圈闭类型包括背斜型、背斜-岩性尖灭复合型等。

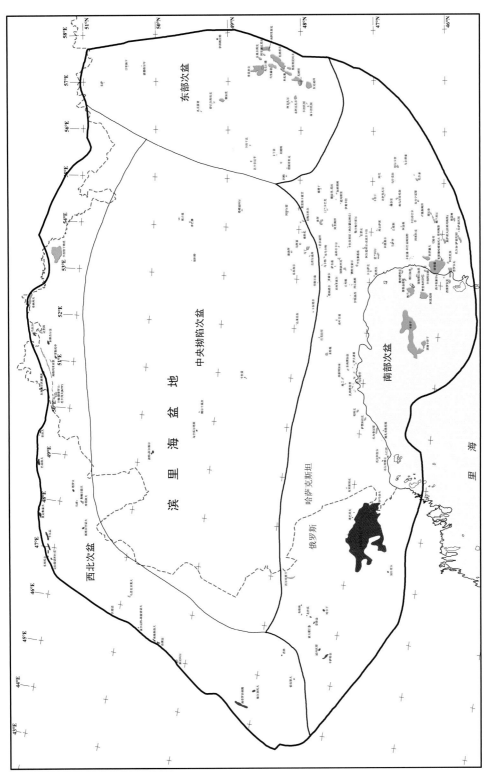

图 3-53　滨里海盆地油气田分布图

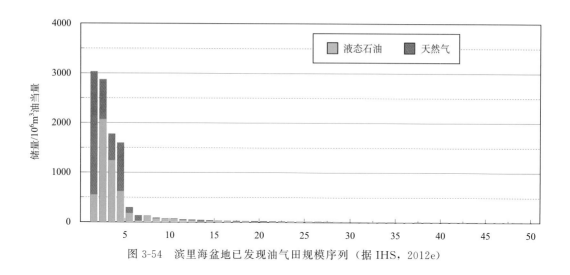

图 3-54　滨里海盆地已发现油气田规模序列（据 IHS，2012e）

一、田吉兹油田

（一）油田概况

田吉兹油田位于北里海东岸，滨里海盆地的东南部（图 3-53、图 3-55），是晚古生代盆地东南部的一系列大型生物礁之一。估计石油地质储量超过 27×10^8 t，为世界十大油田之一。该油田的储层为盐下层系的上泥盆统至下中石炭统生物礁碳酸盐岩，油藏呈块状，埋深 3900～5400 m，是迄今为止已发现埋深最大的特大型油田。该碳酸盐岩礁块与上覆下二叠统亚丁斯克阶泥岩和空谷阶岩盐呈明显的角度不整合接触。整个碳酸盐岩礁块岩性比较均一，以生物碎屑灰岩为主，岩石的原始结构在成岩后生作用中受到强烈改造，广泛发育裂缝、淋滤孔与溶孔，具有良好的储集性能。

田吉兹油田的含油面积约 580 km²。石油储量按可靠程度划分为三个带：探明（证实）储量 A_1 级包括由构造顶部至深 4700m 的部分；A_2 级预测储量包括 4700～5400 m 井段的含油岩系；A_3 级远景储量分布于上泥盆统碳酸盐岩中，深度范围从 5400 m 至尚未发现的油水界面。估算该油田原始储量 27.35×10^8 t，最终可采储量油 8.42×10^8 t，天然气 850×10^8 m³，石油最高产能超过 1000 m³/d。

田吉兹油藏为包括泥盆系与石炭系储层的统一块状油藏，油藏具有异常高压，在 4000 m 深处的地层压力达 80 MPa，几乎是静水压力 2 倍。而盐上的非含油岩系为正常静水压力。在相邻的卡拉通与尤日内构造上，盐下层系碳酸盐岩中的地层压力接近静水压力，但不含油。可见，田吉兹油田剩余压力与空谷阶盐层的封闭作用有密切关系，与盐下烃源岩的生烃作用可能也有关系。在 4000～5400 m 深度段，地层温度仅为 105～116℃，有机质仍处于生烃高峰。

石油密度约为 0.8017 g/cm³，含硫量低，油藏无气顶，饱和压力约为 25 MPa，地层压力与饱和压力差很大，石油处于强烈欠饱和状态。伴生气中硫化氢含量很高，达

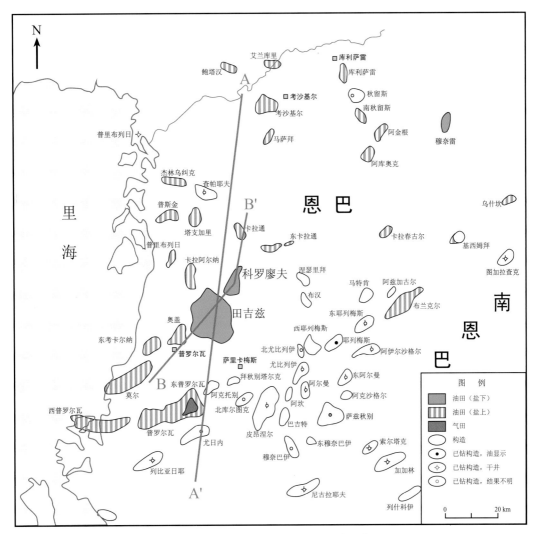

图 3-55　滨里海盆地东南部油气田分布图（据 C&C，2003b）

18%～22%，二氧化碳含量约为 5%。另外，在含油段的孔隙空间中存在大量固体沥青，这是田吉兹油田的突出特征之一。

　　目前在田吉兹油田的盐下地层中尚未见到含水层。在该油田西北 39 km 的卡拉通构造上，自 4200～4300 m 井段的下石炭统灰岩中获地层水，矿化度为 270～300 g/L，田吉兹油田盐下层系地层水的含盐度可能与之近似。

（二）构造和圈闭特征

　　在漫长的形成过程中，田吉兹碳酸盐岩礁块曾强烈抬升到海平面以上，并遭受了剥蚀。在盐下层系中普遍发育了这种大范围的剥蚀现象，如晚泥盆世、早中石炭世和早二叠世剥蚀作用。这些剥蚀与不整合是海西构造运动的多个构造幕的结果。

　　阿尔卑斯构造运动和新构造运动在盐上层系中反映明显。据现有地震资料还不可能划出可靠的断层线，因此还未发现明显的断层，但钻井发现岩石中裂缝广泛发育。先前在构造西北翼、东北翼、东南翼和西南翼识别出的断层带以及可能控制基底与沉积盖层的推测断层带是有争议的，仍需进一步研究提出补充证据。

　　礁块之上被下二叠统亚丁斯克阶页岩和泥灰岩以及空谷阶蒸发岩覆盖，前者构成生物礁地层圈闭的直接盖层，后者则构成了区域性流体封盖层。由北向南，空谷阶蒸发岩厚度减小，局部甚至缺失，造成盐下层系封闭层的缺失（图3-56）。

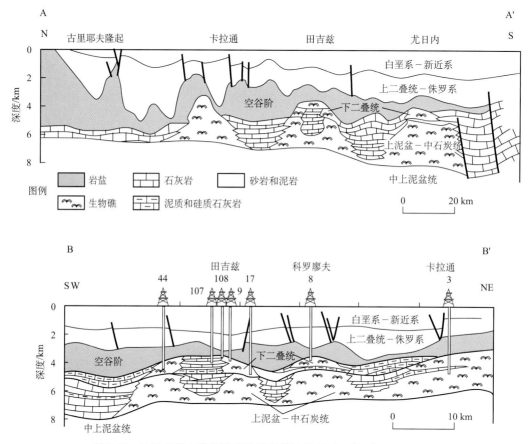

图3-56　过田吉兹大型生物建隆的区域地质剖面（据C&C，2003b）

剖面位置见图3-55

　　在勘探初期，田吉兹隆起被认为是在较深海盆底部隆起部位发育的一些环礁。后来推测在田吉兹碳酸盐岩礁块的下部（上泥盆统—下石炭统杜内阶）存在平缓的隆起，在此背景上沉积了陆棚相层状灰岩；然后，在该隆起背景之上发育了维宪阶—巴什基尔阶台地-礁块型碳酸盐岩，形成了高幅度的沉积型构造。

　　地震详查表明，田吉兹碳酸盐岩礁块外缘具有十分曲折的轮廓。随着深度增加，其面积明显增大。在碳酸盐岩礁块的中央部分具有平缓的界面，在碳酸盐岩礁块内不存在阻挡流体垂向渗流的隔层。

地震资料分析表明，该碳酸盐岩礁块的基础是一平缓宽阔的隆起带，其面积大大超过田吉兹构造的范围。根据速度值和存在的一系列平行反射波可以推测，这里存在碎屑岩地层，且同俄罗斯地台东部其他地区的地层类似，可能属于中泥盆统。

因此，田吉兹油田的圈闭实际上是一个环礁型的生物礁建造（图3-57、图3-58），其形成于晚泥盆世至石炭纪的平缓隆起的顶部。根据地震识别出的环形脊状构造属于生物礁相本身。岩体中部水平反射部分为潟湖。其中除了生物成因碳酸盐岩外，还见有各种泥质岩和泥灰岩的薄夹层，以及钙质砂岩和含有炭化植物碎屑的黑色泥岩，它们是很好的浅水沉积指标。无论在潟湖区还是礁体的外围斜坡上，均存在生物碎屑灰岩，表明它们是环礁建隆剥蚀产物的沉积，这些礁建隆有时曾上升到海平面以上，并遭到破坏。

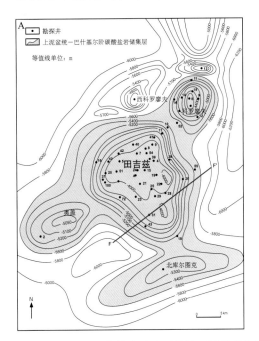
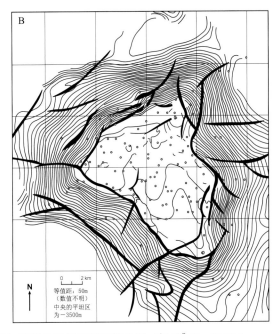

图3-57　田吉兹油田中石炭统（巴什基尔阶）碳酸盐岩储层顶面构造图（据C&C，2003b）
A. 二维解释，闭合高度为1700 m；B. 三维解释

（三）储层特征

田吉兹油田钻井揭示的含油井段埋深为3900～5400 m，分布于碳酸盐岩礁块中，尚未钻遇油水界面，含油碳酸盐岩礁块的顶面为石炭系与二叠系之间的剥蚀面。礁块之上及围斜部位均被泥质岩与泥质碳酸盐岩所包围，之上被下二叠统空谷阶含盐层系所覆盖。古生界厚达6～15 km，已揭示的石炭系和上泥盆统主要为海相碳酸盐台地沉积，亦有少部分碎屑岩。

陆棚相灰岩（礁灰岩）组成了碳酸盐岩礁块的主体。同时在剖面的个别层段中发现有孤立的生物礁，在其周围分布有已经固化胶结了的礁体破坏产物。虽然无论横向上，还是纵向上，储层类型和性能均有明显的非均质性，但在整个碳酸盐岩礁块中，灰岩的

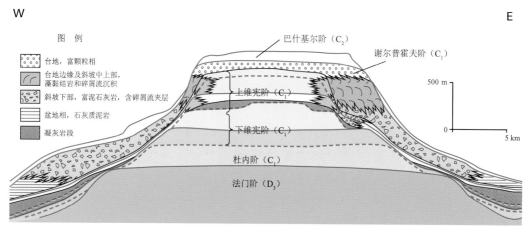

图 3-58　　田吉兹油田剖面岩相模式图（据 C&C，2003b）

矿物成分是比较均一的，岩性以生物碎屑成因为主（图 3-59）。

（四）储层沉积环境

田吉兹油田碳酸盐岩储层形成于距海岸线较远、水体较稳定的陆棚地区，为开阔海陆棚相及浅水陆棚和潮间带（图 3-60）。发育有大量浅海造礁生物——珊瑚、苔藓虫、海绵、蠕形动物、有孔虫、腕足类、海百合、藻类等。

晚泥盆世——早石炭世杜内期，田吉兹构造的东北翼及相邻的科罗廖夫地区处于陆棚浅滩和潮汐带，形成了藻类、有孔虫生物碎屑灰岩、海百合、叠层石灰岩、团块-微凝块藻灰岩、原生白云岩及泥晶灰岩。

早石炭世奥克斯克期，田吉兹地区为一地势高且平坦的碳酸盐台地，四周为陡坡。台地上发育了一近东西向的生物礁，面积为 7.5 km×2.5 km，水体能量较高，为开阔海地带，沉积了生物碎屑灰岩。台地边缘处于潮间环境，发育有鲕粒、核形石、团块和砂屑灰岩。台地西坡和东北坡遭受了强烈的海蚀作用，形成了生物碎屑岩堆积。奥克斯克阶最大厚度达 300m。

早石炭世谢尔普霍夫期，田吉兹地区生物礁相的分布范围有所扩大（图 3-61），主要位于台地的中部，最大的礁位于台地东部。面积达 8.5 km×2.5 km，西北部多小型礁体，规模达 5 km×1.5 km。礁间为浅滩，发育有海百合、有孔虫及藻类等生物碎屑灰岩。台地西南部为远离海岸线的陆棚斜坡，发育有凝块、团块状生物碎屑灰岩。谢尔普霍夫阶厚度达 254m。

中石炭世巴什基尔期生物礁分布面积缩小，本区东部形成南北向延伸的连环礁体，其中最大的为 3.5 km×1.5 km；西部小礁体为 1.5 km×1.5 km，在 42 井区礁体自谢尔普霍夫期继承性发育。本区各礁体厚度一般不超过 130m。

由此可见，本区自晚泥盆世至中石炭世一直处于浅水陆棚环境，适于生物礁发育。谢尔普霍夫期生物礁发育达到鼎盛。

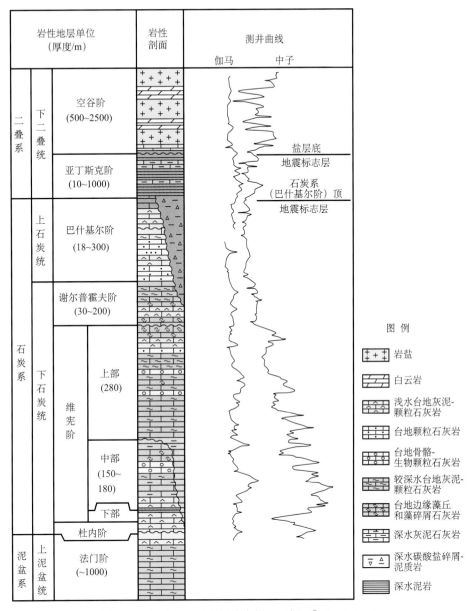

图 3-59 田吉兹油田地层综合剖面（据 C&C，2003b）

（五）储层物性

碳酸盐岩储层的原生结构在成岩过程中变化强烈，最终形成孔渗性能非均一的储层。同时，构造破裂、溶蚀、淋滤、重结晶、白云岩化和硅化等作用对岩石的结构和储集性能也产生了很大的影响。

根据岩心分析资料与测井资料解释可以发现，储层的孔隙度变化范围很大，由 1%～2% 至 15%～25%，平均为 6.3%。渗透率也具有明显的非均质特征，平均为

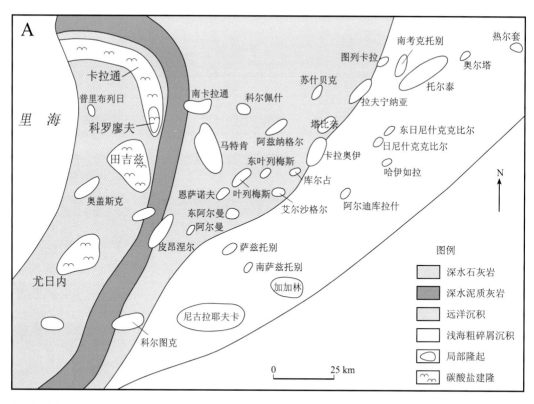

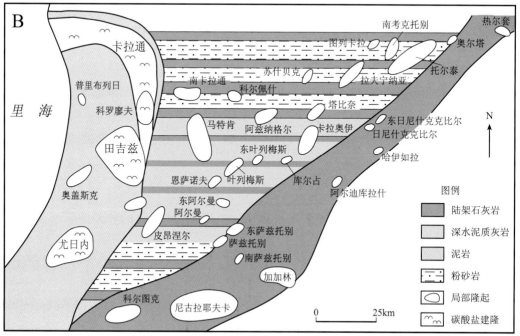

图 3-60　滨里海盆地东南部古地理（据 C&C，2003b）

A. 早石炭世杜内期—早维宪期；B. 早石炭世谢尔普霍夫期

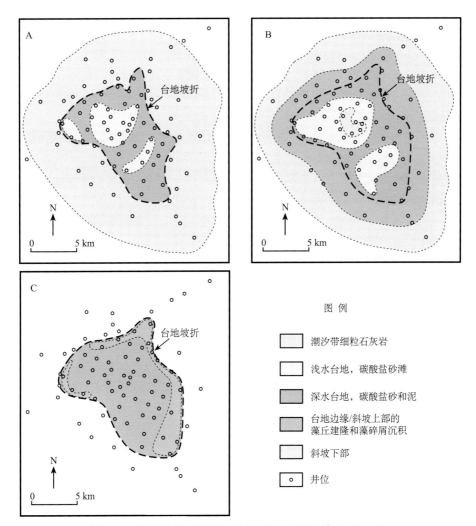

图 3-61　田吉兹碳酸盐建隆的沉积环境（据 C&C，2003b）

A. 上维宪阶—谢尔普霍夫阶层序组水进晚期台地相收缩；B. 上维宪阶—谢尔普霍夫阶层序组高水位体
系期间台地相和台地斜坡扩张；C. 碳酸盐建隆发育末期（上巴什基尔阶）台地边缘广泛分布藻丘

$0.01\ \mu m^2$。目前尚未发现储集性能随深度变化的一般规律。

在不同地区，成岩作用对储集性能的影响是有区别的。在田吉兹构造北区，在整个地层剖面中裂缝性储层占优势，在 3900～5100 m 深度段存在一个斑块状重结晶带。

一般来说，与剥蚀过程有关的成岩作用的影响深度距区域剥蚀面或局部剥蚀面不超过 40 m，而田吉兹油田 3900～4600 m 深度段的碳酸盐岩礁块大部分都曾遭受强烈淋滤作用与溶蚀作用；这说明，除了沉积间断造成的地表溶蚀淋滤作用外，还有其他因素影响了碳酸盐岩礁块的成岩作用，其中不均匀应力作用可能是一个重要因素。各方向不均匀应力引起的变形会导致碳酸盐岩产生强烈的去压实作用，微裂缝发育导致岩石扩容，从而引起活跃的溶蚀、淋滤、重结晶等物理-化学过程。

根据田吉兹油田碳酸盐岩基质及其储集性能的各种微观与宏观不均一性,可将储层划分为三种基本类型:

第一类储层,所有基质均具渗透性,并被一些淋滤孔、微溶孔和大溶孔洞所贯穿的碳酸盐岩属此类,孔隙度大于7%,石油可以同时沿裂缝及裂缝间的基质孔隙渗流。

第二类储层为沿新生裂缝发育蜂窝状淋滤孔和微溶孔的碳酸盐岩,各溶蚀带之间以不渗透基质为分隔,孔隙度3%~7%,仅靠裂缝渗流。

第三类储层为未发生过淋滤的致密灰岩,灰岩基质中的原生孔隙已被束缚水充填,而石油仅存在于切割基质的裂缝中。孔隙度小于3%,岩石基质实际上是不渗透的。

田吉兹碳酸盐岩储层包括下列层段:

巴什基尔阶储层　主要由致密生物灰岩组成。成岩后生作用在纵向、横向上都不均匀,其中包括白云化、硅化、溶蚀与重结晶等作用。淋滤作用与裂缝作用对改善储集性能起决定作用。在该套地层中发现了上述所有三类储层,以第二类储层占优势。石油最高产能为240 t/d。

谢尔普霍夫阶储层　为生物灰岩,普遍发育重结晶作用、裂缝与硅化作用。原生孔隙与裂缝常被固体沥青所充填。孔隙度超过7%的高孔储层仅保存于构造隆起部位。第二类储层分布于构造北部,而第三类储层位于构造西部。

奥克斯克组储层　具有良好的储集性能,淋滤作用强烈,形成了大量次生孔洞。在重结晶细晶灰岩中发现了许多被沥青充填的缝合线,其中石油产能最高,为450~1000 t/d。

克拉斯诺波梁组储层　研究程度较低,以第二、第三类储层为主,储集性能差。

泥盆系储层　仅在三口井中钻遇,为生物礁灰岩。其中发现有溶蚀现象,并形成溶洞与次生孔洞,推测在5500 m以下仍可能存在有利储层。

二、阿斯特拉罕凝析气田

(一) 气田概况

阿斯特拉罕气田位于滨里海盆地南部次盆西段,气田的绝大部分在行政上属于俄罗斯南部地区的阿斯特拉罕州,即狭义的阿斯特拉罕气田;其余部分位于哈萨克斯坦阿特劳州一侧,并被称为伊马舍夫气田(图3-53)。气田发现于1976年,以产凝析气为主,圈闭为平缓的巨型短轴背斜。

阿斯特拉罕气田的可采储量为2.605×10^{12} m³天然气和7.63×10^8 m³凝析油。天然气中含有大量酸性气体,其中硫化氢的平均含量为24%,二氧化碳为14%。天然气中的凝析油含量中等-较高,每万立方米天然气的凝析油含量为2.64~5.33 m³;凝析油含硫量较高,密度为0.810 g/cm³。

(二) 构造及圈闭特征

在构造上,该气田位于阿斯特拉罕-阿克纠宾斯克隆起带西端的阿斯特拉罕隆起上。

阿斯特拉罕隆起构造是一个大型基底隆起,基底埋深约8 km。基底顶面向北面的萨尔平凹陷迅速下倾,而向东沿着阿斯特拉罕-阿克纠宾斯克隆起带则相对平坦。厚层的上泥盆统—石炭系碳酸盐岩的不同层位中含有油气，主气藏分布于下二叠统封闭性泥岩之下的中石炭统碳酸盐岩层系顶部。最初下二叠统蒸发岩在整个阿斯特拉罕隆起构造上连续分布，但后来由于侧向流动导致隆起上的盐层厚度减小，甚至在几个关键部位厚度为零。

　　阿斯特拉罕盐下构造为碳酸盐台地与早二叠世平缓变形（主要是基底地块边缘的断层运动）叠加形成的向四周闭合的构造（图 3-62、图 3-63）。盐下层系经历了平稳的沉降，其中未见到明显的断裂活动，但上二叠统—新近系地层由于盐构造活动而发生了强烈变形。阿斯特拉罕盐下构造是一个幅度很低的北西—南东向短轴背斜，长 80 km，宽 40 km，面积 1630 km²。储层基本上平坦展布，起伏很小，在构造边缘的地层倾角可达 1°。构造高点的埋深为 3790 m，气水界面埋深为 4073 m，气柱高度为 283 m。

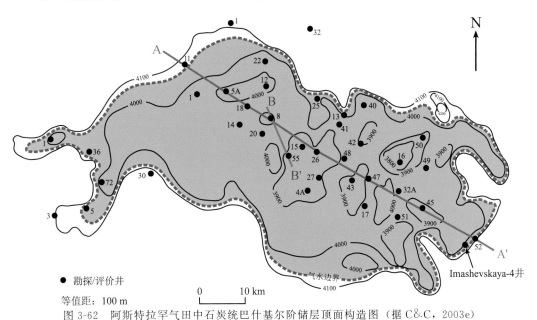

图 3-62　阿斯特拉罕气田中石炭统巴什基尔阶储层顶面构造图（据 C&C，2003e）

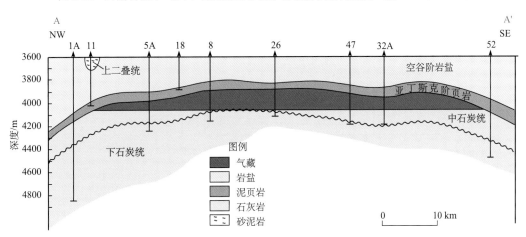

图 3-63　阿斯特拉罕气田北西—南东向构造剖面图，显示该气田的低幅度起伏的石炭系储层

（据 C&C，2003e）

剖面位置见图 3-62

（三）储层特征

剖面上，阿斯特拉罕隆起的盐下储层可分为三个含气组合，即下石炭统维宪阶—中石炭统巴什基尔阶碳酸盐岩含油气组合，上泥盆统—下石炭统杜内阶碳酸盐岩含气组合（图3-64），以及中—上泥盆统陆源碎屑岩含气组合。这些含气组合的平面分布基本一致，说明阿斯特拉罕油气聚集带与区域构造和沉积构造有关。广泛发育的石炭系半封闭台地碳酸盐岩构成了很好的含气储层，如下中石炭统浅海陆棚相生物碎屑灰岩和礁灰岩。

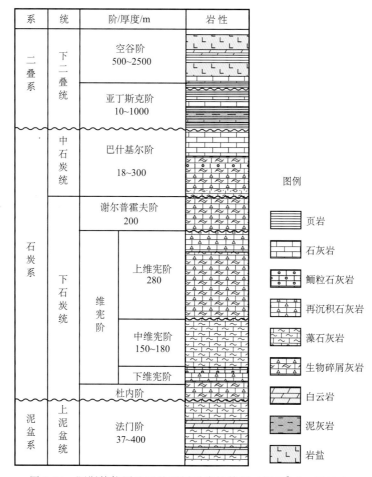

图 3-64　阿斯特拉罕地区盐下层系岩性特征（据 C&C，2003e）

巴什基尔阶碳酸盐岩绝大部分是石灰岩，白云岩的含量总体上不到10%。颗粒石灰岩和灰泥颗粒石灰岩中的碎屑组分主要是钙质藻类和有孔虫，偶尔发育富含鲕粒的地层。主要的孔隙类型是原生粒间孔和在频繁的暴露期间受溶蚀形成的次生铸模孔。常见到表生方解石胶结作用和沥青充填，而硬石膏和硅质胶结物较少见。主力产层段在电阻率曲线上具有明显的高阻特征（图3-65）；孔隙度为6%～15%，平均为9%；基质渗透率较低（1～8 mD），平均渗透率仅 2 mD。

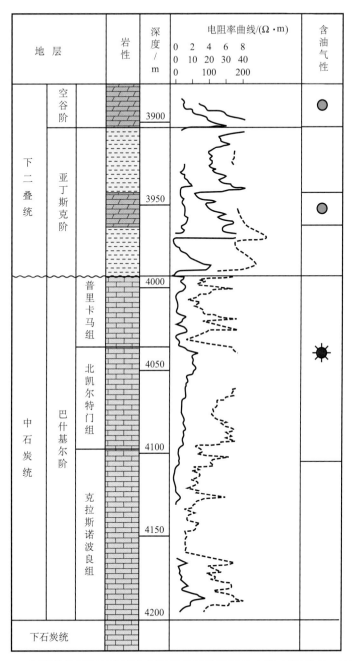

图 3-65 阿斯特拉罕气田主要含气层段的岩性及测井响应（据 C&C，2003e）

微裂缝的存在是巴什基尔阶储层高产的原因，14 mm 油嘴测试的天然气产量可达到 $4 \times 10^6\,\mathrm{m}^3/\mathrm{d}$。储层中发育多组裂缝，其中的开放型裂缝是储层渗透性增大的主要原因，部分裂缝由于溶蚀而扩大，成为流体运动的重要通道。气田内还发育了与断层活动有关的宽达 100 m 的裂缝密集带，这也可能是从基质渗透率很低的储集层中能够获得高产气流的原因。

气藏的直接盖层为总厚 70～150 m 的下二叠统泥岩、放射虫岩和白云岩；空谷阶硬石膏和岩盐层构成了区域性流体封盖层。但在亚丁斯克阶和空谷阶内还发育了厚度不大的白云岩，其中含有少量石油或沥青（图 3-65）。沥青充填可能使得该套地层的封闭性增强。

在阿斯特拉罕气田范围内，巴什基尔阶碳酸盐岩储层在垂向上是连通的，其中不含封闭层，也不发育封闭性断层。产气区中央的产层净厚度变化很大（10～151 m），一般向气田外围产层净厚度下降。尽管成岩作用和裂缝发育造成了相当强烈的非均质性，但储层在沉积时形成的层状结构决定了水平连通性要高于垂向连通性（图 3-66）。

阿斯特拉罕凝析气田迄今为止共钻井 164 口，产气井 113 口，最深探井为 Ast-1 井，井深 4853 m。最终可采储量为 $2.605×10^{12}$ m³ 天然气和 $7.63×10^8$ m³ 凝析油，含气面积达 2758 km²，构造闭合高度 160m，油水界面深度约 4073 m。中石炭统巴什基尔阶气藏中天然气具有异常高的硫化氢（20.1%～33.0%）和二氧化碳（8%～27%）含量，甲烷含量较低（50.5%～61.9%）。凝析液的含量为 417 g/m³，凝析油密度 0.812 g/cm³，饱和压力 58.9 MPa。储层温度为 105～110℃，具有异常高压。

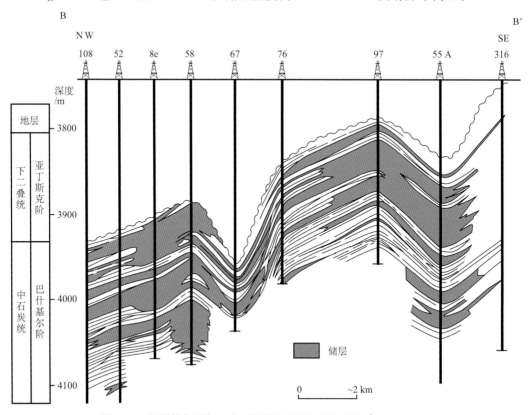

图 3-66　阿斯特拉罕气田中石炭统储层剖面图（据 C&C，2003e）

剖面位置见图 3-62

（四）成藏模式

阿斯特拉罕气田的中石炭统储层中见到了大量近成层分布的原油和固体沥青（图 3-67）。从构造演化和相邻地区烃源岩成熟度的分析结果来看，阿斯特拉罕隆起未曾强烈深埋，这说明这些沥青并非早期油藏深埋过程中受高温裂解破坏的产物，而很可能是天然气大量充注导致油藏中轻质组分溶解于气体中的结果。

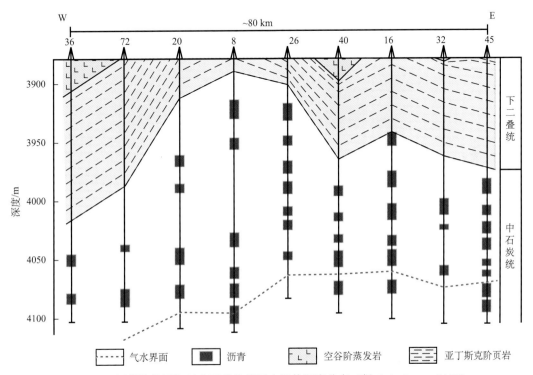

图 3-67　阿斯特拉罕气田中石炭统储层中固体沥青分布（据 Anissimov，2001）

Anissimov（2001）认为，从前在阿斯特拉罕碳酸盐岩储集层中曾经有大量石油聚集；随着天然气向油藏中充注，油水界面逐步下移，同时油藏中的原油由于轻质组分被天然气提取而开始沉淀沥青，形成成层分布的沥青膜。根据气藏中的沥青分布，在该油藏破坏的过程中总共形成了 8～10 个古油水界面（图 3-68）。

向阿斯特拉罕隆起充注的天然气可能来自盆地中央的烃源岩高成熟区，也可能来自由于地壳抬升而造成的地层水脱气。二叠纪、侏罗纪、白垩纪，特别是上新世阿克恰格尔期的回返运动中，含水系统的溶解气分离为游离相，这些天然气向构造顶部聚集并逐渐向储层下倾方向排挤石油，形成了一系列沥青膜或油。阿斯特拉罕隆起在空谷期盖层形成以后得到加强，在中生代和新生代多次发生上升回返运动。仅中生代回返运动中就上升了约 600 m，导致地层压力明显下降，地层水中的溶解气大量脱出。石油的轻馏分溶解在天然气中而形成凝析气，其凝析油含量高达 600 cm^3/m^3。由于空谷阶岩盐的良好封盖作用，气藏中形成了异常高压，在 4 km 深度达 63 MPa。凝析气藏位于受到强烈剥蚀的碳酸盐岩层的上部，这说明该凝析气田是在空谷期以后形成的。

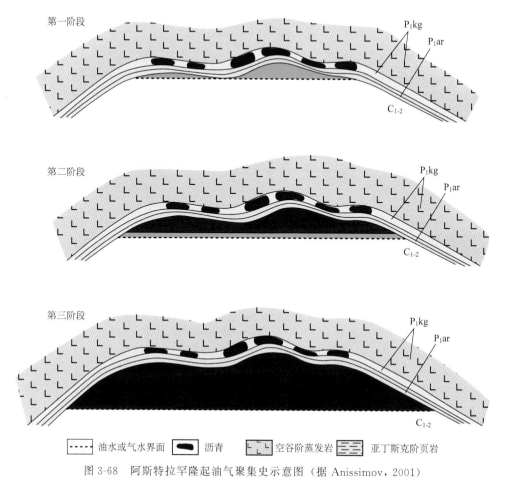

图 3-68　阿斯特拉罕隆起油气聚集史示意图（据 Anissimov，2001）

三、肯基亚克油田

（一）油田概况

肯基亚克油田位于哈萨克斯坦境内、滨里海盆地东部次盆南部（图 3-53）。构造上，该油田位于盆地东部边缘的延别克-扎尔卡梅斯基底隆起带上，油田所在地区与肯基亚克盐丘重叠。该油田发现于 1959 年，1960 年投产。油田可采储量约 72.3×10^6 m^3 油当量，其中盐下 50.2×10^6 m^3，盐上 22.1×10^6 m^3。

肯基亚克盐丘最早是 20 世纪 50 年代根据重力测量资料识别出来的。1959 年在盐丘顶部钻了 kenkiyak-34 井，发现了该油田的中生界含油层，1960 年中生界产层投产；经过补充勘探，在该盐丘上覆及周边的下白垩统—上二叠统剖面的多个储层中都发现了石油。1971 年，在盐下的下二叠统碎屑岩储层中发现了石油；1979 年又在中石炭统碳酸盐岩储层中发现了一个更大的油藏。由于明显的构造差异，盐上与盐下油藏的平面位置存在较大偏移。

盐下中石炭统圈闭为一个四周闭合的穹隆构造，盐下构造受到乌拉尔褶皱带的限制，向盆地方向逆掩倾斜；主要储层中石炭统碳酸盐岩中含有该油田地质储量的 31%，次要储层为下二叠统砂岩。中石炭统储层为生物碎屑颗粒石灰岩和灰泥颗粒石灰岩，其中含少量鲕粒灰岩和白云岩，属于高能浅水陆架沉积，其中还见到了藻类黏结岩。

盐上构造受盐丘构造控制，发育了上二叠统、下三叠统、下中侏罗统和下白垩统等多套碎屑岩储层，其中盐上油气储量的 42% 分布于中侏罗统储层中；盐上圈闭为倾斜和沉积尖灭闭合的复合型，上二叠统和下三叠统圈闭则分布于盐丘翼部，属于盐丘侧向遮挡圈闭。

（二）构造和圈闭特征

肯基亚克油田位于延别克-扎尔卡梅斯基底隆起带南部的特米尔隆起上，后者构成东西向的阿斯特拉罕-阿克纠宾斯克隆起带的一系列基底隆起地块的最东端。沿着该隆起的东部，古生界地层发育了一系列相互平行的南北向褶皱构造，这些褶皱构造可能与乌拉尔褶皱带前陆拗陷的逆冲断层活动有关（Ulmishek，2001a）。褶皱作用发生于石炭纪末和二叠纪，此后又发生了平缓的沉降，盐下层系构造相对稳定，而上二叠统—新近系地层受到盐构造活动的影响。

肯基亚克油田位于其中的特米尔隆起的南端，南北向长 19 km，东西向宽 13 km，面积约 100 km²，油田范围大致与肯基亚克盐丘的范围相当。肯基亚克盐丘表现为一个东西向长轴构造，北、西、南翼产状正常，东翼接近直立，甚至发育了盐檐构造（悬挂体）（图 3-69）。

肯基亚克油田是一个多产层油田，包括约 22 个盐上的硅质碎屑岩储层和 7 个盐下储层（包括 6 个硅质碎屑岩储层，1 个碳酸盐岩储层）。除了上二叠统盐丘构造侧翼的圈闭之外，所有的圈闭的倾角都较低（图 3-70）。

盐下层系、盐上层系与盐丘本身在构造形态上明显不协调，盐上和盐下的圈闭机制更是复杂多变。盐下油藏偏向盐丘的西侧，而盐上的油藏分布于盐丘顶部和周缘。

石炭系油藏发育了单斜地层与侧向相变和削截所形成的复合型圈闭，属于礁滩体地层型圈闭。石炭纪期间，在盆地东部的一系列隆起上经历了浅水碳酸盐台地与较深水盆地或斜坡交替发育，发育了规模不大的生物礁和碳酸盐滩；至中石炭世晚期，该地区发生了比较强烈的构造运动，沉积地层经历了频繁的沉积间断和海蚀作用，并遭受了风化淋滤。复杂的岩性、生物组合、沉积过程、成岩变化等，决定了肯基亚克油田石炭系油藏圈闭机制的复杂性和多元性。综合研究认为石炭系碳酸盐岩油藏为岩溶-假整合-风化壳破碎带油藏。在假整合面上的含油层为岩溶角砾灰岩-岩溶角砾岩层，在假整合面之下为风化壳破碎带。

在肯基亚克盐丘一带的下二叠统内发育了多个垂向叠合的砂岩油藏。总体上看，这些砂岩层表现为平缓的单斜构造，受局部断层切割形成了鼻状构造。除了鼻状构造的倾斜岩层外，砂岩储层向油藏西部发生侧向沉积尖灭，因此该油藏还具有地层遮挡的因素（图 3-71、图 3-72）。

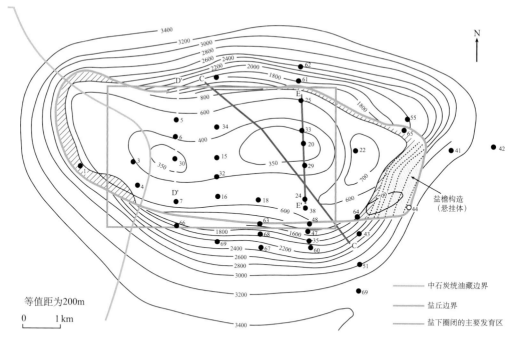

图 3-69　肯基亚克油田盐丘构造下二叠统岩盐顶面构造图（据 C&C，2003f）

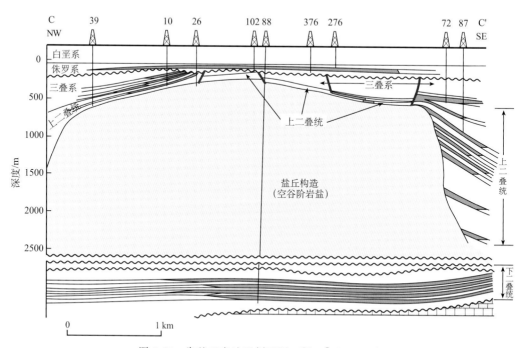

图 3-70　肯基亚克油田剖面图（据 C&C，2003f）

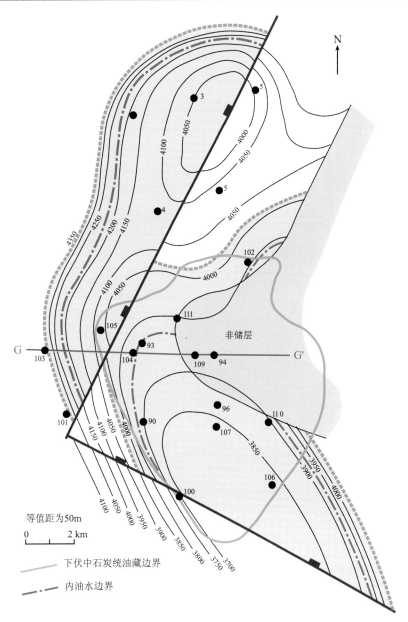

图 3-71　肯基亚克油田的下二叠统Ⅳ储层顶面构造图 （据 C&C, 2003f）
蓝线为中石炭统油藏轮廓

　　在盐上层系浅部，肯基亚克构造为一个披覆于盐丘之上的短轴背斜（图 3-73）。下白垩统和侏罗系圈闭表现为完整的平缓背斜构造，个别油藏中可能局部分布有非储层岩相（图 3-74、图 3-75）。

　　盐丘构造顶部缺失三叠系储层（图 3-76），侏罗系地层直接覆盖于上二叠统（图 3-77）或盐层之上；三叠系油藏局限于盐丘构造北侧，圈闭与被盐丘拱升而倾斜的地层的侵蚀尖灭和不整合遮挡有关。在盐丘顶部，上二叠统油藏与三叠系油藏的圈闭机

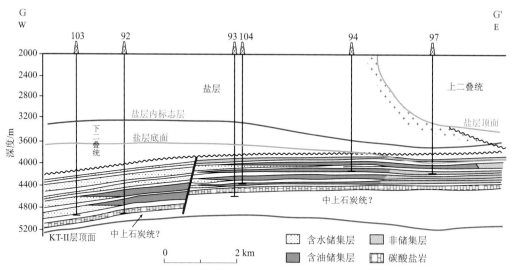

图 3-72　肯基亚克盐丘西部下二叠统油藏剖面图（据 C&C，2003f）

剖面位置见图 3-71

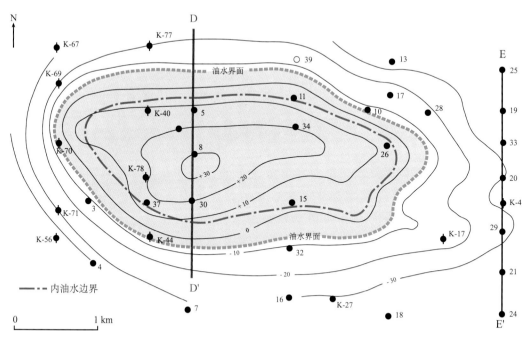

图 3-73　肯基亚克油田巴雷姆阶顶面构造图（据 C&C，2003f）

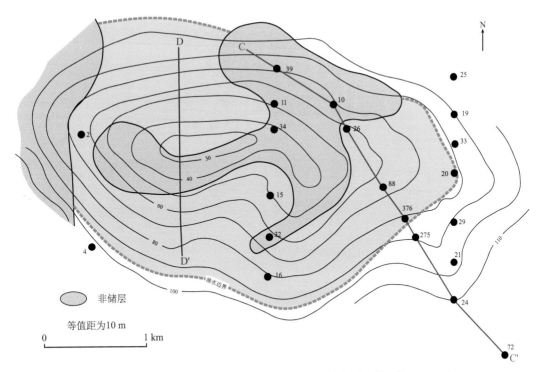

图 3-74　肯基亚克油田中侏罗统 I 储集层顶面构造图 （据 C&C，2003f）

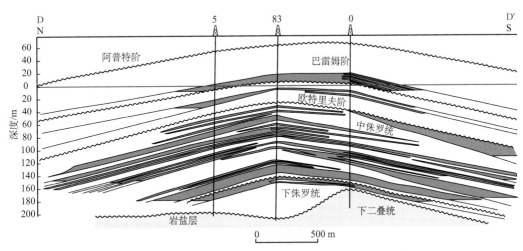

图 3-75　肯基亚克油田侏罗系－下白垩统储层构造剖面图 （据 C&C，2003f）

剖面位置见图 3-73、图 3-74

理相似 （图 3-77），但在盐丘南翼较深部位的上二叠统油藏则由上倾方向上陡倾的盐丘边缘构成侧向封闭 （图 3-70）。

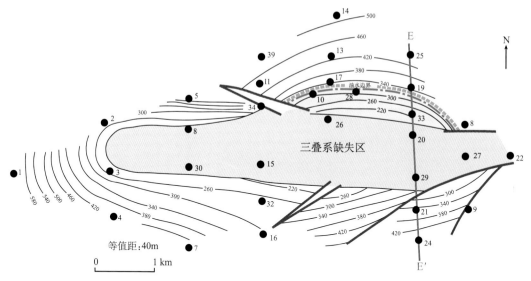

图 3-76　肯基亚克油田下三叠统 II 储层顶面构造图（据 C&C，2003f）

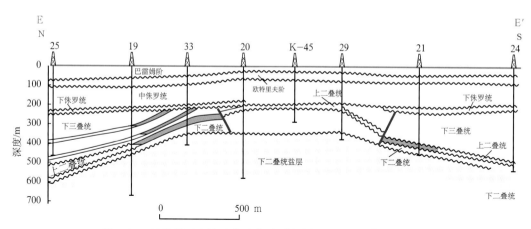

图 3-77　过肯基亚克油田盐丘构造顶部剖面图（据 C&C，2003f）

剖面位置见图 3-76

（三）储层特征

　　肯基亚克油田发育从下白垩统到中石炭统的多套储层，其中盐上发育了约 22 个硅质碎屑岩储层，盐下发育了 6 个硅质碎屑岩储层和 1 个碳酸盐岩储层。

　　中石炭统储层主要由生物礁相的骨架石灰岩和碳酸盐滩相的颗粒石灰岩和灰泥-颗粒石灰岩组成，其中颗粒成分主要是藻碎屑，还见到了少量鲕粒颗粒石灰岩。如果没有受到早期的方解石胶结的话，颗粒石灰岩可以构成很好的储集层。在溶蚀作用强烈的地区，局部发育的藻黏结岩也含有超大孔隙和铸模孔。白云化岩层的晶间孔隙度＞10%，渗透率可以很高。在肯基亚克油田附近的中石炭统储层还见到了喀斯特化现象，其中发育了大量超大孔隙。在油田附近还见到了密集的水平裂缝和由于淋滤导致的扩大缝。孔隙度的范围为 5%～15%，基质渗透率最高为 30 mD，单井产能可达 150 m³/d，可能与裂缝及储层高压有关。

下二叠统发育了 6 个陆源碎屑岩产层，其顶点的深度在 −4300～−3600 m，经历了较强的成岩作用。其中最上部的产层位于空谷阶与亚丁斯克阶界面附近，其余产层均属于萨克马尔—亚丁斯克阶。产层主要由含灰岩夹层的细砂岩及粉砂岩构成，普遍发育方解石和白云石胶结。这些砂岩一般认为是浅海相沉积，或由东部物源区向西推进的海相三角洲沉积。砂岩储层孔隙度一般低于 10%，最大可达 16%；渗透率一般低于 10 mD，最大可达 40 mD。下二叠统碎屑岩储层具异常高压，压力系数高达 1.7～2.03，但石炭系碳酸盐岩储层压力则只略高于静水压力（50 MPa）。

位于盐丘构造之上的下白垩统—上二叠统储层的埋深都很浅。巴雷姆阶储层在构造顶点处的高程为 +30 m，而其油水界面高程为 −7 m，其油柱高度为 37 m（图 3-73）；中侏罗统最上部储层的顶点埋深为 −30 m，油水界面为 −95 m，而油柱高度为 65 m（图 3-74）；下三叠统下部储层的顶点埋深为 −200 m，油水界面 −330 m（图 3-76）。在盐丘构造南翼，上二叠统储层的顶点深度为 −2000～−400 m，其油柱高度达 500 m。随着埋藏深度减小，上二叠统—下白垩统砂岩孔隙度显示出逐渐增大的趋势，从约 20% 增加到近 30%，平均渗透率具有相似的趋势，从 300 mD 增加到了 600 mD。与此同时，由于大气水和微生物的作用，油藏中原油密度和沥青含量随埋深减小而呈增大趋势。

（四）成藏模式

在空谷期末至晚二叠世，油气从下二叠统和下中石炭统开始运移，并进入下二叠统碎屑岩储层形成气-油藏。从侏罗纪初，在下二叠统储层中产生了异常高压，气-油藏的天然气溶解于石油，造成石油的高含气饱和度（达 900 m³/m³）。肯基亚克油田所处的构造带位于一个单斜上。

肯基亚克构造的演化与阿斯特拉罕地区不同，在二叠系空谷阶沉积之前就经历了强烈的回返运动，中生代和新生代则以沉降为主，上升运动的规模很小。这种情况不利于前二叠纪肯基亚克油田区地层水脱气形成大量天然气，因此，这里只形成了油藏。

对肯基亚克油田古生界和中生界原油进行的对比证明，两个层系的原油是同源的，侏罗系石油形成于盐下石炭统，是由盐下向盐上运移来的。

四、扎纳若尔油田

（一）油田概况

扎纳若尔油田位于哈萨克斯坦滨里海盆地东缘（图 3-53）。该油田发现于 1978 年，累计探明和控制石油可采储量 1.48×10⁸ m³，凝析油可采储量 0.34×10⁸ m³，天然气可采储量 1210.94×10⁸ m³，油田含油面积为 145.9 km²。

在构造上，扎纳若尔油田位于盆地东缘的扎尔卡梅斯隆起上，含油气构造为盐下层系中的长轴状背斜,其形成与乌拉尔山脉晚古生代末的褶皱冲断作用有关。盐下层系中发育了两个厚 500～600 m 的碳酸盐岩段,构造为一两端倾伏的背斜,并被一条横向的地堑切割为两个穹隆状的高点,圈闭机理是构造闭合与侧向相变的复合,上覆盖层为海相泥岩。储层是高能浅海陆架沉积的生物碎屑颗粒石灰岩和灰泥颗粒石灰岩,其中还有少量鲕状石灰岩和白云岩层,同时还发育了藻黏结岩和生物礁建隆。

（二）构造和圈闭特征

扎纳若尔构造所在的扎尔卡梅斯隆起上,基底埋深为 7～8 km,为阿斯特拉罕-阿克纠宾斯克隆起带最东部的一系列基底隆起。扎纳若尔油田位于扎尔卡梅斯隆起的北部,这里的古生界发育了一系列相互平行的南北向褶皱构造,这些构造可能与乌拉尔造山前陆盆地的冲断作用有关,有两条逆冲断层切割了该油田的西侧和东侧的中石炭统地层。构造变形发生于石炭纪末和二叠纪,此后又发生了平缓的沉降,盐下层系构造稳定;上二叠统—新近系地层明显受到盐构造活动的影响。

扎纳若尔构造为一个北东走向、四周闭合的背斜,沿着中石炭统 KT-I 层顶面形成了

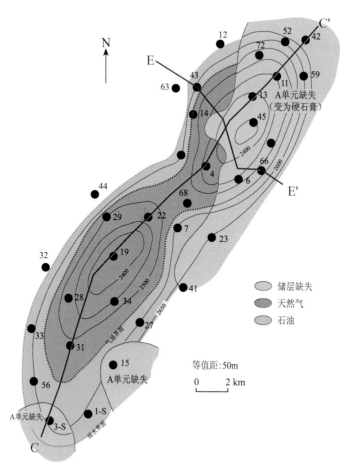

图 3-78　扎纳若尔油田中上石炭统 KT-I 段储层顶面构造图（据 C&C,2003c）

两个独立的高点（图 3-78）。圈闭内不发育断裂，其中的石油和气顶分布受局部储层相变的制约。下二叠统泥岩构成 KT-I 储层的盖层，该套盖层由构造东翼向西翼逐步变薄，但在圈闭的范围内连续分布；泥岩之上还发育了下二叠统岩盐盖层，但厚度极不稳定。

沿着下石炭统 KT-II 储层，两个高点之间的鞍部发育了一个狭窄地堑（图 3-79），断层的断距为 40～150 m；中部断块和北部断块具有相同的油水界面，而南部断块的油水界面要低约 40 m，这表明只有断距较大的南侧断层为封闭性断层。沿着该套储层，背斜构造的西部边界可能也部分受断层控制，尽管断距不到 59 m。相邻的科扎赛油田靠近该断层的上升盘，其油水界面（3440 m）比扎纳若尔油田浅。一种可能是该断层为封闭断层，更有可能是在两个油田之间存在一个非储集层形成的屏障。南侧的地层单斜闭合未达到已知的油水界面，其闭合高度约 180 m，因此推测其圈闭机制可能与斯涅利尼科夫油田南侧的侧向相变有关。KT-II 储层的盖层为厚度 150～420 m 的海相泥岩。沿 KT-II 储层顶面，根据地震推算的溢出点深度为 3460 m，比扎纳若尔油田的 KT-II 储层的油水界面浅约 100 m，这就说明在 KT-II 油藏的深部可能还存在侧向相变构成的地层圈闭因素。

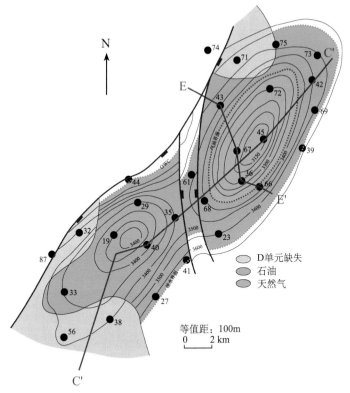

图 3-79 扎纳若尔油田下中石炭统 KT-II 段储层顶面构造图（据 C&C，2003c）

（三）储层特征

在扎纳若尔油气田揭示了中上石炭统 KT-I 和下中石炭统 KT-II 两套碳酸盐岩储层

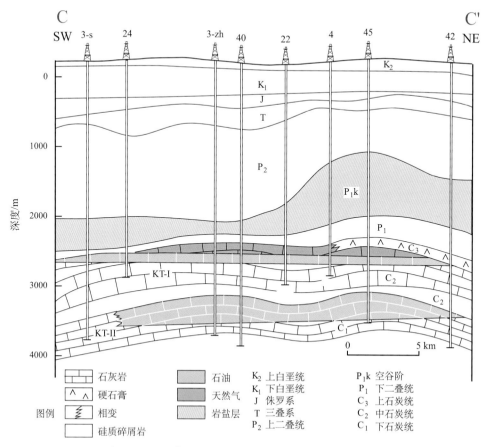

图 3-80　扎纳若尔油田构造纵剖面图（据 C&C，2003c）

剖面位置见图 3-78

（图 3-80～图 3-82）。KT-I 为上莫斯科阶—格舍尔阶，而 KT-II 为上维宪阶—下莫斯科阶。KT-I 段的 4 个产层分别记为 A 层（格舍尔阶）、B 层（卡西莫夫阶）、C 层和 C_1 层（上莫斯科阶），KT-II 段储层中的 2 个产层分别记为 D 层（下莫斯科阶）和 E 层（巴什基尔阶）。埋藏较深的 KT-II 储层中的储量较大，占了该油气田地质储量的 59%。

　　KT-II 储层段岩性为鲕粒灰岩、藻灰岩、瘤状颗粒石灰岩和生屑泥粒灰岩，夹有少量白云岩薄层（图 3-82）。这些岩性属于浅海陆架上的碳酸盐台地沉积，在台地西缘发育了生物礁碳酸盐建隆，在该建隆以西水体急剧加深，沉积了盆地相石灰岩、泥岩和泥灰岩。在台地上还发育了生物丘和补丁礁，其岩性为钙质-藻类黏结岩和较薄层叠层石石灰岩（图 3-82）。

　　KT-I 储层段岩性与 KT-II 段的台地碳酸盐岩类似，其中包括骨架石灰岩、鲕粒石灰岩和泥粒灰岩，表明为浅水高能环境。KT-I 段台地不如 KT-II 段台地宽阔，在从扎纳若尔向西和向北的 5～15km 内发生减薄尖灭。台地内还发育了边缘生物建隆和补丁礁，尽管生物建隆的具体位置还不能确定，却已经发现了大量礁碎屑流沉积。至 KT-I 沉积末期发育了很浅的潟湖环境，并沉积了分布广泛的蒸发岩。在早二叠世，该碳酸盐

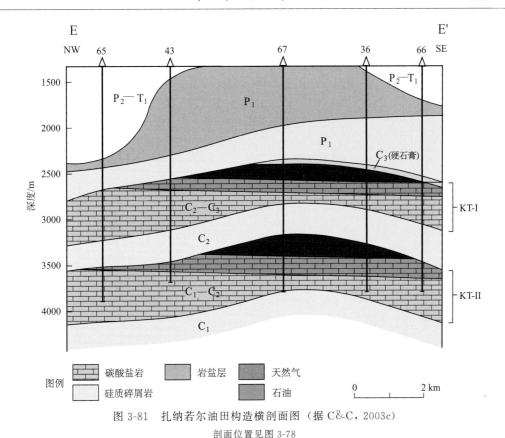

图 3-81　扎纳若尔油田构造横剖面图（据 C&C，2003c）

剖面位置见图 3-78

台地进一步萎缩到了扎尔卡梅斯隆起上一个很小的范围内，而在扎纳若尔地区则以浅海碎屑沉积为主。

　　KT-I 和 KT-II 储层段的岩性为骨骼颗粒岩和灰泥颗粒石灰岩，其中颗粒主要是藻类碎屑，在 KT-I 段含有丰富的有孔虫碎屑。在这两套储层中还见到了鲕粒灰岩，而藻灰岩和叠层石黏结岩局限于 KT-II 段。储集性能最好的是 KT-II 段较为常见的藻屑颗粒灰岩，其粒间孔隙度常在 15％以上。鲕粒灰岩由于早期方解石胶结物性较差，其渗透率通常低于藻屑颗粒灰岩。局部还发现了鲕粒铸模孔。在溶蚀作用活跃的地区，黏结岩也发育溶孔和铸模孔。在两套储层的白云化层段的晶间孔隙度均超过 10％，预计其渗透率也较高。两套储层普遍存在溶蚀现象，特别是在 KT-I 段顶部，形成了较高的溶洞孔隙度。淋滤还形成了密集的水平裂缝和扩大缝。

　　频繁的相变和成岩变化导致这些储层具有很强的垂向非均质性。在 KT-I 段的 4 个产层中，基质孔隙度相似，平均为 11％～14％。B、C 和 C_1 单元的渗透率中等，为 171～175 mD，但 A 单元较低，仅有 80 mD。KT-I 段 A 单元原始含水饱和度为 20％，其他各层为 13％～14％。KT-II 段的 D 层和 E 层平均孔隙度较低（9.5％～12.6％），渗透率为 19～82 mD。KT-II 段原油最高产能高达 326 m³/d，天然气产能达 21.8×10⁴ m³/d，高于 KT-I 段的 172 m³/d，这可能与 KT-II 段内部的裂缝密集带导致局部渗透率提高有关。这两套储层一般的石油初始产能为 30～80 m³/d。

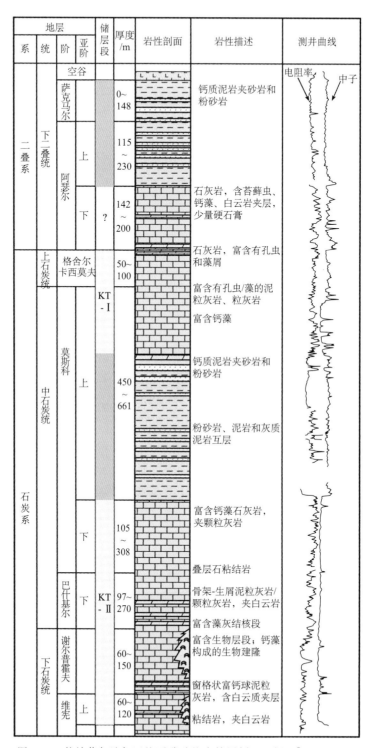

图 3-82　扎纳若尔油气田盐下碳酸盐岩储层剖面（据 C&C, 2003c）

　　扎纳若尔油气田的原油为轻质油（密度 $0.833\sim0.866\ g/cm^3$），含硫量 $0.4\%\sim$ 0.9%，硅胶胶质含量 $2.5\%\sim7.2\%$，石蜡含量 $3.4\%\sim4.5\%$，熔点温度 $50\,^{\circ}\!C$。$200\,^{\circ}\!C$ 馏分占 32% 以上，$300\,^{\circ}\!C$ 馏分达 55%。

　　石油中含少量芳香烃（不超过 15%），烷烃含量较高，达 64%，环烷烃含量 $22.5\%\sim25\%$，为烷烃-环烷烃型。

　　伴生气中甲烷含量 $68.6\%\sim71.4\%$，乙烷含量 $9.7\%\sim10.5\%$，非烃气主要有硫化氢（$2.05\%\sim3.19\%$）、氮（$1.02\%\sim2.19\%$）和二氧化碳（$0.57\%\sim1.08\%$）。游离气中含较多 C_5（达 5%），乙烷、丙烷和丁烷的总含量为 $8.75\%\sim9.5\%$。游离气的特点是硫化氢含量较高（达 3.49%），凝析液的潜在含量达 $500\ g/m^3$，凝析液密度为 $0.71\sim$ $0.75\ g/cm^3$。凝析液中硅胶胶质含量不超过 $0.3‰$。

　　凝析油 $200\,^{\circ}\!C$ 馏分的烃组分中烷烃占 70%，环烷烃占 20%，芳香烃占 10%。凝析液中含有较多的硫（0.64%）。

（四）成藏模式

　　扎纳若尔油田储层有效厚度在隆起部位增加，这说明石炭系碳酸盐岩在肯基亚克-扎纳若尔油气聚集带内具有有利的构造-沉积条件。

　　根据现今深部构造特征来看，滨里海盆地东部盐下层系构造圈闭的形成早于油气生成的时间。构造圈闭形成以后又经历了水动力破坏和油气藏的逸散和重新形成，相邻区块的下二叠统和石炭系残余重油证明了这一点。

　　滨里海盆地东部盐下层系油气聚集带最突出的特点是多层系含油气，而且碳酸盐岩和陆源碎屑岩在平面上的分布具有独立性。据此可以预测，盐下层系中可能广泛发育背斜和非背斜型圈闭。

小　　结

　　1）滨里海盆地位于东欧克拉通东南缘，是在早古生代大陆边缘裂谷甚至中新元古代裂谷的基础上发育起来的大型拗陷盆地，中生代又叠加了新的克拉通内拗陷层系，是个复杂的叠合盆地；滨里海盆地经历了多期强烈沉降，整个沉积盖层的最大厚度可达 $20\ km$，构成丰富油气资源的重要基础。

　　2）滨里海盆地是中亚地区含油气最丰富的盆地之一。丰富的油气资源得益于晚古生代盆地相环境下沉积的偏生油型烃源岩、在较大埋深情况下较低的地温梯度、盐下层系中大型生物礁和碳酸盐台地构成的地层-构造复合型圈闭以及下二叠统厚层蒸发岩盖层的完美配置。

　　3）尽管已经发现了一系列大型油气田，但盐下层系整体勘探程度仍然不高，仍是该盆地最有含油气远景的层系。大型的障壁礁和孤立的塔礁系统仍是未来勘探最重要的目标，主要是在盆地南部的海上部分。然而，由于盐下层系的埋藏很深，仅在盆地边缘地区可能进行钻探。盐上层系具有发现较小型油气田的潜力。然而，盐上将主要是油藏，而在盐下可能发现各种相态的烃类。

阿姆河盆地 第四章

◇ 阿姆河盆地位于中亚地区南部，面积约 $43.7 \times 10^4 \mathrm{km}^2$。盆地全部处于内陆，行政上包括乌兹别克斯坦西部、土库曼斯坦中部和东部，以及阿富汗北部和伊朗东北部的少部分地区。该盆地是中亚-里海地区最重要的含油气盆地，目前已发现油气田 343 个，探明储量 $133.26 \times 10^8 \mathrm{m}^3$ 油当量，占中亚-里海地区探明油气储量的 36.7%。其中液态石油 $5.56 \times 10^8 \mathrm{m}^3$，天然气 $13.65 \times 10^{12} \mathrm{m}^3$，天然气占比高达 95.8%。

◇ 在区域构造上，阿姆河盆地属于图兰年轻地台的南部，其基底主要是晚海西期和早西莫里期岩浆弧和增生体构成的褶皱带。古生代末—三叠纪期间，南图兰地区受劳亚大陆内部区域剪张作用影响，发育了一系列地堑；此后，受新特提斯洋北缘弧后伸展的影响，中亚-里海的广大地区发生区域性沉降，阿姆河盆地与曼格什拉克盆地、北高加索地台盆地、北乌斯秋尔特盆地以及大高加索-南里海裂谷盆地连为一体，构成了里海周边中生代超级盆地的一部分，总体上表现为年轻内克拉通盆地。

◇ 阿姆河盆地下中侏罗统以陆相碎屑岩夹煤层为特征，卡洛夫期开始海侵并开始发育浅海碳酸盐台地及深水盆地相；晚侏罗世晚期盆地萎缩，阿姆河盆地及其以东的塔吉克-阿富汗盆地形成半闭塞的蒸发盆地，广泛沉积了一套蒸发岩；白垩纪初再次发生海侵，至土仑期达到高峰，盆地内广泛沉积了浅海相砂岩、粉砂岩、泥岩和碳酸盐岩；土仑期之后，盆地再次抬升萎缩，以泥岩和泥灰岩为主的海相沉积主要分布于盆地南部的科佩特达格次盆和穆尔加布次盆内，其余地区的上白垩统受到明显侵蚀；古近纪再次海侵，盆地内沉积了相对均匀分布的碳酸盐岩夹砂岩和粉砂岩；中新世开始，受喜马拉雅造山运动影响，阿姆河盆地南缘形成了科佩特达格前渊拗陷，其中沉积了厚达 2 km 的造山层序。

◇ 阿姆河盆地主要表现为地台型构造活动，盆地内形成了沉降相对缓慢甚至短暂抬升的大型隆起和长期稳定沉降的大型拗陷相间的构造特征，在大型正向构造顶部常存在地层侵蚀尖灭。中新世以来的新构造运动导致沉积盖层的广泛褶皱以及先期断层的复活和新断层的形成，决定了盆地的最终构造样式，形成了大量短轴背斜、断背斜和断块构造，盆地内目前发现的含油气构造大多数与这一时期的构造变形有关。

◇ 该盆地已发现的油气储量中，天然气占绝大部分（95.8%），这与下中侏罗统以陆源有机质为主的烃源岩及上侏罗统以盆地相Ⅱ型有机质为主的烃源岩较大的埋深和较高的成熟度有关。上侏罗统基末利—提塘阶蒸发岩的分布在很大程度上控制了阿姆河盆地油气藏的分布：在盆地中部，上侏罗统蒸发岩构成有效盖层，绝大部分油气被限制在蒸发岩盖层之下的卡洛夫—牛津阶生物礁碳酸盐岩储层中，高幅度的生物礁体构成了天然圈闭；而在蒸发岩盖层缺失的盆地周边地区，侏罗系烃源岩所生成的天然气通过断裂向上运移进入以下白垩统滨海相砂岩为储层的构造型圈闭中，形成了一系列大型气藏。

第一节　盆 地 概 况

一、盆地位置

阿姆河盆地位于图兰地台南部，行政上绝大部分位于土库曼斯坦中部和东部，少部分处于乌兹别克斯坦南部，还有很小部分延伸到阿富汗北部以及伊朗东北部（图 4-1），面积约 $43.7 \times 10^4 km^2$。该盆地全部位于内陆地区，北面至克孜尔库姆岭，南面以科佩特达格山脉为界，东面则以吉萨尔山脉的西南分支为界与南塔吉克-北阿富汗盆地相邻，西以中卡拉库姆隆起的西斜坡为界。

阿姆河盆地大致可以划分为北阿姆河次盆、穆尔加布次盆、巴哈尔多克单斜、科佩特达格前渊和中卡拉库姆隆起等几个构造单元。

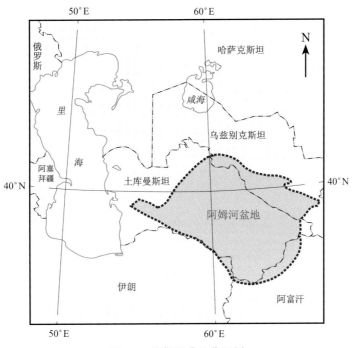

图 4-1　阿姆河盆地位置图

二、油气勘探开发概况

（一）勘探概况

阿姆河盆地是世界上最大的含天然气盆地之一，对该盆地的勘探始于 1948 年，目前已经经历了 60 多年的勘探历史，但总体勘探程度中等（表 4-1），仍有较高勘探潜力。

表 4-1　阿姆河盆地油气勘探基础数据表（据 IHS，2012f 资料统计）

盆地概况	盆地位置	图兰年轻地台南部	
	盆地面积/km²	437 319	
	盆地性质	弧后裂谷/年轻内克拉通	
油气储量	可采储量	油	气
	探明＋控制总储量/m³	556.0×10⁶	1364 61.91×10⁸
	累计总产量/m³	173.7×10⁶	33 531.60×10⁸
	剩余总储量/m³	382.3×10⁶	102 930.31×10⁸
工作量	地震	地震测线长度/km	37 900
		地震测线密度/(km²/km)	11.5
	钻井	预探井总数/口	1069
		预探井密度/(km²/口)	409
		最深探井/m	5141

　　1970 年以前，阿姆河盆地主要采用深部地震测深法、折射波法和反射波法地震进行区域性勘探，1970 年开始在盆地的乌兹别克斯坦一侧采用共深度点法地震技术，到 1976 年以后，土库曼斯坦部分也开始采用共深度点法勘探。

　　勘探钻井进尺始于 20 世纪 50 年代初，并一直快速增长到 60 年代末。此后至 1991 年，探井进尺一直保持在比较高的水平上。苏联解体和经济危机对阿姆河盆地的勘探投入产生了重大影响，探井进尺大幅度下降，加上国际市场天然气价格走低及出口渠道的限制，阿姆河盆地的天然气勘探在 1995 年前后滑落到低谷。此后，勘探钻井工作量再次上升，到 2000 年前后仅达到 20 世纪 80 年代水平的一半（图 4-2）。阿姆河盆地的野猫井成功率一直较高，平均约在 30%。

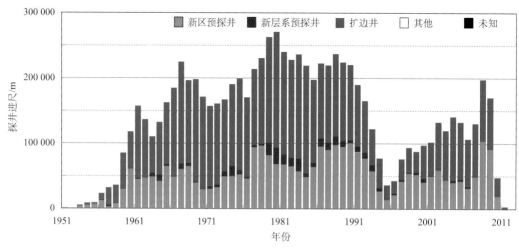

图 4-2　阿姆河盆地年度勘探井进尺年份变化（据 IHS，2012f）

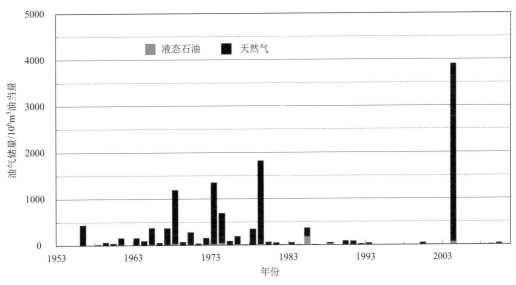

图 4-3　阿姆河盆地年度储量增长（据 IHS，2012f）

阿姆河盆地的探明储量增长与勘探投入有明显的相关性，储量增长最快的时期是 20 世纪 60 年代和 70 年代，在此期间发现了多个大型和特大型气田。导致储量快速增长的大发现包括：加兹里气田（1956 年）、乌尔塔布拉克气田（1961 年）、萨曼德佩气田（1964 年）、沙特雷克气田（1968 年）、道列塔巴德气田（1973 年）、舒尔坦气田（1974 年）、马莱气田（1978 年）等（图 4-3）。2004 年，又在穆尔加布拗陷发现了储量高达 $4.2×10^{12}\,m^3$ 的复兴（Galkynysh）气田，储层为上侏罗统的台地碳酸盐岩，含气构造规模可达 105 km×35km，闭合幅度 600m。

1. 乌兹别克斯坦和土库曼斯坦部分的勘探

1948 年在乌兹别克斯坦一侧的布哈拉台阶上钻了盆地内的第一口探井，1950 年盆地的土库曼斯坦一侧钻了第一口探井，1953 年在乌兹别克斯坦发现了该盆地的第一个气田——塔什库杜克气田。1956 年发现了盆地内的首个大型天然气-凝析气田——加兹里气田，可采储量高达 $4616×10^8\,m^3$。该气田的发现之后，修建了从阿姆河盆地至俄罗斯中部的第一条天然气管道。

1957 年在盆地西南部的巴哈尔多克单斜上钻了第一口探井。1959 年在中卡拉库姆隆起上发现了第一个气田，同年开始在查尔朱台阶和 穆尔加布-库什卡拗陷钻探，1961 年在拜拉马里构造的下白垩统沙特雷克储层中发现了商业气藏，还首次在乌尔塔布拉克构造的卡洛夫—牛津阶生物礁圈闭中发现了大型凝析油气田。

1962~1965 年在北阿姆河次盆的下白垩统和上侏罗统中发现了一系列大型气田，其中萨曼德佩气田储量约近 $1000×10^8\,m^3$，天然气中含有大量 H_2S。

20 世纪 90 年代前期，在穆尔加布拗陷发现了南杳乐坦（Yoloten Gunorta）和古鲁克比尔（Gurrukbil）等大型气田，而在北阿姆河次盆则发现了查什古伊（Chashguyi）

气田。南杏乐坦构造的第一期钻探完成于 1967～1970 年，并在盐间的杏乐坦组内发现了少量石油；1992 年发现的卡洛夫—牛津阶含气层是该油气田的主体，但其勘探仍未完成；目前评价的 2P 天然气储量为 $368\times10^8\,\mathrm{m}^3$，但估计其上部的储量要大好多倍。到 1995 年，在穆尔加布拗陷共钻了 368 口地层参数井、预探井和探边井，发现了 32 个油气田，30 个远景构造因未获发现而放弃。

1968 年，经过不懈的勘探在穆尔加布拗陷发现了沙特雷克气田，天然气储量达 $4729\times10^8\,\mathrm{m}^3$。由于该气田的发现，从穆尔加布至中亚地区中心的天然气管道规划不得不进行了修改。同期在北阿姆河次盆的卡洛夫—牛津阶碳酸盐岩层系中发现了一系列大型气田。

20 世纪 70 年代前半叶是阿姆河盆地勘探成效最好的时期：1973 年在穆尔加布拗陷南部发现了道列塔巴德-顿梅兹下白垩统巨型气田，天然气储量高达 $1.56\times10^{12}\,\mathrm{m}^3$；1974 年又在乌兹别克斯坦一侧发现了储量高达 $6145\times10^8\,\mathrm{m}^3$ 的舒尔坦气田，储层为卡洛夫—牛津阶碳酸盐岩。

70 年代后半叶仍是阿姆河盆地天然气发现的重要阶段，如北阿姆河次盆的阿兰气田和马莱气田，以及穆尔加布拗陷的亚什拉尔气田。马莱气田在高尔达克蒸发岩之上的下白垩统中发现了较大的含油气潜力，在此之前北阿姆河次盆的盐上层系被认为含油气远景有限。亚什拉尔气田发现于 1979 年，产层为盐上的卡拉比尔组（侏罗纪末—白垩纪初）含气层，该气田的盐下卡洛夫—牛津阶碳酸盐岩含气层直到 1993 年才得以发现；由于合资方 Bridas 公司与土库曼政府的矛盾，90 年代晚期该气田的勘探陷入停顿，到 21 世纪初才得以恢复；该气田仍未勘探完毕，目前其天然气可采储量约 $2550\times10^8\,\mathrm{m}^3$。

20 世纪 80 年代前期，阿姆河盆地发现了其最大的油田，其中含 $7473\times10^4\,\mathrm{m}^3$ 石油、$8777\times10^4\,\mathrm{m}^3$ 凝析油和 $1670\times10^8\,\mathrm{m}^3$ 天然气。舒尔坦气田的液态石油储量居第二位，为 $3880\times10^4\,\mathrm{m}^3$。

20 世纪 80 年代后期，阿姆河盆地的油气发现规模明显变小，共发现 35 个气田，累计储量 $850\times10^8\,\mathrm{m}^3$，其中储量最大的也不超过 $85\times10^8\,\mathrm{m}^3$。

20 世纪 90 年代后期，穆尔加布拗陷南部的勘探处于上升势头，并发现了 Tagtabazar、Tek-Tek、Uchgamak 等多个油气田，累计探明天然气可采储量 $453\times10^8\,\mathrm{m}^3$。

2001 年以来，穆尔加布拗陷最重要的发现是奥斯曼（Osman）气田。该气田位于南杏乐坦气田附近，储层为卡洛夫—牛津阶碳酸盐岩。土库曼地质公司认为这个新发现和杏乐坦气田都是一个巨型气田的一部分，2007 年估计的可采储量为 $277\times10^8\,\mathrm{m}^3$。

在阿姆河盆地的土库曼部分，现在勘探工作全部由国有公司独揽。外国公司仅限于阿姆河右岸中石油区块的勘探项目。在乌兹别克斯坦一侧外国公司的区块较多，主要是俄罗斯的鲁克石油公司和中国公司。

2. 阿富汗和伊朗一侧的油气勘探

盆地位于伊朗一侧的面积很小，勘探工作量和发现储量都不大。阿富汗一侧的勘探目的层以下白垩统和上侏罗统为主，累计发现天然气可采储量 $2039\times10^8\,\mathrm{m}^3$。

1956 年，在盆地的阿富汗部分开钻第一口预探井，但未发现工业油气流。

1959 年，在苏联、罗马尼亚以及捷克斯洛伐克专家的技术支援下，阿富汗油气田勘探开发局在阿富汗北部进行钻探，第一口探井就获得工业气流。1960 年在霍扎-古格尔塔格（Hoja-Gugerdag）构造上发现了该盆地阿富汗部分最大的气田（天然气储量约 $850 \times 10^8 \, m^3$）。

1961～1962 年，在波延古尔和亚兰加奇构造部署了钻井。在叶提姆-塔格和霍扎一带钻了第一批探边井，并发现了天然气。

1963～1964 年，开始在阿里米格尔、考希厄尔布尔士、霍扎-布兰、巴什库尔德、什拉姆、卡里斯、基格达里克和霍加库尔等构造带开始钻探井。在霍扎-布兰构造下白垩统储层中发现了工业气田，在基格达里克构造的阿普特阶和巴雷姆阶储层中发现了二氧化碳气田。

1966～1969 年，开始在哈密什里、奥丹和哈纳卡构造上钻探井，但未发现油气。1968 年，在盆地的伊朗一侧发现了大型气田——汉基兰（Khangiran，储量 $4575 \times 10^8 \, m^3$）。

1970～1975 年，在阿富汗北部的一系列构造上钻了大量探井，发现了一系列下白垩统和上侏罗统含油气层。

1976 年，共钻探了 7 个构造：其中巴扎卡米、法伊扎巴德、别兰格尔、阿里古尔、扎格达里和卡什卡里构造的主要目的层是下白垩统油藏，而克里夫构造主要目的层是古近系和白垩系区带。在巴扎卡米、阿里古尔和卡什卡里构造上，在下白垩统储层中发现了工业油流。从扎格达里构造获得了工业油流，但对其欧特里夫阶油藏的工业价值还未进行估算。

1976～1980 年，阿富汗北部地区的油气钻探仍以天然气发现为主，但在扎姆拉德赛构造的欧特里夫阶储层中发现了工业油流，在扎姆拉德赛-2 井用 9mm 油嘴试油获得日产 $167 \, m^3$ 的高产油流。

1982～1986 年，由于该地区复杂的政治和军事环境，油气勘探中断了 5 年。1986 年开始在奥布鲁切夫凹陷的查赫查构造上开展钻探，主要目的层是上侏罗统生物礁，1 号井在生物礁碳酸盐岩中发现了气藏。

1990 年，在巴什库尔德气田东部所钻的 15 号井从上侏罗统储层中获得了天然气，发现了鲍卡沃尔气田。

在 20 世纪 90 年代以后，由于军事和政治环境不正常，在阿富汗北部实际上没有进行勘探钻井。

（二）开发和生产概况

阿姆河盆地以生产天然气为主。天然气生产始于 1958 年，1963 年加兹里巨型气田投产后天然气日产量很快接近 $30 \times 10^6 \, m^3$，此后一直处于高速增长的状态，至 1991 年接近日产 $3.5 \times 10^8 \, m^3$；20 世纪 90 年代初，苏联解体导致产量锐减。从 20 世纪 90 年代晚期以来，阿姆河盆地的天然气产量才又开始逐步增加（图 4-4）。

早期的天然气产量主要来自北阿姆河次盆，投产的大型-巨型气田除了乌兹别克斯坦一侧的加兹里气田外，还有土库曼斯坦一侧的奥扎克、纳伊普、库库尔特里、鲍里德什克、科尔皮奇里、巴尔古伊和萨曼德佩等气田。

穆尔加布拗陷的天然气生产始于 1970 年投产的五月（Minara）气田。1973 年，沙特雷克巨型气田投产，天然气产量快速增长。1974～1977 年，穆尔加布拗陷的天然气年产量达到 $340 \times 10^8 \, \mathrm{m}^3$，其中大部分来自沙特雷克气田。1978～1981 年，该拗陷的天然气年产量达到 $368 \times 10^8 \, \mathrm{m}^3$，主要产气气田包括沙特雷克、拜拉马里、五月和捷詹，其中沙特雷克气田的产量占了 80%～90%。

1982 年，道列塔巴德-顿梅兹巨型气田投产，1988～1990 年，穆尔加布拗陷的天然气年产量达到 $566 \times 10^8 \, \mathrm{m}^3$。

20 世纪 90 年代，由于前苏联国家无力支付进口天然气款项，阿姆河盆地土库曼斯坦部分的天然气产量快速下降。至 90 年代晚期，由于与伊朗、俄罗斯以及中国的大单出口合同，土库曼斯坦的天然气产量得到了快速回升。到 2008 年，土库曼斯坦的天然气出口承诺已经超过其实际产量。根据土库曼经济贸易部的数据，2006 年该国的天然气产量达到 $660 \times 10^8 \, \mathrm{m}^3$，2007 年又增加了 9%，约 $720 \times 10^8 \, \mathrm{m}^3$。

土库曼斯坦产量最高的气田仍是道列塔巴德-顿梅兹气田，未来的产量增长取决于穆尔加布拗陷内新发现的亚什拉尔、南杳乐坦、奥斯曼等大型-巨型气田。

2006 年，乌兹别克斯坦的天然气产量为 $625 \times 10^8 \, \mathrm{m}^3$，其中大部分来自阿姆河盆地。直到 2006 年，乌兹别克油气公司（UNG）都是乌兹别克斯坦境内唯一的油气生产者。2007 年，鲁克石油参与的产品分成项目投产，产量约 $90 \times 10^8 \, \mathrm{m}^3$。

目前没有获得阿姆河盆地 2007 年以后的产量数据。

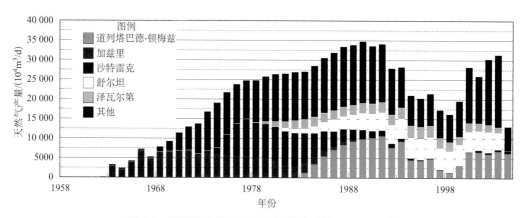

图 4-4　阿姆河盆地历年天然气产量（据 IHS，2012f）

阿姆河盆地的液态石油产量有限。北阿姆河次盆乌兹别克斯坦一侧的卡劳尔巴扎-萨雷塔什（Karaulbazar-Sarytash）油田于 1963 年开始生产石油，1970 年产量达到最高 $75 \times 10^4 \, \mathrm{m}^3$，至 1974 年共有 12 个油田投产，全部位于布哈拉台阶。

20 世纪 90 年代初，考克杜马拉克油气田开始生产石油。该油气田为一生物礁圈闭，在油气藏的下部发育了 59m 厚的块状油层，为提高石油采收率，采用了天然气回注的方式开采；20 世纪 90 年代后期至 21 世纪初，该盆地的液态石油绝大部分产自该油气田（图 4-5）。2006 年，UNG 液态石油日产量为 $17\,808 \, \mathrm{m}^3$；2007 年，UNG 液态石油产量下降了 10%，日产量平均为 $16\,125 \, \mathrm{m}^3$，累计生产了 $300 \times 10^4 \, \mathrm{t}$ 石油和

$192.6 \times 10^4 t$ 凝析油，合计 $492.8 \times 10^4 t$。由于考克杜马拉克油田的枯竭，石油产量逐步降低。

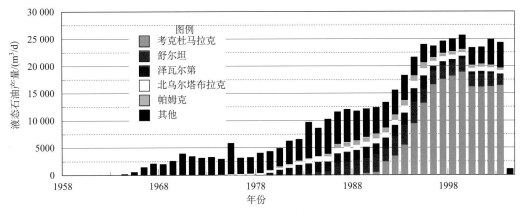

图 4-5　阿姆河盆地历年液态石油产量（据 IHS，2012f）

北阿姆河次盆土库曼斯坦一侧生产的凝析油主要用于国内工业。穆尔加布拗陷的凝析油主要来自道列塔巴德-顿梅兹和沙特雷克气田，捷詹、绍尔科尔和莫拉克尔气田只产出少量凝析油。

阿姆河盆地在阿富汗一侧的天然气生产始于 1967 年投产的霍扎-格戈达格气田，1975 年达到高峰产量 $793 \times 10^4 m^3/d$。扎尔库杜克气田于 1980 年投产，1983 年达到高峰产量 $623 \times 10^4 m^3/d$，当年全国的天然气产量达到 $850 \times 10^4 m^3/d$。1988 年，阿富汗的天然气产量下降到 $558 \times 10^4 m^3/d$。所产天然气全部出口到前苏联或乌兹别克斯坦。1989 年，天然气出口由于战争而停止。

阿富汗第一个油田安格特（Angot）的评价完成于 1972 年，但一直没有全面投产，仅在安格特和卡什卡里（Kashkari）油田进行了试采，所产石油用运油车运至喀布尔用作民用或工业燃料。

第二节　基础地质特征

一、盆地构造特征

（一）盆地的区域构造位置

阿姆河盆地在大地构造上位于中亚构造区中西部。阿姆河盆地北缘的克孜勒库姆低山把中亚构造区分为南北两部分，北部属于哈萨克斯坦板块，南部属于中朝-塔里木板块。阿姆河盆地大致在中朝-塔里木板块的西北部，称为卡拉库姆地块。Yin 等（1996）把中朝-塔里木-卡拉库姆等介于欧亚大陆南北两侧的四个大型克拉通之间的古老地块称为中间单元。

在区域构造上，阿姆河盆地属于图兰地台的南部。根据前苏联地质学家的观点，图兰地台的基底是受到晚古生代构造运动改造的前寒武纪地块和晚古生代褶皱带。但根据Natal'in 等（2005）研究，以曼格什拉克-乌斯秋尔特断裂带为界，图兰地台南部与北部具有不同的基底：北图兰的基底为前寒武纪地块和早古生代（加里东期）褶皱带，而南图兰的基底主要是晚海西期岩浆弧和增生体构成的褶皱带。因此，阿姆河盆地所在的南图兰地台相对于北图兰地台具有更高的活动性，中新生界沉积地层的厚度可达 12～14 km。

阿姆河盆地以阿什哈巴德断层为界与科佩特达格山脉相接。钻探证实，阿什哈巴德断层为一断距高达 7 km 的陡倾逆断层或逆冲断层，但现代震源机制研究表明该断层为一右旋走滑断层（Jackson et al.，1995）。这与断层东北侧的三叠纪以来沉积盖层变形较弱相吻合。

在三叠纪期间，受区域剪切（剪张）作用的影响，阿姆河地区发生了裂谷作用，形成了狭长的地堑构造，因此有人将该盆地的三叠纪演化阶段称为裂谷作用阶段。但Natal'in 等（2005）认为，这次伸展并不是真正地壳拉张背景下的裂谷作用。

侏罗纪—白垩纪期间，受大高加索-南里海弧后裂谷盆地形成的影响，卡拉库姆地块发生了区域性沉降，此时的曼格什拉克盆地、北高加索地台盆地、北乌斯秋尔特盆地等与大高加索-南里海裂谷盆地连为一体，形成了一个中生代超级海盆，其经历了大致的构造旋回，发育了大致相似的地层层序，仅相带有所差别，此时的阿姆河盆地与北高加索地台盆地相似，属于年轻克拉通边缘盆地；至新生代，受印度和阿拉伯板块与欧亚大陆碰撞的影响，盆地南缘发生构造挤压驱动的沉降，形成科佩特达格造山带的前陆拗陷。

（二）沉积盖层基本构造特征

阿姆河盆地在图兰地台内又称为阿姆河台向斜或东土库曼台向斜。盆地大致呈北西—南东走向，宽约 400 km，长超过 600 km。

阿姆河盆地的后三叠纪层序整体上具有由北向南增厚的特征。布哈拉台阶沉积盖层厚度一般在 0.5～2.0 km，查尔朱台阶增加到 2.0～4.0 km；至希瓦凹陷增加到4.0～6.0 km，至穆尔加布拗陷最深增加到 9.0～12.0 km。盆地西部的中卡拉库姆隆起埋藏较浅，顶部沉积盖层厚度不到 2 km，向边缘增加到 3.5～4.0 km，向南侧的巴哈尔多克单斜一带沉积厚度增加到 7.0～9.0 km，再向南至科佩特达格前渊最后超过 10 km（图 4-6）。至科佩特达格山脉，后三叠系的厚度高达 17 km，这表明图兰地台南缘在中新生代的相当长时间内存在一个沿科佩特达格山脉一带分布的大型沉积盆地。

阿姆河盆地内发育了一系列大型陡倾基底断裂，并影响了沉积盖层的构造特征。雷佩泰克-克里夫断裂带从西向东横穿整个盆地，约 300km 长，10～20 km 宽。断距从西部的 500～700m，增至东部的 1.5km。该断裂带构成了盆地北部的北阿姆河次盆和中卡拉库姆隆起与南部的穆尔加布次盆和巴哈尔多克次盆之间的分界线。在该断裂带上覆的沉积盖层中形成了一系列狭长的背斜。沿着该断裂带发育盐底辟，在断裂带的东段底辟作用更加强烈。

雷佩泰克盐底辟构造，主要表现为上侏罗统基末利阶—下提塘阶盐层的长垣状变形构造，并影响到上覆各套地层。该盐底辟构造以南是盆地内沉积盖层厚度最大的穆尔加布拗陷；其北侧沉积盖层厚度较小，基底顶面被一系列北西—南东向断裂切割并由南向北逐步抬升，构成一系列构造台阶，最深的部分称为希瓦-外温古兹凹陷，向北依次为查尔朱台阶和布哈拉台阶。

阿姆河断裂带沿阿姆河延伸，形成了查尔朱台阶的西南边界。断距 $0.5\sim1.5$ km。在该断裂带之上发育了一个狭窄（$2.0\sim2.5$ km）的地堑，其中充填了新近系和第四系地层。

其他重要断层包括布哈拉、北卡拉比尔，北巴德赫兹、南土库曼和捷詹断层。

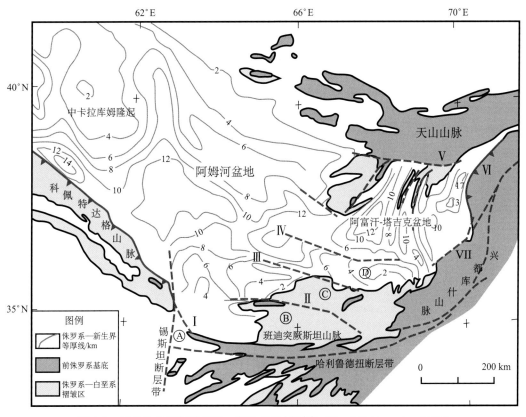

图 4-6　图兰地台南部侏罗系—新生界地层厚度（Brookfield et al.，2001）

A. 赫拉特（Herat）拗陷；B. 夸莱瑙（Qualai Naw）地块；C. 麦马纳（Maimana）地块；D. 舍伯格南（Sherbergnan）地块。断层：Ⅰ. 夏布巴克（Siabubak）；Ⅱ. 班迪突厥斯坦（Bande Turkestan）；Ⅲ. 安德拉布-米扎沃浪（Anderab-Mirzawolang）；Ⅳ. 厄尔布尔士-莫木尔（Alburz-Momul）；Ⅴ. 南吉萨尔（Gissar）；Ⅵ. 达尔瓦扎（Darvaza）逆冲断层带；Ⅶ. 伊什卡梅什-霍洪（Ishkamysh-Khohon）

新近纪以来特提斯域的褶皱造山对盆地内沉积盖层的构造产生了深刻影响。卡拉库姆地块南缘沿古特提斯缝合带发生了挤压和强烈的剪切走滑活动，科佩特达格山脉隆起，并在山前形成了新生代前渊；但由于科佩特达格的构造活动以走滑活动为主，正向压陷作用较小，与大高加索山前拗陷相比，这里的新生代前渊沉降较浅，构造变形也较弱；但在整个盆地内由北向南、由西向东盖层构造变形增强，在盆地东部邻近吉萨尔山脉的部分，以及盆地东南部（包括阿富汗北部）靠近班迪突厥斯坦山脉的部分，逆冲褶皱构造常见。

　　阿姆河盆地内部的褶皱构造以短轴背斜为主。雷佩泰克断层带以南地区受特提斯褶皱带构造活动影响较强，发育较多的挤压褶皱；该断层带以北地区挤压构造活动明显减弱，平面上的褶皱构造形态以短轴背斜和穹隆构造为主。在阿姆河盆地东南部靠近班迪突厥斯坦山脉的地区主要是挤压褶皱，其中包括短轴背斜和长轴背斜，轴向近东西向；而在阿富汗-塔吉克盆地，沉积盖层的褶皱构造更为强烈，发育大量平行排列的近南北向长轴甚至线状褶皱，在背斜脊部可见到侏罗—白垩系地层出露（图 4-7）。

　　在盆地东南部的构造变形过程中，上侏罗统蒸发岩伴随有明显的盐构造活动。沿雷佩泰克断层带发育了一条大型的长垣状或线状盐构造，该构造的形成与蒸发岩沿着该断裂带的活动和周边地区的排盐作用有关。

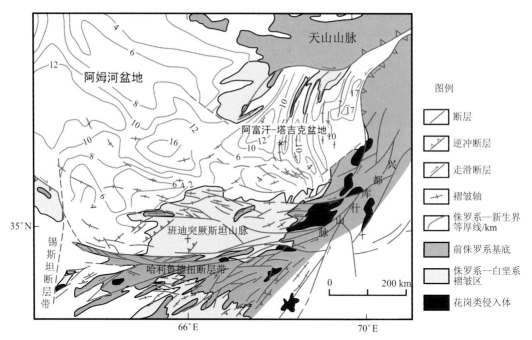

图 4-7　阿姆河盆地东南部及相邻地区构造特征（据 Brookfield et al.，2001）

（三）构造单元划分

　　阿姆河盆地主要构造单元（次盆）包括北阿姆河次盆、穆尔加布次盆、巴哈尔多克单斜、科佩特达格前渊和中卡拉库姆隆起（图 4-8）。

1. 北阿姆河次盆

　　该构造单元位于盆地东北部的中部地区，面积 156 132 km²。在北阿姆河次盆的西部，以分布于中土库曼隆起之上的基末利阶—提塘阶蒸发岩的尖灭线为边界。在南部，该次盆与穆尔加布次盆相邻，二者之间以雷佩泰克断裂带相隔（图 4-8、图 4-9）。

在北阿姆河次盆和吉萨尔山脉之间的东南部边界上，吉萨尔山脉西南支脉海拔最高部分沿拜孙-库基唐隆起带西北坡延伸。

北阿姆河次盆主要构造单元包括布哈拉台阶、查尔朱台阶、鲍里德什克（Bovrideshik）台阶、希瓦（Hiva）凹陷、外温古兹（Zaunguz）凹陷、卡拉别考尔（Karabekaul）凹陷、别什肯特（Beshkent）凹陷和马莱-巴加扎（Malay-Bagaja）鞍部。

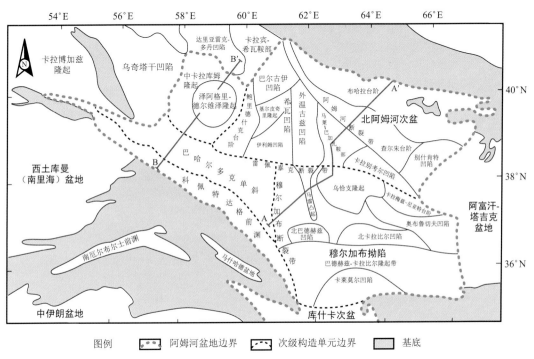

图例 ┅┅ 阿姆河盆地边界　┄┄ 次级构造单元边界　▨ 基底

图 4-8　阿姆河盆地构造纲要图（据 IHS，2012f）

2. 穆尔加布和库什卡次盆

穆尔加布次盆（拗陷）位于土库曼斯坦东南部，并延伸到阿富汗境内，面积 145 204 km²。穆尔加布次盆北部与北阿姆河次盆接壤，西北部与巴哈尔多克单斜以及科佩特达格前渊相邻（图 4-8、图 4-9）。

穆尔加布次盆西南部边界为科佩特达格山脉；边界沿南土库曼断层（倾向西南的深层逆断层）延伸。在南部和南东东部，穆尔加布次盆延伸到阿富汗境内，称之为库什卡（Kushka）次盆，面积 25 913 km²；边界为向帕拉帕米斯山、兴都库什山和巴达赫山过渡的班迪-突厥斯坦复背斜。

穆尔加布次盆的主要构造单元有马雷（Maly）凸起（或称拜拉马里凸起）、乌恰支（Uchaji）隆起、卡拉梅兹-尼亚特（Karamez-Niyat）台阶、奥布鲁切夫（Obruchev）

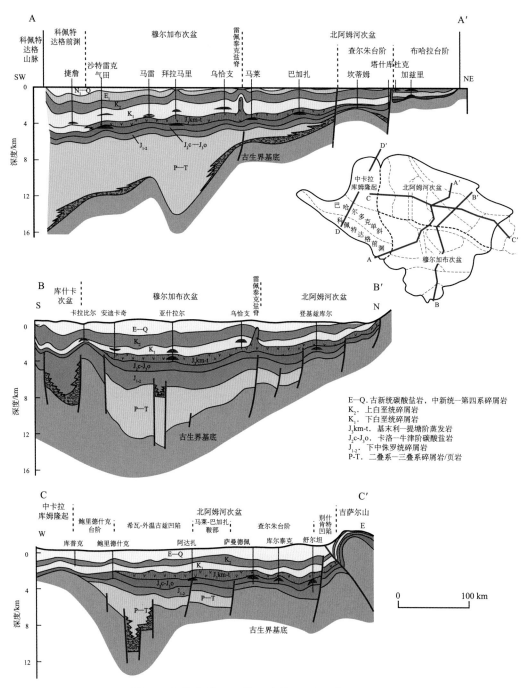

图 4-9　阿姆河盆地区域地质剖面（据 C&C，2002c）

凹陷、北巴德赫兹（Badhyz）凹陷、北卡拉比尔（Karabil）凹陷、巴德赫兹-卡拉比尔隆起带和卡莱莫尔（Kalaimor）凹陷。

3. 中土库曼诸次盆

中土库曼诸次盆包括中卡拉库姆隆起、巴哈尔多克单斜和科佩特达格前渊三个构造单元。

中卡拉库姆隆起位于阿姆河盆地西北部，北阿姆河次盆以西，面积 34 206 km²。该隆起是一个走向略呈北西的大型正向构造，规模为 250 km×150 km。古生界基底在隆起顶部的埋深为 1600～2200 m，在斜坡处增加至 3000～3500 m。在隆起中部是一个大型次级正向构造，即泽阿格里-德尔维泽（Zeagly-Derveze）隆起，其中包含了一系列背斜（图 4-8、图 4-10）。

巴哈尔多克单斜位于中卡拉库姆隆起以南，为一相对平缓的构造单元，倾向为南南西，面积 41 770 km²。向着科佩特达格前渊，基底埋深从 3km 增加到 5km，而白垩系顶面的埋深从 0.9km 增加到 2km。

科佩特达格前渊走向北西，长 550km，宽 25～60km，面积 34 095 km²。根据地震数据，该处基底最大深度在 10～12km。

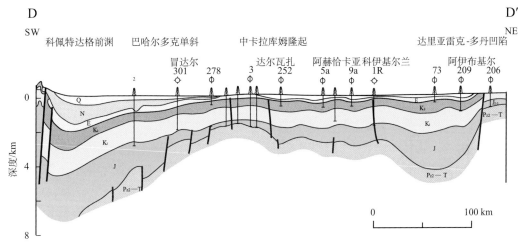

图 4-10　过中土库曼诸次盆地质剖面图（D-D′）（据 IHS，2012f）

剖面位置见图 4-9

二、构造演化史

（一）基底形成阶段

该阶段的地质年代范围为太古代—早二叠世空谷期。

阿姆河盆地位于巨型图兰板块的南部，其基底为海西期（晚古生代）褶皱带，也可能有前寒武纪地块。重力和磁场数据表明，盆地轴部地区（希瓦凹陷）和最南部地区（北卡拉比尔凹陷）可能是具有大洋型地壳的裂谷带。在这些地区以及科佩特达格前渊，基底埋藏最深，达 10～12 km。基底埋藏最浅的地区是布哈拉台阶（北阿姆河次盆）、马雷凸起、乌恰支隆起（穆尔加布次盆）和中卡拉库姆隆起。

在北阿姆河次盆的布哈拉台阶和查尔朱台阶西北部，钻遇基底为中古生界岩浆岩、火山碎屑岩以及变质沉积岩，其中包括奥陶系花岗片麻岩、花岗岩，泥盆系—下石炭统闪长岩，中上石炭统黑云母花岗岩。通常认为这些岩石代表了前寒武纪地体与早古生代岛弧缝合过程中形成的增生复合体。晚石炭世—早二叠世，在图兰板块以北发生了哈萨克斯坦板块与西伯利亚板块的缝合事件。之后，图兰板块开始向新形成的欧亚大陆南缘增生。这导致了相关区域内的强烈变形、隆起和侵蚀，晚石炭世的所有沉积可能都被剥蚀掉。

在穆尔加布次盆没有基岩露头，到目前为止也未钻遇基底。在中卡拉库姆隆起，基底顶面深度约 1.6～2.2 km，岩性包括石炭纪花岗岩类、层凝灰岩、酸性喷出岩以及辉长岩-辉绿岩。在巴哈尔多克单斜的莫达尔和叶尔本特附近钻遇了基底，包括石炭纪—早二叠世基性岩浆岩。

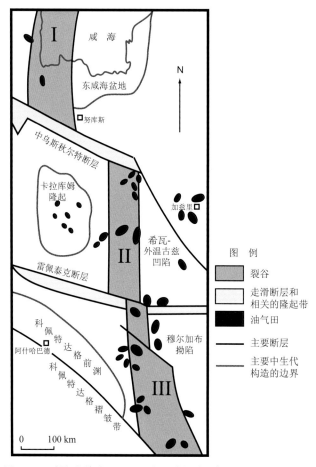

图 4-11　咸海-阿姆河地区三叠纪裂谷系（据 Ulmishek，2004）

裂谷序号：Ⅰ. 咸海；Ⅱ. 东温古兹；Ⅲ. 捷詹-穆尔加布

（二）裂谷作用阶段

该阶段的地质年代范围为晚二叠世乌法期—三叠纪斯帕斯期。

晚古生代期间，在南方的冈瓦纳大陆与北方的欧美大陆之间存在一个宽广的古特提斯洋。晚古生代末期，一系列微陆从冈瓦纳大陆上分裂出来，并与古特提斯板块中的一些更小的地体一同向北漂移。特提斯板块一直向欧亚大陆活动边缘之下俯冲，导致古特提斯洋的逐步闭合。在向北漂移的微大陆背后，一个新的特提斯洋开始形成。新特提斯洋的扩张轴以及大洋中脊就位于这些微大陆与东冈瓦纳大陆的边缘之间。到三叠纪末期，和古特提斯板块一同漂移的一些微大陆碰撞到了欧亚大陆边缘，形成了西莫里岛弧。

在图兰板块，晚二叠世—三叠纪发生了强烈的裂谷作用（图 4-11），并在深地堑为中心的陆相环境中沉积了厚层粗碎屑岩，如东温古兹地堑中充填了厚度较大的粗碎屑岩（图 4-9 中 C-C′剖面）。在裂谷作用期间，沿地堑发育的火山向盆内提供了大量火山碎屑物质，构成了二叠系—三叠系火山碎屑岩层序。

通常认为，二叠—三叠系巨层序厚度最大的地区为希瓦凹陷（在凹陷南部厚度达 6km）、科佩特达格前渊（厚 8km）以及卡拉比尔凹陷北部（6～7 km）。

在北阿姆河次盆的布哈拉台阶和查尔朱台阶钻遇了二叠—三叠系砾岩夹火山岩。在盆地北部奥恰克气田钻遇了厚达 1000m 的上古生界—三叠系，包括中石炭统（？）—下二叠统的火山碎屑岩和上二叠统—三叠系碎屑岩（红色砂岩、粉砂岩和页岩）。

在中卡拉库姆隆起、巴哈尔多克单斜和科佩特达格前渊也发育了二叠—三叠系。在中卡拉库姆隆起的斜坡区二叠—三叠系为一套石英—高岭石成分的风化壳，厚度达 50 m；向西南变厚（达 660 m，甚至更厚）。根据地震数据，在科佩特达格前渊，该套地层的埋深为 7.7～10.0 km。

在晚三叠世（诺利期末），盆地发生了整体隆起。在裂谷层序和上覆裂后层序之间形成了区域性不整合。

（三）克拉通内拗陷阶段

该阶段的地质年代范围为晚三叠世瑞替期—古近纪渐新世。

图兰板块上的各盆地一般在侏罗纪时期就已经开始形成。从侏罗纪到白垩纪和古近纪，这里是特提斯洋北缘的宽阔陆架，侏罗系—古近系被称为"地台型层序"。

北阿姆河次盆的瑞替阶—侏罗系包括 4 套地层：瑞替阶—中侏罗统陆相碎屑岩、卡洛夫阶—牛津阶碳酸盐岩、基末利阶—下提塘阶蒸发岩（高尔达克组）和上提塘阶红色碎屑岩（卡拉比尔组）。

在瑞替期—早侏罗世的暖湿环境中，沉积了一套陆相砂岩、泥岩地层，其中夹有砾岩/粗砂岩以及煤线。与早侏罗世相比，图兰板块中侏罗世沉积分布更加广泛。该时期多为陆相（湖相沼泽）环境，形成了一套含煤碎屑岩地层（阿林阶—巴柔阶湖相煤层、巴通阶海陆交互煤层）。卡洛夫期初，海水从西部和南部侵入阿姆河盆地，并沉积了滨岸相砂岩、泥岩。

在卡洛夫期中期，除了东北部边缘的少部分地区，海水覆盖了整个阿姆河盆地。稳定构造沉降持续到牛津期末，在广大区域内沉积了一套碳酸盐岩地层。卡洛夫阶—牛津阶碳酸盐岩地层主要由灰岩和白云岩组成，层序上部夹有硬石膏薄层，在盆地边缘还发育了生物建隆（礁）（图 4-12、图 4-13）。

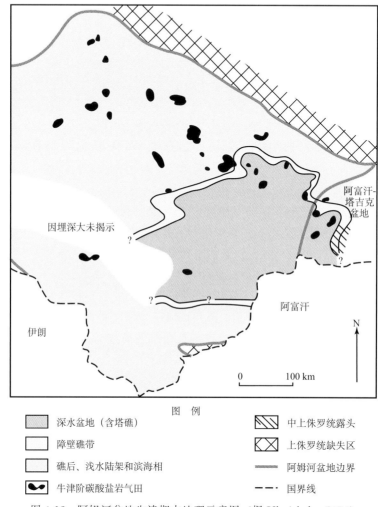

图 4-12　阿姆河盆地牛津期古地理示意图（据 Ulmishek，2004）

在基末利期，盆地构造活动活跃，沉积环境发生明显变化。图兰板块大部分地区构造沉降转为抬升，导致海盆收缩，形成众多半封闭的小盆地。在土库曼斯坦以及相邻的乌兹别克斯坦、阿富汗、塔吉克斯坦地区形成了一个巨大的盐水潟湖。在基末利期—提塘期，在该潟湖内形成了一套蒸发岩层序。在北阿姆河次盆，该套地层下部主要由岩盐和硬石膏（高尔达克组）构成，向上过渡为夹硬石膏薄层的碎屑岩，偶尔还见到了白云岩夹层。

晚侏罗世末期，盆内构造运动进一步分异，一些地区（如布哈拉台阶、查尔朱台阶西北部和鲍里德什克台阶西部，以及希瓦凹陷北部）先于其他地区开始构造抬升。该套蒸发岩地层在某些地区（布哈拉台阶和查尔朱台阶西北部）受到严重侵蚀，仅剩下薄层硬石膏。

穆尔加布次盆的瑞替阶—侏罗系层系的岩性与北阿姆河次盆相似。穆尔加布次盆底部地层看来仅在拗陷南部库什卡附近的伊斯利姆和加拉乔普气田钻遇。这里，"地台型盖层"的下部厚约 400 m，岩性主要为泥岩、粉砂岩夹煤层。一些地质学家认为其时代可能为早侏罗世。巴德赫兹-卡拉比尔地区缺失该套地层的底部层段，很明显该区在瑞替期—早侏罗世为构造抬升区。

穆尔加布次盆的其余地区存在中侏罗世沉积，在巴德赫兹-卡拉比尔地区也缺失。在伊斯利姆和加拉乔普气田钻遇含煤碎屑岩地层，这两个气田的侏罗系层系（砂岩、粉砂岩和一些泥岩，偶夹煤层）厚达 1000 m，上覆为尼欧克姆统地层。

卡洛夫阶—牛津阶碳酸盐岩地层由生物碎屑石灰岩、微晶-隐晶质灰岩组成，层系上部含有白云质灰岩和白云岩夹层。该套地层中有可能发现生物礁，因为在相邻的阿姆河次盆和中土库曼斯坦次盆都发现了生物礁。

在穆尔加布次盆的马雷凸起、乌恰支隆起以及巴德赫兹-卡拉比尔构造带西部地区的远景目标上均已钻到该套碳酸盐岩地层。该套地层钻遇的最大厚度为 378 m。根据地球物理数据，在某些位置，该套地层可能厚达 900 m。由于晚尼欧克姆世的广泛侵蚀，在巴德赫兹-卡拉比尔构造带、卡莱莫尔凹陷和库什卡次盆的大部分地区这套碳酸盐岩不发育。

穆尔加布次盆基末利阶—提塘阶高尔达克组蒸发岩厚达 1000 m。沿雷佩泰克—克里夫断裂带发育了强烈的盐底辟作用，在某些盐底辟构造上，蒸发岩层厚度超过 3000 m。穆尔加布次盆高尔达克组主要由含砂岩夹层的岩盐、粉砂岩、泥岩和硬石膏构成。蒸发岩层上覆卡拉比尔组红层，厚约 150～160 m，岩性为泥岩、粉砂岩，含硬石膏、白云岩夹层。

在中土库曼斯坦的各次盆中，科佩特达格前渊侏罗纪构造沉降活跃，中侏罗统厚度超过 4000 m。阿林期和巴柔期，沉积了深水海相泥岩。巴通期，盆地变浅，沉积物以砂岩为主。

卡洛夫期—牛津期碳酸盐岩和基末利期—早提塘期蒸发岩沉积之后，整个蒸发岩盆地，包括中卡拉库姆地区，在晚提塘期发生了强烈的构造抬升，沉积物由岩盐、硬石膏变成红色碎屑岩。

阿姆河盆地白垩系一般划分为 3 个层序：尼欧克姆统（在中亚地区包括巴雷姆阶）、阿普特阶—土仑阶和赛诺统。在北阿姆河次盆以及盆地其他地区，白垩纪时期以阿普特期—土仑期的构造沉降幅度最大。尼欧克姆统碳酸盐岩和碎屑岩、阿普特阶—土仑阶灰色碎屑岩以及赛诺统泥岩和碳酸盐岩都沉积于该时期，其沉积环境主要为浅海。碎屑岩主要是泥岩和页岩。巴雷姆期、赛诺曼期和赛诺世期间，碳酸盐岩沉积所占比例很大。

白垩纪末，因为拉腊米造山运动，盆地大部分地区发生了抬升。在北阿姆河次盆的中部和东部，赛诺统上部遭受侵蚀，古新统不整合覆盖于中赛诺统之上。

在穆尔加布次盆，尼欧克姆统下部（贝利阿斯阶—凡兰吟阶）为灰色泥岩与石灰岩

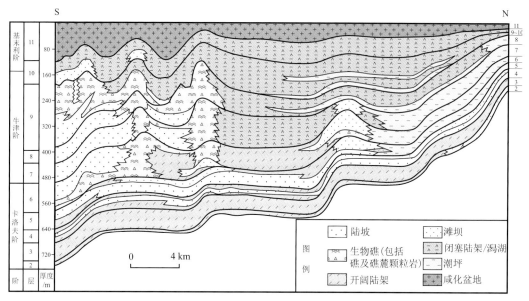

图 4-13 阿姆河盆地北缘卡洛夫—牛津期碳酸盐岩剖面示意图
碳酸盐斜坡边缘的碳酸盐陆架上发育了障壁礁和塔礁

互层。尼欧克姆统中部（欧特里夫阶）分为两段：下段为红色、杂色砂岩、粉砂岩和泥岩，构成了向上变细层序；上段（厚达 70 m）为杂色沉积，含石灰岩、白云岩夹层，偶见硬石膏。盆地内最重要的储层之一——沙特雷克组就属于欧特里夫阶。尼欧克姆统上部（巴雷姆阶）厚达 160～180 m，岩性以碳酸盐岩为主，顶部含碎屑岩。

穆尔加布次盆在阿普特期—土仑期以快速构造沉降为主要特征，南部沉降幅度约 400 m，北部约 1200 m。阿普特阶为泥岩、砂岩、粉砂岩和灰岩互层；阿尔布阶以泥岩为主，上部发育泥岩、砂岩和介壳灰岩互层；赛诺曼阶为粉砂岩和泥岩；土仑阶为含粉砂岩和砂岩夹层的粉砂质泥岩，上部为粉砂岩、泥岩、砂岩以及泥质石灰岩互层。

穆尔加布次盆南部（巴德赫兹—卡拉比尔构造带、卡莱莫尔凹陷和库什卡次盆）的赛诺统为海相泥岩和碳酸盐岩，其中康尼亚克阶—三冬阶主要为泥岩、泥灰岩，上覆坎潘阶—下马斯特里赫特阶为泥质石灰岩和泥灰岩，上马斯特里赫特阶为泥灰岩和粉砂质石灰岩。在库什卡次盆（伊斯利姆和加拉乔普气田），赛诺统层序厚达 1050 m；在巴德赫兹-卡拉比尔构造带西部（道列塔巴德-顿梅兹气田）仅为 690 m。在次盆的中部和北部，赛诺统部分遭侵蚀，厚度仅 230～450 m，局部（科里和沙拉普里气田）完全缺失。

中土库曼斯坦次盆的白垩系以浅海沉积为主。在科佩特达格拗陷和巴哈尔多克单斜，凡兰吟阶—欧特里夫阶以碳酸盐岩为主；在中土库曼斯坦次盆东部和东北部则为红色和灰色碎屑岩。巴雷姆阶—下土仑阶主要为海相碎屑岩。上土仑阶—赛诺统以碳酸盐岩为主。马斯特里赫特期末，该区东南部形成了一个潟湖，沉积了红色泥岩、粉砂岩和石膏。

白垩纪/古近纪之交的构造抬升导致了沉积间断。古新世再次发生海侵，整个盆地沉积了一套相对均匀的含砂岩、粉砂岩夹层的碳酸盐岩地层（布哈拉组）。

（四）喜马拉雅挤压阶段

伴随着印度和阿拉伯板块与欧亚大陆南缘的相撞，开始于始新世—渐新世的喜马拉雅造山运动，仅在渐新世末/中新世初对阿姆河盆地产生了影响。

新近纪期间，阿姆河盆地西南边缘受到了阿拉伯半岛与欧亚大陆相撞而产生的科佩特达格造山运动影响；盆地东南缘受到了印度次大陆与欧亚大陆碰撞的影响。据研究，科佩特达格山脉表现为面向图兰板块的高陡构造断崖。根据震源机制解研究，科佩特达格山脉相对于图兰板块发生了明显的右旋滑动。该构造断崖是沿着早期缝合线形成的，其两侧为差别很大的两套中新生界层序：①北方型层序，大部分隐藏于图兰台地盖层之下，主要由白垩纪之前发生变形的砂岩、泥岩构成；②南方型层序，即科佩特达格型层序，其中的地层从侏罗纪到第三纪早期都没有发生褶皱变形。后一类层序包括晚新生代发生褶皱变形的侏罗纪到中新世碳酸盐岩和碎屑岩。证据表明，科佩特达格构造可能是一个巨型的或一系列小型的向北逆冲到图兰板块盖层和基底之上的推覆体。

通常，将科佩特达格山脉解释为在前期的中生代到早新生代期间的被动边缘上由于晚新生代伊朗板块相对于欧亚大陆的运动而形成的褶皱带。

盆地内目前作为油气圈闭的大多数构造与喜马拉雅造山运动有关。盆内新近纪—第四纪地层（或称为"造山层系"）厚达 1500 m，东部主要由陆相磨拉石构成，西部主要由海相碎屑岩/碳酸盐岩构成。

三、地层特征

阿姆河盆地发育了包括从三叠系到第四系多套地层，在阿姆河盆地的不同地区，地层的岩性和岩相有一定的差别（图 4-14）。

（一）二叠—三叠系

晚二叠世乌法期到三叠纪斯帕斯期，图兰地台发生了强烈的裂谷作用。阿姆河盆地的二叠—三叠系是一套过渡层系，为裂谷阶段的产物，主要充填于地堑拗陷内，岩性主要是陆相粗碎屑岩（图 4-14）和火山碎屑岩。在希瓦拗陷，该套地层厚达 6 km；在科佩特达格拗陷可达 3~8 km；而在北卡拉比尔拗陷厚度可达 6~7 km。该套地层因其裂谷构造背景而被称为裂谷层系，晚三叠世诺利期末发生了区域性抬升，导致该套地层与上覆下中侏罗统之间的不整合接触。

晚三叠世瑞替期至古近纪的很长一段时间内，阿姆河盆地及图兰板块上的其他盆地处于特提斯洋北缘的宽阔陆架环境内，构造环境相对稳定，沉积了包括瑞替阶、侏罗系、白垩系和古近系在内的大套地台层系。

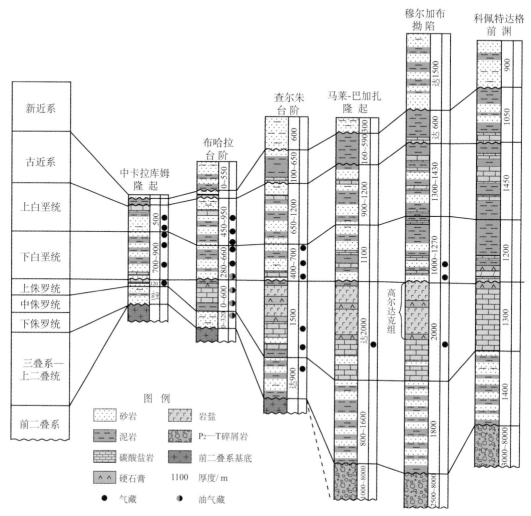

图 4-14　阿姆河盆地主要构造单元的地层对比（据 Ulmishek，2004）

（二）侏罗系

1. 下中侏罗统（不含卡洛夫阶）

晚三叠世瑞替期开始，阿姆河盆地开始新的整体沉降。北阿姆河次盆和东部的穆尔加布次盆在早中侏罗世以温暖潮湿环境的陆相沉积为主，沉积了冲积相、河流相、湖沼相和滨海相砂岩、粉砂岩和页岩，夹碳质页岩和煤层，地层最大厚度 1800～2000 m（图 4-15）；科佩特达格拗陷早中侏罗世沉降较快，仅中侏罗统厚度就超过 4000 m，中侏罗统下部以深海相页岩为主，巴柔阶水体变浅，以砂岩沉积为主。该套地层与上覆卡洛夫阶—牛津阶呈整合接触，与下伏二叠—三叠系呈不整合接触。

下中侏罗统页岩是盆地中最重要的烃源岩，一般认为盆地内的大部分天然气来自于该套地层中以陆源有机质为主的干酪根。在盆地北部，下中侏罗统砂岩构成含气储层。

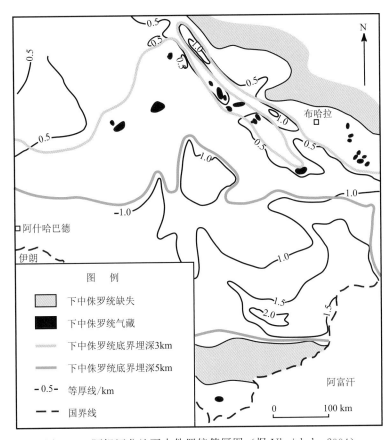

图 4-15　阿姆河盆地下中侏罗统等厚图（据 Ulmishek，2004）

2. 卡洛夫阶—牛津阶

中侏罗世末发生广泛海侵，阿姆河盆地大部分地区持续沉降，并开始沉积卡洛夫阶—上侏罗统海相地层，局部称为库基唐（Kugitang）组。

卡洛夫期—牛津期，阿姆河盆地东部的卡拉贝卡乌尔凹陷和别什肯特凹陷一带快速沉降形成深水拗陷，其他地区沉降较慢成为浅海（图 4-16、图 4-17）。在浅海区沉积了砂岩、粉砂岩、石灰岩、白云岩和硬石膏，在浅海到深水拗陷的过渡带发育了障壁礁，在深水盆地内发育了塔礁、泥质碳酸盐岩和页岩，地层最大厚度 700 m。该套地层与上覆高尔达克组呈整合-不整合接触，与下伏下中侏罗统呈整合接触。

卡洛夫阶—牛津阶的深水盆地相泥质碳酸盐岩被认为是盆地内的主要烃源岩，同期的生物礁碳酸盐岩构成了优质储层。目前揭示的生物礁地层主要分布于乌兹别克斯坦一侧（图 4-16）；根据推测，在盆地的土库曼斯坦一侧也应该有大量类似生物礁发育。

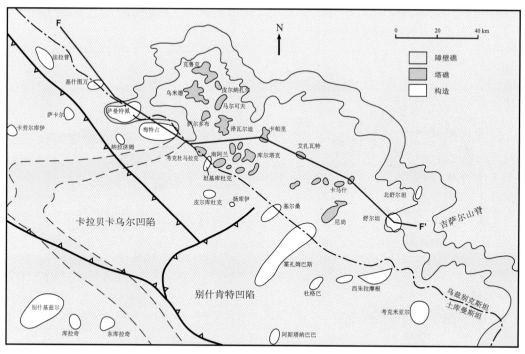

图 4-16　阿姆河盆地牛津期古地理示意图 (据 Ulmishek, 2004)

3. 高尔达克组

晚侏罗世基末利期—中提塘期图兰板块发生了区域性抬升，海盆开始萎缩并形成了半封闭盆地，在现今阿姆河盆地及阿富汗-塔吉克盆地的大部分地区形成了一个巨型盐水潟湖盆地，开始沉积高尔达克组。该套地层下部岩性为岩盐、硬石膏（高尔达克组），向上白云岩、石灰岩、砂岩、粉砂岩和页岩增多（图 4-18）。穆尔加布拗陷该套地层厚度一般在 500～1000 m，局部最大厚度可达 1200m。侏罗纪末，阿姆河盆地发生进一步差异抬升，盆地北部的布哈拉台阶和查尔朱台阶北部抬升至地表，蒸发岩层受到强烈挤压，形成与上覆贝利阿斯阶—凡兰吟阶之间的不整合接触。

高尔达克组蒸发岩是盆地内最重要的区域性盖层（图 4-19），该组的白云岩和石灰岩是盆地内的重要储层。

4. 卡拉比尔组

侏罗纪末，阿姆河盆地进一步萎缩，在盆地周边的北阿姆河次盆和中卡拉库姆隆起等地区，在高尔达克组之上覆盖了一套厚约 150～160 m 的红色泥岩和粉砂岩，夹硬石膏和白云岩，即卡拉比尔组。

（三）白垩系

白垩纪初，阿姆河盆地开始了新一轮沉降并导致海侵，至阿普特期—土仑期沉降速

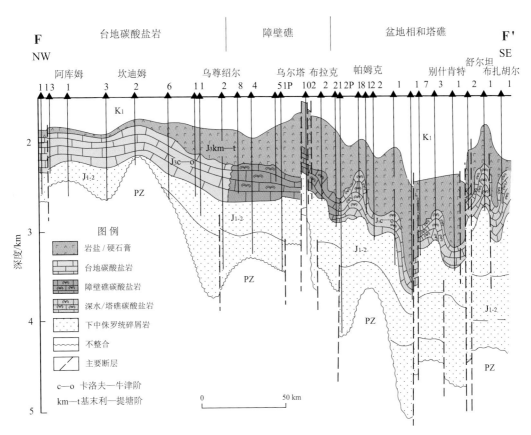

图 4-17　阿姆河盆地东北部卡洛夫—基末利阶碳酸盐岩相变特征（据 Ulmishek，2004）
剖面位置见图 4-16

率达到最高，在阿姆河盆地沉积了大套陆源碎屑岩和碳酸盐岩。

阿姆河盆地的白垩系通常分为尼欧克姆统、阿普特—土仑阶和赛诺统三个层序。

1. 尼欧克姆统

中亚地区的尼欧克姆统通常包括下白垩统的贝利阿斯阶—巴雷姆阶。

白垩纪初，阿姆河盆地开始海侵，沉积环境由最初的陆相到海陆交互相，直到晚巴雷姆期，海水才侵入到整个阿姆河盆地。

在阿姆河盆地尼欧克姆统由东北向西南依次为陆相、海陆过渡相和海相沉积（图4-20、图4-21）。在巴哈尔多克单斜、科佩特达格山脉及前渊，凡兰吟—欧特里夫阶主要是海相碳酸盐岩，巴雷姆阶则以碎屑岩为主。在中卡拉库姆隆起，尼欧克姆统相变为碎屑岩，在中卡拉库姆隆起以东则为海相、潟湖相和陆相互层，且由西向东海相岩层的比例降低。在盆地东部，尼欧克姆统以陆相-潟湖相红色和杂色碎屑岩为主，夹白云岩、硬石膏和岩盐。

在穆尔加布次盆，尼欧克姆统下部（贝利阿斯—凡兰吟阶）为灰色泥岩与石灰岩互

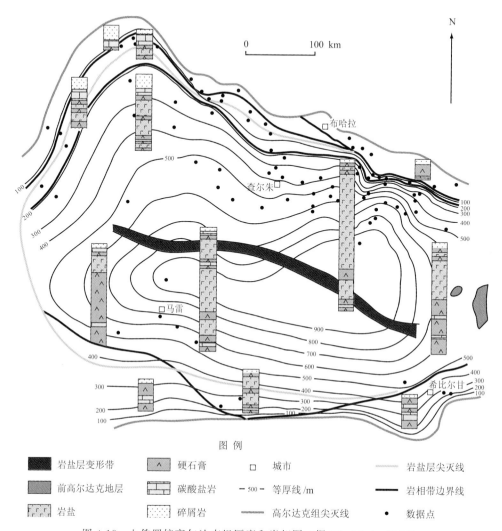

图 4-18　上侏罗统高尔达克组厚度和岩相图（据 Ulmishek, 2004）

层。尼欧克姆统中部（欧特里夫阶）则为一套向上变细韵律的红色和杂色砂岩、粉砂岩
和泥岩；欧特里夫阶上部为杂色陆源碎屑岩夹石灰岩，其中包括一套名为沙特雷克层的
砂岩，该套砂岩是阿姆河盆地的重要储层。尼欧克姆统上部几乎全部为碳酸盐岩，顶部
含有少量碎屑岩，厚约 160～180 m。

在盆地西南缘伊朗一侧，尼欧克姆统发育了源自西南侧隆起带的冲积相粗碎屑岩。
在道列塔巴德地区则出现了远端相碎屑岩。盆地南缘的其他地区（包括阿富汗北部），
也见到了陆相碎屑岩。

2. 沙特雷克组

沙特雷克组属于尼欧克姆统欧特里夫阶，为滨海浅海相碳酸盐岩和海陆过渡相砂

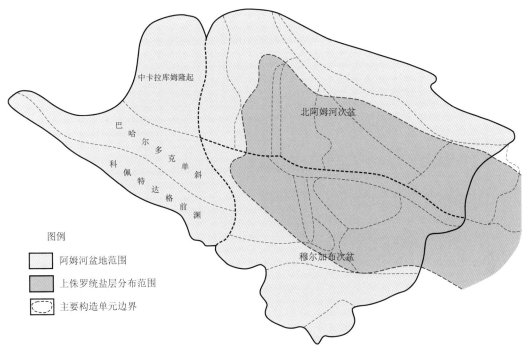

图 4-19 阿姆河盆地上侏罗统高尔达克组蒸发岩分布范围

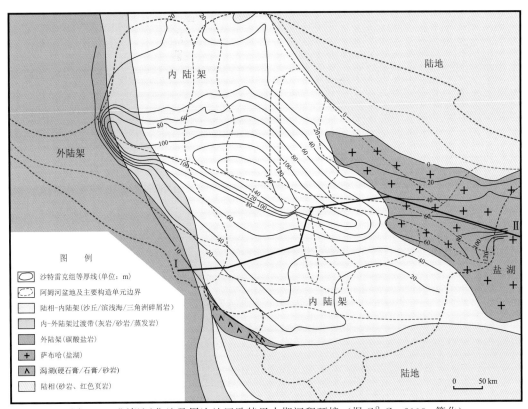

图 4-20 阿姆河盆地及周边地区欧特里夫期沉积环境（据 C&C，2003g 简化）

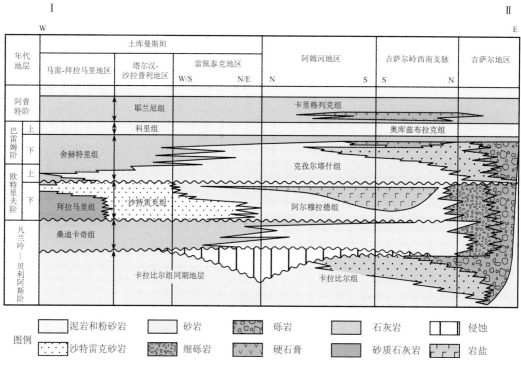

图 4-21　阿姆河盆地尼欧克姆统年代地层剖面（据 C&C，Malay Field，2003h）

剖面位置见图 4-20

岩、粉砂岩和泥岩。在穆尔加布次盆西部和中部，该组为三角洲砂岩，向东过渡为混杂有碎屑物质的岩盐；在科佩特达格前渊和希瓦-外温古兹凹陷则为浅海相碳酸盐岩。该组地层厚度为 3～3500m。

在穆尔加布次盆的道列塔巴德-顿梅兹气田，沙特雷克组三角洲相砂岩构成了一套重要储层，岩性为红色到褐色的细-中砂岩，夹泥岩。

3. 阿普特—土仑阶

白垩纪中期阿姆河盆地沉降最快，海水占据了盆地的绝大部分地区，沉积了一套灰色碎屑岩、页岩夹碳酸盐岩。

北阿姆河次盆的阿普特—土仑阶以浅海相灰色碎屑岩为主。

在穆尔加布次盆，阿普特—土仑期沉降速率明显加快，次盆南部沉降量可达 400 m，北部可达 1200 m。阿普特为泥岩、砂岩、粉砂岩和石灰岩互层；阿尔布阶下部是一套岩性单一的泥岩，厚达 50～400 m，全盆地分布，构成了下白垩统储层的区域性盖层，上部为泥岩、砂岩和介壳灰岩互层；赛诺曼阶为粉砂岩和泥岩；土仑阶下部为粉砂质泥岩夹粉砂岩和砂岩，上部为粉砂岩、泥岩、砂岩和泥质石灰岩互层。

4. 赛诺统

赛诺世包含晚白垩世的康尼亚克、三冬、坎潘和马斯特里赫特期。赛诺世期间，阿姆河盆地绝大部分地区仍为浅海环境，岩性以泥岩、页岩为主，并含有相当比例的碳酸盐岩。

北阿姆河次盆的赛诺统为浅海环境页岩和碳酸盐岩。

穆尔加布次盆南部赛诺统以海相页岩和碳酸盐岩为主，其中康尼亚克—三冬阶以泥岩和泥灰岩为主，坎潘阶和马斯特里赫特阶下部则是泥质石灰岩和泥灰岩，马斯特里赫特阶上部则是泥灰岩和粉砂质石灰岩。

在库什卡次盆，赛诺统总厚度可达1050m，向西至巴德赫兹-卡拉比尔构造带西部（道列塔巴德-顿梅兹气田一带）降至690m。至次盆中部和北部，赛诺统被部分侵蚀，厚度在230～450 m，局部完全缺失。

中土库曼次盆的赛诺统仍以海相碳酸盐岩为主。马斯特里赫特期末，在次盆东南部形成了一个潟湖，其中沉积了夹石膏的红色砂岩和粉砂岩。

白垩纪末，受区域性构造运动的影响，阿姆河盆地大部分地区遭到抬升。在北阿姆河次盆中部和东部，赛诺统上部被侵蚀，古近系地层直接不整合覆盖于赛诺统中段之上。

（四）古近系

白垩纪末/古近纪初的抬升导致了阿姆河盆地大范围的沉积间断，但盆地南缘的科佩特达格前渊一带仍保留了浅海环境（图4-22）。古新世期间再次发生海侵，开始在整个盆地内沉积了一套相对均匀的碳酸盐岩-碎屑岩。

古新统包括阿克扎尔组和布哈拉组。在阿姆河盆地，古新统为石灰岩、泥灰岩和泥岩。阿克扎尔组主要分布于穆尔加布次盆和查尔朱台阶，岩性以碳酸盐岩为主；布哈拉组分布于整个阿姆河盆地，岩性包括石灰岩、白云岩、硬石膏和砂岩。

始新统为浅海-局限海相泥岩、粉砂岩、泥灰岩、白云岩和石膏。在穆尔加布次盆，始新统泥岩是区域性盖层。在该次盆的大部分地区，这套盖层厚达150～550 m，而在南部的剖面中出现了粉砂岩、石膏和白云岩，厚度增加到了900 m。

渐新统以海相泥岩为主，在盆地北部广大地区缺失。

（五）新近系—第四系

始新世—渐新世，印度和阿拉伯板块开始与欧亚大陆碰撞，并于渐新世末/中新世初开始影响阿姆河盆地。阿拉伯板块与欧亚大陆的碰撞导致阿姆河盆地西南缘科佩特达格褶皱带的造山活动，至中新世初阿姆河盆地整体抬升剥蚀，盆地北部缺失了从渐新统至上白垩统土仑阶的大套地层（图4-22）；此后，盆地南缘受构造载荷影响发生沉降，在穆尔加布拗陷和科佩特达格前渊沉积了一套滨浅海相和陆相碎屑岩，被称为造山层序，厚度可达1500 m；在科佩特达格前渊一般在900 m，最厚可达2000 m。

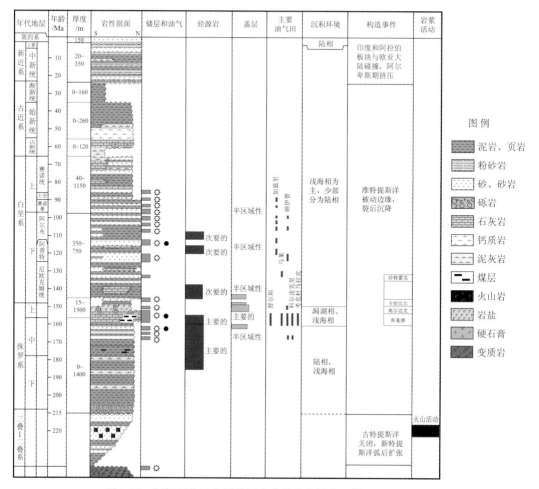

图 4-22　阿姆河盆地北阿姆河次盆综合地层表（据 IHS，2012f）

第三节　石油地质特征

一、烃源岩及油气地球化学特征

（一）主要烃源岩

阿姆河盆地主要烃源岩包括下中侏罗统泥岩和碳质泥岩，以及卡洛夫阶—牛津阶的泥质碳酸盐岩。局部还发育了下白垩统（尼欧克姆统和阿普特阶—阿尔布阶）烃源岩。

1. 下中侏罗统烃源岩

除在布哈拉台阶上呈零星分布以外，阿姆河盆地其他地区下中侏罗统烃源岩广泛分布。在查尔朱台阶，烃源岩段厚度为 800～4000 m，在鲍里德什克台阶厚度约 2400～

4000 m，在希瓦凹陷约 2200～5000 m，在外温古兹凹陷以及马莱-巴加扎鞍部约 2400～5000 m，而在卡拉别考尔凹陷为 3800～7000 m。

在中土库曼斯坦的各次盆中，下中侏罗统烃源岩主要为陆相和滨岸浅海环境沉积的粉砂岩和泥岩。陆相沉积物主要发育于该区北部，而滨岸浅海沉积物则主要发育于南部地区。

下中侏罗统烃源岩有机质类型主要是含各类镜质体的腐殖型有机质。腐泥型有机质主要发育于巴柔阶—巴通阶滨浅海沉积物中。在布哈拉台阶埋藏较浅的地区，下中侏罗统有机质尚未成熟（$R_o=0.30\%$），而盆地中央已经达到高熟生气阶段（$R_o=1.55\%$），局部已经过成熟（$R_o>2.00\%$）。

平均有机碳含量（OC）（约等于 TOC 值的 1.3 倍）在碎屑沉积中为 0.62%，到滨海和浅海相沉积中增加到 0.64%～1.39%；在盆地的深水部分，即穆尔加布拗陷中，TOC 含量可能达到 1%以上（图 4-23）。氯仿沥青"A"平均 0.026%～0.050%。沥青"A"中烃类的含量平均为 35%。

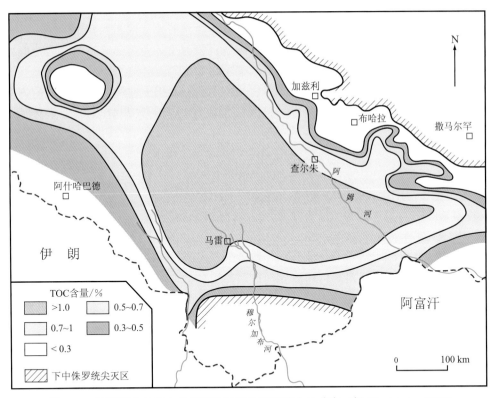

图 4-23　阿姆河盆地下中侏罗统的平均总有机碳含量分布（据 Ulmishek，2004）

大部分数据分布在盆地边缘，盆地中部为推测

这些烃源岩产生的烃类大多为烷烃-环烷类。其族组分取决于有机质类型和成熟度：芳香烃含量高（约占总烃的 30%～50%），是早期成熟阶段的腐殖型有机质的典型产物。在更深的阶段该数值降至 10%～12%，很明显是多环烃类缩合的结果。

该次盆下中侏罗统烃源岩排出的液态和气态烃类数量不等。成熟的陆相地层的液态烃产率最低约为 $40\sim50$ g/m^3，最高次盆较深部分的滨海浅海相沉积达到 152 g/m^3。烃源岩的产气率随成熟度增加而增加，从浅层 $178\sim278$ dm^3/m^3 到深层 $998\sim1516$ dm^3/m^3。通常认为这些烃源岩生气量是生油量的 $5\sim19$ 倍，主要是因为该地区有机质类型为腐殖型。

穆尔加布和库什卡次盆的有机质组分和成熟度资料有限。通常认为该次盆的有机质与盆地其他地区相似，下中侏罗统碳质页岩是主要烃源岩。这些沉积物主要沉积于陆相环境，期间曾有多次与滨浅海沉积环境的交替。在该次盆的大部分地区，下中侏罗统的厚度为 $2000\sim6500$ m，而在其南部达到 $3000\sim4000$ m。下中侏罗统在穆尔加布次盆的大部分地区埋深超过 4000 m，大部分已经进入生气高峰（图 4-24）。

2. 卡洛夫阶—牛津阶烃源岩

卡洛夫阶—牛津阶烃源岩是盆地内液态烃的重要来源，岩性主要是不同成因的碳酸盐岩：生物碳酸盐岩、化学碳酸盐岩、生化碳酸盐岩和碎屑碳酸盐岩。在北阿姆河次盆，从该套地层下部的沉积环境为较深海，向上过渡到陆架。礁相发育于查尔朱台阶的东南部。中土库曼斯坦地区北部以浅海陆架碎屑沉积为主，而南部逐渐过渡为浅海相碎屑岩和碳酸盐岩，再向南则是在较深水海相碳酸盐岩。

北阿姆河次盆卡洛夫阶—牛津阶烃源岩含腐泥型有机质。在中土库曼斯坦的该套碎屑岩中含有腐泥型和腐殖型有机质，而碎屑岩/碳酸盐岩和碳酸盐岩则仅含腐泥型有机质。

在北阿姆河次盆，烃源岩的埋深在 $700\sim5000$ m，在卡拉别考尔凹陷的埋深最大。这些烃源岩的成熟度从 MK1（$R_o=0.50\%\sim0.65\%$）到 MK4（$R_o=1.15\%\sim1.55\%$），在更深层达到 MK5（$R_o=1.55\%\sim2.00\%$）。

较深水沉积物的有机碳含量为 0.11%，浅海相为 0.15%，礁相为 0.26%；三者的沥青"A"含量分别为 0.012%、0.08% 和 0.165%。沥青"A"中烃类的含量为 $30\%\sim40\%$，多数为烷烃-环烷类（90%）。

在北阿姆河次盆，较深海相烃源岩的液态烃生烃量从 $80\sim110$ g/m^3（成熟度 MK1）到 145 g/m^3（成熟度 MK2~MK3）。气态烃的生烃量相应分别为 $122\sim280$dm^3/m^3。浅海相和礁相烃源岩的液态烃生烃量为 $32\sim110$ g/m^3（成熟度 MK1）到 $94\sim130$ g/m^3（成熟度 MK2~MK3）。各地区的气态烃产率估计为 $123\sim171$ dm^3/m^3。

在中土库曼斯坦，卡洛夫阶—牛津阶烃源岩液态烃产率为 $32\sim145$ g/m^3，而碎屑岩的气态烃产率为 122 dm^3/m^3，碳酸盐岩的气态烃产率为 300 dm^3/m^3。

在穆尔加布次盆，卡洛夫阶—牛津阶烃源岩包括该层系上部的滨浅海相碳酸盐岩和该层系下部的较深水海相碳酸盐岩，分布深度为 $3200\sim5500$ m，已经进入生气高峰（图 4-24）。

3. 下白垩统烃源岩

盐上层系中，在阿普特阶—阿尔布阶和尼欧克姆统内识别出了烃源岩。

北阿姆河次盆和中土库曼斯坦次盆的阿普特阶—阿尔布阶由浅海沉积的含碳酸盐岩夹层的碎屑岩构成，有机质含量较高：泥岩为 $1.5\%\sim3.0\%$，粉砂岩为 $0.4\%\sim0.8\%$，砂岩为 $1.0\%\sim1.4\%$，泥灰岩为 $2.7\%\sim4.2\%$。以腐殖型有机质为主，偶见腐泥型有机质。有机碳含量为 $0.33\%\sim0.57\%$，沥青"A"为 $0.009\%\sim0.024\%$。液态烃产率较低，滨浅海沉积为 $16\sim19g/m^3$，浅海沉积为 $40\sim45\ g/m^3$；相应的气态烃产率分别为 $57\sim210\ dm^3/m^3$ 和 $171\sim292\ dm^3/m^3$。

在北阿姆河次盆，阿普特阶—阿尔布阶潜在烃源岩处于未成熟-成熟早期阶段，在次盆深部成熟度可能更高。在中土库曼斯坦次盆，该层系埋深 $1000\sim5000m$，部分已经进入生气高峰阶段。

北阿姆河次盆的尼欧克姆统烃源岩主要由滨海和浅海氧化环境中沉积的碎屑岩/碳酸盐岩构成。碳酸盐岩以腐泥型有机质为主，碎屑岩则以腐殖型有机质为主。有机质含量较低：碳酸盐岩的有机质含量为 $0.1\%\sim0.3\%$，沥青"A"平均为 0.022%；碎屑岩的有机质含量为 $0.25\%\sim0.56\%$，沥青"A"为 0.009%。烃源岩生烃潜力中等：液态烃为 $19\sim56\ g/m^3$，气态烃为 $50\sim125\ dm^3/m^3$。埋深范围为 $600\sim2800\ m$，处于未成熟-成熟生油阶段。在该次盆的深部，成熟度可能更高。

在中土库曼斯坦各次盆，巴雷姆阶碳酸盐岩有机碳含量为 $0.1\%\sim0.3\%$，沥青"A"平均为 0.022%；碎屑岩有机碳含量为 $0.25\%\sim0.56\%$，沥青"A"平均为 0.009%。烃源岩液态烃产率估计为 $19\sim56\ g/m^3$，而气态烃产率为 $50\sim125\ dm^3/m^3$。

在穆尔加布次盆，尼欧克姆统潜在烃源岩主要是滨浅海相泥质碳酸盐岩，埋藏深度一般在 $1000\sim3500m$，最深已经超过 $4000\ m$，已经达到石油裂解和生干气阶段（图 4-24）；但该层系有机碳含量较低，生烃潜力有限。

（二）油气地球化学特征

阿姆河盆地是一个以天然气为主的油气区，天然气资源量占总量的 96%。这与阿姆河盆地主要潜在烃源岩下中侏罗统的偏生气特征以及主要潜在生烃区较大的埋深和较高的成熟度有关。在北阿姆河次盆的希瓦-外温古兹凹陷、别什肯特凹陷，中土库曼次盆的巴哈尔多克单斜南部和科佩特达格前渊，以及穆尔加布拗陷的大部分地区，包括卡洛夫—牛津阶和下中侏罗统在内的主力烃源岩均已经达到高成熟和过成熟，开始生干气或已经达到生气高峰；即使上侏罗统烃源岩的偏生油型有机质曾经生成部分液态石油，在持续深埋藏的情况下也已逐步裂解为湿气（图 4-25）。

1. 北阿姆河次盆

在北阿姆河次盆，石油主要发现于盆地东部的布哈拉台阶和查尔朱台阶，主要表现为天然气藏的油环或者是较小的油藏。下中侏罗统储层中的石油以中等密度和高含硫、高含蜡为主要特征。卡洛夫阶—牛津阶油藏通常与其相似。侏罗系原油汽油馏分含量为 $1\%\sim26\%$。尼欧克姆统原油多以中等密度、低含硫、低含蜡为特征。

鲍里德什克台阶和希瓦凹陷侏罗系和白垩系储层中的凝析油组分相似：低含硫、低含蜡。白垩系凝析油的密度平均为 $0.771\ g/cm^3$（$52\ °API$），侏罗系凝析油的平均密度

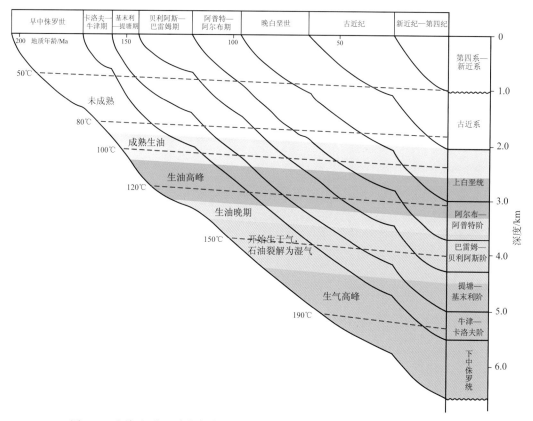

图 4-24　阿姆河盆地穆尔加布拗陷南部捷詹地区埋藏史图（据 C&C，2003h）

图中叠加了现今地温梯度，潜在烃源岩处于史上最大埋深

为 0.806 g/cm³（44.1 °API）。汽油馏分含量分别为 72% 和 65%。侏罗系凝析油在外温古兹凹陷、马莱-巴加扎鞍部和卡拉别考尔凹陷（外温古兹次盆）以低密度、低含硫、高含蜡（达到 13%）为特征。

在查尔朱台阶，下白垩统凝析油平均密度为 0.781 g/cm³（49.7 °API），以低含硫、高汽油馏分（达到 68%）为特征。侏罗系凝析油特征是低含硫、低含蜡、低密度（0.803 g/cm³）以及具有更低的汽油馏分（40%～46%）。

布哈拉台阶上的侏罗系和白垩系凝析油具有相似的特征：低含硫、不含蜡、较高的汽油馏分（60%～70%，甚至更高）。平均密度分别为 0.761 g/cm³（54.4 °API，侏罗系）和 0.762 g/cm³（54.2 °API，白垩系）。白垩系凝析油是烷烃-环烷类；而侏罗系凝析油则为环烷类，具有高芳香烃含量，局部高达 59%（法拉普）。

该次盆中的天然气主要是甲烷。储集在卡洛夫阶—牛津阶中的天然气藏的甲烷及其同系物含量为 12.8%～92.8%（如阿达姆塔什、扎尔卡克、扎尔库杜克、卡劳尔巴扎尔-萨雷塔什、苏兹马、北苏兹马、乌奇基尔和扬基卡孜甘等气田）。后者通常含硫化氢，在下述气田中硫化氢浓度很高：巴加扎（18%）、登基兹科尔-豪扎克-绍迪（4.25%）、萨曼德佩（2.9%）和乌尔塔布拉克（5%）气田。

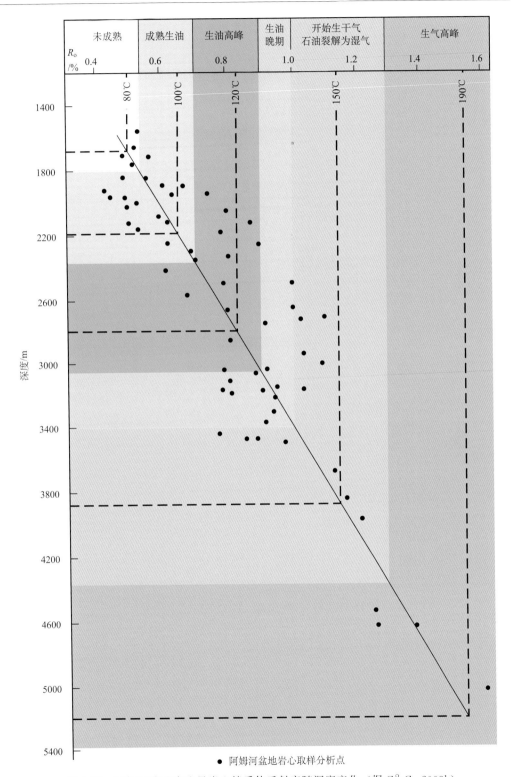

图 4-25 阿姆河盆地中生界岩心镜质体反射率随深度变化（据 C&C，2003h）

下侏罗统天然气含甲烷 80%～90%、乙烷和重烃 10%～11%、氮气 4.5% 以及二氧化碳 2%。凝析油/气比值为 25～30 g/m³。

2. 中土库曼斯坦各次盆

在中土库曼斯坦的各次盆中，石油聚集限于巴哈尔多克单斜。在南基尔克、库特拉雅克和耶拉克里油气田的提塘阶储层中发现了工业油流。在该油气田的凡兰吟阶，在莫达尔油气田的欧特里夫阶以及巴雷姆阶中发现了规模不大的油藏，其原油特征见表 4-2。

表 4-2　中土库曼斯坦各次盆的原油特征表（据 IHS，2012f）

含油层系	密度 /°API	焦油含量 /%	沥青质含量/%	<200℃ 馏分/%	<200℃馏分的烃类族组分/%		
					烷烃	环烷烃	芳烃
巴雷姆阶	26	8.1	9.6	14.9	67.2	13.4	19.4
欧特里夫阶	22.5	24.7	5.5	7	63.4	12	24.6
凡兰吟阶	36.5	3.78	2.1	38.5	78.4	6.8	14.7
提塘阶	32.5～26	0.9～6.4	0.53～7.8	16.0～60.0	47.4～62.9	0.9～22.4	20.9～36.1
牛津阶	36～30	4.2～5.01	1.6～2.6	34.1～45.6	47.0～63.7	11.5～17.6	24.8～35.3

仅对中卡拉库姆隆起的天然气和凝析油的组分和物理化学特征进行了研究。

该区天然气甲烷含量通常超过 90%，天然气密度 0.57～0.62。硫化氢含量通常为 0.2%～0.3%，尽管达尔瓦扎凸起上的土仑阶天然气硫化氢含量高达 2.7%。二氧化碳含量最大值为 2.5%。在该套层系中由下向上，重烃浓度降低：阿普特阶下部为 6.6%，到阿尔布阶上部下降到 1.9%，到土仑阶只有 0.2%，而赛诺曼阶的天然气中已不含重烃气。

在赛诺曼阶—土仑阶中，天然气中氮气含量较高（占体积的 16.7%～47.3%）。戊烷的含量在土仑阶天然气中仅为痕量，到阿普特阶增至 5%，在溶解气中，其浓度从侏罗系到尼欧克姆统下降 1.5%。

中卡拉库姆隆起上的凝析油非常轻（0.731～0.781 g/cm³，或者 50～62°API）。其蒸馏馏分主要是汽油和煤油。其烃类组分是甲烷环烷类，而芳香烃浓度很低。该层序由上而下凝析油/气比降低，同时芳香烃含量增加。该现象归因于油气在白垩系中的垂向运移。凝析油中芳香烃浓度向南向科佩特达格前渊方向增加。

3. 穆尔加布次盆

穆尔加布拗陷是阿姆河盆地内沉降最深的部分，这里潜在烃源岩的成熟度也最高，大部分已经达到生干气阶段。

穆尔加布次盆的天然气主要由甲烷构成。重烃（戊烷及更重的烷烃）含量在该层序中由下向上降低，从下侏罗统的 2%～19%，到卡洛夫阶—牛津阶下降至 2.5%～3.5%，到欧特里夫阶为 1.1%～4.95%，阿普特阶—阿尔布阶为 0.74%～1.7%，土仑阶和马斯特里赫特阶为 0.15%～0.5%。古新统天然气的重烃含量为 1.45%。天然气中几乎不含硫。仅卡洛夫阶—牛津阶气藏中含硫化氢。硫化氢最大含量在绍尔德佩气田，为 15.72%。而在卡拉比尔气田，硫化氢含量（0.96%）则要低得多，其古新统天然气中也含有少量硫化氢（0.29%）。

在西卡拉比尔气田，阿普特阶和巴雷姆阶气藏中硫化氢含量为 1.0%。

穆尔加布次盆天然气多是干气。在塔巴德-顿梅兹、沙特雷克、莫拉克尔、捷詹和绍尔科尔气田，均发现凝析油。初始稳定凝析油含量为 7.1～38.8 g/m³。在阿普特阶—阿尔布阶和下中侏罗统气藏中也含有凝析油，如西卡拉比尔气田下白垩统气藏的凝析油含量为 0.7g/m³，伊斯利姆气田下中侏罗统气藏凝析油含量为 144.8 g/m³。凝析油成分以烷烃为主，其密度为 52～44°API（0.746～0.805 g/cm³）。汽油馏分的族组分主要有烷烃（60%～80%），环烷烃不超过 20%，芳香烃含量较低。

在穆尔加布次盆的塔巴德-顿梅兹气田的欧特里夫阶—凡兰吟阶沉积中获得了油流；在南约乐坦 1 井、塞伊拉布 11 井和拜拉马里 17 井的基末利阶高尔达克组蒸发盐层内的白云岩中也见到了油流。该次盆的原油主要为高分子正构烷烃以及少量异烷烃。<200℃馏分的族组分有 60.4%～65.4% 的烷烃、28.5%～32.1% 的环烷和 6.1%～7.0% 的芳香烃。密度为 28～31°API（0.883～0.869 g/cm³）。

二、储层特征

在阿姆河盆地从二叠—三叠系到古新统的多套地层中发现了含油气储层。根据目前已经发现的油气储量分布，最重要的储层是上侏罗统（卡洛夫—牛津阶）生物礁和台地碳酸盐岩，以及下白垩统滨浅海相陆源碎屑岩，二者所含油气储量占全盆地已发现储量的 97%（图 4-26、表 4-3）。其余层系所含油气很少。

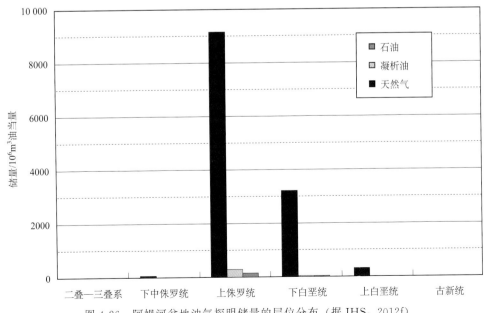

图 4-26　阿姆河盆地油气探明储量的层位分布（据 IHS，2012f）

表 4-3　阿姆河盆地油气探明储量的层位分布统计表（据 IHS，2012f）

储层	石油 /$10^6\,m^3$	凝析油 /$10^6\,m^3$	天然气 /$10^8\,m^3$	合计 /$10^6\,m^3_{oe}$	占比/%
古新统	1.59		68.72	8.02	0.1
上白垩统		0.05	3346.06	313.18	2.3
下白垩统	32.15	49.62	34 265.81	3288.49	24.7
上侏罗统	164.45	300.48	97 934.15	9629.94	72.3
下中侏罗统	2.12	5.43	838.67	86.03	0.6
二叠—三叠系		0.05	8.50	0.84	0.0
合计	200.31	355.64	136 461.91	13 326.51	100

（一）侏罗系储层

在北阿姆河次盆，下中侏罗统包括两套产层：XVIII 层主要分布于次盆东部，岩性以砂岩为主，夹薄层粉砂岩，有时见砾岩，为陆相沉积环境。孔隙度为 10%～17%，渗透率为 13～345 mD；XVII 层以滨海相砂岩为主，夹粉砂岩、泥灰岩层，孔隙度为 0.07%～19%，渗透率为 140～3325 mD。

在穆尔加布次盆和库什卡次盆，下中侏罗统储层为陆相砂岩、粉砂岩。该套储层发育于次盆南部，在卡莱莫尔凹陷的莫尔格诺夫卡气田和库什卡次盆的伊斯利姆气田，其孔隙度为 7%～11%，平均渗透率为 13 mD。

在中土库曼斯坦各次盆中，没有发现下中侏罗统储层。

卡洛夫—牛津阶碳酸盐岩构成了阿姆河盆地的主要储层。在盆地北部以陆架灰岩为主，其中含有生物礁碳酸盐岩优质储层，预测盆地南部和西部（乌恰支隆起、卡拉比尔凹陷北部和巴哈尔多克单斜）同样发育该类储层。向盆地中部，陆架灰岩过渡为储层质量较差的较深水灰岩（图 4-27）。

在北阿姆河次盆东部的布哈拉台阶，卡洛夫—牛津阶下部发育了 XVI 层滨海相砂岩储层，孔隙度范围为 1%～18%，渗透率为 1～384mD。在查尔朱台阶，该套产层由较深水海相致密灰岩构成，孔隙度为 2%～10%。

在北阿姆河次盆西部的卡洛夫阶—牛津阶为一套较深水海相致密灰岩，孔隙度为 15%～24%。在次盆东部和中部，卡洛夫阶—牛津阶的中上部发育了两套产层：一套浅海相白垩状石灰岩，夹薄层白云岩，孔隙度为 2%～22%，渗透率为 1～2000 mD；另一套为浅海相和潟湖相致密灰岩，发育裂缝或溶蚀孔洞，并夹薄层白云岩和硬石膏，孔隙度为 3%～30%，渗透率为 7～245 mD。

卡洛夫阶—牛津阶生物礁碳酸盐岩储层在查尔朱台阶东南部非常发育，孔隙度 3%～24%，渗透率高达 380 mD，甚至更高。生物礁储层的净厚度可以占到地层厚度的 80%（非礁相碳酸盐岩可占到 10%～35%）。在查尔朱台阶西北部和鲍里德什克台阶，卡洛夫阶—牛津阶中上部主要由浅海相白云化灰岩构成，有时未固结，局部夹薄层砂岩和硬石膏，孔隙度为 8%～30%，平均渗透率为 6～120 mD。

在希瓦凹陷和北阿姆河次盆中部，卡洛夫阶—牛津阶中上部主要由白云化灰岩构成，有时与泥灰岩、砂岩和粉砂岩互层，孔隙度为8％～18％，渗透率为10～308 mD。

在中土库曼斯坦的各次盆中，卡洛夫阶—牛津阶为滨浅海相石灰岩和白云岩，夹薄层泥灰岩。孔隙度一般很低，但发育裂缝和孔洞。其中的生物灰岩和生物碎屑灰岩孔隙度为10％～18％，渗透率甚至高达1000mD。

在穆尔加布次盆，卡洛夫阶—牛津阶储层由滨海相灰岩和白云岩构成，包括礁灰岩，孔隙度为9％～20％，常见于次盆中部和北部，在巴德赫兹-卡拉比尔隆起和卡莱莫尔凹陷大部分区域缺失，在库什卡次盆也缺失这套储层。

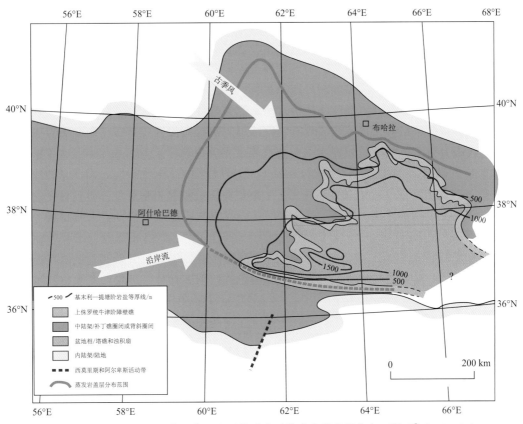

图4-27　阿姆河盆地上侏罗统沉积环境及碳酸盐岩和蒸发岩分布（据 C&C，2002c）

尽管高尔达克组（基末利—下提塘阶）主要由蒸发岩构成，是一套主要的区域性盖层，但在蒸发岩相变为石灰岩和碎屑岩的地方发育了储层。

卡拉比尔组（上提塘阶—下贝利阿斯阶）覆于高尔达克组之上，其中发育了碎屑岩储层。

在北阿姆河次盆，卡拉比尔组以潟湖相和陆相砂岩、粉砂岩为主。在古古尔特里气田，该套储层的孔隙度为14％～18％，渗透率为6～76 mD。鲍里德什克和南鲍里德什克气田其孔隙度为15％～17％，渗透率为28～67 mD。

北希瓦凹陷的该套储层为浅海相和潟湖相石灰岩，夹白云岩、硬石膏、砂岩和粉砂岩层。孔隙度为 12%～19%、渗透率为 20～80 mD。

在巴哈尔多克单斜和科佩特达格前渊，提塘阶碳酸盐岩和碎屑岩层序中发育了孔隙型、孔洞型以及裂缝型白云岩，孔隙度为 18%～29%、渗透率为 5～500 mD。

在穆尔加布和库什卡次盆，基末利阶—提塘阶储层主要是陆相粉砂岩和潟湖相白云岩，它们构成了杏乐坦、贡多加尔、塞伊拉布和拜拉马里等气田的主要产层。高尔达克组储层的粉砂岩层孔隙度为 8%～10%、渗透率为 12 mD 左右。

（二）下白垩统储层

阿姆河盆地下白垩统通常分为两套巨层序：贝利阿斯阶—下巴雷姆阶和上巴雷姆阶—阿尔布阶。储层主要由砂岩、粉砂岩及其与灰岩互层构成。

阿姆河盆地上巴雷姆阶—阿尔布阶主要由砂岩、粉砂岩和泥岩构成，其中碎屑岩的比例变化很大。在盆地南部地区的上巴雷姆阶、穆尔加布次盆和查尔朱台阶南部（北阿姆河）的中阿普特阶，广泛发育灰岩和泥灰岩。砂岩、粉砂岩主要发育于盆地北部和中卡拉库姆次盆。大部分砂岩侧向相变快，经常变为透镜体泥岩。

在北阿姆河次盆，发育了凡兰吟阶、欧特里夫阶滨海相砂岩储层，孔隙度为 10%～18%、渗透率为 19～89 mD。在次盆中部发现了由滨海相砂岩构成的产层 G1（相当于穆尔加布和库什卡次盆沙特雷克组产层），孔隙度为 17%～21%、渗透率为 36～125 mD。次盆西部的欧特里夫阶岩性主要为砂岩，含粗砂岩夹层。

北阿姆河次盆东部（主要为布哈拉台阶）的巴雷姆阶以滨海相砂岩夹粉砂岩，偶见粗砂岩，孔隙度为 12%～23%、渗透率为 180～1670 mD。在希瓦凹陷，巴雷姆阶滨海相砂岩的孔隙度为 15%～22%、渗透率为 50～470 mD。

北阿姆河次盆东部（布哈拉台阶、查尔朱台阶）的阿普特阶主要是滨海相砂岩，含粉砂岩夹层，偶见粗砂岩。孔隙度为 12%～24%、渗透率为 43～1264 mD。

在北阿姆河次盆，阿普特阶为滨海相砂岩，含粉砂岩夹层，偶见粗砂岩。孔隙度为 16%～22%、渗透率为 10～250mD。

穆尔加布次盆的欧特里夫阶沙特雷克组，是道列塔巴德-顿梅兹和沙特雷克等巨型气田的储层。沙特雷克组由滨海相砂岩构成，砂岩粒度变化大，局部夹粉砂岩层。气田储层的有效孔隙度是 12%～22%、渗透率为 30～340 mD。在整个阿姆河盆地，与沙特雷克组同期的地层包括滨浅海相砂岩和石灰岩以及陆相砂岩，是一套潜在的含油气储层（图 4-28）。

穆尔加布次盆其他下白垩统储层包括巴雷姆阶—阿普特阶浅海碳酸盐岩，其孔隙度是 5%～10%、渗透率为 13～19 mD。其储层特征与北阿姆河次盆的凡兰吟阶—阿尔布阶储层相似。

（三）上白垩统储层

上白垩统储层主要由碎屑岩构成，砂岩、粉砂岩储层形成连续的层状或形成透镜体，与泥岩、灰岩、介壳灰岩形成互层（中卡拉库姆次盆、穆尔加布次盆南部、北阿姆河次盆的布哈拉台阶）。碳酸盐岩储层发育于穆尔加布次盆南部。

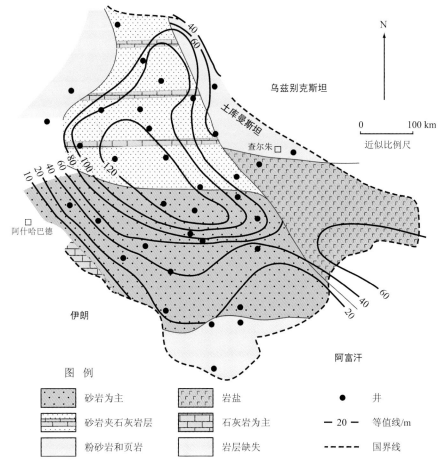

图 4-28　阿姆河盆地下白垩统沙特雷克组储层分布示意图（Ulmishek，2004）

　　阿姆河北部，布哈拉台阶（加兹里气田和塔什库杜克气田）西北部赛诺曼阶主要由滨海相砂岩夹粉砂岩层构成，产层孔隙度分别为 20%、18%～26%，渗透率分别为1121 mD 和 395～1491 mD。

　　在加兹里气田发育了土仑阶滨海相砂岩，平均孔隙度 17%，渗透率 192 mD。

　　赛诺统由浅海相细砂岩夹粉砂岩构成，平均孔隙度 17%，渗透率 68 mD。

　　穆尔加布/库什卡地区，土仑阶和马斯特里赫特阶沉积了浅海相灰岩储层。如伊斯利姆气田沉积了土仑阶灰岩储层（孔隙度 5%～6%，渗透率 50 mD），而加拉乔普气田则是马斯特里赫特阶孔洞型灰岩储层。

　　在中土库曼斯坦，中卡拉库姆隆起上发育了上白垩统滨海相砂岩，有时为粉砂岩，孔隙度为 18%～20%。

（四）其他储层

　　穆尔加布和库什卡次盆已经证实有古近系储层。丹麦阶储层发育于次盆南部（巴德赫兹-卡拉比尔隆起带西部、卡莱莫尔凹陷和库什卡次盆），主要由滨海相砂岩构成，平均孔隙度 6%。在加拉乔普气田发现一个气藏，上古新统包括浅海相的布哈拉组储层，由灰岩和白云岩构成，夹砂岩、粉砂岩层。储层孔隙度为 12%～17%，渗透率为 35 mD。在整个次盆范围内均有发育。例如在加拉比尔气田发现气藏。

在古古尔特里气田上的二叠纪—三叠纪风化壳含有小型气藏，储层为致密的石英岩，储集空间为少量裂缝，孔隙度 4%，渗透率 4 mD。

三、盖层条件

阿姆河盆地最重要的盖层是侏罗系顶部的蒸发岩盖层、下白垩统阿普特阶—下阿尔布阶页岩盖层以及上白垩统下土仑阶页岩盖层。盖层的品质和分布在一定程度上控制了阿姆河盆地的油气分布。

通常认为，盐上和盐下油气藏中的天然气都主要来源于下中侏罗统烃源岩，而液态烃主要由上侏罗统卡洛夫阶—牛津阶烃源岩生成，下白垩统烃源岩对现存烃类聚集贡献不大。盐上的下白垩统油气藏很大程度上受基末利阶—提塘阶区域性盖层（高尔达克组岩盐层）的控制。盐上油气藏多发育于高尔达克组岩盐层缺失、或厚度较小、或主要由硬石膏构成的地区，以及深断裂发育能够提供盐下油气向上垂向运移通道的地区。

（一）侏罗系盖层

基末利阶—提塘阶岩盐层和硬石膏（高尔达克组）是阿姆河盆地主要的区域性盖层（图 4-27）。主要包括两套岩盐层，并与硬石膏形成互层。在岩盐层尖灭处，发育硬石膏。该盖层将盆地分为上下两个含油气层系。

在北阿姆河次盆的查尔朱台阶北缘、外温古兹凹陷、希瓦凹陷部分地区和布哈拉台阶该套地层缺失。查尔朱台阶东南部的一些区域，蒸发岩层厚度从几米陡增至 1000 m，在卡拉别考尔凹陷甚至更厚，全盆地范围内平均厚度达 200～300 m。高尔达克岩盐层尖灭处，由上提塘阶—下贝利阿斯阶（卡拉比尔组）或者下尼欧克姆统泥岩充当上侏罗统储层的盖层。在中土库曼斯坦各次盆，上提塘阶—凡兰吟阶夹硬石膏层泥岩厚达 100 m，构成了侏罗系储层的半区域性盖层。

在中土库曼斯坦的各次盆中，蒸发岩盖层厚 100～150 m。穆尔加布次盆高尔达克组岩盐层厚达数十米到上万米（在卡拉比尔凹陷北部甚至更厚），除了巴德赫兹-卡拉比尔隆起带、卡莱莫尔凹陷和库什卡次盆，在次盆其他地区均有发育。

对下中侏罗统储层而言，卡洛夫阶下部页岩是最重要的半区域性盖层。在北阿姆河次盆，卡洛夫阶下部发育了一套连续分布的、厚度达 25～70 m 的海相页岩；向盆地中部，该套页岩厚度增加，封闭能力增强。

（二）白垩系盖层

白垩系主要由碎屑岩和泥岩互层构成，其中发育了一套区域性盖层，即阿尔布阶下部泥岩，厚达 50～400 m。在中卡拉库姆隆起，该套页岩中夹有 10 m 厚的砂岩层，其中含有天然气。库什卡次盆该套地层的岩性为泥岩与砂岩、粉砂岩形成互层，盖层质量下降。

下土仑阶以泥质岩为主，构成了区域性盖层。北阿姆河次盆广泛发育了厚70～100 m的下土仑阶泥岩盖层。在中土库曼斯坦各次盆，下土仑阶盖层发育于科佩特达格前渊和相邻的巴哈尔多克单斜；在巴哈尔多克单斜北部及中卡拉库姆隆起，下土仑阶泥岩相变为砂岩或者完全尖灭。在穆尔加布次盆，整个土仑阶都是泥质岩，厚达270～300 m，构成区域性盖层；在一些地区，赛诺曼阶和部分赛诺统的泥岩也具有封盖能力，使土仑阶盖层的封盖性得到加强。

在穆尔加布次盆，欧特里夫阶（局部地区为欧特里夫阶—巴雷姆阶）泥岩厚30～40 m，形成了该次盆内沙特雷克组气藏的最重要盖层。

（三）其他盖层

在穆尔加布次盆，始新统为含薄层粉砂岩和白云岩的泥岩，厚达150～550 m，构成了次盆范围内的区域性盖层。在该次盆南部，始新统厚度增至900 m，主要由泥岩、粉砂岩、白云岩和石膏互层构成，封盖性能增强。

阿姆河盆地的下中侏罗统、贝利阿斯阶—凡兰吟阶、欧特里夫阶、巴雷姆阶、阿普特阶、阿尔布阶、赛诺统下部、马斯特里赫特阶以及丹麦阶等层系内还有许多局部性泥岩盖层。

四、圈闭类型及其形成机制

（一）主要圈闭类型

阿姆河盆地已发现油气藏圈闭类型多样，其中以构造型、地层-构造型为主，少部分为岩性地层圈闭，但几乎全部油气藏都具有构造背景，可见局部构造对油气聚集具有重要的控制作用。

所有大中型油气田都或多或少含有构造圈闭因素，其中主要是背斜构造或断背斜构造。在乌兹别克斯坦一侧发现的第一个大型气田——加兹里气田，其圈闭就是典型的短轴背斜构造，构造核部出露地表并被侵蚀，形成直径近100 km的环状，平面闭合幅度50 km×100 km，闭合高度高达500 m，单层气柱高度可达200 m以上，累计气柱高度可达600 m以上（图4-29）。地层-构造型复合圈闭多为背斜构造与储层尖灭带或相变带共同构成，或由断层切割单斜构造形成。

卡洛夫—牛津阶油气藏的主要圈闭类型为地层型、地层-构造复合型。孤立的生物礁（塔礁）和呈带分布的障壁礁本身都可以形成地层圈闭，如乌尔塔布拉克气田和考克杜马拉克油气田的生物礁地层圈闭。乌尔塔布拉克塔礁面积可达10 km²，闭合高度超过600 m，与背斜构造相比具有明显较陡的翼部（图4-30）。生物礁上覆地层的披覆构造还可以构成独立的构造圈闭。

下白垩统油气藏的圈闭包括地层-构造型和背斜型，其中的一些背斜圈闭被断层切割，并与储层的相变构成复合型圈闭。沙特雷克组砂岩储层被欧特里夫阶（局部为欧特

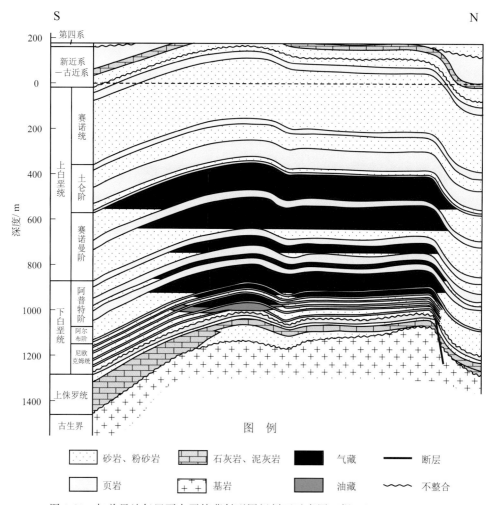

图 4-29　加兹里油气田下白垩统背斜型圈闭剖面示意图（据 Ulmishek，2004）

里夫阶—巴雷姆阶）泥岩封闭，储层的相变与局部背斜构造共同组成复合型圈闭。道列塔巴德-顿梅兹气田是阿姆河盆地最大的气田之一，含气储层处于单斜构造背景下，上倾方向上被断层和储层相变所遮挡，因此也有学者认为该气田有水动力圈闭因素（图4-31）。

　　下中侏罗统的构造-地层型圈闭是背斜与储层的尖灭和岩性变化构成的复合型圈闭，构造型圈闭则是基底隆起上的背斜和披覆构造。

　　另外，在基底隆起的风化壳中还发现了地层-构造型气藏。

（二）圈闭形成机制

　　阿姆河盆地的构造型圈闭与盆地发育早期的裂谷作用和晚期的阿尔卑斯挤压事件有密切的关系，而地层型圈闭主要与卡洛夫—牛津期生物礁有关，也可能存在与地层侧向相变和抬升剥蚀相关的地层圈闭。

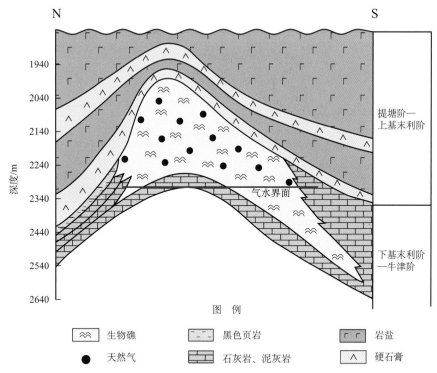

图 4-30 乌尔塔布拉克气田生物礁地层圈闭剖面示意图（据 Ulmishek，2004）

在盆地演化的裂谷阶段（二叠纪—三叠纪），造山后的塌陷作用导致了一系列大致呈南北向和东西向的地堑构造；在随后漫长的裂后发育阶段，盆地基底长期持续沉降，但不同断块的沉降幅度存在明显差异，导致地堑、半地堑构造的扩大，断阶带、单斜构造带的形成。局部断块的差异抬升和沉降，导致了大量同沉积构造的形成。

在盆地演化的裂后阶段，盆地基底长期（侏罗纪—晚古近纪）稳定沉降，并沉积了巨厚岩层。该期形成的最重要的圈闭可能是晚侏罗世（卡洛夫期—牛津期）的生物礁，它们构成了大量的大型油气藏。

在中新世—第四纪阶段，阿拉伯板块和印度板块与欧亚大陆相撞，发生了阿尔卑斯造山运动，阿姆河盆地构造轮廓最终成型。阿尔卑斯挤压运动导致已经存在的断层的复活，并形成了许多区域性新断层。挤压构造活动首先对北阿姆河次盆的东南部产生了影响，导致褶皱和抬升；在盆地西南缘，科佩特达格褶皱带逆冲于前渊之上，在科佩特达格前渊南部，沿断层的垂向位移估计达到 250～300 m，挤压作用还导致前渊和巴哈尔多克单斜的沉积盖层的褶皱变形，形成了大型的高幅度长轴背斜，在科佩特达格前渊南斜坡的背斜翼部具有高角度的倾角；在北阿姆河次盆和穆尔加布次盆，构造挤压导致地层褶皱和断块活动，所形成的构造包括一系列短轴背斜、鼻状构造和断块；在中卡拉库姆隆起，构造挤压导致抬升。挤压构造活动还引起了上侏罗统蒸发岩层的盐构造活动，在盖层薄弱地带发育了盐底辟。

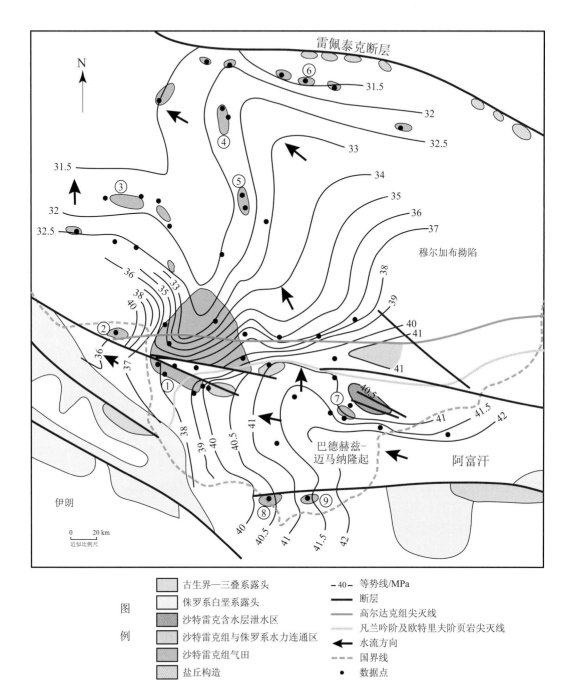

图 4-31　穆尔加布拗陷沙特雷克组水势分布图（据 Ulmishek，2004）

气田编号：1. 道列塔巴德；2. 汉基兰；3. 沙特雷克；4. 拜拉马里；5. 马雷；

6. 乌恰支；7. 卡拉比尔；8. 伊斯利姆；9. 加拉乔普

五、含油气系统特征

阿姆河盆地的有效烃源岩几乎全部分布于侏罗系，下白垩统在盆地内埋深最大的地区可能也具有一定的生烃潜力。

侏罗系有两套烃源岩：一是下中侏罗统泥页岩和含煤岩系，主要含Ⅲ型有机质；二是上侏罗统泥质碳酸盐岩，以Ⅱ型有机质为主。尽管有机质类型存在差异，但埋深的接近和较高的成熟度导致两套烃源岩所生成的烃类相态的趋同特征和产物的混合，因此可以将侏罗系烃源岩看作统一的烃源岩，并构成了统一的含油气系统——侏罗系含油气系统（图4-32）。

一般认为，阿姆河盆地的主要生油窗深度为1800～3400 m，生气窗深度范围为3400～5500 m。

在阿姆河盆地大部分拗陷区，下中侏罗统具有较高的成熟度，加上本身所含的有机质以偏生气的Ⅲ型有机质为主，下中侏罗统烃源岩为阿姆河盆地提供了丰富的天然气。

在北阿姆河次盆，下中侏罗统烃源岩大部分在侏罗纪末达到低成熟阶段，至白垩纪末已经全部进入主要生油窗；目前，除了希瓦凹陷南部和卡拉别考尔凹陷处于生气窗之外，大部分仍处在生油窗内。

中土库曼斯坦的烃源岩成熟生烃史差别较大。科佩特达格前渊和巴哈尔多克单斜的侏罗系烃源岩在早白垩世初就已进入生油窗，而中卡拉库姆隆起上的侏罗系最早在新近纪才进入生油窗，现在还处于生油窗内。现在，科佩特达格前渊的侏罗系已全部处于生气窗。

在穆尔加布次盆的各主要凹陷内，下中侏罗统烃源岩可能在晚侏罗世就已经开始进入生油窗，至早白垩世晚期已经进入生气窗。

卡洛夫—牛津阶烃源岩虽以偏生油的水生有机质为主，但在主要拗陷区该套烃源岩开始成熟生烃的时间也比较早，目前大部分地区已经进入了生气窗，也是以生气为主；早期所生成的石油可能也因高温而裂解为湿气。

北阿姆河次盆的卡洛夫阶—牛津阶烃源岩到侏罗纪末到达低成熟阶段；在白垩纪末，除了布哈拉台阶东北部部分地区，该套烃源岩全部进入生油窗。目前，希瓦凹陷南部和卡拉别考尔凹陷的卡洛夫阶—牛津阶烃源岩已处于生气窗，埋藏较浅的部分凹陷可能仍有液态石油生成。穆尔加布次盆中部的卡洛夫阶—牛津阶烃源岩成熟较早，侏罗纪末已经达到生油窗，至晚白垩世晚期已经进入生气窗，目前大部分已经处于生干气阶段。

可见，侏罗系两套主力烃源岩的有机质性质和高成熟度决定了阿姆河盆地以天然气和凝析油聚集为主的面貌。

阿姆河盆地的主要含油气储层包括上侏罗统台地碳酸盐岩和生物礁碳酸盐岩，以及下白垩统滨浅海相陆源碎屑岩储层。

阿姆河盆地内发育了两套区域性盖层：一套是侏罗系顶部的高尔达克组蒸发岩，在这套蒸发岩发育的地区，盐上白垩系中的含油气性下降，说明这套地层起了非常好的封闭作用，并构成了上侏罗统和下白垩统两个主要含油气层系的分界；另一套盖层是区域性分布的上阿普特阶—阿尔布阶页岩，该套页岩构成了下白垩统含油气层系的盖层，该套盖层之上的地层中发现的油气储量很少，说明这套盖层的封闭性相当好。

　　阿姆河盆地深拗陷中的高成熟烃源岩所生成的天然气沿断裂带、砂岩储层或不整合面向拗陷周边的斜坡和隆起带运移（图 4-33）。白垩纪—古近纪期间主要的圈闭是同沉积过程中形成的生物礁地层圈闭，以及部分砂岩侧向相变或剥蚀尖灭构成的原生地层圈闭。从中新世开始，阿姆河盆地的沉积盖层受阿尔卑斯构造运动影响开始发育大量与褶皱构造相关的构造型圈闭，同时侏罗系烃源岩也达到了生气高峰，早期形成的油气藏因构造变形发生调整并与新生的天然气一起向构造圈闭中聚集，形成了大量构造型或地层-构造复合型（油）气藏。在北阿姆河次盆构造台阶上，晚期充注的天然气沿斜坡向上驱替早期聚集的液态石油，呈现出典型差异聚集特征。

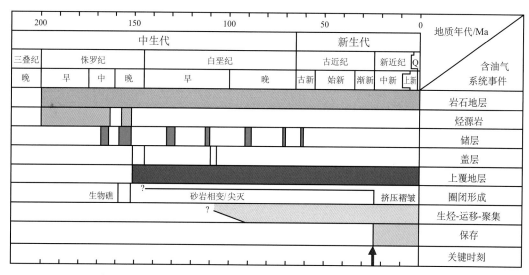

图 4-32　阿姆河盆地侏罗系含油气系统事件图（据 Ulmishek，2004）

　　除了侏罗系烃源岩外，阿姆河盆地下白垩统的部分泥页岩也是有效烃源岩，因此在盆地中部还存在一个下白垩统含油气系统（图 4-34）。但下白垩统有效烃源岩的分布范围和生烃量十分有限，难以与侏罗系含油气系统相提并论。

　　北阿姆河次盆大部分地区的下白垩统烃源岩目前处于主生油窗；在布哈拉台阶、查尔朱台阶和鲍里德什克台阶的北部、希瓦凹陷北部，该套烃源岩目前仍处于低成熟阶段。

　　在科佩特达格前渊，下白垩统烃源岩在古近纪初开始进入生油窗，目前尼欧克姆统烃源岩处于生气窗，而阿普特阶—阿尔布阶烃源岩全部处于生油窗。巴哈尔多克单斜大部分地区下白垩统目前均已完全进入生油窗，而中卡拉库姆隆起顶部的下白垩统烃源岩仍未成熟。

　　在中土库曼斯坦，科佩特达格前渊的下白垩统烃源岩油气生成过程最活跃，而巴哈尔多克单斜为前渊中产生的烃类向中卡拉库姆隆起运移提供了良好的通道。道列塔巴

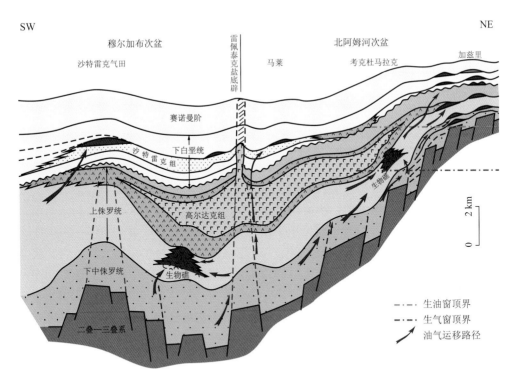

图 4-33　阿姆河盆地侏罗系含油气系统剖面示意图（据 C&C，2002c）

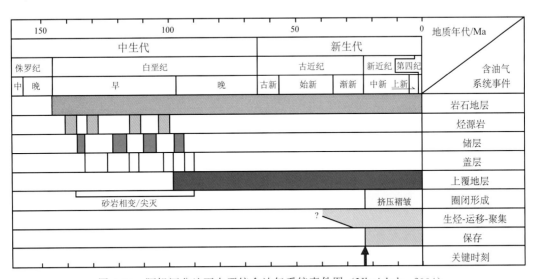

图 4-34　阿姆河盆地下白垩统含油气系统事件图（Ulmishek，2004）

德-顿梅兹气田北部断块中的无硫天然气就来自科佩特达格前渊东段的下白垩统烃源岩。中卡拉库姆隆起从中生代到新生代一直存在，是一个继承性构造单元，为周边成熟烃源岩区所生成油气提供了有利的聚集场所。

穆尔加布拗陷中部的尼欧克姆统烃源岩目前也已经达到生气窗，而阿普特—阿尔布阶烃源岩处于生油窗下部，因此下白垩统有可能生成部分液态石油和部分天然气。相邻的滨浅海相砂泥岩互层为油气聚集提供了储层和盖层，而中新世以来的构造挤压为油气聚集提供了良好的构造圈闭。

第四节　典型油气田

阿姆河盆地已经发现了 343 个（油）气田（IHS，2012f），主要分布在乌兹别克斯坦和土库曼斯坦境内，阿富汗境内有 10 个气田，伊朗境内有 1 个气田。据统计，在阿姆河盆地已发现的油气储量中，液态石油占 4%，天然气占 96%。从油气相态来看，阿姆河盆地为数不多的液态石油全都分布于盆地东北部的布哈拉台阶和查尔朱台阶上，其他地区主要是天然气和凝析气（图 4-35）。从产层层位来看，在盆地北缘较老，向盆地中央的拗陷区则逐渐变新，在南缘区层位最新。从平面分布来看，大多数油气田分布于北阿姆河次盆的中北部、穆尔加布凹陷的南部和中卡拉库姆隆起，而巴哈尔多克单斜和科佩特达格前渊发现的油气很少；穆尔加布拗陷中部的发现也不多，但此处侏罗系埋藏

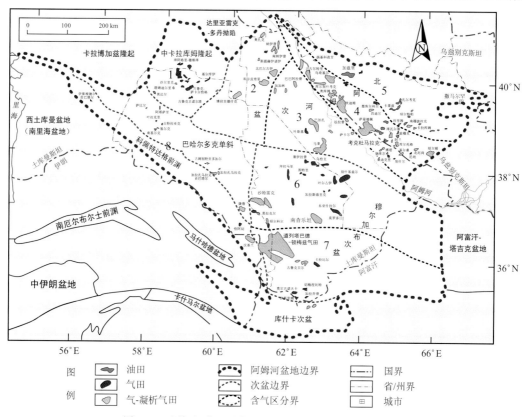

图 4-35　阿姆河盆地油气田平面分布（据 IHS，2012f）

含（油）气区编号：1. 中卡拉库姆；2. 鲍里德什克-希瓦；3. 外温古兹；4. 查尔朱；5. 布哈拉；6. 穆尔加布；
7. 巴德赫兹-卡拉比尔；8. 科佩特达格山前拗陷

较深，发现较少与勘探程度较低有关。在平面上，阿姆河盆地可以划分为中卡拉库姆、鲍里德什克-希瓦、外温古兹、查尔朱、布哈拉、穆尔加布、巴德赫兹-卡拉比尔、科佩特达格山前拗陷8个含（油）气区（图4-35）。受石油地质条件制约，不同含（油）气区的含油气丰度相差很大。

中卡拉库姆含气区位于中卡拉库姆隆起的东南部，区内发现9个气田，含气层位大多在阿普特阶以上，少数气田存在巴雷姆阶、欧特里夫阶和牛津—卡洛夫阶含气层。本区位于继承性隆起上，尽管本地不发育烃源岩，但长期处于天然气侧向运移和聚集有利区。

鲍里德什克-希瓦含气区以凝析气田为主，已发现气田规模都比较大，最著名的如阿恰克、纳伊普和科尔皮奇里等气田。产层包括阿尔布阶、欧特里夫阶、牛津阶、卡洛夫阶和下中侏罗统，其中主要是卡洛夫—牛津阶和阿普特阶。在靠近物源的北部，气田含气层位多，而远离物源的南部含气层位较少；在构造高部位的气田含气层位较老，甚至有中侏罗统含气层。

外温古兹含气区发现了5个气田，其中4个发育了牛津—卡洛夫阶产层，含有凝析气，有两个发育了欧特里夫阶产层。

查尔朱含气区共发现油气田50多个，是阿姆河盆地发现油气田最多的构造单元；盆地内发现的大气田数近半数分布于该含气区，分别是古古尔特里、坎迪姆、萨曼特佩、登基兹库尔-霍扎克、乌尔塔布拉克、泽瓦尔德、舒尔坦。查尔朱台阶位于阿姆河盆地北部，白垩系不发育，所以含气层主要是侏罗系，几乎所有气田都发育了牛津阶产层。查尔朱台阶本身处于较高的构造部位，其西侧和南侧分别是希瓦凹陷、外温古兹凹陷及别什肯特凹陷等生烃中心，是油气运移的有利方向。

布哈拉含气区位于阿姆河盆地北缘，已发现30多个（油）气田。受差异聚集影响，这里的气田大多含有液态石油。产层大多集中在上侏罗统牛津—卡洛夫阶和尼欧克姆统、阿普特阶内。北部气田产层层位较高，加兹里气田发育了土仑阶和赛诺阶产层；南部气田的产层层位则较低，甚至有下中侏罗统产层。

穆尔加布含气区位于阿姆河盆地中南部，包括桑迪卡奇凹陷北部及扎赫麦特单斜。其西部延伸到科佩特达格山前拗陷东端，已发现20多个气田和凝析气田，未发现油田，产层以下白垩统为主，如沙特雷克大气田；但最近的勘探已经证实，本区深拗陷部位存在侏罗系产层，如南杳乐坦（复兴）巨型气田所发现的上侏罗统台地碳酸盐岩产层。该区已发现的绝大部分气田属完整的短轴背斜，没有断层切割。该地区已发现气田的凝析物含量较低，与穆尔加布拗陷主力烃源岩埋深大、成熟度高有关。

巴德赫兹-卡拉比尔含气区位于穆尔加布次盆南部，包括桑迪卡奇凹陷南部及巴德赫兹-卡拉比尔台阶，已发现的油气田数不多，但储量规模较大，如道列塔巴德-顿梅兹巨型气田。该含气区的产层分布跨度较大，从古新统到下中侏罗统均有分布，但下白垩统产层含气性较低。

科佩特达格山前拗陷区包括科佩特达格前渊和巴哈尔多克单斜，目前已发现10多个油气田，大多数分布于巴哈尔多克单斜上。

一、道列塔巴德-顿梅兹气田

道列塔巴德-顿梅兹气田位于阿姆河盆地南部、穆尔加布次盆的巴德赫兹-卡拉比尔隆起西端（图 4-35），是阿姆河盆地已发现的最大气田之一，天然气可采储量为 $1.42 \times 10^{12} \, m^3$，凝析油可采储量 $1544 \times 10^4 \, m^3$。主力产层为下白垩统欧特里夫阶沙特雷克组冲积扇砂砾岩，砂岩主要分布于北部，向南减薄并相变为砾岩。储层总厚度为 $7 \sim 35 \, m$（平均 20 m），产层净厚度在南部平均为 10 m，到北部平均为 17 m。储集性质较好，孔隙度平均为 $18\% \sim 20\%$，平均渗透率 350 mD。气田分布于一个北倾的单斜构造上，由于气水边界与构造等值线不一致，所以提出了该气藏为水动力圈闭的观点，但同时承认有断层封闭、砂岩尖灭和局部倾斜的作用。两个东西向正断层将气田分割为三个构造单元：含气南部断块、含气北部断块和含水中部断块。储层的顶部埋深在 2400 m，原始气水界面深度在 $2586 \sim 3438 \, m$。该气田发现于 1974 年，1980 年投入开发，到 2004 年已累计生产天然气 $5000 \times 10^8 \, m^3$，凝析油 $488 \times 10^4 \, m^3$。

1. 气田构造和圈闭特征

道列塔巴德隆起是一个大型构造隆起，包括三个局部构造高点，西高点为道列塔巴德，道列塔巴德-顿梅兹气田就发育在该构造高点上。

道列塔巴德-顿梅兹气田横跨两个构造带：南部的巴德赫兹-卡拉比尔隆起带和北部的桑德卡奇凹陷带。在气田的西部和东部发育了南北向大断裂。气田的构造为一个不闭合的北倾单斜构造。储层顶面的埋深在 2400 m，原始气水界面在 $2586 \sim 3438 \, m$。两条东西向的高角度正断层将气田分割为南部、中部和北部三个断块。南部和北部断块为气藏，而呈楔状的中部断块含水（图 4-36）。一般认为，该气田的圈闭机制主要是水动力圈闭，辅以断层封闭、砂岩尖灭和倾斜闭合；但这种解释存在很大的疑点，即地质历史上是否存在稳定的地下水动力条件。圈闭在晚中新世到中更新世期间由于阿尔卑斯造山运动的区域性抬升而充注天然气。气田储层裂缝很发育，特别是其中部和东部。裂缝的存在大大提高了储层的渗透性。

2. 天然气来源

阿姆河盆地发育了下中侏罗统、上侏罗统和下白垩统三套烃源岩。下中侏罗统为湖相泥岩，有机质主要是腐殖型，也有一些腐泥质组分；上侏罗统烃源岩为盆地相页岩或泥质碳酸盐岩，盆地内的高含硫天然气可能来自该套烃源岩；下白垩统烃源岩为浅海相页岩，但仅在科佩特达格前渊地区可能达到成熟。

道列塔巴德-顿梅兹气田不同断块的天然气成分存在明显差异。气田西北部以无硫天然气为主，而东南部天然气的硫化氢含量可达 1%。分析认为，气田不同部分的天然气可能来自不同的烃源岩。西北部的天然气可能来自科佩特达格前渊的下白垩统烃源岩，而在道列塔巴德地区南部上侏罗统高尔达克组蒸发岩层缺失，下伏上侏罗统烃源岩生成的含硫化氢天然气经过垂向运移进入圈闭，形成了含硫天然气（图 4-37）。

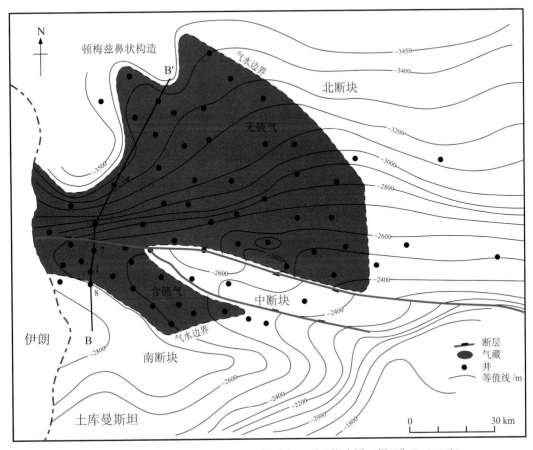

图 4-36　道列塔巴德-顿梅兹气田沙特雷克组顶面构造图（据 C&C，1999b）

3. 储层特征

在该气田内的中新生界沉积层序包括从上侏罗统到第四系的全部地层。上侏罗统层序为 300～350 m 厚的卡洛夫阶—牛津阶石灰岩和 300 m 厚的基末利阶—提塘阶蒸发岩。上侏罗统顶部被侵蚀。下白垩统底部是凡兰吟阶，为厚度约 100 m 的石灰岩和白云岩。凡兰吟阶之上覆盖了欧特里夫阶的以碎屑岩为主的陆相到浅海相沉积。欧特里夫阶的中部段为沙特雷克组，岩性为砂岩、粉砂岩和砾岩，是道列塔巴德-顿梅兹气田的储集层。沙特雷克组砂砾岩体北界呈现明显的叶状，可能是冲积扇一部分。在气田南部发育了砾岩，向北变为含砾砂岩，最后变为砂岩。

欧特里夫阶之上为巴雷姆阶石灰岩、阿普特阶石灰岩和页岩、阿尔布阶页岩和上白垩统碳酸盐岩和碎屑岩。巴雷姆阶石灰岩厚约 30 m，构成了欧特里夫阶储层的盖层。

在气田范围内储层总厚度在 7～35 m，平均为 20 m。产层平均净厚度在南部为 10 m，到北部增加到 17 m。储层内没有明显的页岩隔层，但一些低孔隙度的粉砂岩层构成了不完全的渗流屏障。

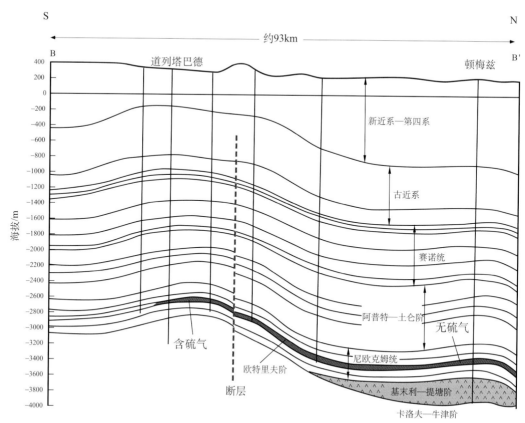

图 4-37　过道列塔巴德-顿梅兹气田的南北向构造-地层剖面（据 C&C，1999b）

剖面位置见图 4-36

　　气田范围内的储层主要是石英细-中砂岩，其次是粉砂岩。砂岩一般为红褐色，在含酸气的地带可能变为灰色。砂岩被方解石、黏土和自生加大石英胶结。黏土和碳酸盐胶结物的溶蚀作用形成了次生孔隙。石英自生加大占据了孔隙空间，导致孔隙度降低，但早期的石英生长可能阻止了压实作用的继续，并保存了孔隙。

　　气田内储层的平均孔隙度为 18％～21％，渗透率为 350 mD。孔渗性随着岩性的变化而变化。砾岩和砂质砾岩储层物性最好，孔隙度＞10％，而渗透率可达 100～200 mD（图 4-38）。砂质/粉砂质砾岩的平均孔隙度为 7％，渗透率为 10～30 mD。砾质砂岩的孔渗性最好，孔隙度在 22％左右，而渗透率高达 900 mD。孔隙度在 8％～12％、渗透率在 1～10 mD 的粗粉砂岩和细粉砂质砂岩属于低孔隙度储层，净厚度为 0～16 m，占全部储层净厚度的 10％～20％。在局部，这类低孔隙度储层占的比例可能达到 87％。但低孔隙度储层中的天然气储量仅占气田总储量的 6.5％。大多数低孔隙度储层与高孔隙度砂岩储层呈交互。当在高孔隙度储层中形成了较大的压力差时，高孔隙度储层与低孔隙度储层之间的压力梯度将驱动天然气从低孔隙度的粉砂岩向相邻的高孔隙度地层中运动。这将对提高气田的最终采收率有利。

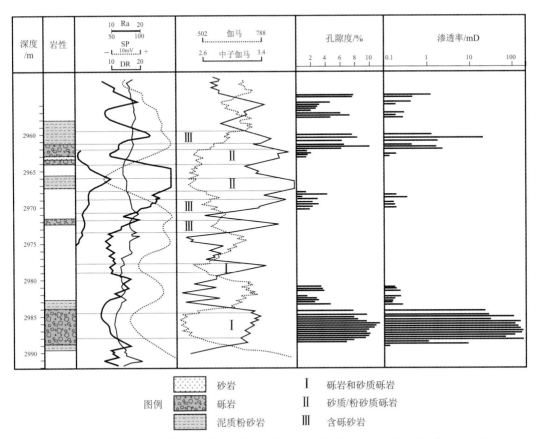

图 4-38　道列塔巴德-顿梅兹气田沙特雷克组测井响应和储层物性特征（据 C&C，1999b）

二、考克杜马拉克油气田

考克杜马拉克油气田位于乌兹别克斯坦西南部，构造上属于查尔朱台阶中段（图 4-35）。该油气田发现于 1979 年，发现井在 2555 m 深度钻穿了上侏罗统石灰岩礁体中的气层和凝析气层，完井井深为 3155 m。该油田估算可采储量包括 $7473 \times 10^4 m^3$ 石油、$8800 \times 10^4 m^3$ 凝析油和 $1683 \times 10^8 m^3$ 天然气。考克杜马拉克油气田属于单一纯粹地层圈闭，其油柱高度为 59 m，气顶高度为 216 m，储层是卡洛夫阶—基末利阶的塔礁。油气田内未发现断层，面积为 30 km²，顶部平坦，翼部陡倾，上面为厚度较大的蒸发岩所封盖。储层段包括三个层，其中中部层是主力产层，含有大量溶孔和溶洞。上覆层和下伏层为孔隙性石灰岩与致密石灰岩互层。顶部层可能沉积于塔礁顶部的环礁型潟湖环境中。

阿姆河盆地中的大部分液态石油是牛津阶/基末利阶霍扎伊帕克组顶部的薄层黏土、粉砂和石灰岩中生成的。该套地层中发育了含藻类的石灰质黏土岩。石油来自考克杜马拉克油气田西南侧深度较大的巴加扎一带，并向北东向穿过上侏罗统石灰岩进入了查尔朱台阶上的孔隙性生物礁中。

1. 构造和圈闭特征

考克杜马拉克油气田为单一地层圈闭，油气储集在一个晚侏罗世塔礁中。该塔礁位于查尔朱构造台阶的西南缘，埋深约为2900 m。再往西南，上侏罗统蒸发岩的底界面迅速下沉至3400～3600 m深度。考克杜马拉克生物礁圈闭的上覆和侧翼被525～878 m厚的基末利阶—提塘阶蒸发岩封闭。该油田长约8km，宽3km，走向北西西—南东东，面积30km²。生物礁侧翼的地层倾角约为35°～40°，而顶部基本水平，倾向北西，倾角1°。构造高点位于其东南部，埋深2555 m。圈闭中含有59 m高的油柱，之上为216 m高的气-凝析气顶。原始的油水界面的深度为2830 m，而气油界面的深度为2771 m，油田内不发育断层（图4-39）。

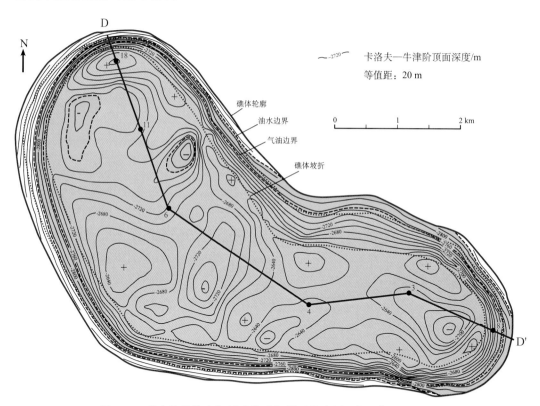

图4-39　考克杜马拉克气田库基唐组顶面构造图（据C&C，2002c）

2. 储层特征

考克杜马拉克油气田分布于中上侏罗统库基唐组的一个塔礁中，该塔礁是阿姆河盆地东南部的20多个类似塔礁中的一个。在晚侏罗世期间，盆地的大部分地区被碳酸盐岩沉积为主的陆架环境覆盖，其中发育了补丁礁。该陆架与盆地南侧和北侧以硅质碎屑岩为主的内陆架和陆相区呈相互交叉。向东南方向，盆地加深，并沉积了外陆架和盆地相。在较深地区的边缘形成了 10～20 km 宽的障壁礁。

从障壁礁向深盆地方向上发育了塔礁和碳酸盐岩浊积扇。在基末利期，盆地变成了局限环境，碳酸盐沉积终止，并开始沉积蒸发岩。在考克杜马拉克油田，在中卡洛夫期—早基末利期的石灰岩层段中出现了礁灰岩。该段整合地覆盖于一个厚度超过 300 m 的页岩和少量薄层砂岩、粉砂岩和石灰岩层段之上。该段的储层厚度为 217～500 m，由上而下可以划分为以下 6 个岩性单元，油气储量主要分布于上面的三个单元（XV-HP、XV-P、XV-PC）内。储层段之上是厚达 878 m 的基末利—提塘阶蒸发岩，正是这套蒸发岩封闭了下伏储层中的油气。三个储层单元在侧向上范围有限，在塔礁的外缘很快尖灭，相变为厚度仅有 20m 左右的盆地相泥质碳酸盐岩或泥质岩（图 4-40）。

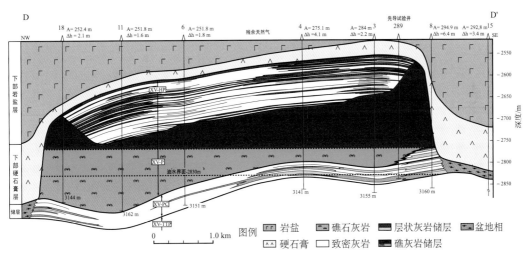

图 4-40　考克杜马拉克油田的北西南东向剖面（据 C&C，2002c）
剖面位置见图 4-39

中卡洛夫阶—下基末利阶碳酸盐岩层段可以划分出 6 个岩性段，下部三个段为非储层，上部三个段为储层。非储层段最下部的 XVI 单元厚度 51～76 m，岩性为深灰色到黑色的致密石灰岩和泥质石灰岩；之上为 XV-a 单元，厚度 32～61 m，岩性与 XVI 单元相似，但泥质含量较低，局部存在重结晶的方解石团块；最上部的非储层单元是 XV-Π，为深灰色、灰色和浅灰色致密石灰岩与泥质石灰岩的交互层，厚达 129 m。

储层段主要由塔礁石灰岩组成。最下部的储层单元 XV-PC 厚度 30～65 m，岩性为孔隙性石灰岩和致密石灰岩的交互层。在塔礁的边缘，XV-PC 单元相变为盆地相富含有机质的泥质碳酸盐岩和泥岩。该油田的主要产层段是上覆的 XV-P 单元，厚度 23～196 m，岩性为浅灰色到深灰色的沥青质、块状生物礁石灰岩，其中发育了大量的溶洞，并且容易破碎。最上部的储层单元 XV-HP 的岩性为灰色、深灰色或黑色石灰岩，常发育层理，局部为块状，为致密岩性与孔隙性岩性的交互层。该单元的石灰岩发生了重结晶，其中含有次生方解石的团块（图 4-40、图 4-41）。

最上部的 XV-HP 单元，向塔礁的中央厚度最大（121 m），但向塔礁的边缘减薄直至为零，超覆于下伏 XV-P 单元的边缘之上，可见该单元主要分布于塔礁顶部的低洼

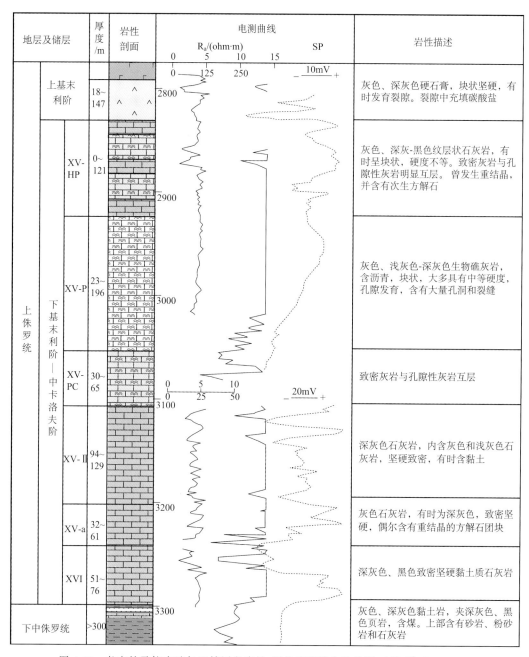

图 4-41 考克杜马拉克油气田储层段岩性-测井响应综合柱状图（据 C&C，2002c）

内，可能是环礁包围的潟湖相沉积。在以石灰岩为主的生物建隆之上披覆了一层硬石膏盖层，在塔礁顶部其厚度为 20～35 m，向侧翼大大增厚（100～120 m）。

包括 XV-HP、XV-P、XV-PC 三个单元在内的储层段的平均厚度为 310 m。孔隙度最高、物性最好的储层是中间的 XV-P 单元，该单元在整个油田范围内都有分布，而且其内部没有明显的渗透屏障。上覆和下伏的 XV-HP 和 XV-PC 单元具有极强的成层性，为孔隙性石灰岩与相对致密的石灰岩的互层。这些单元中，每个单层石灰岩的厚度一般在 1～5 m。大多数致密石灰岩侧向上是不连续的，特别是底部的 XV-PC 单元中的致密石灰岩。而在上部的 XV-HP 单元中的致密石灰岩层在整个油田范围内是连续的，因此构成了垂向渗流的有效隔层。油柱完全位于油田的西北半部的储层性质较好的 XV-P 单元中。向东南方向，油水界面与 XV-PC 单元的储层相交，因此向东南方向抬高。对气柱的情况则相反，主要是分布于油田的东南半部的储层性质较好的 XV-P 单元，但向西北越来越多地位于性质较差的 XV-HP 单元中，该单元向西北方向逐步加深并与气油界面相交。油田内不发育断层。

储层的孔隙度范围为 17%～25%，渗透率一般在 200～500 mD。孔隙类型主要是粒间孔和溶洞/溶孔。溶洞中通常衬以栉壳状的方解石胶结物。一般认为溶洞孔隙是在早期成岩期间在生物礁暴露到大气中受淡水淋滤溶蚀的结果。对阿姆河盆地的中上侏罗统石灰岩的岩石学研究发现，在方解石胶结物中没有任何原生的油气包裹体。这表明胶结作用早在石油运移之前就已经结束。

小　结

1）阿姆河盆地是中亚地区乃至世界上天然气最丰富的沉积盆地之一。已发现的天然气储量绝大部分聚集在上侏罗统生物礁和台地相碳酸盐岩，以及下白垩统滨浅海相砂岩储层中。

2）丰富的天然气资源大部分来自下中侏罗统的陆相偏生气烃源岩，其次是上侏罗统盆地相偏生油烃源岩，主要生烃灶埋藏深、成熟度高，绝大部分已进入生气窗；下中侏罗统陆相-浅海相砂岩、上侏罗统浅海相和生物礁相碳酸盐岩、下白垩统滨浅海相砂岩构成了主要含油气储层；侏罗纪末广泛发育的一套蒸发岩构成了下伏含油气层系的区域性盖层，而阿尔布—赛诺曼阶的浅海相泥岩构成了下白垩统含气层系的区域性盖层。

3）上侏罗统生物礁和台地碳酸盐岩构成的地层型或地层构造型圈闭紧邻盆地相烃源岩，具有聚集油气的先天优势；但盆地内的绝大多数含油气圈闭与中新世以来印度和阿拉伯板块与欧亚大陆南缘碰撞引起的区域性挤压构造活动有关，这一时期的构造活动不仅形成了大量圈闭构造，也是驱动油气向圈闭聚集的重要因素。

南里海盆地 第五章

◇ 南里海盆地位于里海南段,部分延伸到阿塞拜疆和土库曼斯坦的陆上,是中亚-里海地区最重要的含油气盆地之一;南里海盆地已发现油气田 179 个,探明油气可采储量 68.85×10^8 m³ 油当量,占中亚-里海地区探明油气储量的 18.97%。其中液态石油 43.12×10^8 m³,天然气 2.75×10^{12} m³。

◇在大地构造上,盆地位于高加索阿尔卑斯褶皱带内,是在褶皱带内微地块和弧后残余洋壳基底之上发育的新生代前陆盆地。南里海盆地是从侏罗纪—白垩纪欧亚大陆南缘弧后裂谷、准特提斯洋演化而来的;从古新世起,受西莫里陆块增生和新特提斯洋俯冲挤压的影响,准特提斯洋开始收缩关闭并向前陆盆地转化。

◇南里海盆地渐新世以来具有快速沉降和快速沉积的特征,特别是上新世以来沉积最快。自渐新世开始,区域构造挤压加强,盆地周边快速隆升的褶皱山系形成巨大的构造载荷导致南里海盆地快速沉降,并开始向盆地内提供巨量陆源碎屑沉积物,形成巨厚沉积盖层,盆地中部新生界最大厚度可达 20 km。

◇南里海盆地的构造变形主要与最后一期阿尔卑斯褶皱活动有关,现今的南里海地区仍是构造活动活跃的地区,地震多发,常见泥火山喷发、间歇泉和温泉。由于快速沉积,年轻沉积物捕集了大量地层水并形成了较强的异常高压,加之固结成岩程度低,沿断裂带发育了大量泥火山,并常伴有天然气逸散。

◇渐新世开始,受阿拉伯板块北端顶角向欧亚大陆南缘楔入的影响,准特提斯洋由弧后边缘海转变为半封闭的局限海,并在渐新世—早中新世期间广泛沉积了富含藻类有机质的迈科普群、硅藻组页岩,这套地层构成了南里海盆地主要的偏油型烃源岩;由于快速沉降和快速沉积以及低热流,渐新统—下中新统烃源岩进入生油气窗口的时间较晚,且目前仍处于生油气窗内;对于构造活动区来说,生烃时间较晚有利于油气藏的保存。

◇南里海盆地的主要储层为上新统中部的陆源碎屑岩,在阿塞拜疆一侧称为产层群,主要由古伏尔加河和古库拉河的三角洲沉积组成,在土库曼斯坦一侧主要由古阿姆河三角洲沉积组成;砂岩储层具有成岩胶结弱、高孔高渗的特征,其中已发现的储量占整个盆地总储量的 90% 以上。

◇南里海盆地的绝大多数含油气圈闭与背斜构造有关,通常为长轴状不对称背斜,构造型及与构造相关的复合型圈闭所含的油气储量占全盆地储量的 96% 以上。中新世特别是上新世以来强烈的区域性构造活动,为构造圈闭形成和油气运移聚集提供了有利条件,但同时也是导致油气逸散的重要原因。

第一节　盆地概况

一、盆地位置

南里海盆地是一个长条形的山间盆地，面积 287 357 km²，其中约有一半的面积位于南里海海域，另外一半属于南里海周边各国的陆地。盆地主体位于阿塞拜疆和土库曼斯坦境内，南部的少部分属于伊朗，盆地西端延伸到格鲁吉亚境内。盆地的中心部分在南里海（图 5-1）。

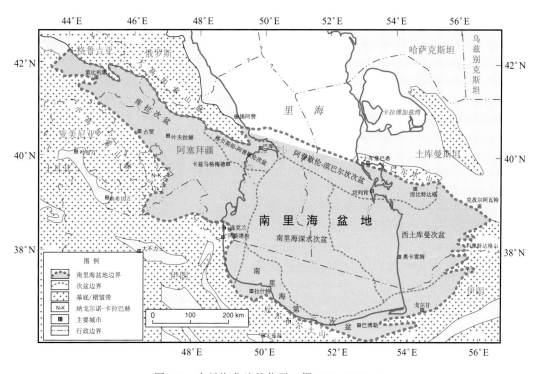

图 5-1　南里海盆地的位置（据 IHS，2012 g）

盆地北部边界为一条区域性主干断裂带，该断裂带沿着科佩特达格褶皱带的北缘延伸到大巴尔坎地块，继续向西进入里海形成阿普歇伦-滨巴尔坎隆起带，并与大高加索褶皱带的南缘相接。盆地的南界受阿尔卑斯期褶皱山脉限制，从西到东分别为小高加索山脉、塔雷什山脉和厄尔布尔士山脉。盆地最西边以伊梅列迪隆起为界，一条北东向的走滑断层把该盆地与其毗邻的里奥尼盆地分开。在东部，科佩特达格山脉的逆冲断裂构成了盆地东南边界（图 5-1）。

二、勘探开发概况

(一) 勘探概况

南里海盆地有相当长的勘探历史。早在很多个世纪之前在阿塞拜疆的巴库地区就发现有油气显示。在 1848 年钻了第一口机械钻井（比比爱伊巴特油田）。用"现代"技术发现的第一个油气田是 1871 年发现的巴拉汉-萨本奇-拉马尼（Balakhany-Sabunchi-Ramany）大型油田。在 19 世纪 80 年代进行了有记载以来的第一次勘探测量，当时在西土库曼的切列肯地区已经开始小规模石油开发。

20 世纪 30 年代，格鲁吉亚和土库曼斯坦开始了石油勘探。第二次世界大战以后，在阿塞拜疆有较大的发现，因此勘探工作量增大，在土库曼斯坦也发现了巨型油田和气田。1974 年格鲁吉亚发现了其最大的油田：萨姆格里-帕塔纠里（Samgori-Patardzeuli）油田。

伊朗一侧的勘探始于 20 世纪 50 年代，并在 1963 年发现了戈尔甘（Gorgan）油田。

在巴库附近的里海浅水水域的一些小岛附近发现了第一个海上油气田，而实际上这些油气田是从陆地延伸到海上的。第一次真正意义的海上发现是在 1949 年，在阿塞拜疆的海上部分发现了涅夫特达什拉里（Neft Dashlary，意为"油石头"）油田。苏联解体后，盆地的阿塞拜疆和土库曼斯坦一侧海域部分与国际石油公司合作进行了大量勘探。伊朗一侧水域仅在 1990 年进行了首次钻探。

尽管南里海盆地的陆地部分很早就开始了油气勘探，但大规模钻探是在苏联成立之后，在第二次世界大战之前，年度勘探钻井进尺一般在 50 000 m 以下，到 1945 年开始逐步增加，到 1952 年猛增到 300 000 m 以上，此后到 1990 年一直稳定在 200 000 m以上。

苏联解体对南里海盆地的勘探工作影响很大，钻探进尺跌到了 10 000 m 上下，甚至低于 1940 年以前的水平。2000 年以后虽有上升，但仍然处于较低水平，而且其中相当一部分是外国石油公司完成或委托完成的，说明阿塞拜疆和土库曼斯坦两国的勘探投资受经济实力影响很难在短时间内恢复（图 5-2）。

南里海盆地的预探井勘探成功率一直不高，全盆地到 2005 年的平均水平为13.8%，而海域部分较高，为 23.7%。勘探成功率较低的原因是早期地震勘探程度较低，圈闭准备严重不足，很多构造在未经地震确认的情况下就盲目开钻。而海域的勘探起步较晚，地震勘探程度也相对较高。1997 年以后，外国石油公司主导了该盆地的勘探钻井，成功率有所上升，但就其总体水平来看仍然较低，全盆地平均达到 17.3%，而陆地部分也只有 18.2%，说明南里海盆地的勘探难度较大。

南里海盆地的油气储量增长呈明显的跳跃式（图 5-2），几次大幅度增长与发现的大型或特大型油气田有关。阿塞拜疆陆上的巴拉汉-萨本奇-拉马尼油田和比比爱伊巴特（Bibiheibat）油田的发现导致了 1869 年和 1873 年两个储量增长高峰。1904 年前后，在巴库以东发现了苏拉汉（Surahani）特大型油田，导致了又一次储量大幅度上升。20 世纪 50 年代是南里海盆地油气储量增长的黄金时代，在阿塞拜疆发现了涅夫特达什拉里

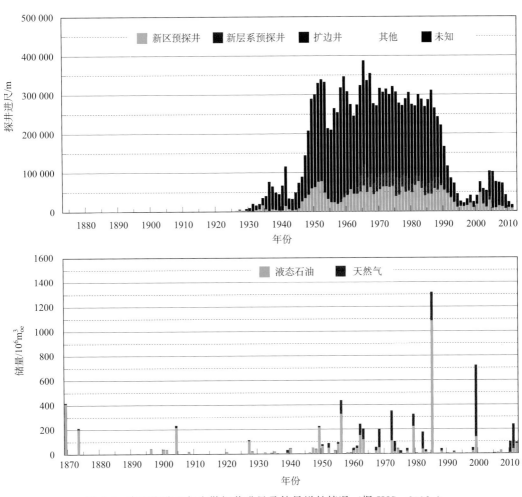

图 5-2 南里海盆地年度勘探井进尺及储量增长情况（据 IHS，2012g）

油田、海上的古尔干-德尼兹（Gurgan-Deniz）油田和奇洛夫·阿达斯（Chilov Adasi）油田，之后又相继发现了海上的库姆-阿达斯（Qum-Adasy）油田和陆上的库罗夫达格（Kurovdag）、米绍夫达格（Mishovdag）、恰尔马兹（Qalmaz）、恰拉巴格里（Qarabagli）、库尔桑加（Kursanga）、卡马列金（Kamaleddin）和塔尔斯达拉尔（Tarsdallar）等油田；在西土库曼发现了 5 个油气田，其中包括戈图尔德佩（Goturdepe）巨型油气田（1956 年）。此后，在南里海海域，主要是沿阿普歇伦-滨巴尔坎隆起带和西部的巴库群岛一带，发现了一系列大中型油气田。20 世纪 80 年代，在阿塞拜疆一侧海上发现了奇拉格（Chirag）油田（1985 年），导致了海上发现的最高峰。此后又发现了海上的阿泽里（Azeri）油田（1987 年）和卡帕兹（Kapaz）油田（1988 年）。

苏联解体以后，外国石油公司在南里海盆地发现了一个特大型气田，即沙赫德尼兹（Shah Deniz）天然气-凝析气田（1998 年），这也是 20 世纪 90 年代以来该盆地储量增长幅度最大的一次（表 5-1）。

表 5-1　南里海盆地油气勘探基础数据表（据 IHS，2012 g 资料统计）

盆地概况	盆地位置	大高加索-科佩特达格褶皱带	
	盆地面积/km³	287 358	
	盆地性质	前陆（山间）盆地	
油气储量	可采储量	油	气
	探明＋控制总储量/m³	43.12×10⁸	27 496.12×10⁸
	累计总产量/m³	25.51×10⁸	7256.09×10⁸
	剩余总储量/m³	17.61×10⁸	20 240.03×10⁸
工作量	地震	地震测线长度/km	49 000	
		地震测线密度/（km²/km）	5.9	
	钻井	预探井总数/口	1203	
		预探井密度/（km²/口）	陆上 133；海域 1079	
		最深探井/m	陆上 6522；海域 7194	

（二）开发和生产历程

南里海盆地有相当长的油气生产历史，油气产量主要来自阿塞拜疆的阿普歇伦半岛地区和西土库曼地区，这两个地区也是人类历史上最早进行工业化开采石油的地区之一。

1. 阿塞拜疆阿普歇伦半岛地区

公元 10 世纪，阿普歇伦半岛已经开始掘井开采石油；由于采用人工挖掘，井深一般不大，最深可达 35 m；根据历史记录，1806 年在阿普歇伦半岛已经有 50 口油井。

1819 年在比比爱伊巴特油田有 19 口井，1830 年石油产量达到了 87 m³。1848 年，在比比爱伊巴特油田最早开始了工业化生产，采用了顿钻工艺钻了第一口机械油井。1871～1873 年开始对巴拉汉-萨本奇-拉马尼油田开发，代表了当时大型油田勘探和开发的世界水平。为了开发比比爱伊巴特油田的海上部分，1909 年开始在巴库附近的比比爱伊巴特湾填海造地，用于建设井场。

现代工业技术的应用大大提高了油气田开发的效率。1911 年，在苏拉汉油田首次采用了旋转钻井技术，钻井速度大幅度提升；至 1913 年，巴库周围已有 3500 口油井。1915 年在拉马尼油田的开发钻井中首次使用了潜水泵；1916 年首次进行了气体检测。20 世纪 20 年代全面采用了旋转钻井技术，电动机开始取代蒸汽发动机。

南里海地区也是最早尝试进行海上油气田开发的地区。1901 年通过修筑人工岛对皮拉拉赫阿达斯油田进行了开发；1924 年在比比爱伊巴特湾建造了一个木制的平台，这是世界上第一座海上钻井平台。

如果不考虑 1917 年的十月革命、20 世纪 30 年代后期的肃反运动、1939～1945 年的第二次世界大战和 1991 年苏联解体等一系列重大历史事件的影响，自从比比爱伊巴特和巴拉汉-萨本奇-拉马尼等大型油田投入开发，阿塞拜疆的石油产量总体呈现平稳上升的趋势，直到在 20 世纪 70 年代达到高峰；之后大多数油田的产量开始递减，外国公司主导的提高采收率措施和修井作业使得产量得以恢复（图 5-3）。

1898～1902 年，俄国的石油产量一直高于美国，主要来自阿塞拜疆的巴拉汉-萨本奇-拉马尼油田和比比爱伊巴特油田。1901 年阿塞拜疆石油产量约为 35 398 m^3/d，占全俄石油产量的 96%，但在 1905 年的第一次俄国革命期间，60% 的油井受到破坏，产量下降到 25 758 m^3/d。社会动荡进一步加剧使石油生产陷入全面混乱，俄国石油也失去了在国际市场上的份额。十月革命以后，由于土耳其的入侵造成了油田设施的进一步破坏，之后几年产量很低，到 1920 年整个苏联的产量下降到 11 130 m^3/d。此后随着局势恢复稳定，油田设施得到修复并且有一批新油田陆续投产，阿塞拜疆地区的石油产量上升到 71 550 m^3/d 的高峰，占了全苏联产量的 70%。

第二次世界大战期间，德国入侵苏联的主要目标是南方的石油产区。北高加索地区的迈科普油田群被占领，南里海盆地的油气田虽然因高加索山脉的阻隔而幸免于被占领，为了避免油田落入敌手而自行对油田设施进行了破坏，很多陆上油田由于这次关井再也没有恢复到先前的产量。

战后部分油井得到修复，一批中小型油田投产，直到 1951 年苏联第一个海上巨型油田涅夫特达什拉里（即油石头）投产才遏制住总产量下降的趋势。涅夫特达什拉里是南里海盆地投产的第一个海上油田，采用了栈桥式平台，首次在海上进行丛式钻井。20 世纪 50～60 年代为了保持较高的产量，又有一批油田相继投产；1965 年石油产量达到 68 370 m^3/d。1970 年涅夫特达什拉里油田的产量达到高峰 20 829 m^3/d；新投产的桑加恰雷德尼兹-杜旺尼德尼兹-哈拉兹拉油田产量达到 41 022 m^3/d，超过涅夫特达什拉里成为产量最高的海上油田。然而，随着伏尔加-乌拉尔油区和西西伯利亚油区的开发，阿塞拜疆已经失去了作为苏联主要产油区的地位，占苏联总产量的份额滑落到不足 4%。

1975 年阿塞拜疆海上石油产量降到 36 729 m^3/d，涅夫特达什拉里油田产量下降到 11 289 m^3/d。1980 年古涅什里油田投产，阿塞拜疆海上石油产量恢复到 30 210 m^3/d。1989 年 5 月古涅什里油田的 2 号平台发生火灾，12 口井被烧毁，损失产量 2902 m^3/d。

1992 年，石油和凝析油产量平均为 34 980 m^3/d，其中 6388.6 m^3/d 来自陆上，而 28 620 m^3/d 来自海上。这表明产量较前几年（1991 年为 37 206 m^3/d，1990 年为 39 591 m^3/d）有所下降。海上的石油产量从 1991 年的 29 782 m^3/d 下降到了 1992 年的 28 620 m^3/d。1993 年，液态石油产量下降到了 32 933 m^3/d，其中 63% 来自古涅什里油田。1996 年，AIOC 国际财团开始生产石油之前的最后一年，阿塞拜疆的石油产量仅为 28 620 m^3/d。

浅水古涅什里油田在最近这些年产量一直在下降。在 1991 年油田产量达到高峰 21 465 m^3/d。1999 年的石油产量为 $6.56×10^8$ m^3（17 983 m^3/d），1997 年的石油产量为 $6.56×10^8$ m^3、天然气产量为 $18×10^8$ m^3（$473×10^4$ m^3/d），来自 11 个平台的 152 口井。2000 年 1 月总产量达到：石油 $1.03×10^8$ t 和天然气 $235×10^8$ m^3。

在 1997 年，AIOC 国际财团开始生产石油，从此阿塞拜疆的石油产量迅速上升，

1999 年达到 44 043 m³/d，2001 年达到 47 700 m³/d（图 5-3）。2001 年 AIOC 财团与阿塞拜疆国家石油公司（Socar）就阿泽里-奇拉格-古涅什里油田的第一阶段开发签署了一项协议，初步规划到 2006 年达到日产石油 59 625 m³，2008～2010 年产量高峰期间产能达到 186 030 m³/d。

2. 西土库曼地区

西土库曼地区也具有悠久的油气勘探开发历史：18 世纪在涅比特达格地区已有手工钻的浅井；19 世纪末，诺贝尔兄弟公司开始在切列肯半岛开发石油，1910 年的石油产量已达 477 m³/d；20 世纪初，由于革命和内战，经济陷入萧条，西土库曼地区的油田开发进入低潮，1921 年的石油产量仅为 14.3 m³/d，至 1932 年勉强回升到 95.4 m³/d。

1933 年，涅比特达格油田投产，油气生产开始了新阶段。戈图尔德佩巨型油田在 1959 年投产，石油和天然气产量大幅度提高（图 5-3），之后依次投产了奥卡雷姆（1961 年）、克孜尔库姆（1963 年）、巴萨戈尔梅兹（1964 年）和布伦（1971 年）等油田，至 1973 年西土库曼地区的石油产量达到高峰 52 470 m³/d，目前该地区主要油田的产量都处在下降阶段。

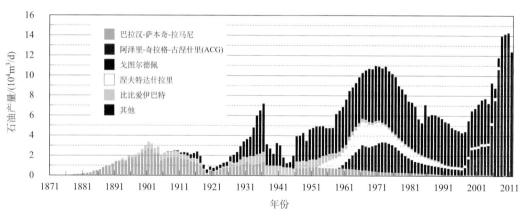

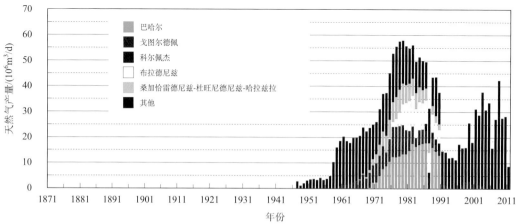

图 5-3　南里海盆地石油和天然气产量变化情况（据 IHS，2012g）

到 1989 年之前，西土库曼地区的开发钻井总体上保持上升势头。苏联解体之后，开发钻井工作量明显下降，同时大部分油田的产量开始递减；1993 年西土库曼地区的石油产量降至 13 159 m³/d，其中包括海上的产量 986 m³/d。

20 世纪 90 年代末，土库曼斯坦开始尝试吸引外国勘探开发投资，但收效不大。2002 年开始在西土库曼的切列肯地区采用产量分成合同与外国公司合作开发石油。

切列肯区块是该地区所签署的三个产量分成合同之中最大的一个，包括日丹诺夫（Zhdanov）和拉姆（LAM）两个油田的生产；日丹诺夫和拉姆这两个构造组成了一个统一的油气藏。该区块上建有 67 个平台，其中 5 个目前仍正常运行。该区块产量低且下降得很快。研究发现，油田内部存在不同的压力单元。区块内共完钻开发井 115 口，由于完井工艺单一，影响了最终采收率。采用新工艺和新技术能够有效提高产能。

第二节　基础地质特征

一、构造特征

（一）区域构造背景

南里海盆地在现今大地构造上处于相对稳定的斯基夫-图兰地台与活动性较强的特提斯褶皱系之间的结合带上。一般认为，盆地南缘与古特提斯缝合线大致吻合。

从南里海到黑海的广大地区，是东西向延伸 3000km 以上的中生代弧后盆地群的一部分。新特提斯洋位于该火山岛弧系以南。Zonenshain 等（1986）认为，该盆地群形成于中侏罗世、晚侏罗世和早白垩世的三个独立的构造事件期间。

从中侏罗世到早白垩世，在本都（Pontis）-外高加索弧（大致相当于小高加索山脉）以北地区开始伸展，导致了裂谷作用和黑海-南里海古盆地的形成。东部的扩展速率较高，发育成了一个小型洋盆，现今南里海盆地就是该洋盆的残余。黑海-南里海古盆地在古新世期间的范围达到最大，宽度达到 900 km，长度达到 3000 km。因此，可以认为，侏罗纪—白垩纪期间的南里海盆地是一大型弧后裂谷盆地的一部分。

在始新世—渐新世期间阿拉伯板块与欧亚板块的会聚导致了高加索地区的抬升，黑海盆地与南里海盆地开始分离。随着伊朗板块的向北运动，厄尔布尔士山脉隆起，将中伊朗与里海古盆地分隔开来。渐新世阿拉伯板块继续向北运动，并一直持续到早中新世，在南里海和黑海之间以及本都褶皱带的中东部形成了镶嵌状构造格局（图 5-4）。在中中新世，大高加索的进一步隆升使黑海与里海之间的联系进一步减弱，并最终导致了这两个盆地厌氧条件的形成和富含有机质的迈科普群—硅藻组层序的沉积。

根据地球物理资料解释，现今南里海盆地海域部分的地壳由上下两层构成，上部层厚度 20km，地震纵波波速为 3.5～4.0 km/s，为沉积地层；下部层厚 6～7 km，纵波波速为 6.6 km/s，并具有强烈的磁异常，推测为大洋地壳。盆地周边的基底岩石为花岗岩，地震纵波波速为 5.6～6.2 km/s。一般认为，陆壳基底的地质年代为元古代和古生代，洋壳基底的年代很可能是中晚侏罗世。该地区仍然具有较高的构造活动性，每年都有大量地震和泥火山喷发活动。

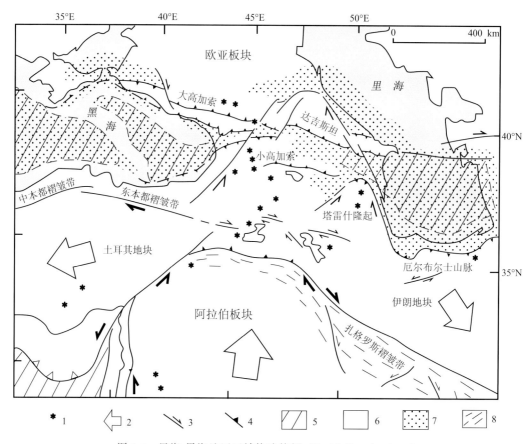

图 5-4　里海-黑海地区区域构造特征（Smith-Rouch，2006）

1. 火山；2. 板块相对运动方向；3. 大型走滑断层；4. 大型逆断层；5. 洋壳或过渡性地壳；

6. 陆壳；7. 主要沉积盆地；8. 褶皱带

　　图 5-4 展示了南里海盆地的区域构造背景特征。图中还展示了盆地边缘冲断带和走滑断裂带的位置，图中的箭头指示阿拉伯板块向北运动、伊朗板块向东南方向运动，而土耳其板块向西南运动。南里海盆地中发育了页岩底辟构造带。沿阿普歇伦-滨巴尔坎隆起带的构造运动迫使高压页岩向构造薄弱带（断层带）运动，在盆地的西部和中部形成了页岩底辟和泥火山。也有人将这类地区称之为褶皱和底辟群发育带。

　　南里海盆地西部的构造呈北西—南东走向，而盆地东部的构造呈南北向到北东—南西向。在盆地西部下库拉凹陷，沿逆断层的斜向冲断、较大的沉积物负荷以及极高的孔隙压力，导致了重力驱动的底辟作用。盆地东部的土库曼地块发育了滑塌构造和生长断层，有人认为，这些滑塌构造形成于晚上新世陆架边缘，下伏存在基底构造。盆地东部陆上部分的构造呈南北向排列，向阿什哈巴德剪切系方向这些构造转变为北东—南西向。由此可见，新生代，特别是新近纪以来，南里海盆地处于挤压背景中，属于大型的山间盆地。

（二）主要构造单元

南里海盆地可以细分为以下次级构造单元：阿普歇伦-滨巴尔坎次盆、格贝斯坦（Gobustan）-阿普歇伦次盆、库拉（Kura）次盆、南里海深水次盆、西土库曼次盆和盆地南缘的第三（Tertiary）次盆（图 5-1）。

1. 阿普歇伦-滨巴尔坎次盆

又称为阿普歇伦-滨巴尔坎构造带，是大高加索山脉与巴尔坎山脉（土库曼斯坦）之间的构造连接带。它包括阿普歇伦-滨巴尔坎隆起带、北阿普歇伦隆起带和阿尔乔姆（Artem）-科尔克尔（Kelkor）凹陷等几个部分。南东东走向的阿普歇伦-滨巴尔坎隆起带标志着这里发育了大型走滑断层带，并将阿塞拜疆的阿普歇伦半岛与土库曼斯坦的切列肯半岛连在一起。该构造带终止于西科佩特达格丘陵带，形成了小巴尔坎地块。该构造带中发育了一系列长轴状背斜，并被大量正断层切割，在其顶部常见泥火山。

阿尔乔姆-科尔克尔凹陷介于阿普歇伦-滨巴尔坎构造带与北边的北阿普歇伦隆起带之间。北阿普歇伦隆起带的走向大致与阿普歇伦-滨巴尔坎隆起带平行，其中含有一系列局部构造（图 5-5）。

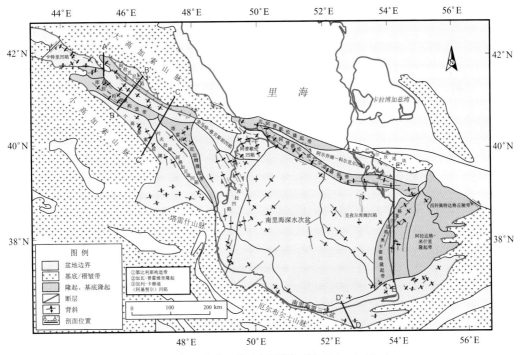

图 5-5　南里海盆地构造纲要图（据 IHS，2012 g）

2. 格贝斯坦-阿普歇伦次盆

格贝斯坦-阿普歇伦次盆包括阿普歇伦凹陷和舍马哈（Shemakha）-格贝斯坦凹陷。阿普歇伦凹陷的陆上部分位于阿普歇伦半岛，夹在大高加索东南边缘与阿普歇伦-滨巴尔坎构造带之间；其海上部分位于半岛以南。该构造单元的构造非常复杂，沉积盖层包括中生界、古近系—中新统和上新统—第四系三个巨层序。该次盆内发育了几组走向不同的局部构造。阿普歇伦凹陷内发育了成排成带的背斜构造带，背斜构造的典型特征是发育底辟构造、泥火山，并沿大型向斜周围呈环带状分布。产层群的厚度在法特迈构造上为 1200 m，到沙赫德尼兹构造上超过 5000 m。

舍马哈-格贝斯坦凹陷是大高加索山脉东南翼的一个前陆凹陷（图 5-5）。在格贝斯坦北部和中部，以古近纪—中新世厚层沉积和断层强烈切割的局部构造为特征，多伴有泥火山。凹陷内沉积地层厚度为 15～20 km。上新统沉积主要局限于凹陷东南部。白垩系在北格贝斯坦广泛发育，总厚度超过 4000 m，主要表现为复理石层序。在格贝斯坦中部和南部白垩系埋深很大，其上覆古近系和新近系厚度超过 8km。

3. 库拉次盆

库拉次盆包括下库拉凹陷、小高加索前渊、叶夫拉赫（Yevlah）-阿格加贝迪（Agjabedi）凹陷、塔雷什（Talysh）-旺达姆（Vandam）隆起带、阿拉扎尼（Alazani）凹陷、新近纪褶皱的阿基努尔构造带、库拉-约里（Iori）构造带和卡特里（Kartli）凹陷（图 5-6、图 5-7 和图 5-8）。

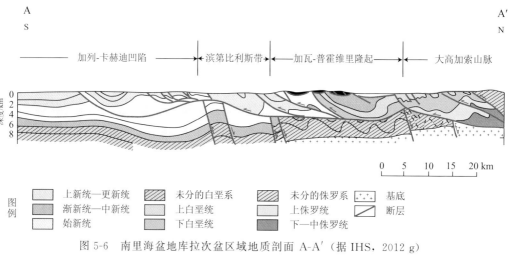

图 5-6　南里海盆地库拉次盆区域地质剖面 A-A′（据 IHS，2012 g）
剖面位置见图 5-5

下库拉凹陷平面上呈西窄东宽的楔状，南与塔雷什-旺达姆隆起带相邻，北与舍马哈-格贝斯坦凹陷和阿普歇伦凹陷相接。连格比兹-阿拉特隆起带构成了下库拉凹陷与阿普歇伦凹陷之间的边界，并向海上张开，形成巴库群岛。

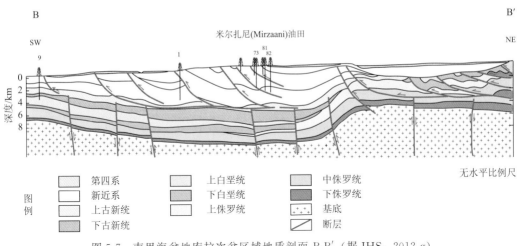

图 5-7　南里海盆地库拉次盆区域地质剖面 B-B'（据 IHS，2012 g）

剖面位置见图 5-5

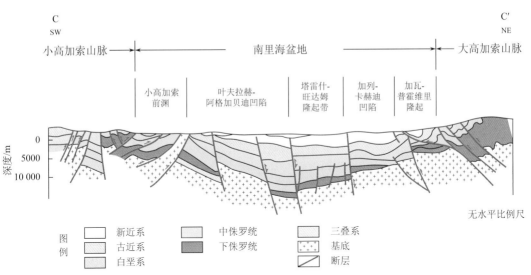

图 5-8　南里海盆地库拉次盆区域地质剖面 C-C'（据 IHS，2012 g）

剖面位置见图 5-5

　　下库拉凹陷的沉积厚度达 20 km，其中上新统和第四系的厚度可达 8km；主要含油气层系"产层群"位于沉积剖面的上半部，其中包括约 20 个区域性砂层。下库拉凹陷近代以强烈构造作用、活泥火山、厚层沉积以及局部构造被断裂强烈切割为特征，海上部分的巴库群岛多由泥火山构成。

　　小高加索前渊位于库拉山间拗陷的西南侧，长约 300 km，北与叶夫拉赫-阿格加贝迪凹陷相邻，东南和西南分别与塔雷什山脉和小高加索山脉相接。

　　小高加索前渊发育了中生界、古近系—中新统和上上新统—第四系等巨层序。在前渊凹陷中心地层发育更加完整，沉积物厚度可达 15 km。前渊凹陷南翼叠加于小高加索山脉北坡之上，某些层序收缩并发生尖灭。

叶夫拉赫-阿格加贝迪凹陷位于小高加索前渊东北侧（图 5-8），长度超过 150 km，宽 60 km，沉积物厚度达到 16 km。西南部以前小高加索断层为边界，东北是塔雷什-旺达姆隆起带（又称为加尔里-萨阿特里-穆甘），东南侧以阿拉斯深断裂为界。

塔雷什-旺达姆隆起带构成了叶夫拉赫-阿格加贝迪凹陷与北面的阿基努尔新近纪褶皱带的分界。在该隆起带上，中生界侵蚀面与上覆古近系—中新统层序呈不整合接触。在叶夫拉赫-阿格加贝迪凹陷发现了一系列与中生代火山侵蚀隆起有关的局部构造。

阿拉扎尼凹陷和阿基努尔地区构成了大高加索南侧的前陆盆地，其中充填了厚层的上新统—第四系陆相地层，下伏为渐新统—中新统碎屑岩和上白垩统碳酸盐岩。

库拉-约里构造带位于阿塞拜疆的最西边，在库拉河和约里河之间，明盖恰乌尔水库西侧，继续向西延伸到格鲁吉亚东部，称之为加列-卡赫迪（Gare-Kakheti）凹陷。这里钻遇的最老地层是上白垩统火山碎屑岩和碳酸盐岩，其上为新生代沉积物。

卡特里凹陷位于南里海盆地最西部，它是大高加索前缘褶皱-冲断带与阿伽罗-特里阿勒提（Ajaro-Trialeti）冲断带之间的没有发生显著变形的盆地区。该凹陷发育了从渐新统—下中新统（迈科普群）到第四系的地层层序，厚度约 5 km。凹陷中部可能缺失古新统和始新统，而渐新统—下中新统可能直接覆盖在白垩系和侏罗系之上。

4. 西土库曼次盆

南里海盆地东部称为西土库曼次盆，其中包括克孜勒库姆（Gyzylgum）凹陷（大部分位于海上）、格戈兰达格-奥卡雷姆（Goggerendag-Ekerem）隆起带、阿拉达格-米斯里（Aladag-Misirian）隆起带和西科佩特达格丘陵带。西科佩特达格丘陵带位于盆地最东边，新生界沉积较薄。北北东走向的阿拉达格-米斯里隆起带位于格戈兰达格-奥卡雷姆隆起带以西，形成了沿岸带。克孜勒库姆凹陷构成了该构造带与阿普歇伦-滨巴尔坎隆起带之间的分界，且向海上显著变宽（图 5-9）。

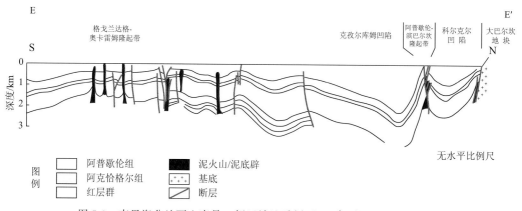

图 5-9　南里海盆地西土库曼一侧区域地质剖面 E-E′（据 IHS，2012 g）

剖面位置见图 5-5

5. 南里海深水次盆和南里海第三次盆

南里海深水次盆主要包括南里海水深大于 200 m 的水域，这里的沉积物总厚度可能达到 24 km。中上新统顶面深度最大可达 6～8 km，因此上新统—第四系总厚度可达 10～12 km。阿比赫构造带是南里海深水次盆内最主要的典型构造，该构造带沿着次盆的对角线方向的轴长可达 130～140 km 以上，沿构造带轴部的中上新统顶面深度不到 3 km。南里海深水次盆以南为南里海第三次盆（图 5-10），后者几乎全部位于伊朗境内，可分为东西两部分：西部为下库拉-安扎利区，东部为前厄尔布尔士区；由于资料稀少，对该次盆的地质特征所知甚少。

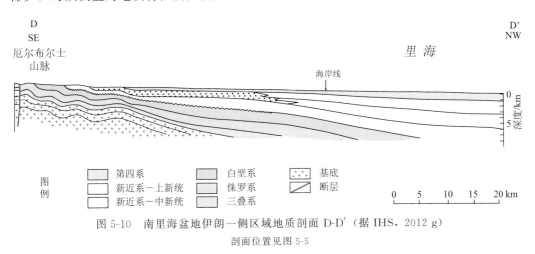

图 5-10　南里海盆地伊朗一侧区域地质剖面 D-D′（据 IHS，2012 g）

剖面位置见图 5-5

二、构造演化史

南里海盆地的形成和演化经历了中生代区域伸展和新生代区域挤压两大阶段：中生代以弧后伸展为主，形成裂谷和准特提斯洋盆及其被动边缘，新生代以区域挤压为主，准特提斯洋逐步收缩关闭，形成前陆盆地。两大阶段又可以细分为以下多个次级阶段。

1. 盆地初始张开阶段

该演化阶段涉及的地质年代是早侏罗世到中侏罗世巴通期。

到三叠纪末—侏罗纪初，一些小陆块随着古特提斯洋板块向北运动并与欧亚大陆南缘碰撞，形成了西莫里岛弧。随着小陆块与欧亚活动边缘持续碰撞，古特提斯洋洋壳完全消失，碰撞区形成了西莫里造山带。在早侏罗世，俯冲带重组为两个新的构造弧：大高加索和小高加索。

早侏罗世早期的海侵形成了一套厚层浅海碎屑岩夹有少量碳酸盐岩。持续的伸展作用导致了岩浆活动，在浅海环境条件形成了下中巴柔阶熔岩流。这一伸展活动可能与沿小陆块与大陆间碰撞缝合带的左旋走滑拉分作用有关，或与弧后伸展作用有关。在盆地西南侧的亚美尼亚地区，形成了厚层安山岩。

晚巴柔期沉积环境由浅海相向陆相转变，与新一批陆块与劳亚古大陆碰撞引起的抬升作用有关，这次碰撞还导致了巴通期的侵蚀、反转和褶皱作用以及局部的西莫里造山作用。

2. 早期弧后扩张阶段

中晚侏罗世，南里海-大高加索地区仍处于特提斯洋北缘与欧亚大陆之间的活动会聚边缘（图 5-11）。从卡洛夫期开始在小高加索弧的后方发生区域性伸展，形成大高加索边缘盆地。在随后的海侵期间，在弧后海盆中形成了厚层的碳酸盐岩夹碎屑岩和火山岩。

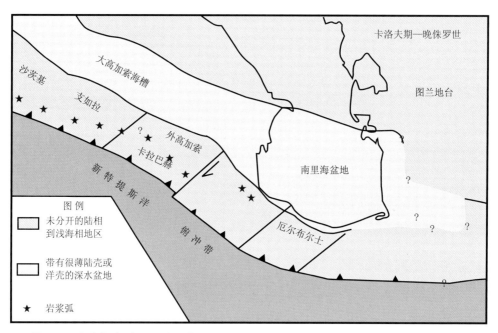

图 5-11　大高加索-南里海盆地中晚侏罗世古构造复原示意图（据 Brunet et al.，2003）

至早白垩世，持续的弧后扩张导致在大高加索-南里海地区发育了洋壳，形成了所谓准特提斯洋盆。此时的弧后盆地长约 3000 km，宽约 600 km。在早白垩世末，特提斯洋洋中脊接近欧亚大陆南缘并与小高加索岛弧俯冲带遭遇。特提斯洋岩石圈完全消失在了欧亚大陆之下。晚阿尔布期又有来自冈瓦纳大陆的新陆块与岛弧碰撞缝合，导致了又一次抬升和侵蚀。

3. 晚期弧后扩张阶段

该演化阶段的地质年代为晚白垩世赛诺曼期—马斯特里赫特期。

随着非洲板块和欧亚大陆的会聚，欧亚大陆南缘俯冲带及其小高加索岛弧仍继续活动。微大陆和岛弧的碰撞导致欧亚活动边缘很多地方发生了变形。在小高加索的碰撞之后，俯冲带向南迁移。结果是前期的碰撞带被"废弃"，岛弧系统也从小高加索向南迁移，形成了阿伽罗-特里阿勒提岛弧带。在高加索地区，大洋为1200 km宽，在科佩特达格地区为1600 km宽。

晚白垩世，特提斯域的板块运动发生了强烈的改变。非洲和阿拉伯板块开始相对于欧亚大陆正直向北运动。沿阿伽罗-特里阿勒提火山弧的俯冲活动十分活跃，并引起强烈的弧后伸展。俯冲带以北的南里海弧后盆地范围达到最大：长3000 km，宽900 km。该伸展性的拗陷被称之为准特提斯洋。

4. 初始挤压阶段

该演化阶段的地质年代为古新世丹麦期—始新世巴通期。

在古新世和始新世期间，非洲和印度板块与欧亚大陆快速会聚（图5-12）。阿伽罗-特里阿勒提弧沿着欧亚大陆板块边缘断续发育，但非洲板块与欧亚大陆之间的距离缩短了700 km。大致在始新世末，古特提斯洋洋壳完全消失，而阿拉伯板块被动边缘和减薄陆壳一起向俯冲带靠近。阿拉伯板块的北部突刺开始与欧亚大陆碰撞，迫使阿伽罗-特里阿勒提弧后的准特提斯洋壳消减。在始新世的压缩过程中，整个盆地中沉积了一系列磨拉石碎屑岩层，在西部有火山岩夹层。古新世以来南里海盆地的演化和沉积充填过程如图5-13所示。

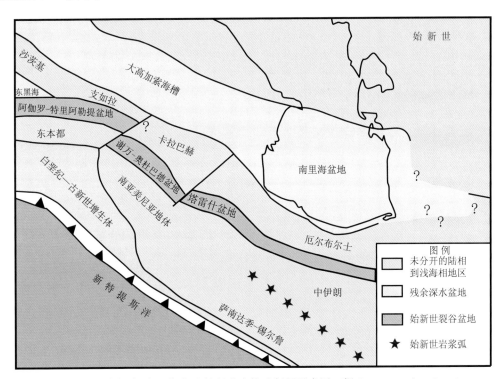

图5-12 大高加索-南里海盆地始新世古构造复原示意图（据 Brunet et al.，2003）

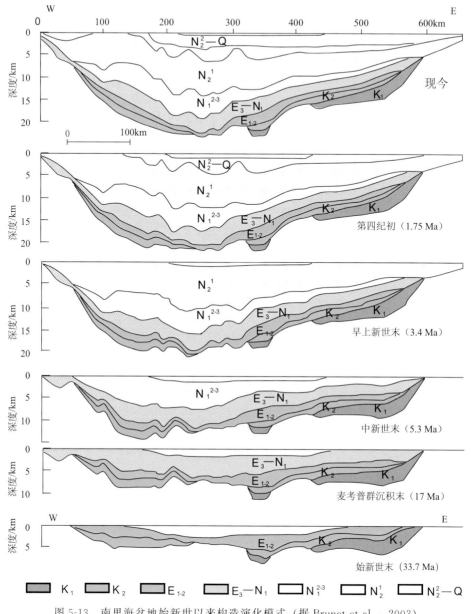

图 5-13　南里海盆地始新世以来构造演化模式（据 Brunet et al. , 2003）

5. 阿尔卑斯挤压阶段

该演化阶段的地质年代为晚始新世—全新世。

渐新世，随着全球海平面大幅度下降（约 400 m），特提斯洋和准特提斯洋的联系完全中断。随着海平面的降低，准特提斯洋变成了一个孤立盆地，在滞水条件下沉积了黑色的、不含碳酸盐的迈科普群页岩。从 35～20 Ma，非洲-阿拉伯板块和印度板块相对于欧亚大陆改变了运动方向，都变成了相对于欧亚大陆向西北方向移动。结果在研究区形成了科佩特达格走滑断层。阿伽罗-特里阿勒提弧急剧弯曲，卡凡地块（小高加索以南）向西移动了 30 km。准特提斯洋开始关闭，特别是在阿拉伯板块的北部突刺附近，大高加索褶皱带开始上升。残留的准特提斯盆地完全从世界大洋盆地中孤立出来。

在晚中新世，高加索地区发生了全面重组，大高加索、小高加索和科佩特达格山脉强烈抬升和压缩。经过短暂侵蚀之后，山间拗陷继续充填磨拉石。在南北两侧分别形成了一个俯冲带，一个向北向大高加索山脉之下俯冲，另一个向南向小高加索山脉下面俯冲，在俯冲带上部发生了火山爆发。俯冲作用导致高加索地区的准特提斯残留洋壳消亡，而在南里海海域洋壳仍保存了下来。

到上新世中期，盆地边缘被逐步充填，一系列河流向盆地中心地区提供沉积物（图 5-14）。产层群（即土库曼斯坦一侧的红层群，以及伊朗一侧的褐色岩层组）是一套沉积于河流、湖泊、三角洲环境中的厚层的页岩、粉砂岩和砂岩互层，其中还有斜坡和浊流沉积。在海平面上升导致三角洲后退到目前的位置之前，在盆地西部的下部沉积单元（卡拉组和吉下组）的沉积物来源主要是北北东方向上的古伏尔加河。盆地西部的上部沉积单元（吉尔马库组、吉上组、佩列雷瓦组、巴拉汉组、萨本奇组和苏拉汉组）的物源来源于西边的古库拉河。在东部沉积物来源于古阿姆河、古阿特列克河和古戈尔

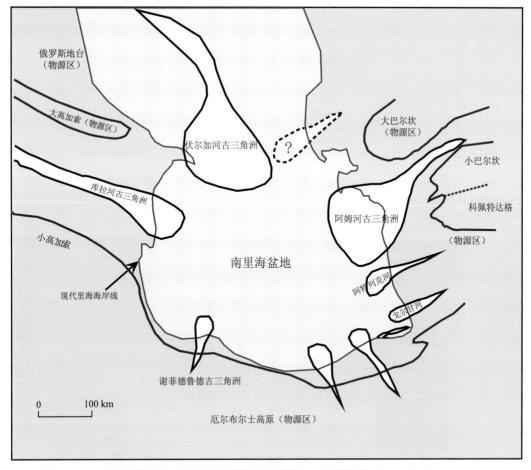

图 5-14　中上新世期间向南里海盆地推进的可能的古三角洲物源区（Smith-Rouch，2006）

甘河；在西南部还识别了一个孤立的相带，由古谢菲德鲁德河提供物源。该阶段的沉积速率很快，沉积物厚度可以达到 5000 m。

在上新世末进一步发生强烈褶皱，这次褶皱活动及其产生的持续的盆地变形产生了一个重要的走滑单元，导致了新近系地层的变形并形成了以泥火山为核心的背斜。晚上新世的海侵导致三角洲沉积作用的终止，形成了相对薄的阿克恰格尔组半咸水黏土沉积，在盆地的东南部还含有火山灰，表明在厄尔布尔士山脉存在火山作用。其上覆地层是厚 2000 m 的阿普歇伦组砂岩和泥岩层。沉降和变形一直持续到第四纪，沉积了相对厚层的海相黏土和泥灰岩。地震数据显示盆地最年轻沉积层已发生变形并形成了许多 NNW—SSE 向的褶皱。显然变形作用一直持续到现在。

三、地层特征

南里海盆地发育了巨厚的中新生界沉积盖层，目前揭示的地层包括侏罗系、白垩系、古近系、新近系和第四系（图 5-15）。其中侏罗系和白垩系主要是弧后盆地阶段沉积，而新生界主要是阿尔卑斯挤压和区域褶皱造山阶段的压陷盆地沉积。在南里海海域，渐新统及以上地层厚度巨大，因此始新统及以下地层主要见于盆地西部的阿塞拜疆、格鲁吉亚陆上地区以及盆地东南部的伊朗陆上部分。

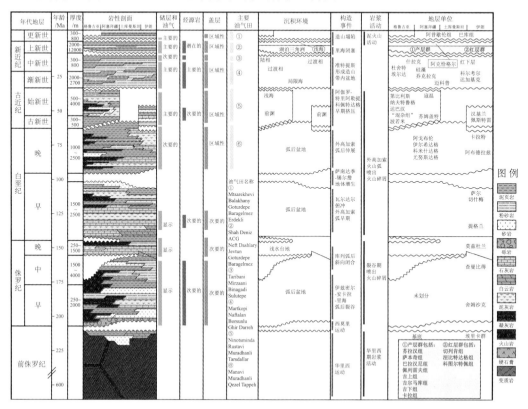

图 5-15　南里海盆地综合地层表（据 IHS, 2012 g）

（一）侏罗系—白垩系

在盆地西部阿塞拜疆境内钻遇了下侏罗统—中侏罗统巴通阶过渡相和海相沉积，岩性为页岩、砂岩、石灰岩和凝灰岩；最大地层厚度为 4000 m。在盆地的阿塞拜疆一侧揭示了上侏罗统。

在南里海盆地的阿塞拜疆一侧钻遇了下白垩统贝利阿斯阶—巴雷姆阶海相地层，岩性为黏土、石灰石、粉砂岩、砂岩和白云岩；最大厚度 1500 m；在盆地的阿塞拜疆西部及格鲁吉亚部分有钻井揭示了阿普特阶—阿尔布阶海相沉积，岩性包括泥灰岩、页岩、石灰岩、凝灰岩和砂岩，地层厚度 150～200 m。在盆地的阿塞拜疆一侧揭示了上白垩统海相沉积，岩性为石灰岩、砂岩、粉砂岩、白云岩、泥灰岩和凝灰岩，地层最大厚度为 1500 m。在南里海盆地的主体部分可能也存在白垩系，但由于埋深巨大，对其岩性所知很少。

（二）古近系—新近系

南里海盆地是古近系和新近系地层发育最全的地区，该盆地的油气也主要赋存于这套地层之中。

1. 红下群（红层之下群）

在南里海盆地西土库曼一侧，把不整合伏于红层群之下的古新统—中新统浅海相沉积统称为红下群，岩性以砂、砂岩和粉砂岩为主，地层最大厚度为 550 m。红下群与上覆红层群之间存在明显的区域性不整合，代表了中新世末—上新世初阿尔卑斯期的强烈挤压褶皱作用和区域性抬升事件。

在盆地的阿塞拜疆一侧，这套地层由下而上划分为伊希达格组、苏姆盖特组（古新统）、寇温组（始新统）、迈科普群（渐新统—下中新统）、塔尔汉组、乔克拉克组、硅藻组和本都组（中上中新统）；其中的迈科普群和硅藻层是南里海盆地新生界层序中油气的主要烃源岩，而乔克拉克组是重要储层。

2. 迈科普群

迈科普群的地质年代为渐新世—早中新世，为陆相、滨海相到海相（深海相和浅海相）沉积，地层厚度 250～3500 m，平均厚度 1700 m。

在阿普歇伦和舍马哈-格贝斯坦地区，迈科普群由北到南厚度为 500～1500 m，可分为上下两个亚群。上亚群为含有菱铁矿的页岩和油页岩，下亚群为页岩、泥灰岩、油页岩、薄层砂岩和粉砂岩。

在西阿塞拜疆，迈科普群不整合于始新统之上，主要岩性为页岩、砂岩、砂和砾岩互层。随着离小高加索山脉的距离增大，粗碎屑岩比例减少，同时厚度从 1700 m 增加到 3500 m。

3. 红层群和产层群

西土库曼一侧的红层群与阿塞拜疆一侧的产层群相当，是南里海盆地最重要的含油气层。盆地东部的红层群是阿姆河、阿特列克河和戈尔甘河三条河流的古三角洲沉积物。

红层群的地质年代为早上新世—中上新世，为陆相-浅海相沉积，岩性为页岩、砂岩、粉砂岩和砾岩，地层厚度为 200～5000 m，平均厚度为 2000 m。该套地层与上覆阿克恰格尔组呈整合-不整合接触。

红层群砂岩是盆地东部的重要储层。在土库曼斯坦，红层群可分为上下两个亚群。下亚群包括达加支克组、戈图尔德佩组和涅比特达格组，最大厚度为 1500 m；下亚群为过渡相（海相三角洲）沉积，侧向相变明显，岩性为砂、砂岩、粉砂岩、泥质砂岩和泥岩，向东砂岩含量增加。上亚群包括切列肯组和科尔克尔组，地层最大厚度为 650 m，也属于三角洲相，岩性为页岩、砂岩、粉砂岩和砾岩，其中的砂岩和粉砂岩分选较好，有良好的储层物性。

产层群是南里海盆地阿塞拜疆一侧的主要含油气层系，其地质年代为下中上新统，属三角洲相到浅海相沉积，岩性主要是页岩、砂岩、粉砂岩和砾岩，表现为泥页岩与不连续的砂岩段的频繁韵律性互层；地层厚度在 200～5000 m，平均厚度 2000 m。

产层群由下而上可以进一步分为卡拉组（卡林斯克组）、吉下组、吉尔马库组、吉上组、佩列雷瓦组、巴拉汉组、萨本奇组和苏拉汉组。下部的两个组（卡拉组和吉下组）为来自北方的古伏尔加河的沉积产物，上部是吉尔马库组、吉上组、佩列雷瓦组、巴拉汉组、萨本奇组和苏拉汉组的碎屑物质主要来源于大小高加索山脉之间的古库拉河。产层群沉积始于中新世末侵蚀基准面的大幅度下降（陆地的区域性抬升）。在阿普歇伦半岛地区，古伏尔加河形成了一个大型三角洲砂体。沉积物供给的变化及基准面的升降导致了三角洲的前积、退积以及突然向盆地方向推进。在三角洲后退阶段，沉积了与最大洪泛面对应的横向稳定分布的页岩。这些页岩将该层序剖面细分为多个沉积层，并构成了含油气层系内部的盖层。

4. 阿克恰格尔组

阿克恰格尔组为晚上新世的浅海相沉积，岩性主要是黏土，夹非常薄的粉砂透镜体，另外有少量泥灰岩。该组在阿塞拜疆、西土库曼等各次盆中均有分布；垂向上可分为三层：下层是页岩，中层为细砂岩，上层是页岩。地层厚度 60～1200 m，平均为 125 m。与上覆阿普歇伦组呈整合接触，与下伏产层群呈不整合接触。

（三）第四系

第四系包括更新统的阿普歇伦组、巴库组、哈扎尔组、赫瓦雷恩组和全新统新里海组。

阿普歇伦组的时代为早更新世，也有人认为属于晚上新世；该组为陆相、过渡相和浅海相沉积，在西土库曼、伊朗、阿塞拜疆以及格鲁吉亚均有分布。在下库拉凹陷和巴库群岛，阿普歇伦组以泥岩位置，含有泥火山角砾岩、砂、砂岩、碎屑石灰岩和介壳石灰岩夹层。在舍马哈-格贝斯坦地区，该组上部以石灰岩、介壳石灰岩和砂岩为主。在阿塞拜疆西部，该组为海相、滨海相和陆相沉积。地层厚度 200～2000 m，平均1200 m。

巴库组以浅海相为主，岩性包括泥岩、砂岩以及未固结的砂；地层最大厚度300 m。哈扎尔组、赫瓦雷恩组和新里海组多为未固结的浅海相砂泥质沉积物。

南里海盆地中新生界地层发育特征与构造演化的关系，以及其中的生储盖组合条件如图 5-15 所示。

第三节　石油地质特征

一、烃源岩及其成熟度

关于南里海盆地有效烃源岩段的年代问题有许多争论。由于烃源岩样品数量有限、不同年代岩石中有机相的相似性、海域内上新统以下地层钻遇的很少等原因，很难获得关于烃源岩年代的确定性结论。

南里海盆地已发现的石油主要与始新统寇温组、渐新统—下中新统迈科普群、中上中新统硅藻组及其同期地层中的富有机质海相页岩有关。原油标志物分析表明，大多数石油源于相同或相近的岩相，即含 II 型有机质和少量钙质的海相沉积。陆上的中新统石油和更老地层中的石油很有可能来源于迈科普群下部富含有机质的沉积物，而较年轻的中上新统石油很可能来源于迈科普群中、上部和更年轻的硅藻组。天然气可能来源于弱氧化的富含有机质的中新统中上部甚至上新统下部泥页岩。

大量分析发现，南里海盆地的石油主要来源于局限盆地相的腐泥型有机质。在南里海盆地，类似的局限环境从始新世到中中新世一直都存在，甚至可能延续到晚中新世初期，但在中新世晚期之后消失。

中中新统乔克拉克组石油与渐新统—下中新统石油性质相似，说明来自相同或相近的烃源岩；但中上新统（产层群）生成的油气不能向下运移进入乔克拉克组和迈科普群的储层中。大部分天然气来自混合型源岩（腐殖型较多、腐泥型较少）。这样的岩相只存在于中新统中部、上部和上新统下部。上新统中部及以上地层的有机质成熟度达不到大量生烃的门限，而中新统及以下地层的有机质成熟度已经大量生烃。

（一）主要烃源岩

在渐新世和中新世早期（即迈科普群沉积期间），萨南达季-锡尔詹等微陆与欧亚大陆的进一步碰撞导致了大高加索-南里海局限弧后盆地的形成，其中发育了停滞的水体条件，有利于富含藻类有机质的烃源岩沉积。现有资料证明，迈科普群页岩的有机碳含量一般在 0.5%～2.02%，少数碳质页岩的有机碳含量可高达 5%～15%（图 5-16）；烃指数也相当高（图 5-17），表明有机质类型以 II 型和 II/III 型为主，属于偏生油的好烃源岩。

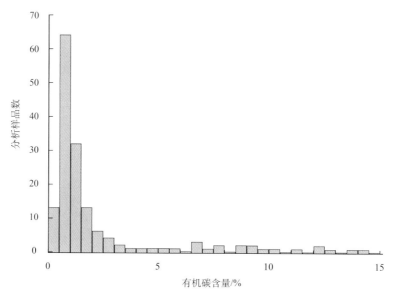

图 5-16　迈科普群烃源岩有机碳含量直方图（据 Katz et al.，2000）

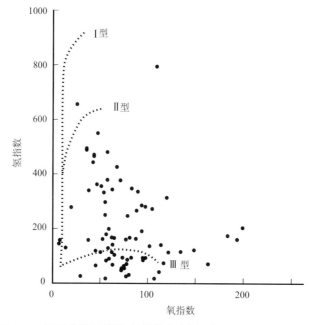

图 5-17　迈科普群氢指数-氧指数交会图（据 Katz et al.，2000）

　　迈科普群页岩的分布十分广泛，向北一直达到北高加索地台盆地的中西部（该套地层即由当地的迈科普镇而命名），但南里海盆地厚度最大，最厚可达 2000～2700 m，海域部分一般在 1500 m 以上（图 5-18）。

　　尽管迈科普群的厚度较大，平均可能超过 1000 m，但其中具有生油潜力的层段厚度可能占不到十分之一，但就是这些有机质高度富集的层段内也有可能生成丰富的油气。并不是迈科普群中富含有机质的层段都属于偏生油的烃源岩，其中相当一部分可能属于偏生气源岩。

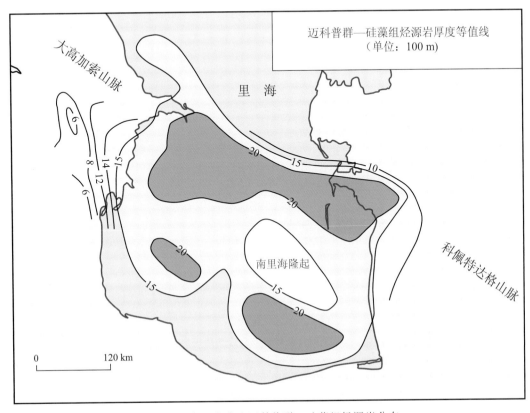

图 5-18　南里海盆地迈科普群—硅藻组烃源岩分布

　　据钻遇样品的分析结果来看，在南里海盆地的大部分地区迈科普群烃源岩已经进入甚至穿过生油窗。然而，迈科普群在盆地中心埋深很大，很可能已经进入生气窗。

　　根据模拟分析，迈科普群烃源岩在 6000～10 000 m 深处仍处于生油窗内（图 5-19）。由于地温梯度较低，南里海盆地主力烃源岩尽管埋深很大，但有机质生烃过程大大推迟，这在客观上有利于该盆地内液态烃类的形成和保存。

　　南里海盆地另一套重要的潜在烃源岩为中新统上部的硅藻组。到中新世晚期（硅藻组沉积时期），南里海盆地演变为一个封闭海盆，形成了三角洲、浊积岩和复理石/磨拉石交互沉积。根据目前所采集的样品的分析结果，硅藻组总有机碳含量（TOC）一般在 2% 以下（图 5-20），氢指数中等到较低，属于中等到较差的烃源岩，没有大规模生油生气的潜力。考虑到采样的局限性，还不能排除该组作为有效烃源岩的可能性。

　　南里海盆地西部（格鲁吉亚东部）前陆拗陷的石油主要来自始新统上部烃源岩。在格鲁吉亚东部的始新统上部地层为纳福特鲁格组页岩夹薄层砂岩、泥灰岩、砂质石灰岩（200～400 m）以及第比利斯努姆里提克组砂岩、页岩互层夹泥灰岩和透镜状煤层

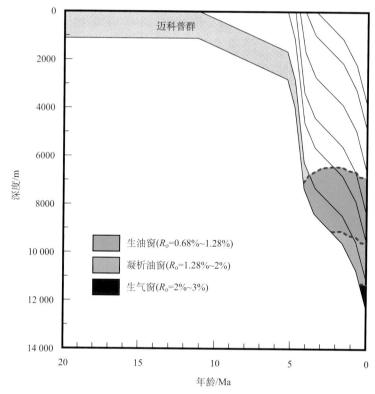

图 5-19　南里海盆地海上烃源岩埋藏史及热成熟度模拟（Katz et al.，2000）

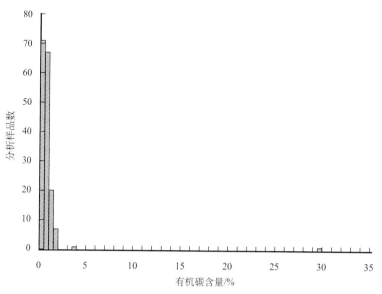

图 5-20　硅藻组烃源岩有机碳含量直方图（据 Katz et al.，2000）

（1000～2300 m）。始新统上部的 TOC 高达 4.3%，热解产率高达 17.9 mg/g，含烃指数为 70～416，表明具有生油和生气的潜力。这些样品中的有机质主要是海相腐泥型。

在阿塞拜疆一侧，上始新统寇温组以页岩为主，含少量泥灰岩、粉砂岩和火山碎屑岩，TOC 平均值 0.7%。这套地层是在浅海还原环境中沉积的，有机质是腐殖型和腐泥-腐殖型，已经达到了成熟生油阶段。源岩中含有大量残留沥青也说明这些页岩中已生成过大量油气。热解分析数据表明，在盆地西部这套岩石的生油气潜力已经消耗了 40%。

（二）其他潜在烃源岩

下中侏罗统舍姆沙克组（阿茨加里组、索里组）页岩的厚度为 1500～2000 m，在盆地南部和东南部为深海到三角洲沉积，在盆地西部则是浅海相沉积。TOC 含量的范围在西部为 0.4%～1.7%，到东部平均为 2.5%（在东南局部升高到 15.6%）。干酪根为 III 型。厄尔布尔士山脉的侏罗系露头分析发现，这套烃源岩未成熟，但在里海东南部其埋深超过 4000 m，很可能已经达到了成熟。

在盆地南部下白垩统泥岩的有机质含量为 0.9%～1.2%，干酪根是典型的腐殖-腐泥型。在西部其成熟度达到生油高峰（$R_o=0.85%～1.15%$），推测其曾大量生气。

古新统的石灰岩和灰泥岩（在阿塞拜疆的苏姆盖特组）TOC 值为 0.2%～0.6%，主要是腐殖型干酪根，目前已处在生气窗。在盆地东部，有机质含量为 2.8%～3%。

始新统下部页岩和碳酸盐页岩沉积于还原环境，TOC 值为 0.13%～0.6%。盆地西部埋藏较深的地区，有机质已经进入成熟生油阶段。

中上新统产层群的灰色、深灰色和红褐色泥岩、黏土岩和页岩属于滨海到海陆过渡相的还原环境沉积的产物，但 TOC 值较低，一般在 1% 以下。这套地层的埋深一般在 2000～5000 m，部分已经达到成熟（$R_o=0.45%～0.78%$）。

（三）油气类型

南里海盆地已发现石油的密度变化范围较大，但总体上看，产层群及其以上地层中出现了重质石油，但也有相当多的轻质石油（表 5-2）。浅层重质油与上新统以上地层局部开放受到生物降解或大气水氧化有关，深部的石油密度则反映了其烃源岩特征和演化程度。

表 5-2 南里海盆地不同层系石油密度

储层	石油密度/(g/cm³)		
	最小	最大	平均
阿普歇伦组	0.787	0.954	0.723
阿克恰格尔组	0.778	0.966	0.730
产层群	0.834	1.020	0.690
红下群	0.829	0.874	0.777
什拉克组	0.871	0.896	0.845
硅藻组	0.895	0.961	0.826

续表

储层	石油密度/(g/cm³)		
	最小	最大	平均
乔克拉克组	0.933	0.950	0.902
迈科普群	0.893	0.937	0.846
寇温组	0.860	0.879	0.840

石油密度的大幅度变化与石油生成之后的次生变化有关。许多重质油藏可能与侵蚀或断层活动引起的压力降低和挥发组分损失有关，或与生物降解（正构烷烃减少直至全部消失）有关。石油的硫含量较低，通常在 0.5% 以下。

产层群石油以环烷型的低硫石油为主，也有环烷-烷烃型和环烷-芳香烃型石油。随着储层埋深增加，石油中天然气的饱和度增大，油质变轻，烷烃含量更高，天然气/凝析油藏更常见。另外，在个别油田上石油的密度随着深度增大而增大。烷烃/环烷烃比值为 0.4~2.5。

古近系石油也是环烷型，但沥青质含量较高（达到 12%），胶质和石蜡含量中等（都超过 4%）。烷烃/环烷烃比值为 2.7~4.1。

盆地内的天然气既有生物成因的，也有热解成因的。天然气的甲烷 $\delta^{13}C$ 丰度值为 $-57‰$~$-37‰$，这表明属于热成因气与生物成因气的混合产物（图 5-21），而且同位素分析结果与镜质体反射率分析的结果一致。大多数气藏来源于高成熟的陆源-海相混合型有机质（$R_o=0.8\%$~1.0%）（图 5-22）。

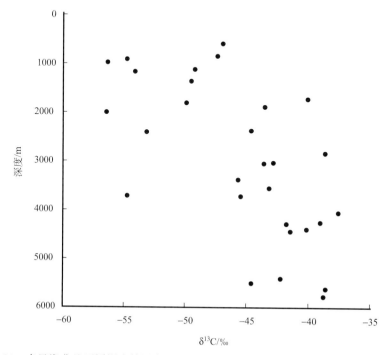

图 5-21　南里海盆地不同深度储层中甲烷的碳同位素丰度特征（据 Katz et al.，2000）

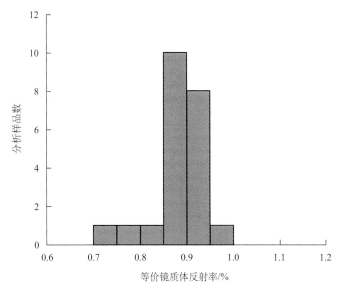

图 5-22 根据甲基菲指数（MPI-3）估算的南里海盆地有机质等价
镜质体反射率（据 Katz et al.，2000）

由于快速沉降和沉积，南里海盆地热流值很低（25～50 mW/m²），地温梯度也很低，局部低于 10℃/km。产层群在 5000 m 深处的绝对地温不超过 110℃。

巨厚的沉积盖层、极高的沉积速率导致了沉积剖面的地温梯度降低，同时也意味着生油窗底界下延。生油窗的深度范围为 2000～6000 m，盆地东部的整个上新统可能都处在生油窗内，向上一直到上新统和更新统。在 6000 m 以下，古温度范围为 135～210℃，R_o 达到 1.15%～2%，沉积物已经进入生气窗。

盆地阿塞拜疆一侧的大部分石油生成于生油高峰之前（R_o＝0.75%～0.85%），成熟度低到中等，大多数油样的甾烷异构化值很低。其他快速沉降的新生代沉积盆地中也常见到类似石油。

二、储层特征

南里海盆地在从白垩系到第四系更新统的多套地层中发现了油气，但绝大部分油气储量（＞90%）分布于上新统储层中，特别是上新统中下部，即产层群和红层群（表 5-3，图 5-23）。

表 5-3 南里海盆地油气储量的层位分布（据 IHS，2012 g）

层位	石油 /10⁶m³	凝析油 /10⁶m³	天然气 /10⁸m³	合计	
				10⁶m³油当量	占比/%
白垩系沉积岩	1.8		150.5	15.9	0.3
白垩系火山岩	2.8		0.7	2.9	0.1

续表

层位	石油 /10⁶ m³	凝析油 /10⁶ m³	天然气 /10⁸ m³	合计	
				10⁶ m³ 油当量	占比/%
始新统沉积岩	7.2		0.7	7.3	0.1
始新统火山碎屑岩	51.7		74.4	58.7	1.1
迈科普群	12.0		10.7	13.1	0.2
中新统	16.6	0.7	252.2	41.0	0.7
硅藻组	0.7		0.5	0.8	0
产层/红层群	3175.0	208.2	18 213.1	5087.6	90.7
阿普歇伦-阿克恰格尔阶	143.8	3.0	525.2	195.9	3.5
层位不明	150.3	2.2	374.5	187.5	3.3
合计	3562.0	214.1	19 602.5	5610.6	100
占比/%	63.5	3.8	32.7	100	

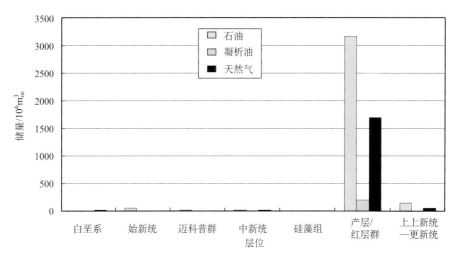

图 5-23　南里海盆地已发现油气储量的层位分布（储量数据来自 IHS，2012 g）

（一）主力储层

上新统中下部储层为盆地的主力储层。

储层段的岩性为红色和灰色砂岩和粉砂岩与厚层页岩互层；在盆地的阿塞拜疆一侧称为产层群，在土库曼一侧称为红层群，在伊朗一侧称为褐色层/切列肯组。

上新统—第四系剖面的厚度超过 10 km，是盆地快速沉降和快速沉积的产物。快速沉积导致沉积物的欠压实，并为泥火山发育提供了条件。

这套地层在时间上和空间上的沉积背景变化都很大：在盆地东部，碎屑物来源于东面的三条河流，古阿姆河、古阿特列克河和古戈尔甘河。在西部，该套地层的下部（卡拉组和吉下组）的物源来自北北东向的古伏尔加河，但上覆的各组（吉尔马库组、吉上组、佩列雷瓦组、巴拉汉组、萨本奇组和苏拉汉组）的物源来自于南西西方向的古库拉河。尽管沉积相大致相似，由于沉积物来自不同的物源，很难对某一砂岩层进行精确对比。

1. 产层群储层

产层群储层是盆地的阿塞拜疆一侧的一个地方性地层单位，由下而上可分为卡拉组、吉下组、吉尔马库组、吉上组、佩列雷瓦组、巴拉汉组、萨本奇组和苏拉汉组 8 个组（图 5-24、图 5-25）。

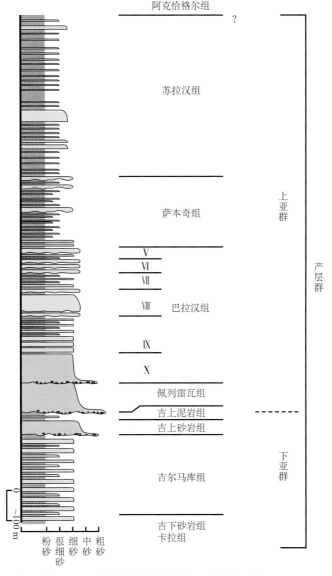

图 5-24　南里海盆地主要储层产层群岩性剖面示意图（据 Hinds et al.，2004）

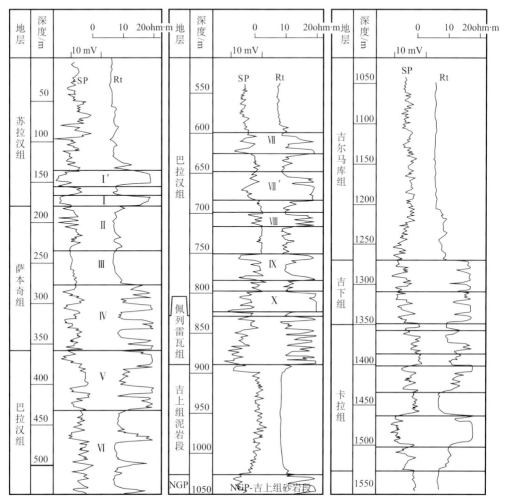

图 5-25　产层群典型测井曲线（据 Buryakovsky et al.，2001）

产层群的沉积始于中新世末的基准面大幅度下降。现代的伏尔加河、阿姆河和库拉河三条河流强烈下切形成了深切河谷，并汇入孤立的南里海盆地。在阿普歇伦半岛地区，古伏尔加河形成一个大型的砂质辫状三角洲。沉积物供给速率的变化和基准面的升降导致三角洲的进积、退积，三角洲沉积物在平面上广泛展布。在三角洲后退阶段，沉积了代表最大洪泛面的侧向广泛分布的页岩，如吉上组泥岩段和吉尔马库组泥岩，厚度分别在 100 m 和 200 m 以上；这些页岩将产层群分隔为多个层序，并构成了层内的油气藏盖层。在产层群内识别出了四类砂岩相：河流相、三角洲平原相、三角洲前缘近端相和三角洲前缘远端相。

网状河砂岩相由一系列底部发育侵蚀面、向上变细的砂岩单元叠加而成。各单元厚度为 2~5 m，底部砂岩可能含砾石，分选差，主要岩性为疏松的石英质粗砂岩到细砂岩。河流沉积单元中下部常见厚度 1~3.5 m 的单向交错层，顶部则常见垂向加积作用。砂岩疏松，仅发生局部胶结，其中不含泥质。巴拉汉组底部的 X 单元和佩列雷瓦组砂体是典型的网状河沉积，在电测曲线上表现出明显的钟状组合（图5-24、图5-25）。

河流相储层段内缺乏可以对流体渗流起遮挡作用的低渗透单元。这些细粒到粗粒的石英质砂岩均具有较高的孔隙度和渗透率，可构成优质储层。河流相储层也存在一些缺点：首先，地层疏松易碎，可能导致油井出砂；其次，随着深度增加，砂岩成分和成岩作用对储层质量产生影响；另外，河道底部的高渗带可能导致生产过程中地层水突进，粒度变化可能在纹层内形成不稳定的注水前缘。

三角洲平原相以侧向广泛分布的砂岩和粉砂岩互层为特征。砂岩厚度为15～59 m，粉砂岩厚度为3～9 m。砂层表现为具有底冲刷面的1～10 m厚的多层叠合的河道层序。一些河道具有向上变细的粒序，另外一些粒度基本不变。单向交错层理为主要沉积构造，砂岩层基本未胶结。单向水流、无生物扰动作用且缺乏潮汐作用表明形成于河流或河控分流河道环境，属于三角洲平原背景。三角洲平原粉砂岩可构成油田内的隔层，这些隔层把油田和气田划分成许多叠置单元。这类储层的问题包括：如何根据断层和河道的走向调整注水前缘；砂岩中的泥质砾石对驱油效率的影响；断层的空间分布以及对错开储层的沟通作用。

三角洲前缘近端相以底界明显突变的疏松砂岩与薄板状的粉砂岩和泥岩互层为特征，储层主要是分流河道及其伴生的河口坝沉积，在巴拉汉组、萨本奇组、吉尔马库组和吉上组砂岩层中见到了这类岩相（图5-25）。其中的河口坝砂岩由4～18 m厚的相对均一或向上变粗的细砂岩或中砂岩单元组成，呈块状或发育板状层理、平行层理、低角度交错层理和轻微发散的纹层，属于河控型三角洲的河口坝沉积。分流河道砂岩为3～14 m厚的向上变细单元，粒度由粗到很细，单元底部存在冲刷特征，可能削截下伏砂岩，底部可发育交错层理和板状层理，在较厚的单元中向顶部变为波状纹层砂岩。三角洲前缘近端储层的主要问题是粉砂岩和泥岩夹层造成的垂向区隔化，以及断层带、泥岩底辟和胶结作用造成的侧向区隔化。三角洲前缘近端相砂岩成分成熟度高，成岩作用弱，因为具有较高的孔隙度和渗透率。

三角洲前缘远端相为细砂岩、粉砂岩和泥岩互层，在吉上组的泥岩段、吉尔马库组和萨本奇组见到了该岩相类型的储层（图5-25）。储层岩性以细砂岩为主，厚5～80 cm，呈纹层状、粒度均匀，底部向上变粗然后向上变细；底部发育突变界面，发育波纹层理、爬升层理。粉砂岩和黏土岩侧向连续分布构成隔夹层或封闭层，储层间不可能发生垂向渗流，而断层带则导致储层的侧向区隔化。因为粒度细，三角洲远端相储层渗透性较其他相带低。砂岩胶结程度弱，易出砂。

在阿普歇伦地区，产层群砂岩大多具有良好的储层物性，由西向东从三角洲平原到三角洲前缘近端储层物性变好，再向远端储层物性又变差。吉尔马库组储层物性变化较大：在陆上，孔隙度从库什哈纳油田的14.3%到恰拉达格油田增至31.4%，渗透率从沙板达格的30 mD到布佐夫-马什塔基油田增至234 mD。在海上的帕尔齐格·皮尔皮拉斯油田，孔隙度和渗透率分别为16.5%和30 mD，到涅夫特达什拉里油田升高至25.5%和281 mD。由于产层群砂岩成分成熟度和结构成熟度高，储层孔隙结构较好，其中的含油层系具有很高的含油饱和度，最高可达86%，油藏的初始产能可达334 m³/d，气藏可达970 000 m³/d。

　　南里海盆地大约有 60％ 的油气藏分布于产层群/红层群的超压储层中，2000 m 以下储层的压力系数通常在 1.2～1.4，厚层泥岩段的压力系数可能高达 1.6～1.8（图 5-26）。盆地中的沉积物是以非常快的速率沉积的。剖面中泥岩广泛发育，压实作用对地层压力的分布做了很大贡献。在发育有效的流体垂向运移通道（泥火山、断层）的地区，压力得以快速释放并重新达到平衡。异常高压是南里海盆地油气产层具有较高产能的原因之一。

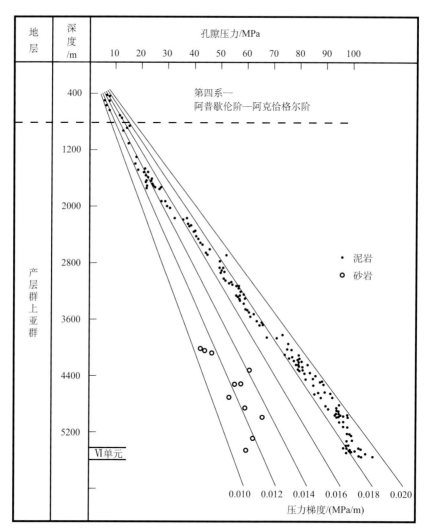

图 5-26　巴库群岛地区泥岩（实心）和储层（空心）孔隙压力变化（据 Buryakovsky et al.，2001）

2. 红层群储层

　　红层群与产层群层位相当，主要分布于盆地的土库曼斯坦一侧，也称为杂色群（Variegated Series），可以分成上下两个亚群。

下红层群具有明显的横向相变，由东向西砂岩含量呈明显下降趋势（砂岩/泥岩比值在布格戴里油田一带为 55∶45，到西切列肯一带为 27∶73），而碳酸盐含量趋于增高。砂岩孔隙度为 14%～26%，在西土库曼次盆中部最高；渗透率为 2.6～400 mD。

上红层群为分选好的砂岩和粉砂岩，储层物性在背斜顶部最好：孔隙度平均为 25%～27%，渗透率平均为 200～230 mD。储层单元的净厚度可达 30 m。

在盆地东南的伊朗部分，与红层群层位相当的褐色层组为河流-三角洲相中砂岩到细砂岩，孔隙度平均为 15%，渗透率为 5～85 mD。

（二）其他储层

除了产层群/红层群储层之外，南里海盆地还在白垩系、始新统、渐新统—中新统、上上新统—更新统等多套地层中发现了油气藏，储层岩性以陆源碎屑岩为主，含少量火山岩和火山碎屑岩。上上新统—更新统是产层群/红层群之外最重要的储层；在产层群/红层群之下的储层中发现的油气储量仅占南里海盆地总储量的约 2.5%，但它们可能是未来勘探的重要方向。

1. 白垩系储层

下白垩统阿普特—阿尔布阶发育了砂岩和泥质砂岩储层，孔隙度为 12%～14%，渗透率为 0.5～40 mD。

上白垩统储层除了滨海相沉积的石灰岩和碎屑岩以外，还包括风化和破碎的玄武岩、安山岩和凝灰岩。裂缝作用提高了储层的孔渗性，但裂缝的空间分布不均匀，因此产能变化很大。在叶夫拉赫-阿格加贝迪凹陷东北翼和西南翼探井的地层水产量很高，与裂缝有很大关系。在阿塞拜疆西部的火山岩储层中发现了一个大型油气田（穆拉德汉里气田）。

2. 始新统储层

在盆地西部的格鲁吉亚部分，始新统是最重要的储层。

下始新统储层包括浅海至滨海相钙质复成分砂岩和粉砂岩。孔隙度平均为 12%，局部发育裂缝。

中始新统是始新统最重要的储层段。这套储层岩性变化较大，已经识别出三种主要岩相：火山碎屑岩、火山沉积岩和沉积岩。油气聚集与火山沉积相有关，在格鲁吉亚部分称之为杂乱层理组（凝灰岩、凝灰质角砾岩、凝灰质砂岩、砾岩）。中始新统与下始新统砂岩非常相似，主要是浊流成因，但砂岩中火山碎屑物质占较大比例。还有一些伴生的火山岩，包括达 30 m 厚的安山岩。一些火山碎屑砂岩包含了大量火山成因的砂级晶屑（特别是长石晶屑），因此可能具有类似凝灰岩的矿物成分。

中始新统厚层安山玄武质凝灰岩中所夹的蚀变（浊沸石化）凝灰岩构成含油储层，储层产能受裂缝孔隙度和渗透率控制。有效孔隙度在 1.1%～7.2%，渗透率在 14.8～460 mD。

在阿塞拜疆一侧，中始新统火山物质的比例表现出向东南方向减小的趋势。在叶夫拉赫-阿格加贝迪地区，始新统厚达 750 m，由南向北厚度增加，岩性为泥岩夹砂岩，局部夹凝灰质砂岩。在萨阿特里地区（塔雷什-旺达姆隆起带），始新统为钙质页岩、砂岩、粉砂岩、泥灰岩、灰岩和凝灰质砂岩互层（钻遇厚度达 300 m）。再向东至阿普歇伦和舍马哈-格贝斯坦地区，始新统为寇温组，其顶部为泥岩夹薄层砂岩，中部是泥岩夹含石油的片岩，下部为泥岩夹凝灰质砂岩和斑脱岩。

3. 渐新统—中新统储层

渐新统—下中新统储层包括阿塞拜疆一侧的迈科普群、乔克拉克组和硅藻组的砂岩和粉砂岩，以及土库曼斯坦一侧的红下群砂岩。

迈科普群砂岩和粉砂岩为海相沉积，孔隙度为 18％～20％。好储层主要局限在盆地西部，向东大部分相变为泥岩。

在阿塞拜疆一侧，中新统中部到上部的储层包括乔克拉克组和硅藻组（卡拉干阶到麦奥特阶）储层。

乔克拉克组是一套由砂岩和粉砂岩构成的次要储层，孔隙度为 15％～21％，渗透率高达 120 mD。

硅藻群主要是泥质层序，其中的砂岩和粉砂质砂岩薄层构成了次要储层。孔隙度为 14％～23％，渗透率不超过 50 mD。

在格鲁吉亚东部，中中新统以陆相沉积为主，厚度最大可达 2300 m，其中发育了砂砾岩储层，孔隙度为 9％～18％，渗透率为 6～15 mD。

盆地土库曼斯坦一侧的红下群岩性为细砂岩夹泥岩、页岩，砂岩占的比例很小，其中划分出了多套砂岩储层。

4. 上上新统—更新统储层

该套储层包括阿克恰格尔组和阿普歇伦组。

阿克恰格尔组储层为厚层粉砂岩和页岩层序中发现的薄砂岩透镜体。东部，砂岩比例向东增加，从戈图尔德佩的 10％到库姆达格增长为 70％。孔隙度为 19％～24％，渗透率平均为 20～70 mD，储层单元净厚度为 5～20 m。

阿普歇伦组储层为岩性和厚度不等的砂岩和粉砂岩，净厚度 5～30 m。该组上部在局部地区相变为泥岩，或泥岩和碳酸盐岩的含量增加。孔隙度为 15％～26％，渗透率为 50～250 mD。

更新统巴库组砂岩中也见到了少量油气。

三、盖层条件

南里海盆地在古新统至上新统层系内已证实发育了区域性盖层，在侏罗系到白垩系以及第四系发育了潜在的盖层。

（一）产层群内部的盖层

产层群本身是大套砂岩与泥页岩构成的互层，其中的泥页岩构成了层系内储层的盖层。

卡拉组储层的盖层为 20～30 m 厚的泥岩。由于吉下组的底部也发育了一层泥岩，这套盖层在一些地方（如古姆阿达斯油田）的厚度达到 60 m。另外，该组内 10～15 m 厚的泥岩将该组储层分隔为不同的储层单元。这些层内盖层在局部地区厚度很大（如在奇罗夫阿达斯油田达到 120 m）。

在阿普歇伦南部地区和巴库群岛，吉尔马库组构成了吉下组砂岩的盖层。吉尔马库组在这一地区全部为泥岩，厚度可达 250～350 m。在阿普歇伦北部地区，吉尔马库组含有储层，下伏的吉下组的盖层厚度下降到 10～20 m（皮拉拉赫、涅夫特达什拉里油田）。

吉上组上部的泥岩段（NKG）不仅构成了吉上组砂岩段的局部盖层，还构成了产层群下部的局部盖层，因此以该套泥岩为界可以把产层群分为两部分（图 5-24，图 5-25）。该段泥岩的厚度有从北向南增大的趋势，在涅夫特达什拉里和卡拉地区为 100 m 左右，到杜旺尼-德尼兹和恰拉达格油田增加到 200 m。在杜旺尼-德尼兹和恰拉达格油田一带，吉上组上部的泥岩段厚度增大。虽然吉上组泥岩段是产层群内最重要的区域性封闭层，但其封闭能力也受岩性变化的影响。

在涅夫特达什拉里、古姆阿达斯和其他油田，佩列雷瓦组储层的封盖层是 15～20 m 厚的泥岩，且向西南厚度增加，在桑加恰雷-德尼兹油田群、皮尔萨迦特和哈玛姆达格-德尼兹油田一带，厚度达到 300 m。在皮尔萨迦特和哈玛姆达格-德尼兹油田，佩列雷瓦组的层内泥岩构成了Ⅶ与Ⅶ-a 储层间的隔层。

阿普歇伦群岛和阿普歇伦-滨巴尔坎地区的产层群的上部，层内的泥岩封盖了许多砂岩储层。这些盖层的厚度由于砂岩层向南相变为泥岩而增加，在巴库群岛北部（桑加恰雷-德尼兹油田群等），Ⅶ层（相当于佩列雷瓦组）的盖层为 2600～3000 m 厚的产层群上部的非渗透性地层封闭的。

（二）其他盖层

古新统发育了厚达 100 m 的页岩和泥灰岩，构成了白垩系储层的半区域性到局部盖层。

下始新统发育了厚达 200～2200 m 的泥岩夹泥灰岩和凝灰岩，构成了下伏白垩系储层的区域性盖层，同时也是下始新统砂岩的局部盖层。

上始新统（纳福特鲁格组和利洛列皮斯组）发育了厚达 400 m 的页岩和泥灰岩夹凝灰岩，构成了下伏中始新统储层的区域性盖层，以及上始新统自身储层的局部盖层。

渐新统—下中新统迈科普群为大套页岩夹粉砂岩和砂岩，厚达 2000 m，构成下伏地层及自身储层的区域性盖层。

中上中新统页岩和泥灰岩厚达 300 m，构成了自身储层的半区域性盖层。

上上新统阿克恰格尔组底部发育了一套厚约 25～50 m 的泥灰岩和蒙脱石-伊利石页

岩，构成了产层群/红层群储层的区域性盖层。该组上部的泥岩单元充当了该组内砂岩透镜体或夹层的局部和半区域性盖层。

上上新统阿普歇伦组黑色页岩厚达 12 m，构成了下伏储层的半区域性盖层，但在南部缺失。

四、圈闭特征

南里海盆地已发现油气田 179 个，其中绝大多数油气田的圈闭机制受构造控制，或与局部构造有关，而大多数油气田或油气藏含有地层圈闭因素。

（一）构造型圈闭

最常见的圈闭类型为背斜构造型。受区域性挤压构造活动影响，南里海盆地发育了多个挤压构造带，形成了成排成带分布的背斜构造带。少部分背斜属于相对完整的简单背斜，其圈闭机制依赖四周地层下倾形成的闭合。但由于强烈的构造挤压，褶皱构造的两翼倾角通常较陡，绝大多数背斜构造表现为不对称的短轴或长轴背斜。背斜两翼倾角可能存在较大差别，如阿普歇伦滩构造的缓翼倾角为 $25°\sim30°$，而陡翼倾角可达 $48°$。也是由于强烈挤压，背斜构造顶部则常产生局部伸展或剪切，导致背斜构造被各种不同方向的断层切割。

断层切割导致构造圈闭的复杂化、碎片化（图 5-27），也导致圈闭完整性下降甚至丧失。由于断层带的封闭，被切割的储层发生区隔化，在同一局部构造背景下形成了一系列相互独立的断层遮挡圈闭，而这些圈闭的含油气性则取决于断层的封闭性和活动历时。因此在背斜构造上，常见到不同断块含油气性差异很大。

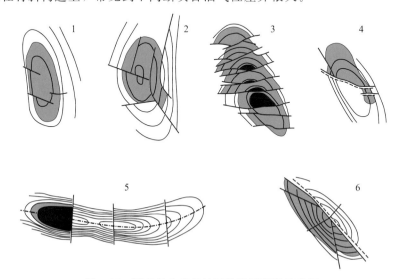

图 5-27　阿普歇伦半岛地区构造型圈闭示意图

1. 比比艾巴特油田 XI-XII 单元；2. 卡拉楚胡尔油田吉尔马库组 KS4 单元；3. 卡拉油田 II 单元；
4. 卡拉油田吉下组油藏；5. 米绍夫达格油气田 I 单元；6. 丘罗夫达格油田

由于快速沉积的砂泥岩中捕集了大量地层水，压实流体排出不畅的情况下深部地层中形成了异常高压；在构造活动活跃的时期，深部高压流体以及富含水分的泥质沉积物可能沿着构造轴部的断裂突破，形成泥底辟和泥火山，并引起油气藏的破坏。但从另一方面，泥底辟也能构成砂岩层的侧向遮挡，形成断层圈闭。

部分大型背斜构造具有明显的同沉积生长特征，说明构造发育与盆地演化过程中的区域构造挤压有关。帕尔奇格-皮皮拉斯（Palchygh Pilpilasi）构造是位于恰洛夫阿达斯-涅夫特达什拉里背斜构造带内的一个短轴背斜，沿着产层群内的不同储层，由上而下两翼地层倾角明显增大（表5-4），显示为构造顶部地层较薄而向翼部增厚的特征，是典型的同生褶皱构造。

表 5-4 帕尔奇格-皮皮拉斯构造两翼产层群地层倾角变化

地层	东北翼	西南翼
吉上组泥岩段	38°	35°
吉上组砂岩段	42°	36°
吉尔马库组	43°	36°
吉下组	45°	37°
卡拉组	46°	38°

除了断层切割之外，一些背斜构造内的圈闭还可能与泥底辟活动有关。在阿普歇伦半岛地区广泛发育的泥火山就是富含烃类气体的泥岩层段发生底辟活动的最终产物。南里海盆地的泥底辟活动与富含流体（包括烃类气体、石油、低矿化度地层水）的地层受到侧向挤压有关，特别是泥质液化地层的爆发式喷发，常与地震等瞬间构造应力的急剧增高有关。构造活动导致富流体泥岩层液化，此外，岩层的纵弯褶皱变形导致液化泥岩向背斜核部集中，因此泥底辟的横弯褶皱作用与地层的纵弯褶皱作用是相互叠加和增强的。泥火山常沿着背斜构造带轴线分布，或大致与背斜构造带轴线平行分布（图5-28、图5-29）；挤压背斜构造轴线上的局部伸展导致微型地堑的发育，也是泥岩上拱或泥底辟作用的诱因，反之泥底辟作用也会在褶皱构造表层引发伸展断裂（据 Bonini et al.，2013）。

除了泥底辟作用形成（或因泥底辟而增强）的背斜构造圈闭之外，液化的黏土物质沿着断裂通道向上运动在地表形成了大量泥火山。在构造平静期，处于断层带中的黏土物质充当了构造封闭的角色，在泥火山通道两侧形成油气藏，如洛克巴坦油气田（图5-30）。此外，地质历史时期的古泥火山锥周边可以发育地层超覆尖灭，之上可以发育披覆构造，后两者都可能形成油气圈闭。如阿塞拜疆里海海域的沙赫德尼兹构造上的泥火山活动始于产层群沉积晚期（中新世末—早上新世），止于阿普歇伦组沉积时期（早更新世），因此在泥火山地貌周缘发育了阿克恰格尔阶地层上超，而等年轻的地层则表现为古泥火山之上的披覆构造（图5-31）。

（二）地层型圈闭

到目前为止，南里海盆地已发现的油气藏中属于单纯岩性地层型圈闭的很少，但在

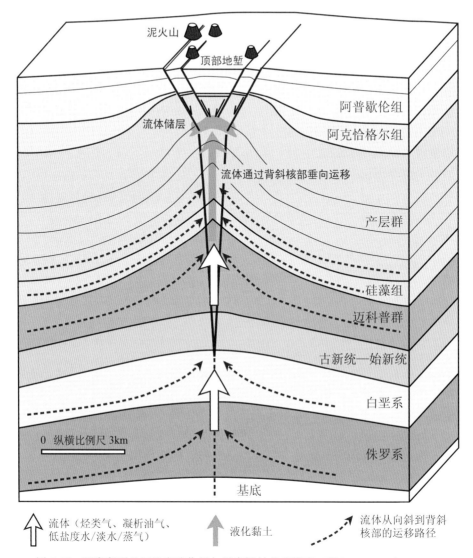

图 5-28　阿塞拜疆地区泥底辟作用与纵弯褶皱关系模型（据 Bonini et al.，2013）

某种构造背景下存在储层侧向相变、孔渗性变化或侵蚀尖灭等圈闭因素的复合型圈闭则十分常见（图 5-32）。

（三）构造圈闭的形成时间

南里海盆地构造演化历史复杂，目前形态、规模和分布各不相同的构造圈闭是多起构造活动的结果，但构造圈闭形成的主要时期为阿尔卑斯构造运动期间，而弧后盆地演化阶段的构造活动与含油气圈闭关系不大。

早在古新世—中始新世，阿拉伯板块与欧亚板块的碰撞导致了长期的抬升和变形；这次事件在南里海盆地内表现为大致南北向的挤压，导致了盆地周边地区的褶皱、山脉

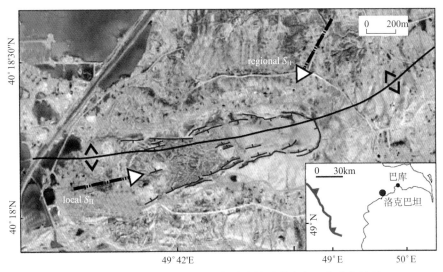

图 5-29　洛克巴坦泥火山在地表形成的环形火山口和陷落地堑

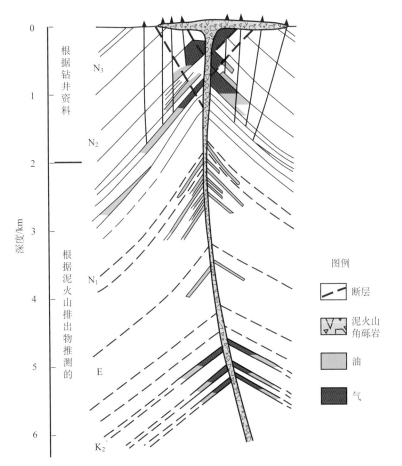

图 5-30　洛克巴坦泥火山与油气聚集的关系示意图（据 Buryakovsky et al.，2001）

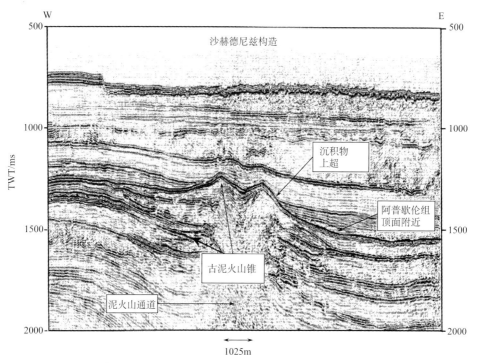

图 5-31　南里海盆地沙赫德尼兹构造地震剖面（据 Fowler et al.，2000）

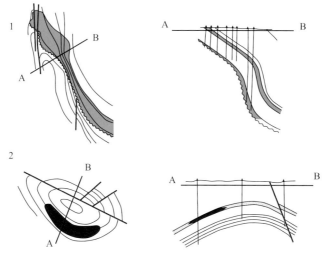

图 5-32　阿普歇伦含油气区的地层-岩性型圈闭示意图

1. 查赫纳格里亚尔油田，吉下组储层上倾尖灭形成地层圈闭；

2. 杜旺尼油气田，V 单元砂岩储层侧向相变为泥岩构成岩性圈闭

的抬升和向北逆冲，形成了背斜、逆冲断层、逆断层等多种挤压构造，与此同时形成了小高加索、塔雷什和厄尔布尔士等褶皱带。但这一时期盆地内的主要烃源岩尚未沉积，所形成的构造对于油气聚集的意义不大。

晚始新世之后由阿拉伯和印度板块与亚欧板块的碰撞造成的古特提斯洋的最终闭合，导致了在小高加索和大高加索以及科佩特达格地区的大幅度构造变形，并在南里海盆地中引起了挤压、构造反转和前陆盆地的发育；来自抬升山脉的陆源碎屑快速沉积作用也促使盆地中央部分沉降加快。

在上新世中期和上新世末，强烈挤压变形导致沿着先存断层的幅度可达上千米的走滑变形，形成了一系列被扭断层切割的背斜，在这些背斜中通常具有由泥岩底辟或走滑运动激发的泥火山构成的核心，迈科普群页岩是盆地中泥底辟和泥火山的泥质物质的主要来源；沉积盖层的变形一直持续到第四纪，各储层单元的褶皱作用目前仍在继续。这一时期形成的背斜构造，包括被各种不同走向的断裂所切割的断背斜，构成了盆地内主要的含油气圈闭。

绝大部分构造具有清晰的走向，这些构造与下伏中生代深大断裂的继承性发育和复活相关。每个构造的长度可达到 35 km 以上，闭合幅度可达 3000 m。大部分构造上断层非常发育，并且由于泥火山的存在变得更加复杂。一般来说，沿着每个背斜轴的走向都发育大型的断层带，并将这些局部构造切割为北东翼和南西翼。北东翼的倾角通常比南西翼低。主干断层的分支断层又把背斜构造切割成为无数断块。

可见，该阶段的主要变形为近南北向挤压和扭压，同时盆地周边山系的逆冲导致了强大的地壳负载，引起了盆地的快速沉降。该阶段在南里海盆地内形成了大量的背斜、泥底辟、泥火山、逆断层、走滑断层、负花状和正花状构造，所形成的挤压背斜是南里海盆地最重要的圈闭。

五、油气生成与运移

（一）油气生成

迈科普群源岩的油气生成过程可能始于上新世，并在最近的两百万年内达到了高峰。活跃的油气苗是源岩仍在生烃的一个直接证据。

盆地海域部分主要烃源岩达到生油气高峰时的埋深很大，由于快速沉积造成的地温欠平衡，油气生成的时间大大滞后。南里海盆地主体部分在新近纪期间的沉积速率高达 2.9 m/ka。始新世到中中新世时期的沉积和沉降相对稳定，而从晚中新世到早上新世就开始了快速沉积，接着发生了短暂的局部抬升和剥蚀。中上新世，沉降又重新开始，沉积速率急剧增大，紧接着又是一次短暂的抬升和剥蚀。晚上新世和第四纪早期沉降和沉积缓慢，接着沉降速率又一次急剧增大，到最后是局部抬升和剥蚀。

由于地温梯度较低，Ⅱ型干酪根的生油窗顶界深度为 8 km 左右，估计生油窗底部和开始生天然气的深度是 13～14 km。

在盆地西部，油气运移可能既有侧向的也有垂向的；从中新世开始，油气从埋藏较深的南部前渊地区运移到东北部的圈闭中。晚上新世的变形引起了部分圈闭破裂和再次运移。在白垩系油田上覆还发育了始新统含油气层系，而大多数发育了始新统层系的油田也都在上覆发育了渐新统—中新统含油气层系。

关于南里海盆地中西部的生烃过程有三种观点。一种观点认为：产层群油气的源岩应为古新统到中新统，油气是沿着裂缝和泥火山通道向上运移的。另一种观点认为：油气来自产层群的下部以及下伏迈科普群，因此仅发生了较小规模的垂向运移，可能也有部分来自产层群下伏的本都组或硅藻组（图5-33）。还有人认为上新统油气的源岩是产层群本身，并认为曾发生了大规模的侧向运移。

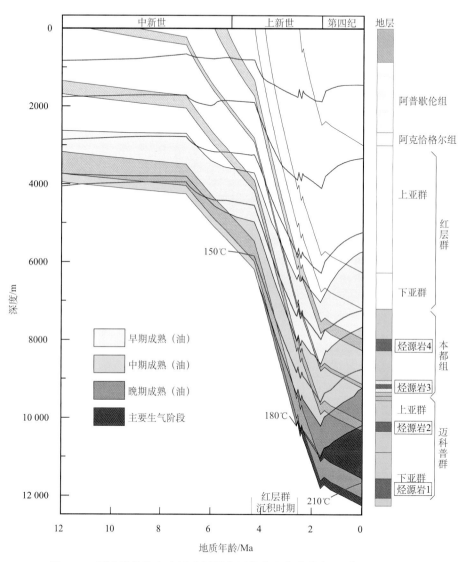

图5-33　西土库曼海上古近系烃源岩埋藏史和热成熟度（C&C，2002d）

（二）油气运移

然而最近的研究表明，深埋的古近系烃源岩曾发生了多次垂向运移。油气运移和充注的多阶段性与埋藏历史上复杂的沉降和抬升过程有关，也可能是随着烃源岩的深埋和生烃，由不同的烃源岩分阶段充注。

第一个阶段是在中上新世，当时构造运动和强烈的沉降导致了早期圈闭的形成、烃类的生成和油气的运移。晚第四纪的构造活动为较老的圈闭补充了新的油气，为容积增大的圈闭注入新的油气，也为新形成的圈闭充注了油气。另外，晚期的构造活动导致了油气聚集的大面积重新分配，由于断层的破坏使部分油田脱气甚至破坏。

对沙赫德尼兹凝析气藏的分析表明，在南里海盆地的油气相态和数量是构造活动时间、砂岩连通性（允许泄压）和泄压作用时间相互影响的结果。

沙赫德尼兹凝析气田位于海上，储层为古伏尔加河三角洲沉积。沙赫德尼兹凝析气田的含水砂岩储层的地层压力达到 34.45 MPa。含水储层的高压与上新世快速沉积造成的压实欠平衡有关。而与此相反，大多数含气储层的压力却相当低，原因可能是广覆型砂岩储集层在盆地边缘受到抬升和侵蚀，分布范围较窄的砂岩体仍具有超压。

在储层的含油包裹体中记录了石油的早期充注过程，早期充注基本上发生在接近静岩压力的条件下、发生泄压过程之前。根据钻杆测试的气体和流体成熟度分析，上部的巴拉汉组储层捕获了早期的成熟度较低的油气，而更深的佩列雷瓦组储层中的油气的成熟度更高。圈闭的充注模式如下：

在大约 2.0～3.5 Ma，石油运移进入了储层。由于地层压力接近静岩压力，没有有效盖层。

后来，陆上构造的抬升导致了巴拉汉组储层压力的释放。储层压力下降导致盖层（上覆超压泥岩）的有效性上升，天然气开始向圈闭中充注。

持续抬升造成了深部的佩列雷瓦组储层的压力释放，形成了有效圈闭，天然气向巴拉汉组储层的运移过程终止。

由于产层群/红层群沉积厚度很大，油气要从迈科普群/硅藻群源岩经过几千米的垂向运移到达产层群的储层。第四纪构造运动伴生的断层作用和泥底辟作用为油气垂向运移提供了必须的通道。

泥火山活动引起了周围砂岩层的倾角持续变化，油气沿着陡峭的倾斜地层向上运移，聚集于泥火山周围，储层与泥火山之间呈断层接触。泥火山中泥质碎屑物向上运动的火山通道本身也是油气的垂向运移通道（图 5-34）。

阿塞拜疆地区泥火山的核部泥质主要是渐新统—中新统（迈科普群）的高伽马页岩的混杂物，其中也含一些年代不同的外来碎屑。从泥火山喷出来的气体 95% 以上是甲烷。

随着南里海盆地从上新世到更新世期间的快速沉降和埋藏，正在生成甲烷的迈科普群到达的深度超过 11 km，形成了很高的超压。迈科普群的超压页岩构成了主要的区域性拆离面，断层提供了迈科普群与其他地层甚至直达地表的直接通道（图 5-34）。

在盆地东部，来自红层之下组的成熟源岩的烃类开始了垂向运移，包括沿着近垂向的断层向上运移达 3000 m。实际上，在走滑断层到达地表的地方，圈闭中仅残留了很少油气，而其余油气已经散失。

然而，垂向上叠合的油气藏之间的有效封闭性页岩单元的发育、在不同深度上天然气气顶的出现以及层序内石油和地层水成分的变化等，都表明盆地内油气侧向运移也相

• 300 •   中亚-里海含油气盆地

当重要。有人认为，储存在阿普歇伦-滨巴尔坎隆起带中的油气就来自于毗邻的科尔克尔和克孜勒库姆凹陷，而在格戈兰达格-奥卡雷姆隆起带发现的油气则来自于南里海深海次盆。油气来自侧向运移的类似证据包括：沿着某个储层向下倾方向往盆地中心，石油重度和焦油含量的下降，而与此同时汽油馏分增高。另外，往盆地的中心方向上圈闭中捕获了更多的天然气。最近的研究发现，存在一条从沙赫德尼兹到巴哈尔，最终到达阿普歇伦半岛的侧向油气运移通道。直到今天这个油气运移通道还在活动，它与巴库周围的陆上地区发现的主要油气田和活跃的油苗分布是一致的。

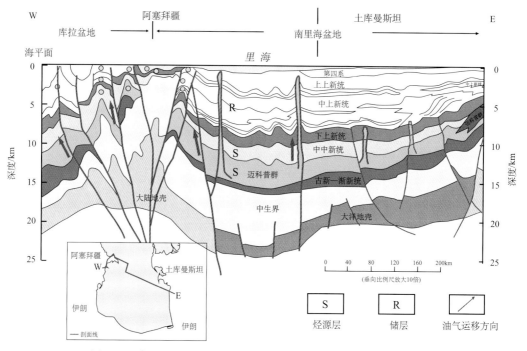

图 5-34   南里海盆地油气垂向运聚模式图（据 Smith-Rouch，2006）

在某些油田产层群/红层群区带以上的阿普歇伦-阿克恰格尔区带中发现了油气，这说明可能在晚上新世到第四纪期间发生了走滑变形，导致了再次运移，即早期的圈闭遭到破坏并发生了三次运移。事实上，沿着这些构造带，产层群的岩层常常在构造顶部出露地表，进一步证明了晚期运动的存在。

六、含油气系统特征

根据烃源岩分布的层位，在南里海盆地共划分了三个含油气系统，其中最主要的含油气系统是迈科普群/硅藻组为烃源岩、产层/红层群为含油气储层的含油气系统（图 5-35），该系统中聚集了盆地中的绝大部分油气。此外，在盆地西部还发育了以始新统窟温组和下侏罗统舍姆沙克组为烃源岩的含油气系统。

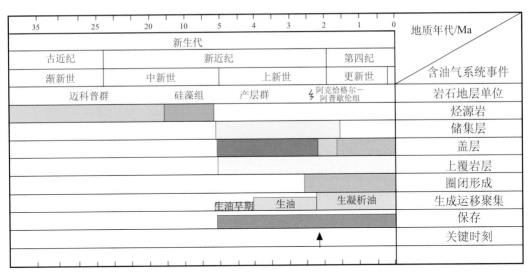

图 5-35　南里海盆地迈科普群/硅藻组含油气系统地质事件图（据 Smith-Rouch，2006；Gürgey，2003）

（一）迈科普群—产层群含油气系统

迈科普群—产层群含油气系统包含了盆地中的绝大部分油气。

虽然对于该含油气系统的最重要烃源岩段存在相当大的争议，但一般认为，渐新统—中新统迈科普群页岩是非常重要的烃源岩，尽管中—上中新统硅藻群可能也向该系统提供了不少油气。

主要储层段分布于中上新统产层群/红层群中，其他储层包括：迈科普群碎屑岩、硅藻组碎屑岩、阿塞拜疆陆上和东格鲁吉亚的中—上中新统（乔克拉克组到麦奥特组）储层、格鲁吉亚的什拉克组、中—上中新统红层之下组储层（西土库曼）和上上新统—更新统阿克恰格尔组和阿普歇伦组。盖层包括整个地层范围内的泥页岩，年代从渐新世到第四纪。系统经历时期是 29.3 Ma。

深埋的迈科普群源岩发生了多期石油生成和运移。不同阶段的油气充注是盆地反复沉降和抬升的结果，或是不同源岩在逐步深埋过程中逐步生烃和充注的结果。

该含油气系统的油气充注最早发生在中上新世，当时的构造运动和强烈沉降导致了早期的圈闭/储层的形成、油气的生成和运移。晚第四纪的构造活动为早期形成但受到破坏的圈闭提供了补给，向容积增大了的圈闭另外补充了油气，并为一些新形成的圈闭充注了油气。另外，晚期构造活动导致了强烈的油气藏再分配，部分油气藏因为断裂切割和破坏而导致了脱气和油气散失。

上新世以来的强烈构造挤压既对圈闭的形成及其幅度的进一步增大起了积极作用，但同时也对圈闭产生了破坏作用。强烈挤压造成的大量逆断层和逆冲断层切割了背斜构造，造成了圈闭有效性的下降和油气的漏失（图 5-36）。强烈挤压的另一个作用是导致地下含流体储集层中的地层压力大幅度上升，特别是深部未固结的欠压实厚层泥页岩在不均衡的挤压和走滑断层的共同作用下发生了底辟刺穿，直至喷出地表形成泥火山。泥火山的喷发过程实际上也是油气大量损失的过程。在南里海海域和阿塞拜疆的近岸地区形成了大量泥火山以及与之相关的油气田（图5-37、图5-38）。

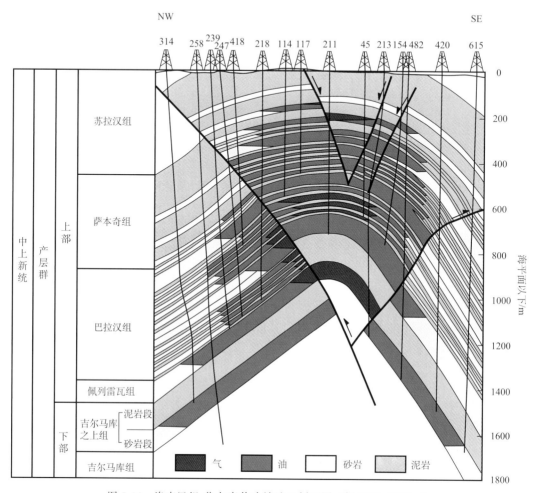

图 5-36　洛克巴坦-普卡库什哈纳油田剖面图（据 IHS，2012 g）

（二）古新统—始新统含油气系统

古新统—始新统含油气系统的主要烃源岩年代为始新统寇温组（及其相当的地层），次要烃源岩是上白垩统—古新统苏姆盖特组（及其相当地层）。这些烃源岩为上白垩统火山岩、中始新统火山碎屑岩和下始新统及上始新统碎屑岩等多套储集层提供了油气。油气藏的盖层是古新统、下始新统、上始新统的页岩和泥灰岩，以及渐新统—中新统迈科普群页岩（图5-39）。商业价值最高的储层是盆地最西端的中始新统凝灰岩。目前该含油气系统的分布主要是在南里海盆地的西部。

根据原油地球化学分析以及对白垩系和始新统圈闭的局部破裂/非渗透盖层的认识，可以认为，阿塞拜疆和格鲁吉亚的白垩系和始新统石油来自共同的源岩，上覆

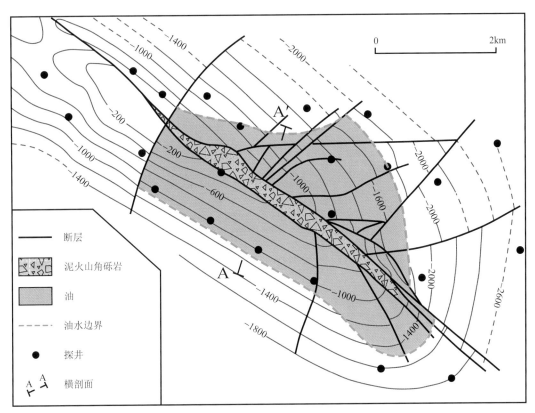

图 5-37 涅夫特达什拉里油田吉尔马库组储层顶面构造图 (据 IHS，2012 g)

经常是迈科普群构成的圈闭。烃源岩最早可能是在中新世达到成熟，目前已处在生气窗范围。

对于位于强烈挤压区的油气田来说，后期的构造挤压对油气保存有有利的一面，即形成新的构造圈闭或早先的构造幅度进一步增大；但也存在不利的一面，导致构造强烈抬升，表层岩石受到强烈侵蚀，油气藏受到水洗和生物降解。萨茨赫尼斯油田是被破坏油田的一个实例（图 5-40）。

（三）潜在的侏罗系含油气系统

在南里海盆地的东南部识别出了推测的舍姆沙克组—侏罗系/巴雷姆阶含油气系统，由下中侏罗统舍姆沙克组和舒尔列赫组烃源岩和中上侏罗统及巴雷姆阶碳酸盐岩储层组成。盖层是各种层内页岩和半区域性阿普特阶页岩。

尽管在该含油气系统中还未发现工业性的油气藏，但是在盆地的伊朗部分所钻探井中的油气显示以及在厄尔布尔士山中发现的油苗等说明该系统曾相当活跃。该系统很可能分布范围有限，而且很多油气圈闭在后期的上新世挤压变形阶段被破坏，尽管有证据表明在厄尔布尔士地区的变形到更新世时期已经停止。该系统的地层年代范围是208Ma，包括从烃源岩沉积期至今。

油气生成的时间还不确定，但是下侏罗统烃源岩最早在中新世就达到成熟了，且油气生成一直持续整个上新世。

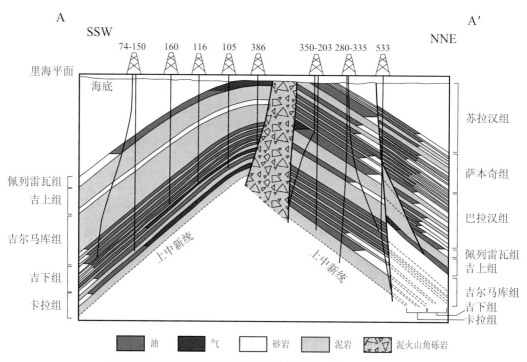

图 5-38　涅夫特达什拉里油田构造剖面图（据 IHS，2012 g）

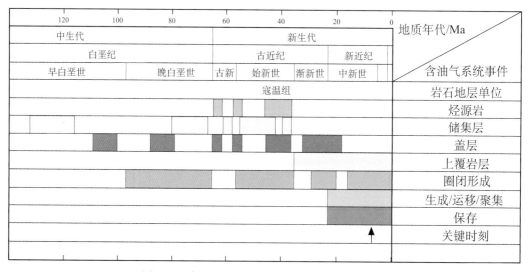

图 5-39　南里海盆地古新统—始新统含油气系统

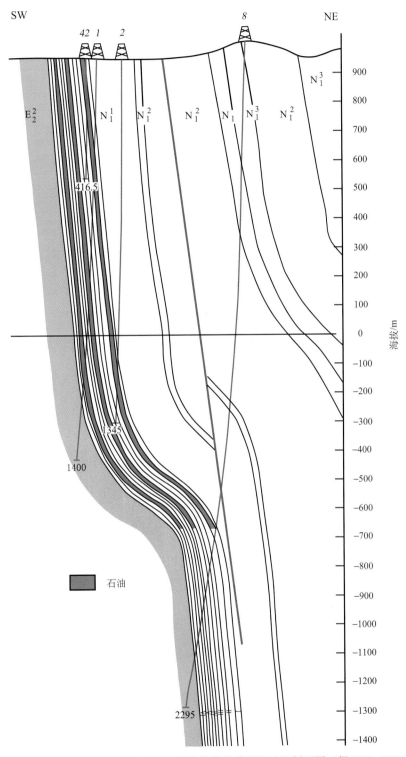

图 5-40 南里海盆地阿塞拜疆陆上部分的萨茨赫尼斯油田剖面图（据 IHS，2012g）

该油田属于始新统含油气系统，沥青封堵

第四节　典型油气田

南里海盆地已发现了 179 个油气田，其中绝大部分集中在下库拉凹陷、阿普歇伦-滨巴尔坎隆起带和格戈兰达格-奥卡雷姆三个构造带以及盆地西部的山间凹陷内（图 5-41），由于绝大多数局部构造形成于区域性构造挤压，所以绝大多数油气田属于挤压构造圈闭或至少含有构造圈闭因素。

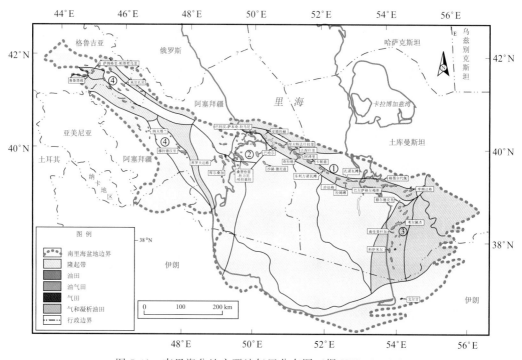

图 5-41　南里海盆地主要油气田分布图（据 IHS，2012g）

①阿普歇伦-滨巴尔坎油气聚集带；②下库拉油气聚集带；③格戈兰达格-奥卡雷姆油气聚集带；④西部油气聚集区

一、巴哈尔油田

（一）油田概况

巴哈尔油田位于南里海海域，巴库东南约 40 km（图 5-41、图 5-42）。它是里海海域阿塞拜疆一侧最大的油气田，可采储量约 1.5×10^8 m³ 油当量。其中石油占地质储量的 20%，主要分布于上新统中部的巴拉汉组 X 层和佩列雷瓦组内。储层顶面的平均深度为 4500 m。储集层是河控三角洲砂岩。其中包括 6 个流动单元，各单元之间被三角洲平原和三角洲前缘的页岩隔开。砂体呈拼板状外形，由于垂向上页岩隔层的发育，砂体非均质性强烈。

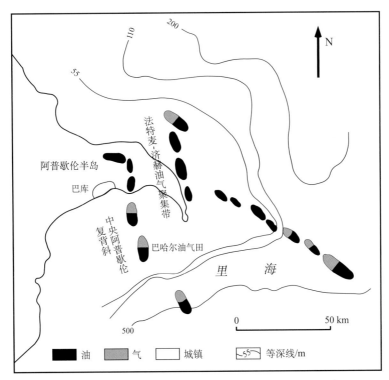

图 5-42 南里海盆地西北部阿塞拜疆海域主要油气田分布（据 C&C，1999a）

巴哈尔油田发育于南阿普歇伦凹陷内南东走向的中央阿普歇伦复背斜带上。南阿普歇伦凹陷被认为是大高加索地槽带的一部分。该油田的构造是一南北向的短轴背斜，长 10 km，宽 4.5 km，佩列雷瓦组顶面闭合高度约 450 m。构造受一系列正断层切割，形成了 7 个主要断块，在不同断块上具有不同的油水（气水）界面和不同的油气柱高度。该构造向北向东为倾斜闭合，而在西侧以大型逆断层为边界（垂向断距高达 250 m），南侧为一泥火山（图 5-43、图 5-44）。

烃源岩为渐新统—下中新统迈科普群或中上中新统硅藻组浅海相-潟湖相页岩。油气通过断层向上垂向运移，时间主要是上新世晚期。

（二）储集条件

与阿普歇伦半岛以及南里海地区的其他大型油气田一样，巴哈尔油田中的油气也主要储集在中上新统产层群内。产层群的巴拉汉组、佩列雷瓦组、吉尔马库之上砂岩层和吉下组内共有 9 个含油气储层单元，其中上部 5 个储层单元含气，下部 4 个含油和气（图 5-44）。

佩列雷瓦组和巴拉汉组是最重要的储层，其中聚集了该油田的大部分石油储量。佩列雷瓦组的厚度为 145～190 m，平均 167 m，岩性主要是中-粗砂岩，与页岩互层，砂岩层占该组总厚度的 65%。巴拉汉组厚度为 856 m 的砂岩夹页岩层系，其中砂岩占该组厚度的 65%～70%，包括由上到下Ⅴ～Ⅹ六个层，每层厚度为 50～200 m。巴拉汉

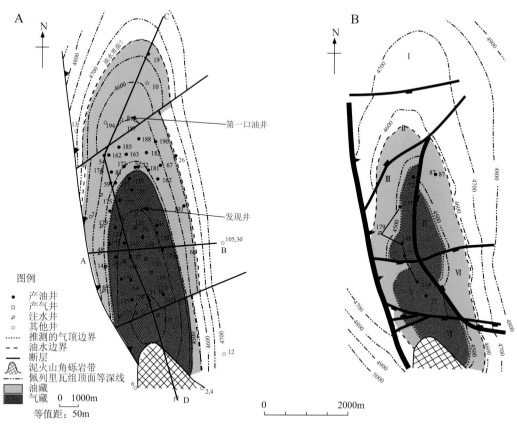

图 5-43　巴哈尔油田的佩列雷瓦组顶面构造图（据 C&C，1999a）

A. 1997 年前；B. 1997 年底修改后

组 Ⅹ 层（约 140 m）是主要含油储层，其他各层为含气储层。巴拉汉组之上覆盖了厚 450~510 m、以页岩为主的萨本奇组。在新近纪，东阿塞拜疆和南里海盆地位于准特提斯洋东部，产层群沉积始于一次强烈的基准面沉降，这次事件将南里海盆地转变成了一个规模大大收缩了的孤立盆地。上新统产层群沉积物来自北方的古伏尔加河，主要是河流-三角洲沉积。基准面的相对升降导致了这套地层中的砂泥交互。佩列雷瓦组和巴拉汉组 Ⅹ 层代表了三角洲平原发育最广泛时期，是在相对基准面上升的半旋回中形成的。以海侵页岩为特征的巴拉汉组 Ⅸ 层下部，为这套储层提供了区域性盖层。根据露头与测井响应的对比，在巴拉汉组 Ⅹ 层和佩列雷瓦组中识别出了以三角洲平原分流河道和三角洲前缘河口坝为主的砂岩相和三角洲前缘泥质沉积为主的页岩相。河道相为主，加上薄层河道间湾和三角洲前缘沉积，表明沉积作用发育于河控三角洲环境中。分流河道相主要分布于佩列雷瓦组。在阿普歇伦半岛的露头中，该组为一套厚度 4~7 m、向上变细的层序，在伽马和自然电位曲线上清晰可见。底部由砾质砂岩构成，其中含有直径达 10 cm 的碎屑和内碎屑，还发育了层系厚度达 3.5 m 的大型交错层理。向上粒度变细，为细砂岩到很细砂岩，但仍然发育大型交错层理。这些大型交错层理指示了向南（170°~180°）的单向古水流。该层序底部存在强烈侵蚀，切入下伏泥岩中。大型交

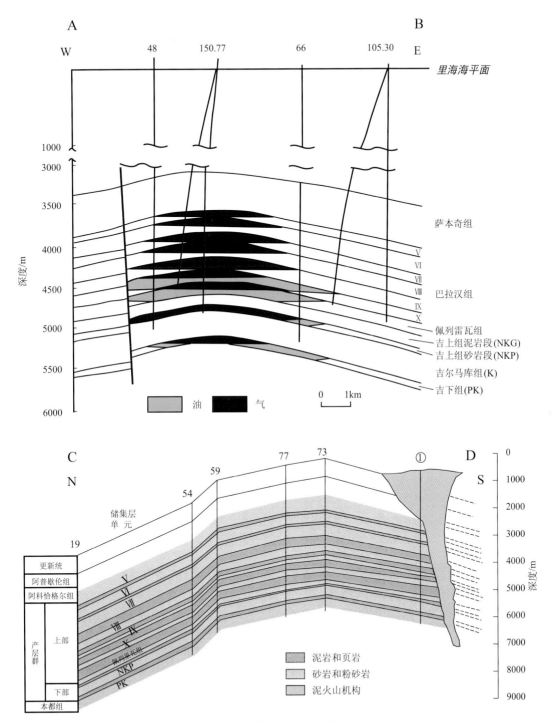

图 5-44 巴哈尔油田构造剖面图 (据 C&C，1999a)

剖面位置见图 5-43；NKP. 吉尔马库之上砂岩层；PK. 吉下组

错层理、粗粒度、河道的叠覆以及泥岩较少等都说明沉积作用是在网状三角洲平原上进行的。巴哈尔油田的产层河道层序厚度一般为 5～15 m。河道走向多变，但主要是向南和西南。

三角洲前缘河口坝/间湾充填砂体是侧向上分布广泛的向上变粗层序，在该油田内厚度一般为 10～20 m。河口坝/河道间湾充填沉积为细砂岩与互层的粉砂岩。

三角洲前缘泥质沉积的厚度为 10～20 m，具有较高的伽马和自然电位，通常构成流体渗流的屏障。

三角洲前缘间湾充填沉积构成了大约 20 个以洪泛面为界线的高频地层旋回。这些旋回厚度一般为 10～20 m，通常被一条或多条河道所切割。

巴哈尔油田的巴拉汉组 X 层和佩列雷瓦组储层总厚度约为 300 m，净厚度/总厚度比值约为 0.65，即有 200 m 厚的净储层。产层净厚度为 150 m。

巴拉汉组 X 层和佩列雷瓦组储层可以细分为六个流动单元，其中巴拉汉组 X 层中有两个单元（巴拉汉组 X 层上部和下部），佩列雷瓦组中有 4 个单元（从上到下分别为佩列雷瓦Ⅰ、Ⅱ、Ⅲ、Ⅳ）。各流动单元的净厚度/总厚度比值为 0.57（巴拉汉组 X 层上部单元）到 0.88（佩列雷瓦Ⅱ单元）。

厚度 15 m 的佩列雷瓦Ⅳ单元与其他各单元之间以一层全油田分布的泥岩（佩列雷瓦Ⅲ页岩）相隔。佩列雷瓦Ⅱ、Ⅲ单元中富含砂质，内部的非均质性较低。在这两个单元中的河道为相互叠合的多层砂体，合计厚度达 40 m。这两个单元之间的隔层页岩段在侧向上的连续性有限。佩列雷瓦Ⅰ单元中的泥岩含量较高，非均质性比其他各单元也更强，其上下分别为全油田分布的页岩段。巴拉汉组 X 层的上部单元和下部单元比佩列雷瓦组的各单元具有更强的非均质性，并同时存在垂向和侧向的连通性。这两个单元之间的页岩段（巴拉汉组 X 页岩）是全油田分布的有效渗流屏障和压力屏障。佩列雷瓦组上部和巴拉汉组 X 层内的河道主要是单层的。可以对比的单层河道厚度一般为 5～15 m，宽度可达 3 km。河道的宽度/深度比值为 100～200（图 5-45）。

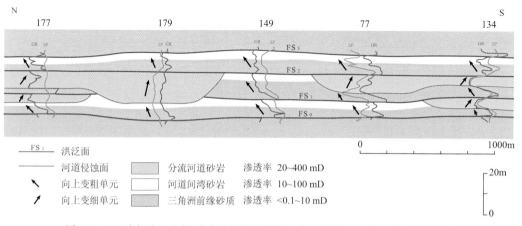

图 5-45　巴哈尔油田上佩列雷瓦组储层格架及主要相类型（据 C&C，1999a）

　　巴哈尔油田的巴拉汉组 X 层和佩列雷瓦组地层固结程度很低，根据有限的岩心来看，主要是岩屑砂岩，粒度从砾石到细砂。尽管见到了一些石英自生加大和碳酸盐胶结物，但机械压实作用仍是导致孔隙度降低的主要作用，孔隙类型主要是残余的原生粒间孔。

　　巴拉汉组 X 层和佩列雷瓦组岩心孔隙度的范围是 6%～37%，但大多数小于 24%。六个流动单元中，各单元的平均孔隙度在 15%～19%。巴拉汉组 X 层和佩列雷瓦组的岩心渗透率在 0.1～400 mD。含水饱和度一般很高，在上述六个流动单元中平均在 33%～46%。

二、切列肯油气田

（一）油气田概况

　　切列肯油气田位于西土库曼的切列肯半岛（图 5-41），石油原始地质储量 78×10^6 m³，其中石油 27×10^6 m³（占该油气田总储量的 35%），天然气 113×10^8 m³（伴生气）。石油储集在中新统上部—上新统红层群的垂向厚度超过 2000 m 的叠合储层中。19 世纪就在切列肯的浅层发现了石油，但较深储层是在 1950 年才发现的，到 1951 年才开始产油。切列肯构造是一个狭长的、被断裂切割的、两端倾伏的背斜（30 km×5 km）。在储层段内的很多个小层中，在不同断块中，石油的分布呈补丁状，并受到地层倾斜和断裂共同封闭。石油为轻质（30～37°API）、中等黏度的高蜡石油，具有中等到较高的原始气油比。红层群储层主要是在欠补偿湖盆的半干旱、网状平原和网状三角洲环境下的河道砂岩。内陆气候旋回控制了粗碎屑沉积物的输入和湖平面的涨落。这些岩屑细砂岩的原生粒间孔隙度中等（平均为 17%～21%），平均渗透率较低到中等（18～80 mD）。由于较低的孔渗性和较差的钻井和完井工艺，单井产能也较低，一般为 35～58 m³/d（最高可达 364 m³/d）。井筒和输油管中的结蜡问题进一步降低了产能，特别是在冬季。该油田的生产利用含水层驱动，1959 年达到了高峰产量 4929 m³/d 石油，到 1995 年已经下降到了 318 m³/d。

（二）构造和圈闭特征

　　切列肯构造位于长 200 km 的阿普歇伦-滨巴尔坎隆起带东端，并与土库曼斯坦的陆地相接。该构造主体位于陆上，少部分被海水淹没。东西向的阿普歇伦-滨巴尔坎隆起带在切列肯构造一带发生了弯曲，向西南方向发生偏转（图 5-46）。南里海盆地的几乎所有上新统构造都具有相似的成因和样式。这些构造是渐新统迈科普群页岩滑脱带之上的中新统—第四系地层（5～10 km）经挤压变形形成的链条状褶皱，这些褶皱实际上是一些薄皮构造；但其线状集中分布及与走滑断层的共生关系表明，这些构造与区域基底断裂之间也存在某种联系。这些构造的特点是在深部的构造核部发育逆断层，而向外过渡为正断层，因此在浅层形成了更为复杂的特点。褶皱作用从红层群沉积期末（晚上新世）开始小规模发育，到阿普歇伦阶沉积期末（上新世末—第四纪）达到最高峰，尽管该地区目前仍属于构造活动区。

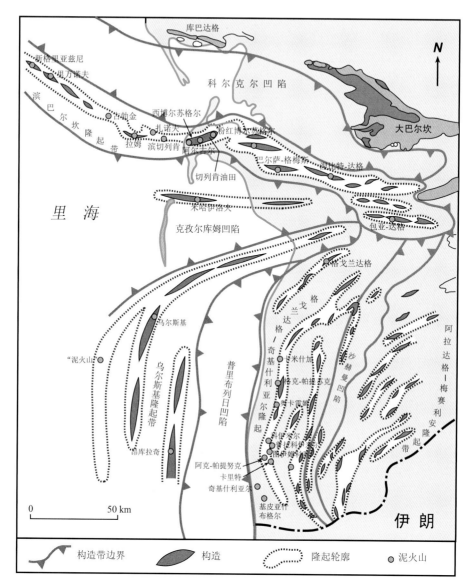

图 5-46　南里海盆地西土库曼部分的构造分布概图（据 C&C，2002e）

　　切列肯构造为一个南西走向的长轴背斜，长 30 km，宽 5 km（图 5-47）。在构造东端的达加支克地区的一个倾伏的地垒将该油田向东延伸。切列肯构造不对称，南翼较陡（一般为 25°），而北翼较缓（一般为 14°）（图 5-48）。石油圈闭于厚度近 2000 m 的中新统上部—上新统红层群的背斜和断层复合圈闭中。顶部的盖层为层内泥岩。在构造内并非每个部分都聚集了石油，石油主要集中于西切列肯或阿拉古尔地区，在东切列肯或达加支克地区只有一些较小油气藏。

　　各个构造断块上的每个砂层可能都具有独立的油水界面。产层在西切列肯构造上埋深最浅，为 600 m，而在东切列肯为 550 m。在该深度之上仍然有含油层，但通常是难

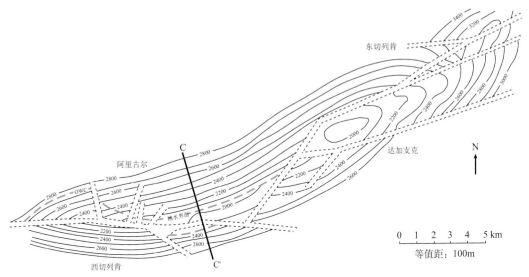

图 5-47　切列肯油田红层群底界构造图（据 C&C，2002e）

以开采的重质油。构造顶部最深的储层为 4520 m。在西部最大的油柱高度为 222 m，而在东部为 141 m。

切列肯构造的大多数断层与褶皱轴近于平行（东西向到北东向），断距一般为 600 m（图 5-47）。还发现了一些小型的横向断层以及个别逆断层。实际的构造可能更为复杂，因为这些构造图和剖面图主要是根据井资料编绘的。由于大量断层的切割以及三个泥火山从前上新统一直刺穿到地表，切列肯构造的二维地震资料质量较差。

（三）储层沉积作用和储集性能

红层群以泥岩和粉砂岩为主，其中散布着一系列薄砂层组。渗透性砂岩储层在自然电位曲线上有明显响应。砂层组厚度一般为 150 m，最大可达 550 m。单层砂岩一般在 5～20 m，最大可达 50 m。砂岩为细砂岩，粒度变化很小。关于红层群岩相或沉积环境的信息极少，有人解释为向大型湖泊推进的三角洲叶状体。切列肯构造位于这些沉积体系的边缘，其砂泥比值为 0.35。

在阿塞拜疆一侧，与红层群时代相当的地层称之为产层群。根据对露头上的河控三角洲顶积层、三角洲斜坡和前三角洲的识别，认为在阿普歇伦隆起上发育了一个向南里海湖泊推进的网状三角洲。但区域地震剖面中未见到三角洲前积楔状体，而仅在土库曼斯坦海上的一小块地区见到了这类沉积体。

还有人认为，气候旋回对半干旱、欠补偿的湖盆中的沉积作用起主导作用。潮湿期，内陆山区的河流体系恢复活力，向盆地倾泻了大量粗碎屑侵蚀产物，并在盆地周围的地面坡度很小的网状河平原上受到网状河流的改造。河流水量的增加导致了湖泊的扩大并在浅水中普遍沉积了细砂和粉砂。随后的干旱期导致了湖泊的干涸，并在新的潮湿期之前形成了缓慢的黏土和粉砂沉积。高频气候旋回被认为是单个砂层单元形成的原因，而长周期旋回形成了砂层组和较厚的泥岩单元。在这一模型中，砂岩体主要是网状

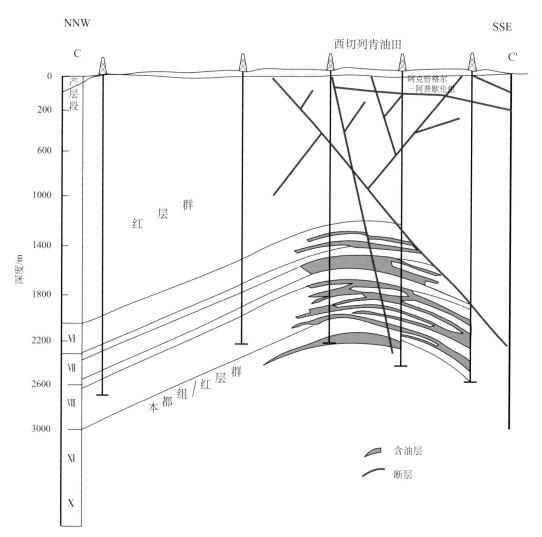

图 5-48　西切列肯的北北西—南南东向构造剖面（据 C&C，2002e）

剖面位置见图 5-47

河道充填的砂岩和溢岸沉积中的漫流沉积。

　　阿塞拜疆一侧的产层群与土库曼斯坦一侧的红层群之间的一个显著差别是在红层群中见到了"海相"生物群，特别是在其底部附近，同时还含有指示海相环境的海绿石。发现了软体动物、单列及多列有孔虫以及可能的苔藓虫。这表明：①红层群底部单元比产层群老，在切断与海的联系之前与海相的本都阶共存或交互；②在西土库曼发育了一个咸水湖泊，其环境与正常浅海环境相似。

　　阿克恰格尔阶和阿普歇伦阶也是以泥岩和粉砂岩为主，含有少量不规则砂岩薄夹层。其沉积于一个浅水的内陆海中，该海域通过地中海和黑海与全球海洋系统相连通。

　　红层群总厚度 2300 m，含有 14 个小层，其中产层的厚度可达到 2000 m。由于存在平面上广泛分布的泥岩夹层，各砂层组内的垂向连通性较低。单个砂层在油田范围内侧向不连续，其中主要是水平连通性有限的小型河道砂体，单井产能较低。在构造上石油的分布呈补丁状，特别是在上部的各储层中，而且可能受断层控制。在该油田范围内识别出了 10 个以上的断块区。断距变化很大，一般为 100～400 m。西切列肯Ⅲ～Ⅷ层的产层净厚度只有 29.6 m，分布于一个很长的井段的一些薄层中。Ⅷa 层含有 8 m 产层，Ⅸ 和 Ⅹ 层的合并产层厚度为 20 m。在东切列肯的Ⅰ～Ⅵ储层段内识别出了 28 m 厚的净产层。净产层是含油且产出工业油流的层段。另外还有很多低产油层。

红层群储集层的岩性为长石岩屑细砂岩。位于西切列肯构造以西的加拉格尔德尼兹（古勃金）、哲通（拉姆）和支加里博格（扎诺夫）等油田的储层平均碎屑成分为：石英 59%、岩屑 23%、长石 18%。

由于地温梯度仅为 19～25℃/km，红层群砂岩的胶结作用较弱，主要是岩屑的机械压实导致了孔隙度的减少。但随着深度增大，正常的压实趋势受到了地温和高压的抑制，尽管在切列肯地区只有浅层的地层压力数据，但深部的地层水常具有异常高压。早期形成的针状方解石胶结物和孔隙衬边式的黏土可能是单井产能较低的原因，这些现象在南里海盆地的其他地区都已见到。泥火山通道属于非储层，而且附近的储层可能由于来自泥火山的流体的循环以及断层特别是毛细断层密度的增大而孔渗性降低。

主要的孔隙类型为原生粒间孔，有少量岩屑颗粒内发育了粒内微孔隙。红层群砂岩具有中等的孔隙度，在西切列肯油田上为 17%～19%，在东切列肯为 21%。平均渗透率较低，在西切列肯油田上为 20～80 mD，东切列肯为 18 mD。平均的含油饱和度为 58%～64%。大多数储层的原始产能较低，一般在 28～57 m³/d，但Ⅷ₂和Ⅶ₃两个层达到了中等产能，分别为 382 m³/d 和 302 m³/d。

三、穆拉德汉里油田

穆拉德汉里油田分布于盆地西部的叶夫拉赫-阿格加贝迪凹陷，是盆地西部始新统—始新统含油气系统中形成的油气田。

在南里海盆地西部、阿塞拜疆中西部地区，识别出了各种不同的储层类型。在穆拉德汉里油田的上白垩统裂缝性火山岩中发现了工业性油藏，另外还有始新统的陆源碎屑岩、碳酸盐岩和火山碎屑岩储层，但产层要低于上白垩统。在中新统乔克拉克阶的陆源碎屑岩-碳酸盐岩中也发现了小型的工业油藏。

裂缝性火山岩在油藏储层和圈闭的形成过程中起了重要作用。对这类油藏的储量计算需要对储层性质进行更加精确的描述，如裂缝密度、比表面积、裂缝宽度、不可动流体饱和度、孔隙结构、孔隙度和渗透率等。

穆拉德汉里油田的录井资料表明，在火山岩之上发育了一个背斜构造，最小深度为 3000 m。以 -4200 m 等值线为边界，该油田的规模为 15 km×11 km。翼部倾角在 10°～20°构造内发育了两条断层，将构造切割为三个独立的断块（图 5-49）。石油储量集中在构造顶部（第Ⅰ断块）和西翼（第Ⅱ断块）。

上白垩统中发育了未发生变形的火山岩：辉石安山岩、黑云母粗面安山岩、角闪石粗面安山岩和辉石粗面安山岩、气孔和杏仁状玄武岩，以及火山岩与碎屑物质的风化和

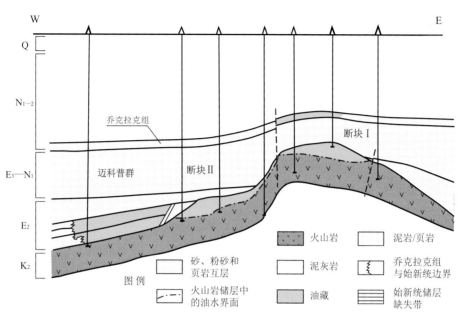

图 5-49　穆拉德汉里油田东西向剖面图（据 Buryakovsky et al.，2001）

蚀变产物（凝灰质砂岩、凝灰质角砾岩等）。沉积岩和火山岩的钻穿厚度为 3～1952 m。在某些剖面上地层很难进行对比。

储层发育于上白垩统上部风化的火山岩中。石油圈闭形成于浅部迈科普群页岩以及西翼始新统陆源碎屑岩-碳酸盐岩的逐步超覆。在 400～500 m 深度段测量到了孔隙度和渗透率，在 1000～2000 m 深度为干层或仅见到了少量地层水。高产层段是火山岩的上部，厚度约 25～30 m。可以见到广泛而均一的次生变化，大多数井都见到了强烈的油流。含油段从火山岩的顶部向下 10～50 m，在某些地区达到 100 m。在不同的火山岩中，油藏底面深度不同，这意味着没有统一连续的油水界面，而是一个波状界面。真正的油藏边界与火山岩顶面等高线相交切，石油存在于这些岩石的次生孔隙中。

该油藏在侧向和垂向上的石油含量不同，因此石油产能差别很大，有 48% 的井产量在 1～30 t/d，35% 的井的产量为 30～100 t/d，有 17% 的井的产量超过 100 t/d。大多数井的最大原始产水量为 10m³/d。原始储层压力和温度分别为 55 MPa 和 125℃。原始地层压力高于饱和压力 40 MPa，高于静水压力 20 MPa。每吨石油含天然气 30 m³，标准条件下石油的密度为 0.880 g/cm³。石油为烷烃型，含硫量较低。

火山岩储层的孔隙为裂缝-孔洞型以及粒间孔隙型，在岩心中见到了大型的孔隙、孔洞和裂缝。大型孔隙的平均直径达到 1 mm，而孔洞的平均直径可达 2 cm。微裂缝中常含有方解石和泥质充填物，宽度在 0.1 mm 或更宽。石油储存在大型粒间孔、孔洞和裂缝中。在钻井过程中常遇到泥浆漏失（达 100 m³/d）和高产油气流（达 500 t/d），这表明火山岩中存在广泛发育的长裂缝。

岩石学研究表明，火山岩储层的物性取决于其风化程度。大型孔隙和孔洞与斜长石的溶蚀有关，有时溶蚀作用形成了小型溶洞。

微裂缝孔隙度在 $0.004\%\sim0.04\%$，裂缝渗透率在 $0.16\sim6.9$ mD，裂缝的平均密度为 0.30 cm/cm^2。

小　　结

1）现今南里海盆地地处构造活动活跃的特提斯褶皱带内，是一个发育巨厚新生界，特别是新近系和第四系为主的年轻盆地；侏罗纪—白垩纪处于古特提斯洋北缘弧后，经历了以弧后伸展为主的成盆阶段；古近纪以来强烈的区域挤压导致的构造载荷以及快速沉积导致的沉积载荷是新生代南里海盆地快速沉降的主要原因。

2）渐新世—早中新世构造压陷和局限滞水盆地有利于细粒沉积物的沉积和有机质的富集，之后周边造山带和其他物源区的快速抬升为盆地提供了丰富的陆源碎屑并广泛发育了三角洲储层，持续的区域性构造挤压则导致大量构造圈闭的形成。

3）沉积盖层较低热流和低地温梯度导致烃源岩中有机质的晚熟，因此绝大多数油气藏的成藏期可能都很晚，至少发生在主力储层产层群/红层群沉积并发生褶皱形成圈闭之后。考虑到南里海地区现今仍十分活跃的构造活动、泥火山活动和常见的油气散失现象，晚期成藏是该盆地中丰富的油气资源得以保存的重要因素。

曼格什拉克盆地 第六章

◇曼格什拉克盆地位于中亚地区西部，面积约 20.4×10^4 km²，其中一半位于里海中部海域，陆地部分主要位于哈萨克斯坦西南部，少部分延伸到乌兹别克斯坦西部和土库曼斯坦西北部。该盆地目前已发现油气田 61 个，探明储量 13.35×10^8 m³油当量，占中亚-里海地区探明油气储量的 3.7%。其中液态石油 9.02×10^8 m³，天然气 4626×10^8 m³。已发现的油气田绝大部分位于哈萨克斯坦陆上；海上仅发现了 5 个油气田，占全盆地总储量的 17.8%。

◇在区域构造上，曼格什拉克盆地属于图兰年轻地台西部，其基底是在海西和西莫里构造运动期间拼贴到一起的一系列前贝加尔期—加里东期古陆块。晚二叠世—三叠纪期间，南图兰地区发生造山后裂陷，发育了一系列地堑；此后，受新特提斯洋北缘弧后伸展的影响，中亚-里海的广大地区发生区域性沉降，曼格什拉克盆地与阿姆河盆地、北高加索地台盆地、北乌斯秋尔特盆地以及大高加索-南里海裂谷盆地连为一体，构成了里海周边中生代超级盆地的一部分，总体上表现为年轻内克拉通盆地。

◇晚二叠世—三叠纪裂谷地堑及其之后的反转活动控制了曼格什拉克盆地的构造格局。盆地内的主要生烃灶扎兹古尔里凹陷与卡拉奥丹地堑的持续沉降有关，而热特巴伊-乌津油气聚集带则分布于该地堑凹陷与曼格什拉克-乌斯秋尔特反转隆起之间的构造阶地上。

◇曼格什拉克盆地发育中上三叠统和中侏罗统两套主力烃源岩，不同生烃灶的成熟度和原始有机质类型决定了所生成烃类的相态：在扎兹古尔里凹陷及相邻的热特巴伊-乌津台阶以液态石油为主，在阿萨克-奥丹凹陷以干气为主，而在中里海次盆则是天然气-凝析气；储层从基岩风化壳、三叠系、侏罗系和白垩系都有分布，但南曼格什拉克次盆以中侏罗统砂岩为主，中里海次盆则以上侏罗统碳酸盐岩为主要储层；卡洛夫—牛津阶海侵页岩和碳酸盐岩构成了主要的区域性盖层，盆地内绝大部分油气被封闭于这套盖层以下。

◇已发现的油气田绝大多数位于南曼格什拉克次盆的热特巴伊台阶上，这里南临扎兹古尔里生烃灶，含油气圈闭主要是中新世以来区域挤压所形成的背斜构造。中里海次盆相继发现了多个大中型油气田，显示了较高的勘探前景，其油气可能来自盆地西南侧的捷列克-里海前渊的三叠系和侏罗系生烃灶。

第一节　盆地概况

一、盆地位置

曼格什拉克盆地位于中里海东部及其东岸，陆上大部分处于哈萨克斯坦境内，向东向南有少部分延伸到乌兹别克斯坦和土库曼斯坦境内（图 6-1）。盆地东部属于于斯蒂尔特（乌斯秋尔特）高原，西部没入中里海。盆地向西延伸到里海中线靠俄罗斯和阿塞拜疆一侧，并与捷列克-里海盆地相接；盆地西北面以为阿格拉汉-阿特劳区域大断裂为界与北高加索地台盆地相邻；北面以曼吉斯套山脉北缘的曼格什拉克-中乌斯秋尔特断裂带为界与北乌斯秋尔特盆地相邻；南面盆地的沉积盖层向卡拉博加兹隆起和图阿尔克尔隆起上超覆；盆地的东南面沉积盖层逐步向中卡拉库姆隆起超覆，并以卡拉宾-希瓦鞍部为界与阿姆河盆地的希瓦凹陷相隔。

曼格什拉克盆地总面积约 20.4×10^4 km²，其中陆地和海域约各占 50%。盆地可大致划分为曼格什拉克-乌斯秋尔特次盆、南曼格什拉克次盆和中里海次盆三个二级构造单元。迄今为止已发现的油气田绝大部分分布于南曼格什拉克次盆的陆上部分。

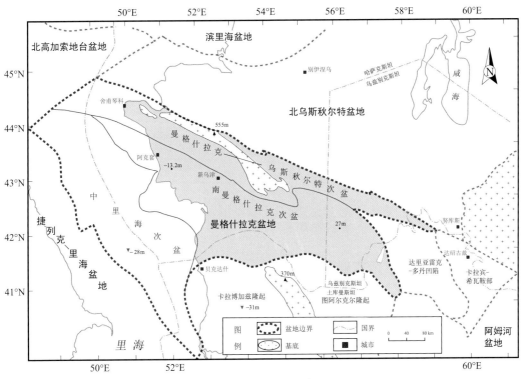

图 6-1　曼格什拉克盆地位置图（据 IHS，2012 h）

二、油气勘探开发历程

（一）勘探历程

20 世纪 60 年代初，曼格什拉克盆地的早期勘探获得了丰硕成果，但随后的勘探结果令人失望，勘探工作重点因而转移到了前苏联的其他更有远景的地区。此后很长一段时期勘探热情下降，钻探工作量也有所降低，很少获得较大的发现；直到最近几年，才在盆地的海上部分发现"170 km"、赫瓦雷恩、岑特拉里、萨尔马特等几个油田。

曼格什拉克盆地哈萨克斯坦陆地部分的地震勘探始于 1953 年，最初使用的是反射波法地震勘探。从 1965 年，哈萨克石油地球物理公司负责盆地内的全部地球物理勘探工作，通过反射波法勘探识别出了一系列大型高幅度背斜构造。对古近系底和白垩系底这两个区域性的反射界面进行了编图。

1975 年，曼格什拉克盆地开始采用共深点法（CDP）地震勘探技术，地震资料的质量和分辨率大大提高，因此识别出了另外两个区域性反射层——下侏罗统反射界面Ⅳ和前侏罗系侵蚀面Ⅴ，并对三叠系地层中的背斜构造进行了编图。

1976～1978 年，地震采集的速度快速上升，在全区达到平均每年 4000 km。此后地震测线减少，开始投入大量精力研究三叠系和上古生界。

苏联解体以后，盆地内仅进行了少量二维和三维地震勘探。

曼格什拉克盆地海上部分的地震勘探始于 1962 年对谢根德克凹陷和佩夏内角隆起这两个构造的海上延伸部分的反射波法地震勘探。至 1976 年，在海上识别出了多达 20 个大型构造，在曼格什拉克-乌斯秋尔特隆起带的海上延伸部分识别出了约 10 个构造。

1983～1987 年，里海油气地球物理公司在里海陆架区进行了区域共深度点法地震勘探，在某些地区还采集了更精细的地震资料；苏联解体之后，该盆地海上部分的地震勘探活动一度完全停止。

曼格什拉克盆地的油气钻探工作主要在陆上。

1950 年代中期，开始在盆地内钻预探井，但数量很有限，进尺很小。

1961 年，曼格什拉克石油公司发现了热特巴伊和乌津特大型油气田。随后的 1962 年和 1963 年，钻井工作主要是对新发现的这两个特大型油气田的探边/评价上，并最终确定了两个油气田的储量（图 6-2、图 6-3）。

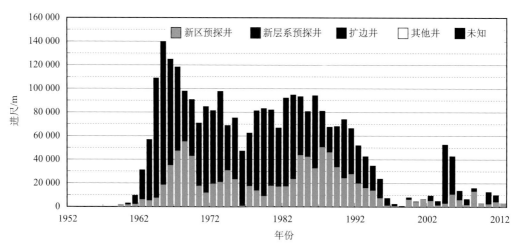

图 6-2　曼格什拉克盆地年度勘探钻井进尺（据 IHS，2012 h）

这两个油气田都位于热特巴伊-乌津台阶上，油气主要聚集在侏罗系和白垩系储层中。热特巴伊油田估计最终可采储量（2P）153.3×10⁶ m³ 石油和 424.5×10⁸ m³ 天然气。乌津油田是该盆地已发现的最大油气田，估计其可采储量为 $592.6×10^6$ m³ 石油和 $403.45×10^8$ m³ 天然气。仅这两个油气田的油气储量合计就达到了 $823.41×10^6$ m³ 油当量，占了目前该盆地总储量的 61.7% （图 6-3）。

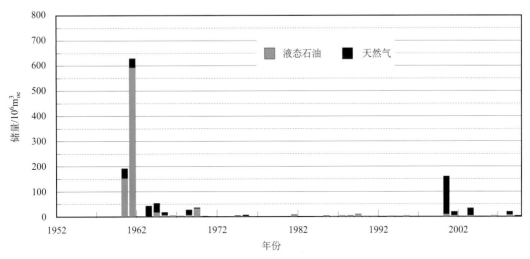

图 6-3　曼格什拉克盆地年度发现储量（据 IHS，2012 h）

1964 年，在乌津油田以南的田格 1 井钻遇了天然气。田格气田是盆地哈萨克斯坦一侧发现的第二大气田，估计天然气可采储量为 $396.7×10^8$ m³，石油和凝析油储量约 $1753×10^4$ m³。

1965～1967 年，又发现了 4 个油气田：东热特巴伊油田和塔斯布拉特油田位于热特巴伊油田与乌津油田之间；在热特巴伊-乌津台阶上的阿克塔斯发现了另一个油田；在曼格什拉克-乌斯秋尔特隆起带的靠近海岸地带钻的顿加 1 井也钻遇了石油。位于扎兹古尔里凹陷北缘的库尔干拜 1 井则未见到油气显示。

1968 年，曼格什拉克采油托拉斯在南热特巴伊构造上的中侏罗统储层中钻遇了天然气。

1969 年，首次在热特巴伊-乌津台阶以外的曼格什拉克-乌斯秋尔特隆起带上发现了顿加油田，石油可采储量 $20.5×10^6$ m³，天然气 $21.66×10^8$ m³；该隆起构造带属于明显的反转构造，发生了地层侵蚀和构造破坏，在随后的勘探中还见到了重油油藏。在扎兹古尔里凹陷钻探仅见到了显示。

1970 年，首次在盆地东部的阿萨克-奥丹凹陷发现了气藏，储层为白垩系砂岩。

20 世纪 80 年代末开始重视三叠系目标，并发现了一系列规模不大的油气田。此后一直到 20 世纪 90 年代中期，曼格什拉克盆地陆上的勘探钻井始终保持了一定的工作量，但只发现了少量小型油气田，实际上在田格气田发现之后盆地陆上部分就再也没有大的发现。20 世纪 90 年代中期之后，勘探钻井进尺下降到了最低谷，发现的油气储量也很少。

曼格什拉克盆地海上部分的勘探钻井始于 1976 年，70～80 年代主要是针对各构造单元近岸浅水区埋藏较浅的构造圈闭。最早在拉库舍奇-海上构造和西拉库舍奇-海上构造钻了两口探井，但两口井均失利。一直到苏联解体，该盆地的里海海域部分的钻探活动都比较少。

1999 年，鲁克石油公司开始对位于中里海中线附近、哈萨克斯坦和俄罗斯都声称拥有勘探权的赫瓦雷恩构造进行钻探，赫瓦雷恩 1 井于井深 4200 m 发现了天然气，在侏罗系和白垩系层系内共钻穿 10 个含油气储层。2002 年，两国达成了里海北部海域划分协议，协议规定赫瓦雷恩气田以及另外两个未钻探构造按 50/50 的比例划分。

赫瓦雷恩构造沿侏罗系顶面的闭合面积约 300 km^2，埋深 2940 m，气藏高度 130 m。估计天然气可采储量为 1620×10^8 m^3，石油和凝析油 9.81×10^6 m^3。同期还在该构造周边发现了 "170 km" 油气田，石油储量为 5.4×10^6 m^3，天然气 161×10^8 m^3。

此后，又在中里海次盆西部与捷列克-里海盆地相邻的亚马拉-萨姆尔构造带进行了钻探，目的层为侏罗系和白垩系，但仅见到天然气显示；2006～2008 年又在中里海的土库曼斯坦部分进行了勘探，目的层为上新统产层/红层群，但未获发现。

2008 年对中里海次盆俄罗斯一侧的岑特拉里构造进行钻探发现了天然气，石油可采储量 7.81×10^4 m^3，天然气 139.5×10^8 m^3。

2010 年，哈萨克斯坦对中里海海域的 N 区块进行了钻探，但仅见到天然气显示。

根据 IHS 数据库资料，曼格什拉克盆地的总体勘探程度中等偏低。全盆地地震测线相当稀疏，三维地震勘探很少。盆地的陆地部分地震勘探工作量更低；地震勘探程度较低，与该盆地的中生界构造简单，而且地下与地面构造比较一致有关。另外，曼格什拉克盆地的勘探工作量大部分集中在了热特巴伊-乌津台阶上，而相邻的扎兹古尔里凹陷等构造单元因为发现油气的前景较低，投入的勘探工作量很少，导致陆地上地震勘探总平均密度很低；海域地震勘探密度较高仅为 42.7 km^2/km 测线。

曼格什拉克盆地油气储量相对集中在少数几个大型油气田上，已发现油气田排在前三位的是乌津油田、热特巴伊油田和赫瓦雷恩气田（海上）均是储量超过亿吨级特大油气田，其油气储量已经占到全盆地总储量的 73.8%。陆上勘探程度较高，其中的三叠系和侏罗系是下一步勘探的重点；海上勘探程度较低，到目前为止仅有 22 口预探井，仍具有较高的油气勘探潜力（表 6-1）。

表 6-1　曼格什拉克盆地油气勘探基础数据表（据 IHS，2012h 资料统计）

盆地概况	盆地位置	图兰地台	
	盆地面积/km^2	204 291（海域 102 428）	
	盆地性质	弧后裂谷/年轻内克拉通盆地	
油气储量	可采储量	油	气
	探明＋控制总储量/m^3	901.7×10^6	4626.05×10^8
	累计总产量/m^3	506.7×10^6	1086.10×10^8
	剩余总储量/m^3	395.0×10^6	3539.95×10^8

续表

工作量	地震	地震测线长度/km	8600
		地震测线密度/(km²/km)	23.9
	钻井	预探井总数/口	281，其中海上 22
		预探井密度/(km²/口)	陆上 393；海域 4656
		最深探井/m	陆上 5090；海域 4512

（二）开发和生产历程

　　曼格什拉克盆地的石油生产始于 20 世纪 60 年代初发现的乌津油田的开发，70 年代中期油气产量达到高峰。由于没有新的大中型油田发现和投入开发，该盆地的油气生产后继乏力，产量开始出现快速递减。目前陆上大部分的油气田的油气产量都在下降，仅乌津油气田的产量由于采取了恢复生产措施而有所回升。

　　石油生产始于 1965 年乌津大型油田的投产，随着其他油田的投产，产量不断上升，陆续投产的油田包括热特巴伊（1967 年）、田格（1970 年）、阿萨尔（1973 年）、别克图尔里（1974 年）和东热特巴伊（1978 年）。1975 年整个盆地以及乌津油田的原油日产量达到了高峰，分别是 51 834 m³/d 和 64 013.4 m³/d，其中 81% 的石油产量来自乌津油田，剩余部分则大多来自热特巴伊油田（图 6-4）。在 20 世纪 80 年代中期，为了保持产量水平，一系列小型油田投产，其中包括阿克塔斯（1985 年）、北卡拉吉耶（1986年）、阿拉秋别和布尔玛莎（1987 年）、东诺冒尔（1988 年）和北普利多罗日（1989年）。1975 年，乌津油田的产量达到高峰，1976～1999 年产量开始递减。1991～1995 年，乌津油田的产量平均下降了 20%，1990 年跌至 23 214 m³/d，1996 年降至 8904 m³/d。由于 1999 年开始在乌津油田实施恢复产量计划，2000 年产量增加到 12 084 m³/d，2005 年的产量增加到 20 000 m³/d 以上。

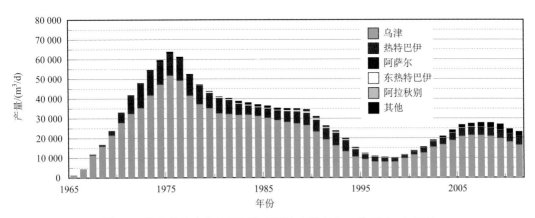

图 6-4　曼格什拉克盆地历年液态石油产能变化（据 IHS，2012h）

　　热特巴伊油田的石油产量于 1973 年达到高峰 12 720 m³/d，此后开始递减，至 2000 年底已累计生产原油 6360×10⁴ m³。由于采取增产措施，2000 年后该油田的产量开始下降，2000 年的产量超过 4000 m³/d。

曼格什拉克盆地生产的原油大部分为重油或高蜡油，因此在油田开发过程中提高采收率技术被广泛采用。

乌津油田投产伊始就采用了注水开采，但所注的水处于地表温度，造成了地层中石蜡和胶质的沉淀，降低了采收率。

因为缺乏淡水，油田注水采用里海的海水。为了克服结蜡问题，在注水之前将海水加热到 80～90℃。

曼格斯套油气公司在热特巴伊油田采用了热水、抑制剂和特殊的化学注水以防止井筒结蜡。对于低产井还采用了特制的阀门和深井泵进行周期性的天然气举升。

曼格什拉克盆地的天然气生产始于 1965 年的乌津油田投产，天然气产量主要来自乌津、田格、热特巴伊、南热特巴伊等（油）气田以及乌兹别克斯坦一侧的沙赫帕赫迪气田（图 6-5）。在 1977 年达到高峰 1452×10⁴ m³/d，随后快速递减，到 2000 年跌至最低谷。1988 年，哈萨克斯坦一侧三个最大的（油）气田田格、热特巴伊和乌津的天然气日产量分别为：311×10⁴ m³/d、255×10⁴ m³/d、170×10⁴ m³/d，至 2000 年分别跌至 2832 m³/d、2832 m³/d、90 614 m³/d。

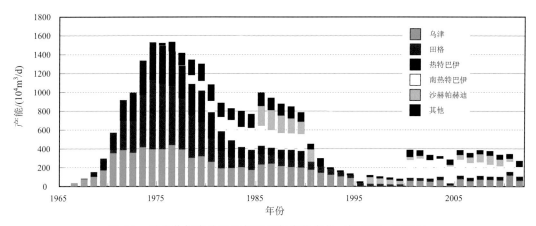

图 6-5　曼格什拉克盆地历年天然气产能变化（据 IHS，2012h）

沙赫帕赫迪气田是该盆地的乌兹别克斯坦一侧唯一一个投产气田，投产时间是 1971 年，1990 年有 11 口井产气，产量达到 133×10⁴ m³/d。2000 年，该气田的产量降至 34.55×10⁴ m³/d。至 2000 年末，该气田已累计生产天然气 353×10⁸ m³。

第二节　基础地质特征

一、盆地构造特征

（一）大地构造位置

曼格什拉克盆地是图兰年轻地台上的一个中新生代盆地，其中生代沉积盖层与同处

于年轻地台上的北乌斯秋尔特盆地、北高加索盆地、捷列克-里海盆地以及阿姆河盆地
有很多相似之处。

据研究（Natal'in et al.，2005），图兰年轻地台以曼格什拉克-中乌斯秋尔特断裂带
为界分为南北两部分：年轻地台北部的基底是晚古生代劳亚大陆，其中包括古老地块和
海西期褶皱带，因此北部按照基底性质分别属于中哈萨克-北天山褶皱系和独立的北乌
斯秋尔特地块；年轻地台南部的基底形成于晚古生代末—中生代初，由劳亚大陆南缘的
岩浆弧和增生体构成。因此，图兰年轻地台南部的沉积盆地，包括曼格什拉克、北高加
索地台、捷列克-里海和阿姆河等盆地的基底年龄比年轻地台北部盆地要小得多。

由于基底性质的差异，图兰地台南北两部分在中生代地台发育阶段显示出了明显的
差别。年轻地台北部基底固结程度较高，沉降过程显示了明显的克拉通特征，中新生代
沉积盖层厚度相对较小；年轻地台南部基底固结程度较低，在中生代早期又处于大陆边
缘，沉降作用相对较强，沉积盖层厚度呈现出向南增大的特征。

图兰地台上的中生代沉积盆地是在三叠纪裂谷的基础上发育起来的。在曼格什拉克
盆地重、磁异常图上可以见到一些长条状的异常，在地震剖面中也发现了一些可能发育
于晚二叠世到三叠纪的深地堑，根据这些特征，曼格什拉克盆地应该属于叠加在裂谷地
堑上的内克拉通盆地。

钻井数据表明，这些地堑中充填了大量火山岩和粗碎屑岩；根据最新的研究
（Natal'in et al.，2005），这些地堑实际上是一系列剪切断裂带，它们在平面上长距离
平直延伸，这与拉张背景下形成的走向不稳定、呈树枝状分叉的典型裂谷有明显不同，
也不同于拉分盆地。综合分析认为，曼格什拉克盆地在晚二叠世—三叠纪期间应属于剪
切地堑，但也不排除在晚古生代造山后的塌陷引张作用的影响。

（二）盆地构造单元

曼格什拉克盆地包括曼格什拉克-乌斯秋尔特隆起带、南曼格什拉克和中里海（土
库曼台背斜）三个次盆（图6-6）。

曼格什拉克盆地的一个典型构造特征是发育了两条大致平行的反转拗拉谷构造，即
北部的曼格什拉克-乌斯秋尔特隆起带和南部的卡拉奥丹地堑。在构造剖面上，地堑带
内充填了巨厚的上二叠统—三叠系，但在晚期构造挤压过程中发生反转（图6-7、图6-8、
图6-9）。

曼格什拉克-乌斯秋尔特隆起带走向南东东—北西西，其中包括了一系列孤立的雁
列式凸起，如戈尔内曼格什拉克凸起和卡拉包尔凸起；隆起带向东南逐渐消失于克孜勒
库姆地块，西端则被阿格拉汉-阿特劳断裂带截切，在剖面上表现为一大型地堑反转隆
起构造，地堑中充填了巨厚的上二叠统—三叠系裂谷层系，最厚处超过5km（图6-7）。
阿格拉汉-阿特劳断裂带为一大型跨陆块的线性构造，沿北东走向穿过中里海和滨里海
盆地。

南曼格什拉克次盆北与曼格什拉克-乌斯秋尔特隆起带相邻，南与中里海次盆（土
库曼台背斜）相邻，后者同时还构成了捷列克-里海前渊的前缘隆起。南曼格什拉克次
盆中发育了一系列相间的凹陷和局部隆起（图6-7）。位于戈尔内曼格什拉克以南的热

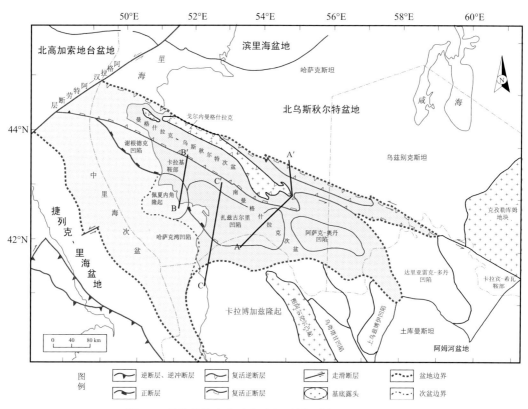

图 6-6　曼格什拉克盆地构造纲要图（据 IHS，2012h）

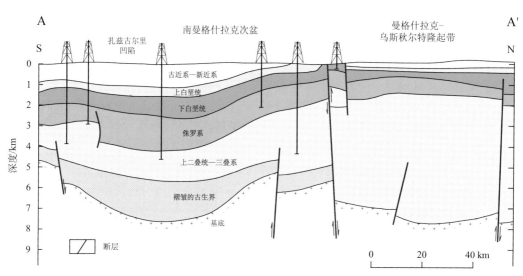

图 6-7　曼格什拉克盆地综合区域剖面 A-A′（据 IHS，2012h）

剖面位置见图 6-6

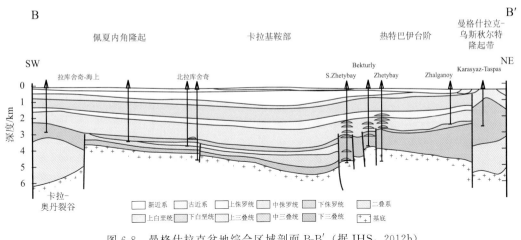

图 6-8　曼格什拉克盆地综合区域剖面 B-B′（据 IHS，2012h）

剖面位置见图 6-6

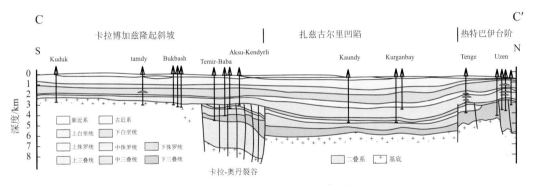

图 6-9　曼格什拉克盆地综合区域剖面 C-C′（据 IHS，2012h）

剖面位置见图 6-6

特巴伊-乌津台阶，构成了曼格什拉克-乌斯秋尔特隆起带与南部的扎兹古尔里凹陷之间的过渡构造单元，也是曼格什拉克盆地的主要含油气区（图 6-6、图 6-8、图 6-9）。在扎兹古尔里凹陷以西，为大致呈等轴状的佩夏内角隆起。该隆起构造与热特巴伊-乌津台阶之间的鞍部构成了扎兹古尔里凹陷与最西部的谢根德克凹陷之间的分界。扎兹古尔里凹陷以东为阿萨克-奥丹凹陷。

中里海次盆又称为土库曼台背斜次盆，几乎全部位于中里海海上。中里海最近几年才进行了少量地震勘探，关于该构造单元的资料有限。

中里海次盆几乎全部位于中里海海上。在该次盆的西南侧是捷列克-里海前渊，中里海次盆相对于相邻的前渊拗陷来说构成了巨型隆起单元，因而又称为土库曼台背斜。

根据最新的地球物理解释成果，中里海次盆发育了一条近北东走向的大型隆起带，即佩夏内角-萨穆尔隆起带，其中包含多个局部正向构造，是中里海地区重要的勘探目标，其中包括佩夏内角隆起、拉库舍奇凸起、岑特拉里凸起和哈扎尔凸起等。隆起带南

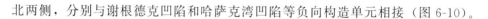

北两侧，分别与谢根德克凹陷和哈萨克湾凹陷等负向构造单元相接（图 6-10）。

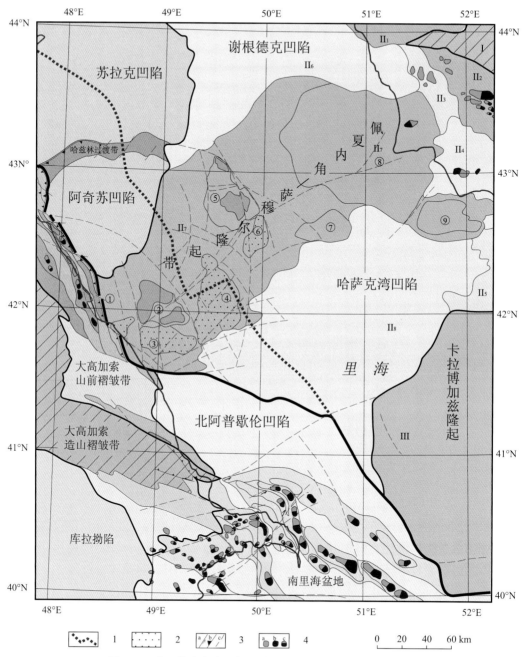

图 6-10　中里海南部主要构造单元（据 Глумов и др.，2006）

　1. 曼格什拉克盆地西南边界；2. 前上侏罗统隐伏凸起；3. 区域构造断裂；4. 油田、气田和油气田。①穆赫塔
吉尔-尼佐夫凹陷；②亚拉马-萨穆尔凸起；③哈奇马斯凸起；④海上萨穆尔凸起；⑤岑特拉里凸起；⑥中东部
凸起；⑦哈扎尔凸起；⑧佩夏内角隆起；⑨拉库舍奇凸起

二、盆地构造演化

晚二叠世的裂谷作用导致了一条大型的北西西向地堑（顿巴斯-图阿尔克尔地堑系的一部分）的形成，其中堆积了厚达 10 km 的二叠系和三叠系沉积岩。三叠纪末的强烈挤压导致了地堑的反转、褶皱和侵蚀。在随后的热沉降阶段，早侏罗世陆相碎屑岩被逐步扩展的海相沉积物所覆盖，至侏罗纪末形成了浅海相石灰岩沉积。在早白垩世的一次短暂抬升之后，再次发生了热沉降，在晚白垩世石灰岩沉积作用再次占了主导地位。从晚始新世以来，盆地内受到了阿拉伯板块和印度板块与欧亚大陆的碰撞的影响，并产生了多期变形、抬升和侵蚀。

曼格什拉克盆地的构造演化大致可以分为以下几个阶段。

（一）基底形成阶段

一般认为该地区的基底岩层属于贝加尔期褶皱系，甚至包含结晶基底；也有人认为属于海西期褶皱系；晚古生代地层主要是陆相成因的，并在中晚石炭世和早二叠世期间发生了变形和变质。它们与在曼格什拉克-乌斯秋尔特隆起带和图阿尔克尔-卡拉绍尔隆起带的反转裂谷中见到的古生界地层十分相似。古生界地层受到了卡拉博加兹隆起地区的强烈岩浆侵入作用影响。图阿尔克尔-卡拉绍尔隆起带的图阿尔克尔凸起以及卡拉博加兹隆起的大型基底隆起分布于盆地以南。

（二）剪切断裂作用阶段（晚二叠世—三叠纪，256.1～208 Ma）

晚二叠世的剪张作用导致了曼格什拉克盆地与北乌斯秋尔特盆地之间北西西—南东东向地堑的形成（图 6-11），在该地堑中堆积了厚达 10 km 的二叠—三叠系沉积物。区域上存在一条从乌克兰东南部的顿巴斯褶皱带向东南延伸到北高加索地区的卡宾斯基岭褶皱系，再穿过北里海延伸到曼格什拉克盆地和图阿尔克尔-卡拉绍尔隆起带，这条构造带是一条古生代末—三叠纪剪张性裂谷系后期反转隆升的产物。曼格什拉克盆地的晚二叠世—三叠纪地堑是顿巴斯-图阿尔克尔裂谷系的一部分。最初的沉积作用开始于陆相环境，主要沉积了碎屑红层，但随着沉降的继续，逐步确立了浅海条件并沉积了碳酸盐岩、碎屑岩和火山岩层序。

三叠纪末—侏罗纪初，强烈的区域性挤压作用导致了该地堑系的反转，并形成了曼格什拉克-乌斯秋尔特隆起带的雏形。周围地区也受到了挤压作用的影响，形成了平缓的褶皱，并发生了侵蚀，导致部分三叠系地层缺失（图 6-12）。

（三）裂后阶段（早侏罗世—早始新世，194.5～50 Ma）

在早侏罗世普林斯巴—土阿辛期，区域挤压应力的松弛导致了热沉降，在早期地堑所在地区沉积了河流、湖泊和泛滥平原相的陆相碎屑岩。随着整个盆地的持续沉降，至中侏罗世阿林—卡洛夫期从南部发生了海侵，导致了滨海相砂岩、粉砂岩和页岩的沉积。沉积环境的海相特征越来越明显，牛津—基末利期沉积了浅海相石灰岩夹泥岩和粉

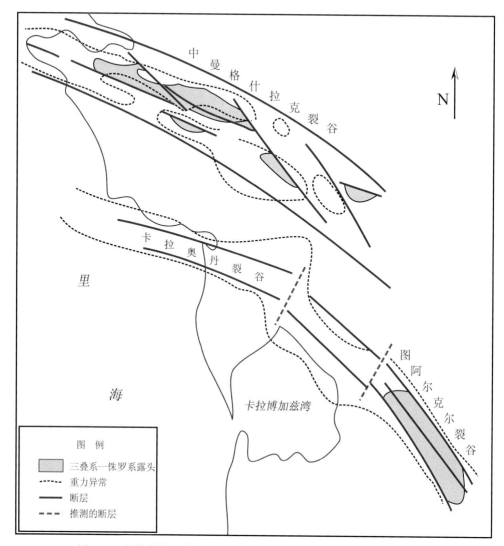

图 6-11　曼格什拉克盆地三叠纪裂谷系示意图（据 Ulmishek，2001b）

砂岩，提塘期沉积了石灰岩。

　　尼欧克姆世—阿普特期间的构造活动可能与沿着曼格什拉克-乌斯秋尔特隆起带的走滑运动有关，并与该构造带平行，在该盆地以南导致了南里海盆地的张开。由于某种原因，此时出现了一个阶段的陆相沉积，形成了河流相和湖泊相的碎屑岩沉积。从阿普特期开始了新的热沉降作用，砂岩、粉砂岩和页岩是在浅海环境中沉积的，随着沉降的继续，晚白垩世石灰岩沉积作用又开始占主导地位。在早古新世继续沉积碳酸盐岩，在晚古新世—早始新世变为碎屑岩。

　　（四）挤压构造阶段（晚始新世—早上新世，38.6～3.4 Ma）

　　盆地内最早在晚始新世期间开始受到阿拉伯板块与欧亚大陆碰撞作用的影响，发生

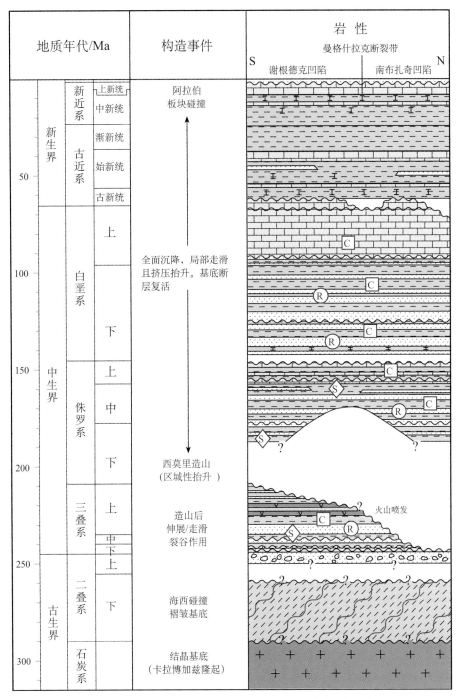

图 6-12　曼格什拉克盆地中新生界地层、岩性和构造事件（据 C&C，2003i）

局部构造抬升和断层复活。在盆地西部，一些背斜构造的顶部受到了侵蚀，如秋别支克背斜顶部被侵蚀，渐新统地层不整合覆盖于阿尔布阶地层之上。来自西南方向的持续挤压导致了北西—南东向的大高加索山脉的隆升。大高加索山脉向北逆冲及其地壳构造载荷，导致了捷列克-里海前渊的发育。在捷列克-里海前渊的东北侧，地壳的边缘隆起构成了土库曼台背斜，使得曼格什拉克盆地南部发生抬升并构成了与捷列克-里海前渊之间的界线。在早中中新世和中上新世，持续的挤压导致了又一次抬升和变形。在曼格什拉克-乌斯秋尔特隆起带，中新世以来的抬升幅度达到数千米。上新世抬升导致了南曼格什拉克高原的变形，并开启了地层侵蚀和岩溶（喀斯特化）的时期。

（五）新近纪拗陷作用阶段（中上新世—第四纪，3.4～0 Ma）

盆地的海域部分继续平缓的沉降，整个盆地进一步向西掀斜翘倾。在盆地的陆上部分以陆相碎屑沉积为主，海上部分以浅海相陆源碎屑沉积为主。

三、地层特征

曼格什拉克盆地是在三叠纪裂谷基础上发育起来的克拉通拗陷盆地，从下而上，盆地内主要发育了三叠系、侏罗系、白垩系和第三系地层（图 6-12、图 6-13）。

（一）基底

一般认为，图兰地台的基底地块形成于贝加尔期，最终于海西期拼贴到一起。Natal'in 等（2005）则认为曼格什拉克盆地的基底为晚古生代劳亚大陆南缘（现今坐标）的活动边缘，形成于晚古生代末—中生代初，是劳亚大陆南缘岩浆弧和增生体由东向西侧向剪切叠加堆积的结果。

（二）上古生界

中晚古生代地层主要是陆源沉积，在中晚石炭世和早二叠世期间发生了变形和变质。下部包括兰德维里阶到谢尔普霍夫阶的各套地层。上部为上二叠统，包括乌法阶到鞑靼阶的各套地层，为陆相沉积。

这些岩层与曼格什拉克-乌斯秋尔特隆起带以及图阿尔克尔隆起的反转裂谷带中发现的古生界岩层十分相似。图阿尔克尔隆起和卡拉博加兹隆起位于盆地以南，古生界地层受到了卡拉博加兹隆起强烈岩浆活动相关的岩浆侵入。

（三）上二叠统—三叠系

曼格什拉克盆地的上二叠统和三叠系为裂谷层系，其中上二叠统和下中三叠统主要分布于裂谷地堑中，而上三叠统分布范围较广。层系底部为一套粗碎屑岩，下部以泥岩为主，上部为碎屑岩和少量砂质石灰岩夹层。最初以陆相沉积为主，主要是碎屑岩红层；随着沉降的持续，在地堑拗陷带发生了海侵，沉积了一套浅海相碳酸盐岩、碎屑岩和火山岩。

上二叠统—下三叠统印度阶为一套红色陆相磨拉石层序。对这套地层没有进行更详细的年代地层学划分，上二叠统包括奥特兰（Otlanskaya）组合比尔库特

（Birkutskaya）组，下三叠统印度阶称为多尔纳宾（Dolnapinskaya）组。

下三叠统奥伦尼克阶为一套碳酸盐岩、泥灰岩、砂岩和粉砂岩互层。

中三叠统称为南热特巴伊组，其中由下而上可以划分为三个层序：下部为火山岩与生物灰岩互层，中部为白云岩与凝灰岩互层，上部为砂岩、粉砂岩和泥岩。

中三叠统还可以划分为阿克塔斯（Aktas）组和田格（Tenge）组。阿克塔斯组和田格组岩性包括泥岩、泥质碳酸盐岩，其中以细晶石灰岩为主，在底部发育了少量凝灰岩和白云岩夹层。在层序的底部为浅海相，向上水体逐步变深。中三叠统的浅海相页岩富含腐泥型有机质，构成了该盆地主要的烃源岩段之一。厚层的泥岩-碳酸盐岩层序为夹层中的储层和下伏储层提供了半区域性的盖层。田格组为白云化细晶石灰岩，向上变为深灰色细晶石灰岩，然后变为生物碎屑白云岩，由于后期抬升淋滤，白云岩和颗粒石灰岩的孔洞和裂缝孔隙度增加，构成良好的储层。

中三叠统与上覆上三叠统和下伏下三叠统之间均呈整合接触。

上三叠统为陆相（湖泊相、冲积扇）和浅海相沉积。底部为粗砂岩和细砾岩，之上覆盖了一套杂色砂岩和泥岩，夹有少量粉砂岩。

该套地层与上覆下侏罗统呈不整合接触；少部分地区与下伏地层中三叠统为整合接触，其余地区直接覆盖于基底之上。

（四）侏罗系

受三叠纪末—侏罗纪初区域挤压和构造抬升的影响，盆地内缺失了赫塘阶—辛涅缪尔阶，下侏罗统包括从普林斯巴阶到土阿辛阶的各套地层，主要是在地堑凹陷中沉积的河流相、湖泊相和泛滥平原相陆源碎屑岩，以砂泥岩互层为特征，在侧向上和垂向上岩性和岩相变化较快（图6-13）。其中的泥岩富含腐殖型有机质，是曼格什拉克盆地的重要烃源岩。

中侏罗统与下侏罗统为连续沉积。初期仍以陆相沉积为主，发育了河流-三角洲相到滨海相砂岩、粉砂岩和泥页岩，盆地南部开始发生海侵，在滨岸平原和沼泽地区沉积了砂岩、粉砂岩、碳质泥岩夹煤线；随着区域性持续沉降，至卡洛夫期曼格什拉克盆地发生了大范围海侵，沉积环境的海相成分越来越强，沉积了砂泥岩与碳酸盐岩互层。泥页岩段富含腐殖-腐泥型有机质，是盆地内重要烃源岩；砂岩段则构成了盆地内重要的储层；中侏罗统卡洛夫阶至上侏罗统牛津阶的海相泥岩和碳酸盐岩构成了区域性盖层。

晚侏罗世里海周边大部分地区进一步海侵，陆源碎屑物质供应减少，形成了以碳酸盐岩沉积为主的清水沉积环境。上侏罗统以浅海相碳酸盐岩为主，夹砂岩和泥岩。在盆地的海上部分，已经发现了上侏罗统碳酸盐岩为储层的油气田。

（五）白垩系—始新统

曼格什拉克盆地的白垩系包括尼欧克姆统、阿普特—土仑阶和赛诺统三部分。侏罗纪末—白垩纪初的抬升剥蚀之后，开始新一轮海侵，尼欧克姆统以浅海相陆源碎屑岩为主，包括砂岩、粉砂岩和泥岩，含海绿石。受新一轮西莫里陆块与欧亚大陆南缘碰撞活

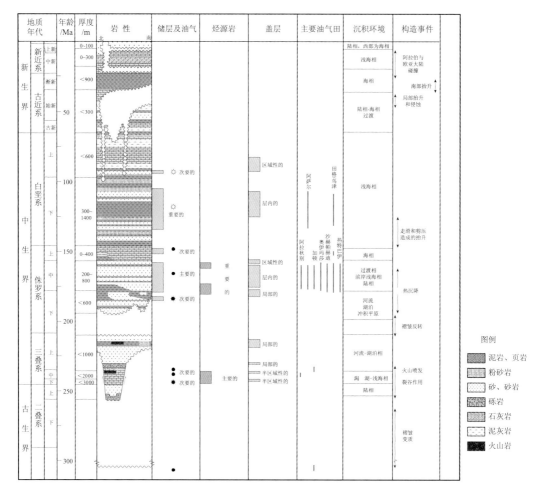

图 6-13　曼格什拉克盆地综合地层表（据 IHS，2012h）

动的影响，尼欧克姆世末盆地内发生了短暂抬升剥蚀。

阿普特期盆地发生了新一轮沉降，较高的沉降速率加上以细粒陆源碎屑为主的陆源沉积物输入，导致阿普特阶—土仑阶整体以泥质沉积为主，发育少量砂质薄层和含磷凝缩层，推测为海底扇的外扇沉积。

康尼亚克期盆地继续沉降和海侵。中里海地区的赛诺统—古近系始新统为一套厚度可达 200～500m 的浅海相泥灰岩、白垩和石灰岩，夹少量粉砂岩和泥岩；在盆地的陆上部分以砂泥岩互层为特征，该套地层构成了下伏储层的区域性盖层。

（六）上始新统—第四系

在晚始新世期间，曼格什拉克盆地开始受到阿拉伯板块与欧亚大陆碰撞的影响，发生了局部隆升和断层的复活。盆地西部的一些背斜的顶部（如秋别支克背斜）被侵蚀，因此上覆的渐新统沉积物不整合地覆盖于阿尔布阶之上。受持续的北东—南西向碰撞作用影响，大高加索山脉开始隆升并向北逆冲，导致地壳载荷增大和捷列克-里海前渊的发育。在捷列克-里海盆地东北侧，曼格什拉克盆地西南部的土库曼台背斜开始隆升，导致古新统和始新统大部分地层缺失，而在局部凹陷内沉积了厚达900m的渐新统泥质粉砂岩和泥岩。

至早—中中新世和中上新世，持续的挤压导致了整个地区的又一次抬升和变形。在曼格什拉克-中乌斯秋尔特隆起带，中新世以来的抬升达到了数千米；而在盆地的拗陷区，中新世沉积了大套石灰岩和白云岩。上新世的抬升导致了南曼格什拉克高原的进一步褶皱变形和抬升侵蚀；上新世—第四纪期间，在盆地陆上部分的拗陷区沉积了厚度不大的陆相碎屑岩，而在里海海域则沉积了滨浅海相砂泥岩。

第三节　石油地质特征

一、烃源岩特征

曼格什拉克盆地已发现石油大部分分布于侏罗系储层中，这些石油密度中等（31~38°API），石蜡含量很高（高达33%），胶质沥青质含量高（高达20%），含硫量低（0.1%~0.3%）。不同深度的石油在化学性质上没有很明显的差别，侏罗系和三叠系石油的族组分相似，都属于高成熟石油，并具有相似的正构烷烃分布。这些特征和其他地质数据表明，这些石油可能是同一套或多套相似的烃源岩的产物。

曼格什拉克盆地的天然气为典型的热解成因气，乙烷和重烃含量为8%~15%，另外有少量二氧化碳（0.4%~2.75%）和不等量氮气（1%~8%）。

在曼格什拉克盆地的中生界地层剖面中识别出了两套重要的烃源岩：中上三叠统和中侏罗统。该盆地在平面上发育多个烃源灶，有的烃源灶位于盆地边缘，甚至位于相邻的捷列克-里海盆地内。根据其成熟度和原始有机质类型，热特巴伊-乌津地区的烃源岩主要生成石油，阿萨克-奥丹凹陷主要生成干气，而中里海次盆主要生成凝析油气。

（一）三叠系烃源岩

三叠系烃源岩主要分布于中上三叠统。中三叠统潜在烃源岩的岩性为页岩、泥灰岩，其中含有腐殖/腐泥型或腐泥-腐殖型干酪根的潜在烃源岩主要分布于中曼格什拉克、卡拉奥丹等三叠纪地堑凹陷内，以及盆地西部沿阿特劳-阿格拉汉断裂带的地区（图6-14），它们多沉积于湖泊、潟湖、浅海的还原环境，厚度也相对较大。上三叠统潜在烃源岩为凝灰质泥岩和页岩，几乎全盆分布以含腐殖型（Ⅲ）干酪根为主，为潜在烃源岩。凝灰质泥岩的TOC值在0.03%~0.12%，页岩则高达1.92%。

陆上部分钻遇的三叠系页岩总有机碳含量（TOC）在0.023%~10.1%，平均为2.3%，局部增加到9.8%；泥灰岩TOC为0.07%~1.6%，平均0.45%。根据推测，陆上部分有机碳含量总体较低；扎兹古尔里凹陷和中曼格什拉克地堑西部略高，与三叠纪裂谷地堑有关（图6-15）。海上部分三叠系的TOC含量总体也比较低，但在盆地西缘沿阿特劳-阿格拉汉断裂带的地区，TOC含量普遍超过0.5%，局部超过2.0%（图6-15）。

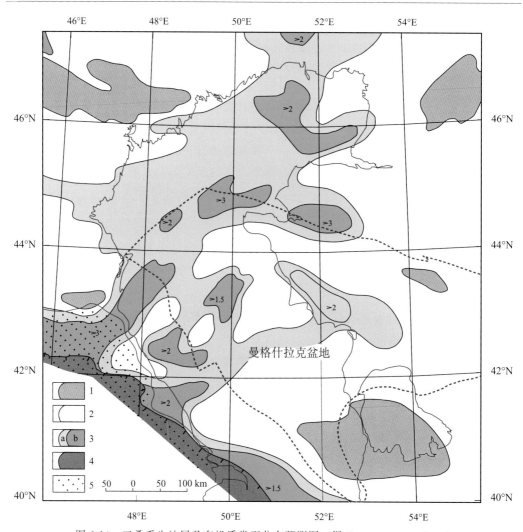

图 6-14　三叠系生油层及有机质类型分布预测图（据 Глумов и др.，2006）

1. 可能的地层缺失区；2. 以腐殖型有机质为主的陆相沉积区；3. 腐殖-腐泥型及腐泥-腐殖型有机质富集的
湖相、潟湖-海相沉积区（a. 厚度较小及中等的地区，b. 厚度较大的地区。厚度单位 km）；4. 深水沉积区
（复理石及类复理石层）；5. 大高加索褶皱造山系

　　热解数据表明，中三叠统烃源岩的生烃潜力最高，$S_1 + S_2$ 值在 $0.05 \sim 8.56$ mg HC/g（平均 3.7mg HC/g）岩石，氢指数为 $100 \sim 150$ mg HC/g TOC，目前处于生油窗中上部。上三叠统潜在烃源岩的 $S_1 + S_2$ 值在 $0.34 \sim 7.34$ mg HC/g 岩石（平均 1.9mg HC/g）。

　　根据预测（Глумов и др.，2006），在盆地北部的中曼格什拉克隆起带以及盆地西北部沿阿特劳-阿格拉汉走滑断裂带的地区，三叠系烃源岩已经过成熟，而在其相邻地区则处于生气窗内。向南至佩夏内角隆起和卡拉博加兹隆起一带成熟度较低，但也已经达到或接近生油窗。在热特巴伊-乌津台阶一带，三叠系烃源岩处于生油高峰；但此处烃源岩有机质类型较差，厚度较小，这里的石油可能来自南侧的扎兹古尔里凹陷（卡拉奥丹地堑）的生烃灶（图 6-16）。

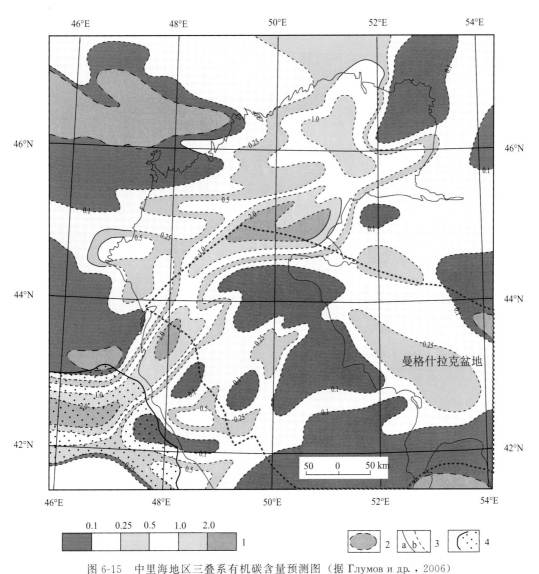

图 6-15 中里海地区三叠系有机碳含量预测图 （据 Глумов и др.，2006）

1. 有机碳含量标尺（%）；2. 地层缺失区；3. 有机碳含量等值线（a. 实测的，b. 预测的）；4. 大高加索褶皱造山系

（二）侏罗系烃源岩

下侏罗统陆相页岩中的有机质几乎全部是腐殖型，到中侏罗统湖相和滨海相页岩的有机质变为腐殖-腐泥型和腐泥型。

下中侏罗统潜在烃源岩在曼格什拉克-乌斯秋尔特隆起带上厚度较小甚至缺失，而在谢根德克凹陷、扎兹古尔里凹陷、阿萨克-奥丹凹陷一带厚度较大，最厚可达 1500 m。在盆地西南缘之外的捷列克-里海前渊拗陷内，下中侏罗统潜在烃源岩厚度较大，局部可达 2～3km（图 6-17）；由于中里海次盆的隆起特征（又称为土库曼隆起），也可能聚集

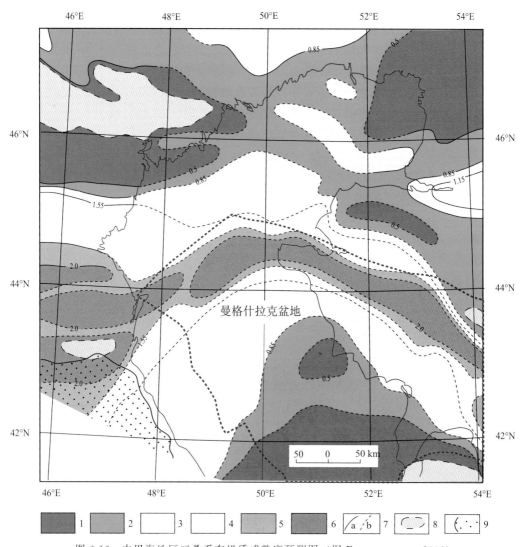

图 6-16　中里海地区三叠系有机质成熟度预测图（据 Глумов и др.，2006）

期及亚期：1. 未成熟；2. 生油窗上部；3. 生油高峰；4. 生凝析气；5. 生干气；6. 过成熟；7. R_o（%）等值线（a. 实测的，b. 预测的）；8. 地层缺失区；9. 大高加索褶皱造山系

来自西南侧的捷列克-里海前渊的侏罗系油气。

　　下中侏罗统潜在烃源岩的 TOC 含量总体较低，在曼格什拉克-乌斯秋尔特隆起及盆地东南部的大部分地区一般不超过 1%，在扎兹古尔里凹陷西部和卡拉基鞍部可达 1%～2%，谢根德克凹陷可达 2% 以上。在盆地东南侧的捷列克-里海前渊局部 TOC 含量超过 2%。在热特巴伊-乌津地区，中侏罗统 TOC 含量一般在 1.2%～1.3%，最高可达 10%（图 6-18）。热解分析下侏罗统潜在烃源岩的 $S_1 + S_2$ 值在 0.45～3.40mg HC/g（平均 1.35mg HC/g）岩石，中上侏罗统可达 0.25～21.10mg HC/g（平均 2.72mg HC/g）岩石。一般认为，盆地陆上部分的第一类石油来自中侏罗统（巴柔—卡洛夫

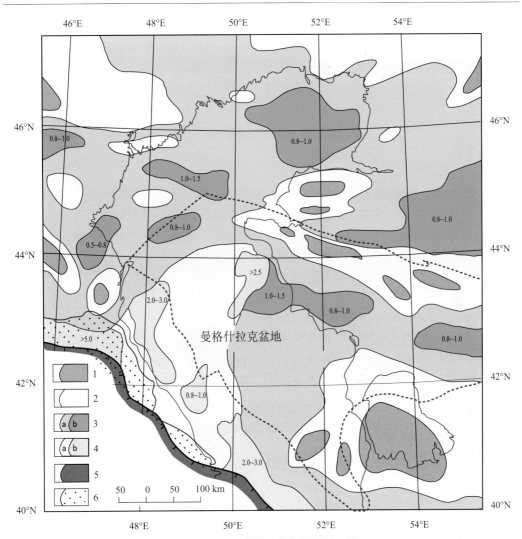

图 6-17　下中侏罗统生油层及有机质类型分布预测图（据 Глумов и др.，2006）

1. 可能的地层缺失区；2. 以腐殖型有机质为主的陆相及浅水沉积区；3. 腐殖-腐泥型及腐泥-腐殖型有机质富集的湖相、潟湖-海相沉积区（a. 厚度较小及中等的沉积区，b. 厚度较大的地区，单位为 km）；4. 以腐泥型有机质为主的海相沉积区（a. 厚度较小及中等的沉积区，b. 厚度较大的地区，单位为 km）；5. 深水沉积物分布区；6. 大高加索褶皱造山系

阶）的河流-三角洲相、湖相和滨海相烃源岩，其有机质类型包括淡水藻类和停滞陆相盆地中沉积的高等植物。

整体来看，盆地西部的侏罗系烃源岩成熟度较高，大多进入了生油窗，局部达到生油高峰-生凝析油阶段。陆上部分成熟度较低，在南曼格什拉克次盆东部的阿萨克-奥丹凹陷和扎兹古尔里凹陷西部的下中侏罗统烃源岩部分达到了生油窗，而其他大部分地区成熟度较低。在谢根德克凹陷，下中侏罗统有机质成熟度较高，已经处于生油高峰-生凝析气阶段。在盆地西南侧的捷列克-里海前渊，下中侏罗统均已成熟，埋深最大的地区已经进入生干气阶段，局部甚至已经过成熟（图 6-19）。

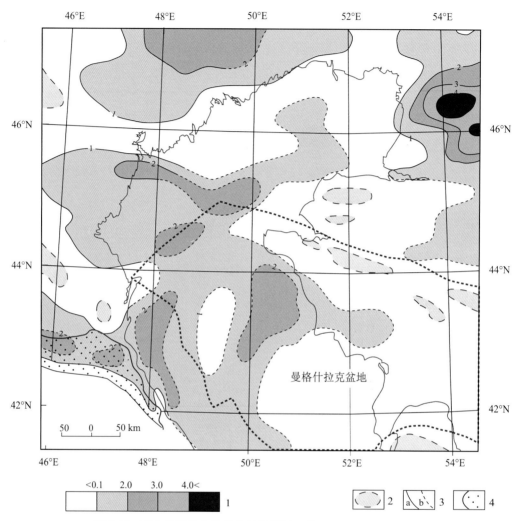

图 6-18　下中侏罗统有机碳含量预测图（据 Глумов и др.，2006）

1. 有机碳含量标尺（%）；2. 地层缺失区；3. 有机碳含量等值线（a. 实测的，
b. 预测的）；4. 大高加索褶皱造山系

二、储盖条件

曼格什拉克盆地已发现的油气储量分布于从古生界到上白垩统的多套地层中，但受益于广泛发育的中侏罗统碎屑岩储层和上侏罗统区域性盖层的良好配置，盆地内绝大部分（71.6%）已发现油气集中在中侏罗统储层内（表 6-2、图 6-20）。

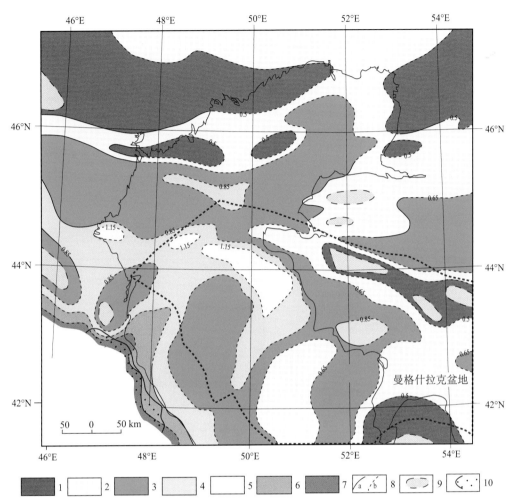

图 6-19 下中侏罗统有机质热演化程度预测图（据 Глумов и др., 2006）

期及亚期：1. 未成熟；2. 低成熟；3. 生油窗上部；4. 生油高峰；5. 生凝析气；6. 生干气；7. 过成熟；
8. R_o（%）等值线（a. 实测的，b. 预测的）；9. 地层缺失区；10. 大高加索褶皱造山系

表 6-2 曼格什拉克盆地主要含油气储层层位（据 IHS，2012h 统计）

储层层位	石油 /10^6 m³	凝析油 /10^6 m³	天然气 /10^8 m³	合计	
				10^6 m³ 油当量	占比/%
阿普特—赛诺曼阶	19.51	0.93	302.69	48.77	3.7
尼欧克姆统	0.2	0.29	85.48	8.49	0.6
上侏罗统	15.56	11.26	2322.15	244.14	18.3
中侏罗统	800.42	6.2	1597.47	956.12	71.6
下侏罗统	2.58	0.24	21.29	4.81	0.4
三叠系	37.45	2.94	293.00	67.8	5.1

续表

储层层位	石油 /10^6 m³	凝析油 /10^6 m³	天然气 /10^8 m³	合计	
				10^6 m³油当量	占比/%
基岩风化壳	4.13	0	3.96	4.5	0.3
合计	879.85	21.86	4626.05	1334.63	100
占比/%	65.92	1.64	32.44	100	

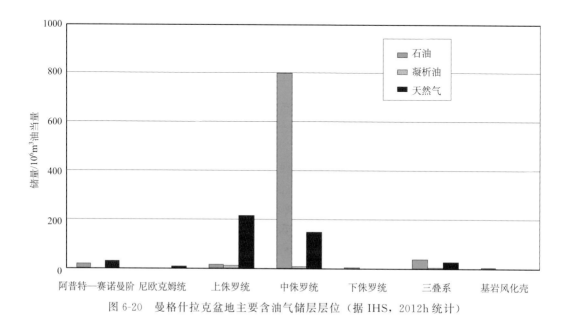

图 6-20　曼格什拉克盆地主要含油气储层层位（据 IHS，2012h 统计）

（一）储层条件

曼格什拉克盆地发育了古生界、三叠系、侏罗系和下白垩统等多套储层。

目前已发现的古生界储层为下中古生界结晶基底和花岗岩侵入体的风化岩层（奥伊马沙油田）。花岗岩产油层从基底顶面向下延伸达 300 m；试油产能可达 318 m³/d。

下三叠统储层包括奥伦尼克阶和诺冒尔组的滨海相和潟湖相碳酸盐岩和碎屑岩，其有效孔隙度为 8%～18%，渗透率可达 1000 mD。奥伦尼克阶石灰岩和白云岩的孔隙度平均为 10%，渗透率较低（最大为 12 mD）。

中三叠统储层为三叠系剖面中最重要的储层。其代表是阿克塔斯组和田格组的潟湖-浅海相碳酸盐岩。阿克塔斯组（Ⅴ 单元）含有鲕粒石灰岩和生物礁石灰岩，而在南部这些岩性中还夹有白云岩和凝灰岩。Ⅴ 单元储层的油气产能较高，该单元下部的储集性能在该地区内是最高的，孔洞-孔隙型石灰岩的平均孔隙度为 12%～13%，渗透率达到 49～58 mD。该单元上部储集性能变差，裂缝更常见，有效孔隙度不超过 16%，渗透率不到 9 mD。

上覆的田格组为细晶白云岩化石灰岩，向上过渡为深灰色的细晶石灰岩，最后是生物碎屑白云岩。在南部的佩夏内角隆起地区，该组中有时也发育白云岩和凝灰岩夹层。储层分别标记为 A 单元和 B 单元。最好的储层位于 30～180 m 厚的 B 单元中，岩性为淋滤的鲕粒白云岩，孔隙度高达 20%，渗透率为 200～300 mD。储集性能因孔洞和裂缝而改善；白云岩的基质孔隙度不超过 3%～4%，渗透率接近 0。A 单元（该剖面的上部）的孔隙度平均为 10%～12%，渗透率不超过 1 mD。B 单元中还含有一些碎屑岩储层（砂岩的孔隙度为 9%～13%，渗透率为 21～56 mD）。

上三叠统储层是一套河流相和湖泊相的杂色砂岩和粉砂岩层序底部的粗砂岩和砾岩。产层较薄，净厚度为 3～7 m。孔隙度在 9%～16%，平均 12%，渗透率一般不超过 50 mD。

下侏罗统储层为土阿辛阶的 J-XⅢ 单元的砂岩，净厚度高达 29 m，孔隙度平均 12%，最大渗透率为 50 mD。

中侏罗统储层是盆地中的最重要的储层，包括阿林阶—卡洛夫阶河流相-三角洲相到滨海相砂岩和粉砂岩。该套储层为一系列进积和退积的准层序，其中对应的沉积体制包括河道和河道充填、沼泽、分流河口坝、三角洲朵叶和滨海相。储集性砂岩为长石砂岩和次岩屑砂岩，所观察到的粒间孔隙主要是早期的碳酸盐岩胶结物溶蚀以及后期的长石溶蚀作用形成的。储层在侧向上和垂向上都表现出非均质性，共识别出了 24 个产层（J-Ⅰ～J-XXⅣ）。每个单元的总厚度一般在 35～65 m，净厚度在 10～30 m。砂岩为细到中粒的复成分砂岩，颗粒的磨圆度较差、分选性较差，含有泥质和钙质胶结物。黏土含量变化很大，在百分之几到 40%～50%，但通常较高。

在热特巴伊-乌津台阶，储层物性随深度增大而下降的趋势明显。乌津油田 1050～1300 m 井段的孔隙度为 18%～23%，至南热特巴伊油田的 1950～2650 m 井段孔隙度下降至 14%～18%。渗透率变化主要取决于储层中的黏土含量，变化范围从几毫达西到 1200 mD。

最好的储层段为辫状河道砂岩，在多套储层中发育。强烈的侧向不连续性和透镜状的几何形态导致产量差别很大。此外，储集性质从扎兹古尔里凹陷的边缘向其中心有变差的趋势，在该凹陷的中心，孔隙度为 10%～12%，而渗透率通常仅有几个毫达西。这是因为向凹陷中心方向离沉积物物源越来越远，碎屑沉积物粒度变细。

在东部的阿萨克-奥丹凹陷，在沙赫帕赫迪气田的中侏罗统储层孔隙度为 12%～16%，渗透率为 100～1500 mD。

下白垩统欧特里夫阶—阿尔布阶的砂岩和粉砂质砂岩是浅海陆架沉积的产物。在上侏罗统盖层受到侵蚀的地区，在下白垩统储层中发现了油气藏（曼格什拉克褶皱带的西部倾没端）。大部分油气储集在阿普特阶和阿尔布阶海相砂岩中。其孔隙度平均为 22%，渗透率在 90～970 mD。下白垩统中有多达 7 个储层单元，分别标记为 A、B、V、G 和 D，或记为 Ⅰ～Ⅶ。这套储层主要含气。

上白垩统储层仅见于南坎苏油气田和乌津油气田。在南坎苏油气田，中央断块的赛诺曼阶浅海相砂岩段（A 和 B 单元）构成了含气储层，孔隙度平均为 25%，渗透率平均为 310 mD。

在中侏罗统和下白垩统砂岩中见到了大量的重油和沥青。这些沥青聚集带沿曼格什拉克-中乌斯秋尔特隆起带的两个构造带分布，深度为 400～500 m。卡拉斯阿兹-塔斯帕斯沥青带长 100km，并构成了蒂布卡拉干半岛的基底露头的边界。别克-巴什坎迪沥青带沿着热特巴伊-乌津台阶的北缘分布。

（二）盖层条件

上侏罗统（卡洛夫阶—牛津阶）海侵海相页岩和碳酸盐岩层为盆地内最重要的区域性盖层。在盆地的南部，碳酸盐岩发育更为普遍，构成了盖层的主体。在南曼格什拉克次盆的最深部分，区域性盖层的厚度超过 500 m，但在热特巴伊-乌津台阶上减小到 100～300 m。该套盖层十分有效；在乌津油田的厚度不到 100 m，但却封闭了油柱高度为 300 m 的巨型油藏。

上白垩统石灰岩和泥灰岩也为下伏的白垩系储层提供了区域性盖层。

除此之外，盆地内还发育了一系列分布范围有限的局部盖层。

下三叠统（卡拉迦提克组和诺冒尔组）页岩为下伏古生界储层的半区域性盖层以及同时代储层的局部性盖层。

中三叠统（阿克塔斯组和田格组）页岩和泥灰岩为下伏储层的半区域性盖层和局部性盖层。

上三叠统火山岩和页岩也是局部性盖层。

下侏罗统页岩是局部盖层单元。阿林阶—卡洛夫阶页岩，由伊利石、高岭石和绿泥石组成，构成了下伏储层及同时代储层的大量局部性盖层和 12 个层内盖层。由于厚度小、侧向上不连续，层内盖层的封闭性降低。

下白垩统页岩构成了大量层内盖层。

在中生界内部缺少区域性盖层的地区，烃类曾发生广泛的垂向运移，同时也存在从扎兹古尔里凹陷的烃源岩灶向热特巴伊-乌津台阶的圈闭中的侧向运移。在侏罗系顶部的区域性盖层仅是半渗透性的，其中被断层切割，尽管其曾经限制了石油的运移，但也曾允许天然气通过并进入上覆的白垩系储层中。

三、圈闭类型及其形成机制

（一）主要圈闭类型

下中侏罗统剖面中的大部分储量分布于热特巴伊-乌津台阶的构造圈闭中。这些圈闭构成了大致平行于曼格什拉克褶皱带的三组长轴状背斜，这些背斜的长度在数千米到 45 km（乌津油田），闭合高度在数十米到 300m 以上。背斜南翼的倾角明显大于北翼，而且南翼常常被断裂切割。

背斜圈闭的形态表明，这些构造是在垂直于曼格什拉克褶皱带的挤压作用的影响下形成的。地震资料表明，侏罗系—新近系背斜之下为三叠系逆冲席的前锋。在曼格什拉克-中乌斯秋尔特隆起带中发现了三叠系岩层中的向南逆冲断层，很明显，冲断作用延伸到整个热特巴伊-乌津台阶。

据 IHS 数据库提供的资料统计，曼格什拉克盆地目前发现油气藏中纯构造型油藏并不多,但所有油气藏的圈闭都与构造有关,或含有构造圈闭因素。最主要的圈闭类型是地层-构造复合型(其中占已发现油气储量的96.09%)(表6-3、图6-21)。当然,这一现状也与以构造目标为主要勘探对象的勘探早期策略有关;可以预见,通过对盆地的地质构造和沉积层序的深入分析和研究,还可以识别出大量的地层型、岩性型目标,这类目标将成为下一步勘探的主要对象。

表6-3 曼格什拉克盆地已发现的油气储量及圈闭类型(据 IHS,2012h)

圈闭类型	石油 /10⁶ m³	凝析油 /10⁶ m³	天然气 /10⁸ m³	合计	
				10⁶ m³ 油当量	占比/%
地层-构造	857.24	20.59	4323.08	1282.4	96.1
构造	18.48	1.03	292.69	46.9	3.5
构造-不整合	4.13	0.24	10.28	5.33	0.4
合计	879.85	21.85	4626.05	1334.63	100

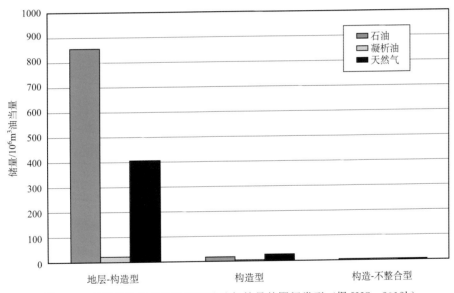

图6-21 曼格什拉克盆地已发现的油气储量的圈闭类型(据 IHS,2012h)

(二)圈闭形成机制

曼格什拉克盆地内的盖层构造与晚二叠世—三叠纪裂谷作用及后来的多次构造挤压作用所导致的地堑反转有明显的关系,这些构造活动控制了盆地内沉积盖层的构造面貌。

晚二叠世—三叠纪的剪张作用导致了大型的北西西—南东东向地堑系的形成。

三叠纪末—侏罗纪初,来自冈瓦纳大陆的西莫里陆块群与欧亚大陆发生缝合,古特提斯洋关闭,整个中亚-里海地区受到了强烈的近南北向(现今坐标)挤压作用。曼格什拉克盆地中的变形作用主要集中于较早时期形成的裂谷带上，对周边的地台区也有影响。挤压作用的方向大致呈北东—南西向，导致了逆冲推覆、褶皱作用、先存断层的反向运动、隆升和反转等多种构造变动，形成了一系列冲断层、褶皱、背斜。

尽管三叠系的逆冲作用主要发生在三叠纪末—侏罗纪初，至白垩纪和第三纪期间沿这些冲断面仍有一些挤压和运动。

晚始新世—早上新世，阿拉伯板块与欧亚大陆发生碰撞，导致了盆地西南缘的挤压和变形。大高加索山脉在上新世发生挤压隆升，并在其东北侧形成了捷列克-里海前渊以及伴生的前陆隆起，即土库曼台背斜。这次变形还导致阿格拉汉-阿特劳断层的复活。

在此期间，阿拉伯板块与欧亚大陆发生碰撞主要导致了北东—南西向的挤压作用，产生了褶皱和抬升，形成了背斜、侵蚀不整合等构造，并使早先的褶皱构造进一步加强，背斜幅度进一步增大。

从勘探结果来看，曼格什拉克盆地已发现的油气田主要是与挤压构造相关的圈闭。盆地内大部分油气储量分布于热特巴伊-乌津台阶的下中侏罗统构造圈闭或构造相关圈闭内。这些构造以长轴状背斜为主，平面上构成与曼格什拉克褶皱带相平行的三条背斜构造带。背斜南翼常发育断裂且倾角明显大于北翼。

构造圈闭的形成期经历了多次构造活动，但中中新世以来的挤压活动最为重要。在蒂布-卡拉干隆起、别克巴什库杜克隆起和热特巴伊-乌津台阶，至少 50% 的构造幅度是在这一时期形成的，在卡拉套背斜、科库姆拜（Kokumbay）台阶、佩夏内角-拉库舍奇隆起和阿克苏-肯德尔里（Aksu-Kenderly）台阶这一比例更高。乌津、卡拉曼蒂巴斯（Karamandybas）、田格等局部构造幅度的 20%～80%，顿加、塔姆蒂等局部构造幅度的 50%～100%，是在这一构造阶段形成的。

在佩夏内角隆起和卡拉博加兹隆起北坡，三叠系和基底的含油气圈闭与热特巴伊-乌津台阶有很大区别。这里的储层为碳酸盐岩，圈闭受裂缝发育带和淋滤带控制，圈闭的形成与早中新世之后形成的大幅度走滑断层活动有关。

四、含油气系统特征

（一）油气生成

曼格什拉克盆地的主要烃源岩层系为三叠系和下中侏罗统。

在扎兹古尔里凹陷，推算三叠系顶部的古地温超过 200℃，在热特巴伊-乌津台阶约为 170℃，记录的等效镜质体反射率分别为 0.94% 和 0.86%。三叠纪裂谷作用时期的大地热流可能比现今的大地热流要高得多；三叠系相当一部分在前侏罗纪的侵蚀过程中受到剥蚀；在一些井中，在三叠系与侏罗系之间的镜质体反射率存在明显的不连续现象；因此三叠系烃源岩可能存在二次生烃的成熟史。

三叠系烃源岩埋深通常超过 3000 m。在扎兹古尔里凹陷轴部带存在高地温，表明这里正在大量生气和生天然气-凝析油。然而，在凹陷边缘，三叠系烃源岩的地温要低得多，很可能正处于生油阶段。例如在拉库舍奇油气田，3300～3680 m 井段的镜质体

反射率 R。为 0.92%，对应的古地温在 190℃ 以下。

在盆地最深的部分，三叠系烃源岩中的油气生成可能始于晚侏罗世。在扎兹古尔里凹陷中央的三叠系烃源岩可能在渐新世就已经穿过了生油窗，并且从此之后只生成天然气。但在该凹陷的边缘，仍具有生油条件。

来自侏罗系产层顶部的古地温资料表明，在扎兹古尔里凹陷该套地层的最高加热温度为 175℃，其最低镜质体反射率为 0.86%。在凹陷北缘，如热特巴伊-乌津台阶，古地温最低（90～120℃），镜质体反射率为 0.70%～0.75%。侏罗系烃源岩的生油窗深度为 2000～3500 m，估计在古近纪—新近纪穿过生油窗。

三叠系烃源岩生成的大部分石油在第三纪构造强烈活动期间很可能已经散失。在曼格什拉克-中乌斯秋尔特隆起带上形成的重油很可能是这些圈闭被破坏的证据，尽管在其形成过程中可能也有与抬升作用相关的生物降解作用的因素。

前中中新世的抬升导致了老地层的强烈而广泛的侵蚀，此后很少或没有再生成油气。盆地内的油气圈闭可能主要是在早中新世之后的阶段形成的，但在这一阶段没有新的烃类生成。仅在谢根德克凹陷和扎兹古尔里凹陷的中央堆积了厚度不大的沉积物（最大厚度250 m），但这些地方可能不发育三叠系烃源岩。中中新世以来，三叠系烃源灶主要经历了抬升和侵蚀，因此不可能向这些新生圈闭提供油气，也就是说这些圈闭的形成晚于烃源岩的主要成熟期和主要生烃期，因此这些圈闭中的油气可能是三次运移的结果。

还有人认为，盆地内大部分油气储量集中分布于中侏罗统储层中，这可能说明侏罗系地层中发生了晚期生烃作用。

根据主力烃源岩生烃强度模拟结果，在盆地陆上部分，三叠系生烃灶位于中曼格什拉克和卡拉奥丹裂谷地堑一带，如果不考虑地质历史上的抬升破坏，两个地堑凹陷带内应该有丰富的油气聚集。而中里海海域的三叠系生烃强度普遍明显高于陆上，而且生烃灶的分布具有北东—南西走向，可能与平行于阿特劳-阿格拉汉走滑断裂带的断陷有关（图 6-22、图 6-23）。

下侏罗统烃源岩生烃强度最高的地区是相邻的捷列克-里海盆地。在曼格什拉克盆地大部分地区下侏罗统生液态烃的潜力很有限，生气态烃强度较高的是扎兹古尔里凹陷和盆地的海上部分，特别是与捷列克-里海盆地相邻的部分生烃强度最高（图 6-24、图 6-25）。

中侏罗统烃源岩是曼格什拉克盆地的主力烃源岩之一。在曼格什拉克盆地陆上，只有扎兹古尔里凹陷的中侏罗统烃源岩生烃强度较高，而盆地的海上部分普遍具有较高的生烃潜力，特别是相邻的捷列克-里海前渊生烃强度最高（图 6-26、图 6-27）。上侏罗统总体的生烃强度较低，盆地内仅扎兹古尔里凹陷生成部分油气，相邻的捷列克-里海盆地的生烃范围和强度也大大降低。

因此，从模拟的生烃强度来看，盆地陆上的扎兹古尔里凹陷周边油气最为富集，这与热特巴伊台阶上发现的大量油气田相吻合；中里海海域三叠系和下中侏罗统都具有较高的生烃强度，赫瓦雷恩大气田的发现可能预示着中里海确实存在丰富的油气资源，这与烃源岩生烃强度的模拟结果相一致。

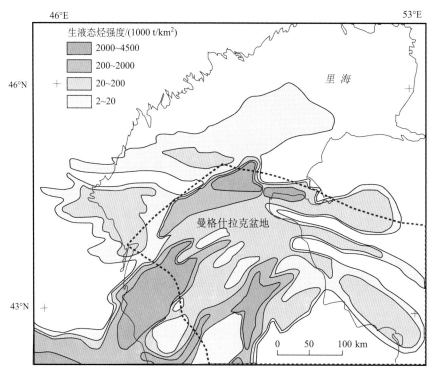

图 6-22　中里海地区三叠系液态烃生烃强度（据 Глумов и др.，2006）

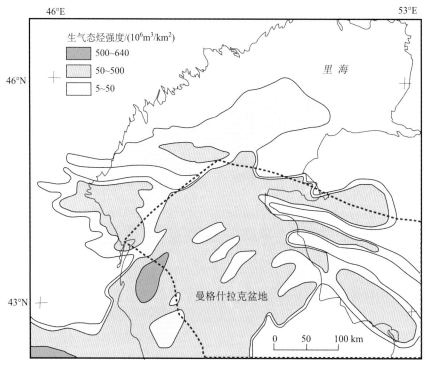

图 6-23　中里海地区三叠系气态烃生烃强度（据 Глумов и др.，2006）

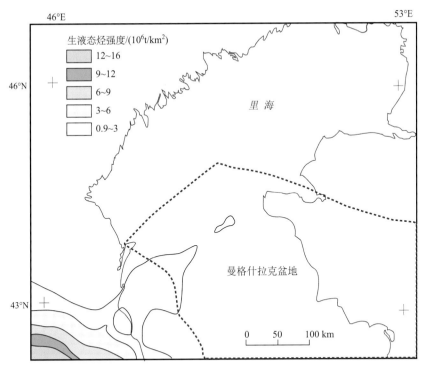

图 6-24　中里海地区下侏罗统液态烃生烃强度（据 Глумов и др.，2006）

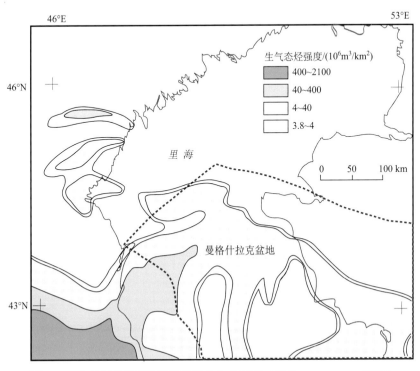

图 6-25　中里海地区下侏罗统气态烃生烃强度（据 Глумов и др.，2006）

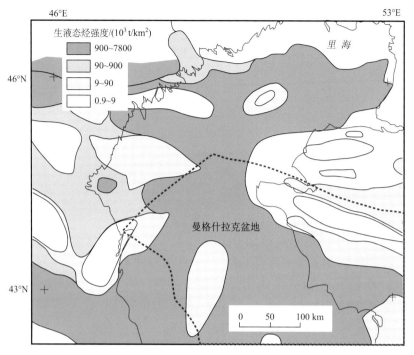

图 6-26　中里海地区中侏罗统液态烃生烃强度（据 Глумов и др.，2006）

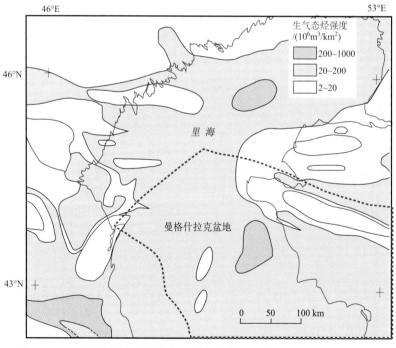

图 6-27　中里海地区中侏罗统气态烃生烃强度（据 Глумов и др.，2006）

（二）油气运移

在南曼格什拉克盆地中，油气既有侧向运移，也有垂向运移。

在三叠系沉积物中的侧向运移受到岩层渗透性侧向快速变化的制约。实际上，三叠系烃类聚集的分布与断层作用密切相关，表明垂向运移占主导地位。

扎兹古尔里凹陷的侏罗系地层生成的烃类向上倾方向的热特巴伊-乌津台阶作侧向运移。油气一旦到达该台阶，油气运移的路径就出现了大量的分支，因为其储层砂岩结构复杂，侧向上变化很快。

在热特巴伊-乌津台阶上的三叠系与侏罗系储层之间缺乏区域性盖层，这表明油气有可能从三叠系向侏罗系储层中进行垂向运移。

在侏罗系层序中存在半渗透性的层内盖层和断层。圈闭于这类盖层之下的烃类中的气态烃大量损失，溶解气从石油中分离出来并沿垂向上穿过盖层向上运移，进入上覆的上侏罗统和白垩系剖面中，落在后面的石油具有高的含蜡量和较高的密度。另外，在曼格什拉克-中乌斯秋尔特隆起带上发现的重油一般都邻近大型断层分布，一般认为沿着这些断层发生了相当强烈的垂向运移。

（三）含油气系统特征

USGS（2000）对曼格什拉克盆地的含油气系统演化进行了分析（图 6-28）。研究发现，曼格什拉克盆地内发育了一个含油气系统，即三叠系—侏罗系含油气系统，其中包括三叠系、侏罗系、白垩系和风化的古生界基底等多套储层，烃源岩包括三叠系和侏罗系烃源岩。一般认为，三叠系烃源岩为最重要的烃源岩。上侏罗统页岩为区域性盖层，在三叠系—下白垩统剖面中还发育了局部性盖层、层内盖层和半区域性页岩盖层。该含油气系统的地层范围是晚古生代到现今。

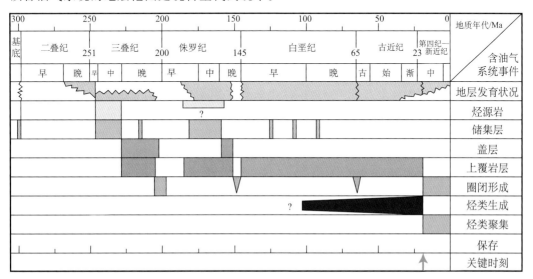

图 6-28 南曼格什拉克凹陷含油气系统事件图（据 Ulmishek，2001b）

　　曼格什拉克盆地三叠系—侏罗系含油气系统中的所有石油都具有相似的化学特征，不同深度产出石油的化学性质未见明显的变化。侏罗系和三叠系石油的族组分相似，而且两组石油都达到了高成熟，并具有相似的正构烷烃分布。这些特征以及其他地质资料表明，这些石油可能是同一烃源岩生成的。该含油气系统中的天然气具有典型的热成熟成因。

　　但该含油气系统的烃源岩还没有得到完全确认。关于烃源岩的层位有多种不同的观点：一种观点是，三叠系所含的石油主要来自下中三叠统海相烃源岩，而侏罗系和白垩系所含的石油主要来自下中侏罗统以Ⅲ型干酪根为主的烃源岩；另一种观点认为，盆地内所有石油都是三叠系烃源岩生成的；还有人认为，三叠系烃源岩生成的石油大部分已经在第三纪强烈构造活动过程中散失，而中侏罗统储层中聚集的大部分油气是侏罗系烃源岩在晚期生成的。但这些观点都还缺少进一步的地球化学证据。

　　尽管缺乏有说服力的地球化学证据，但从地质角度上一般认为该含油气系统的主要烃源岩的层位限定在上奥伦尼克阶—中三叠统的页岩、碳酸盐岩和泥灰岩互层段内，有机质类型主要是Ⅱ型干酪根；下中侏罗统烃源岩的质量较差，干酪根以Ⅲ型为主。在南曼格什拉克次盆的中部，下中侏罗统地层较厚，埋藏较深，TOC含量也较高；这里同时发育了良好的构造圈闭、储层和盖层条件，但经过大量钻探，仍未获得任何可观的发现；因此推测，这里没有发现油气很可能与下中侏罗统生烃潜力不足有关。

　　在平面上，三叠系有利烃源岩局限于曼格什拉克裂谷和卡拉奥丹裂谷的地堑中及其肩部。在曼格什拉克裂谷，下中三叠统烃源岩强烈过成熟并在裂谷反转期和褶皱作用中发生了变形；在卡拉奥丹裂谷一带，下中三叠统烃源岩已经高成熟；而在热特巴伊-乌津台阶，三叠纪期间可能为一浅水地台，没有形成富含有机质的细粒沉积，生烃潜力有限。

　　一般认为，三叠系烃源岩在晚侏罗世开始生烃，目前在盆地中心部分已经达到过成熟。还有一种观点认为，石油生成始于厚层白垩系的沉积过程中，并一直持续到渐新统—下中新统迈科普群的沉积期间。前中中新世抬升导致了广泛而强烈的侵蚀作用，此后烃源岩的生烃过程基本停止。

　　三叠系—侏罗系含油气系统已发现的油气储量主要集中于热特巴伊-乌津台阶的中侏罗统碎屑岩储层中，储集性质最好的层段是辫状河道砂岩；此外，中三叠统裂缝性碳酸盐岩，基岩风化壳也可以形成储层。在上侏罗统区域盖层被剥蚀的地区，下白垩统阿普特阶和阿尔布阶海相砂岩也可以充当含油气储层。

　　在热特巴伊台阶上的下中侏罗统油气藏几乎都是构造圈闭的，或含有构造圈闭因素。这些圈闭为一系列的长轴背斜，它们构成了与曼格什拉克褶皱带大致平行的三个背斜带；背斜南翼的倾角大大超过北翼，而且南翼常常被断层错断。背斜圈闭的形态表明它们是在与曼格什拉克褶皱带垂直的挤压作用下形成的。

　　在佩夏内角隆起和卡拉博加兹隆起北斜坡上的三叠系和基底岩系中的油气聚集的圈闭类型与热特巴伊台阶不同，这里的油气聚集实际上是受裂缝带及相关的碳酸盐岩淋滤带控制的。

　　曼格什拉克盆地三叠系—侏罗系含油气系统中的油气田绝大部分甚至全部都是早中

新世之后形成的，但此时的三叠系烃源岩已经停止生烃，油气成藏主要与早先形成的油气藏或已经进入储层的分散油气的三次运移和聚集有关。

第四节　典型油气田

曼格什拉克盆地中已发现 61 个油气田，油气储量 $13.35 \times 10^8 \ m^3$ 油当量，其中大部分（67.6%）是液态石油。

盆地内已发现的主要油气田和绝大部分储量分布于热特巴伊台阶上，该台阶是位于曼格什拉克褶皱带的别克巴什库尔杜克背斜和南部的深凹陷之间的一个平缓的南倾构造阶地（图 6-29）。除了在乌津油田的几个小型白垩系气藏和三叠系凝析气藏之外，其他所有油气藏都分布于下中侏罗统碎屑岩中，上侏罗统构成区域性盖层。在别克巴什库尔杜克背斜上，变形的三叠系之上被薄层的侏罗系—白垩系所覆盖，区域性盖层被前白垩纪不整合所削蚀。在下白垩统中发现了几个重油藏，其中包括埋深 $400 \sim 500 \ m$ 的大型卡拉西亚兹-塔斯帕斯油藏。还在别克巴什库尔杜克背斜以及更往北的曼格什拉克褶皱带西部倾没端的背斜构造中发现了几个白垩系油气藏。

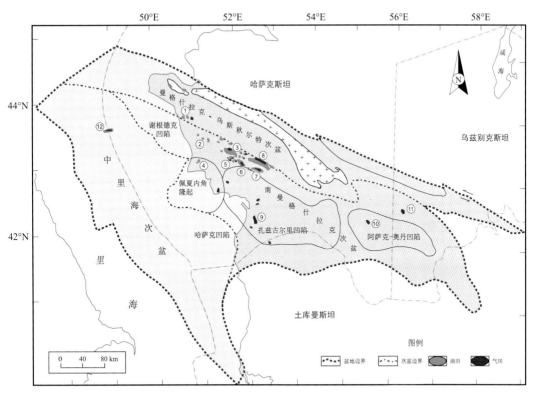

图 6-29　曼格什拉克盆地油气田分布图（据 IHS，2012h）

油气田编号及名称：1. 顿加；2. 阿拉秋别；3. 热特巴伊；4. 奥伊马沙；5. 南热特巴伊；6. 塔斯布拉特；
7. 田格；8. 乌津；9. 肯德尔里-阿克苏；10. 坎苏；11. 沙赫帕赫迪；12. 赫瓦雷恩

在南曼格什拉克次盆的凹陷带以南发现了一些小型到中型的油气藏。油气藏分布于佩夏内角隆起和卡拉博加兹隆起的北斜坡，下伏或附近埋藏着晚二叠世（？）—三叠纪期间发育的卡拉奥丹裂谷。这些油气田的大部分储量分布于中三叠统碳酸盐岩中。在奥伊马沙油田基底的裂缝性花岗岩中发现了一个中等规模的油藏。

在谢根德克凹陷和扎兹古尔里凹陷进行了大量勘探，但没有获得任何发现，尽管这里有构造圈闭，也有下中侏罗统储层和厚层的上侏罗统盖层；勘探失利可能与缺乏有效烃源岩有关。

盆地海上部分所钻探井很少，且大多数探井都没见到工业油气流。仅在佩夏内角隆起的海域延伸构造（拉库舍奇-海上）的三叠系中获得了明显的天然气-凝析气显示，但不具有工业价值。2000 年，在盆地最西部俄哈有争议的赫瓦雷恩构造上发现了大型的油气田，证明该盆地海上部分有较高的勘探远景。

从已发现油气田的储量规模来看，曼格什拉克盆地三个最大的油气田（陆上的乌津油田、热特巴伊油田和海上的赫拉雷恩气田）均达到了亿吨级，其中最大的乌津油田储量达到 6.3×10^8 m³ 油当量（其中石油 5.92×10^8 m³），三个最大油气田的储量占了全盆地油气储量的 71%；而其他油气田全部为中小型（图 6-30）。

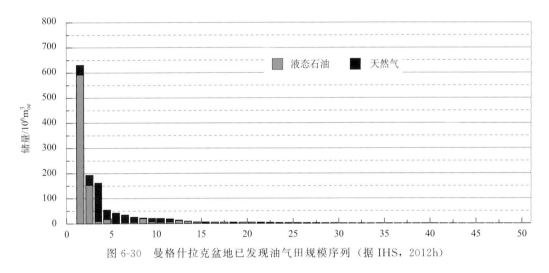

图 6-30　曼格什拉克盆地已发现油气田规模序列（据 IHS，2012h）

一、乌津油田

（一）油田概况

乌津油田位于南曼格什拉克次盆的里海沿岸带。该油田发现于 1960 年，1965 年投产。根据 IHS（2012）数据库最新数据，该油田的可采储量为 6.3×10^8 m³ 油当量，其中石油 5.92×10^8 m³，天然气 403.6×10^8 m³，是该盆地中最大的油田。乌津构造为一个双向倾没的浅层背斜，其中不发育大型断层。中侏罗统储层厚 310 m，背斜内最大油柱高度约 320 m，盖层是区域性发育的上侏罗统泥岩。在侏罗系下部的小幅度闭合构造中也发现了少量油气，而在埋藏很浅的白垩系砂岩中还发现了天然气。主要储层为河流相砂岩，其中夹有连续分布的湖相和浅海相泥岩。渗透率变化很大（1～1200 mD，平均为 235 mD），单个储层在大型的叠合河道砂岩中最厚达到 43 m。储层内部具有很强的非均质性，垂向连通性较差，水平方向上的连通性为单向的，并与河道走向平行。中侏罗统石油为轻质油（33～36.5°API），但在地表温度下出现结蜡。油藏的边水能力较弱，地层压力接近饱和压力。

（二）构造和圈闭特征

乌津构造位于南曼格什拉克次盆的热特巴伊-乌津台阶上（图 6-29），曼格什拉克盆地中已发现的大部分油气田分布于该构造带内。该台阶是南曼格什拉克次盆与曼格什拉克隆起带之间的过渡单元，大致与北西西向区域断裂带平行的一系列断层将该台阶的三叠系及以下岩层切割成为长条状的断块。这些断裂在后期的多次构造运动中复活并导致了上覆侏罗系—白垩系的构造变形，形成了一系列大型北西西向不对称背斜。

乌津油田长 45 km，宽 9 km，面积约 250 km²。北翼平缓，其中侏罗统地层的倾角为 1.5°～2°；而南翼较陡，达到 6°～8°。随着构造的埋深增大，翼部地层倾角增大。乌津背斜的主体偏于构造的东部，西部发育两个小型高点，分别称为胡姆林穹隆和帕尔希姆林穹隆（图 6-31、图 6-32）。在背斜构造的西端为卡拉曼蒂巴斯穹隆（图 6-33），该高点与乌津背斜主体之间以一条断层相隔，但两侧具有相同的油水界面。

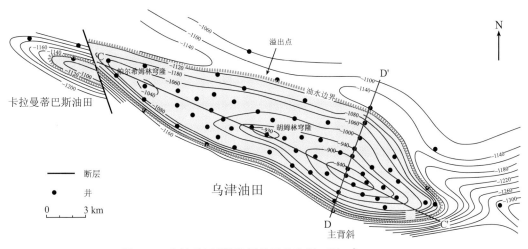

图 6-31　乌津油田 ⅩⅢ 储层单元构造图（据 C&C，2003i）

侏罗系埋深超过 800 m，其中发现了 13 个储层单元（ⅩⅢ～ⅩⅩⅤ）；白垩系埋深在150 m 以下，包括 12 套储层单元（Ⅰ～Ⅻ），其中 5 套发现了天然气。中侏罗统 ⅩⅢ～ⅩⅧ 储层单元在上侏罗统区域性泥岩盖层之下形成了统一油水界面（图 6-32）。该盖层的厚度一般为 300 m，但在乌津油田上只有 100 m，上覆白垩系天然气藏可能是侏罗系油气垂向泄漏的结果。ⅩⅨ～ⅩⅩⅤ 储层单元以层内和层间泥岩为隔层，但这些隔层不连续，各砂层之间都是相通的，因此只有局部构造闭合中才含有油气。

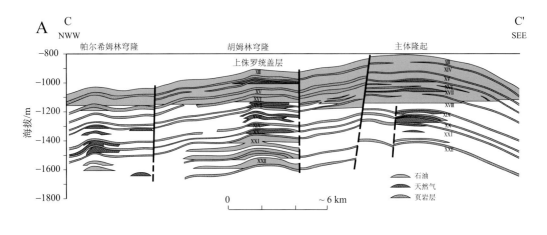

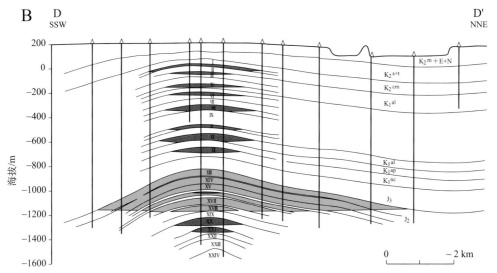

图 6-32　乌津背斜的构造剖面及油气分布（据 C&C，2003i）

剖面位置见图 6-31。A. 沿北西西—南东东向褶皱轴线剖面图；

B. 南南西—北北东向垂直于褶皱轴线剖面图

　　没有大型断裂切割乌津油田，但钻井常见小型断层。背斜西部的卡拉曼蒂巴斯穹隆与油田主体存在一条较大断层，但该断层是不封闭的，断层两侧具有大致相同的含油气层位和相近的油水界面（图 6-31、图 6-33）。

　　乌津构造的闭合高度为 290 m（在 XIII 单元的顶面），已经充满到了溢出点。主要油藏是 XIII～XVIII 单元，其共同的油水界面在全油田范围内为 1124～1150 m（平均为海拔 −1130 m）。这些储层单元共同构成了一个油藏，其最大油柱高度约为 320 m，顶点高度为 −830 m。最大油柱高度比构造闭合高度大 30 m，说明其中有地层圈闭或断层圈闭，但也可能与编图不精确有关。在 XVI 和 XVII 储层单元中还存在小型气顶，但可能是次生的，因为伴生的油是欠饱和的。

　　深部的 XIX～XXV 单元的油气藏局限于构造的个别顶点上。每个单元中的油水界面

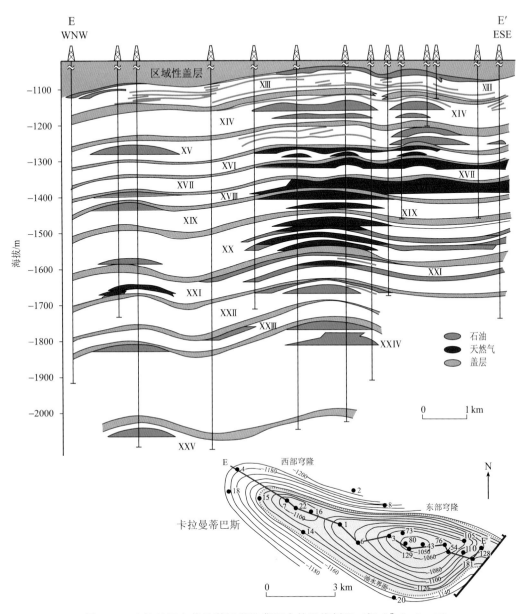

图 6-33 乌津油田卡拉曼蒂巴斯油藏下中侏罗统剖面（据 C&C，2003i）

各含油气层具有不同的油水界面说明

和气油界面都是独立的，因此油柱高度都不超过 50 m。上覆白垩系储层Ⅰ～Ⅻ单元中的气柱高度和面积也是有限的。油气未充满构造，可能是因为泥岩隔层或断层的封闭能力有限。

（三）地层和沉积相

乌津油田的油气储存在厚度达 2000 m 的侏罗系—白垩系大段砂岩储层中。占总储

量 90％以上的石油聚集于中侏罗统（巴柔阶—卡洛夫阶）XⅢ～XⅧ单元中。XⅢ和XⅣ
单元是最重要的储层，二者含有该油气田石油地质储量的 60％～70％。

下侏罗统不整合覆盖于下三叠统变形岩层之上，最大厚度约为 300 m，其中可能含
有石油，但其储集性质很差。下中侏罗统厚达 1000 m，为砂岩、粉砂岩和泥岩的单调
组合。共识别出了 13 个储层单元（XⅢ～XXⅤ），其中每个单元中含有多达 12 个独立
砂层，但在油田范围内砂体的分布变化很大。

中侏罗统最上部的 XⅢ～XⅧ 单元总厚度为 310 m，各单元平均总厚度和净厚度分
别为 35～66 m 和 11.6～31.5 m，石油主要聚集在这套储层中。XⅢ单元和XⅣ单元是
最主要的产层，分别包含 1～12 个和 5～10 个砂层，并分别组合成 5 个（A～E）和三
个（A～C）储层带。净厚度与总厚度的比值，在 XⅣ 单元中等，平均为 0.55，而在 XⅢ
单元较低，为 0.34。厚约 100 m 的上卡洛夫阶—基末利阶泥灰岩和石灰岩充当了区域
性盖层。

下中侏罗统储层以河流相砂岩为主，顶部覆盖了湖相、沼泽相和浅海相泥岩。在
XⅢ和XⅣ单元内发育了河道中砂岩和粗砂岩，河道主要呈北东—南西走向，与盆地东
北部曼格什拉克隆起上的物源区和位于西南部的盆地古斜坡倾向一致（图 6-34、
图 6-35）。河道延伸很长，常发生合并和叠加。在XⅣ～XⅧ单元中的河道可能主要是辫
状河，表现为厚层的多层河道砂岩。在XⅢ单元中，砂岩净厚度与总厚度比值较低，河
道弯度增大，表明河道可能从辫状河转变为了曲流河，这与基准面抬升以及海相条件的
影响逐步增强相吻合（图 6-35）。

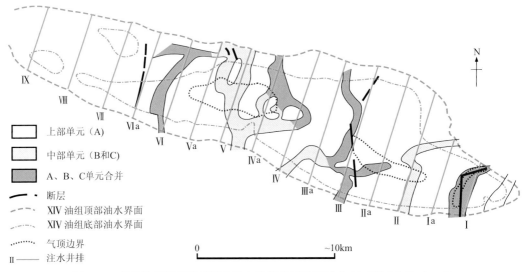

图 6-34　乌津油田巴通阶 XⅣ 油组大型辫状河河道砂分布（据 C&C，2003i）

上覆白垩系主要是浅海相泥岩，含有薄层石灰岩和砂岩。在乌津油田发现了巴雷姆
阶—土仑阶的 12 个储层单元（Ⅰ～Ⅻ），其中多个单元含有天然气。单元厚度在 10～25 m，
只有Ⅲ单元较厚，为 40 m；每个单元中可含有多达 5 个砂层。

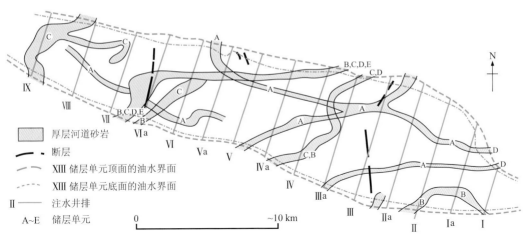

图 6-35 乌津油田卡洛夫阶 XⅢ 单元中的大型曲流河河道砂体 （据 C&C，2003i）

（四）储层特征

乌津油田的主体油藏分布于非均质性很强的河道砂岩及相关砂岩储层中。以 XⅢ～XⅧ 等 5 个储层单元为例，各单元之间被 1～20 m（一般为 6～10 m）厚的连续泥岩层隔开，后者构成了产层流动单元之间的隔层。不同砂层具有统一的油水界面，表明在各储层单元之间存在某种程度的沟通，可能某处存在河道切入泥岩或具有小型断层打破了泥岩层的连续性。XⅢ～XⅧ 单元中的净产层厚度为 133 m。

储层单元之间的垂向连通性较差，因为储层净厚度与单元总厚度的比值较低（0.34～0.55），单砂体较薄，但有的河道发生了垂向叠合导致较高渗透性砂体的厚度达到 43 m。产层净厚度平均为 8.7～22.8 m。侧向连通性较低，但沿河道延伸方向上连通性可能很高。

储层的岩性为差到中等分选的、细粒到粗粒的长石砂岩和岩屑砂岩，胶结物为黏土和碳酸盐。黏土含量可能达到整个岩石的 40%。存在双重孔隙结构：胶结物溶解形成的次生粒间孔隙和长石部分淋滤形成的粒内微孔隙。较大的粒间孔隙的分布控制了岩石的渗透性，而大孔隙的量与总孔隙度之间无明显相关性。

储层 XⅢ～XⅧ 单元的平均渗透率为 235 mD，但其变化范围很大（1～1200 mD），而且随着黏土含量的增大而急剧降低。厚层的河道粗砂岩以较低黏土含量和较高渗透性为特征。XⅢ 和 XⅣ 单元的平均渗透率为 170～290 mD，孔隙度一般在 18%～23%。原始含水饱和度较高，达 30%～38%，这可能与微孔隙的发育有关。

二、热特巴伊油田

热特巴伊油田位于哈萨克斯坦西部南曼格什拉克次盆的陆上部分（图 6-29）。该气田发现于 1961 年，1967 年投产。热特巴伊油田的地质储量包括 4×10^8 m³ 石油和 340×

10^8 m^{3}天然气（游离气）。估计石油可采储量为 1.56×10^8 m^3（采收率按 39% 计算），天然气（包括溶解气）可采储量 481×10^8 m^3，凝析油可采储量约 636×10^4 m^3。

（一）构造和圈闭特征

热特巴伊构造位于南曼格什拉克凹陷的热特巴伊-乌津台阶上，该构造单元集中了曼格什拉克次盆中已发现的大部分油气田。

热特巴伊构造为一个低幅度、两端倾伏的长轴背斜，背斜构造沿主要含油气储层相当完整，内不发育大断层（图 6-36）。中侏罗统 II～XIII 储层单元全部具有独立的油水界面，具有层内的泥岩顶底封闭，而储层单元 I 中的天然气藏之上为一套厚度 300 m 的盖层（图 6-37、图 6-38），这是上侏罗统的一套区域性泥岩盖层。下侏罗统 XIV 单元不产油气。在部分储层单元中，油气聚集受侧向沉积尖灭带控制。

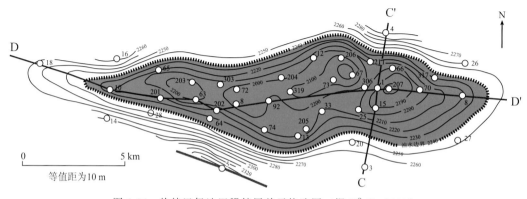

图 6-36　热特巴伊油田 XII 储层单元构造图（据 C&C，2003j）

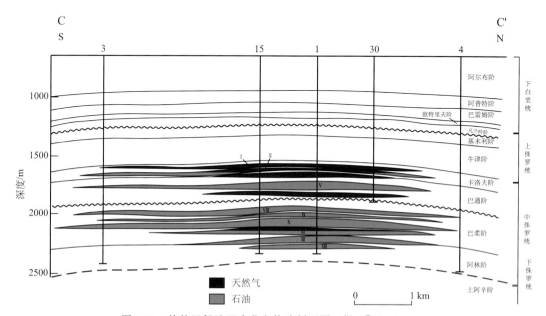

图 6-37　热特巴伊油田南北向构造剖面图（据 C&C，2003j）

剖面位置见图 6-36

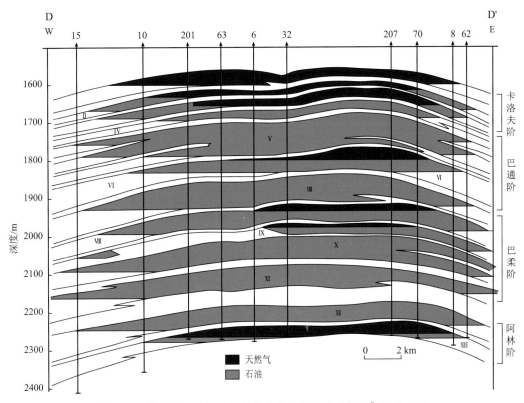

图 6-38 热特巴伊油田沿长轴方向构造剖面图（据 C&C，2003j）

剖面位置见图 6-36

热特巴伊油田长 19 km，宽 5 km，最大面积约 77 km²。南翼倾角一般约为 2°，最大达到 5°。在 Ⅰ 储层单元中，在背斜长轴中部的一个鞍部将背斜构造分割为两个小型构造高点。Ⅰ 单元的最高点为 1550 m，气水界面为 1600 m，气柱高度为 50 m。在储层单元 Ⅷ 中最高点为 1910 m，气油界面为 1932 m，油水界面为 1953 m，气柱和油柱高度分别为 22 m 和 21 m。在 Ⅻ 单元中最高点为 2180 m，油水界面为 2240 m。Ⅻ 单元的油柱高度为 60 m，是该油田中油柱高度最大的油藏，但可能还没有充注到构造的溢出点（图 6-36）。

(二) 地层和沉积相

热特巴伊油田的下中侏罗统厚达 1000 m，其中含有多套储层。油气基本均匀地分布于中侏罗统的 Ⅱ～Ⅻ 储层单元中，Ⅰ 单元仅充注了天然气（图 6-38），下侏罗统 ⅩⅣ 单元致密不产油气。

下侏罗统不整合覆盖于下三叠统变形地层之上，其中可能含有石油，但其储集性质很差。下中侏罗统为砂岩、粉砂岩和泥岩的单调组合，厚约 1000 m。其中共有 14 个储集层单元（Ⅰ～ⅩⅣ），其中 13 个属于中侏罗统。每个单元中含有 2～8 个独立的砂层，在油田范围内净砂岩层厚度与砂层总厚度的比值变化很大。中侏罗统的最大厚度约为

900 m，下侏罗统最大厚度约为 100 m。各单元的砂岩总厚度和净厚度分别为 16～112 m
和 8.4～78 m，净厚度与总厚度的比值为 0.5～0.7。上卡洛夫阶—基末利阶泥灰岩和石
灰岩充当了区域性盖层，在热特巴伊构造上的厚度达 300 m（图 6-37）。

下中侏罗统储层以河流相砂岩为主，之上被湖泊、沼泽和浅海泥岩所覆盖。在这些
储层单元中识别出了辫状河道，与附近的乌津油田相似，主要是南西走向的，与盆地东
北部的曼格什拉克隆起上的物源区和位于西南部的古斜坡倾向一致。

（三）储层特征

热特巴伊油田的主要油藏分布于非均质性强烈的河道砂岩及相关的砂岩中（图 6-41）。
有 13 个中侏罗统储层单元含有油气，每个储集层单元中包括 2～8 个不连续的砂层，它们
之间为厚 1～20 m 的连续泥岩隔层，因此每个单元都是独立的流动单元。各单元的油水界
面不同，表明在各单元之间缺少静态连通条件（图 6-38、图 6-39、图 6-40）。各储层单元
之间的垂向连通性为中等到差，因为砂岩净厚度与总厚度比值（0.5～0.7）中等而且砂
体厚度较小。净产层平均厚度在 5.7～25.0 m。侧向连通性较高，与辫状河道的方向
一致。

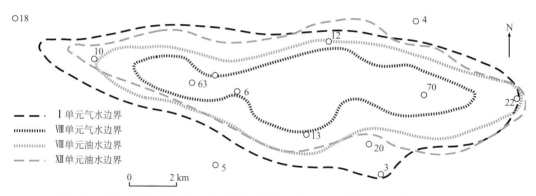

图 6-39　热特巴伊油田的 Ⅰ、Ⅷ、Ⅻ 储层单元中油气藏边界叠合图（据 C&C，2003j）

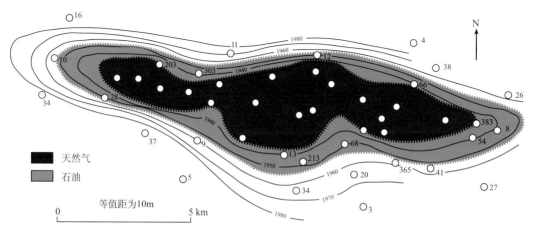

图 6-40　热特巴伊油田 Ⅷ 储层单元顶面构造图（据 C&C，2003j）

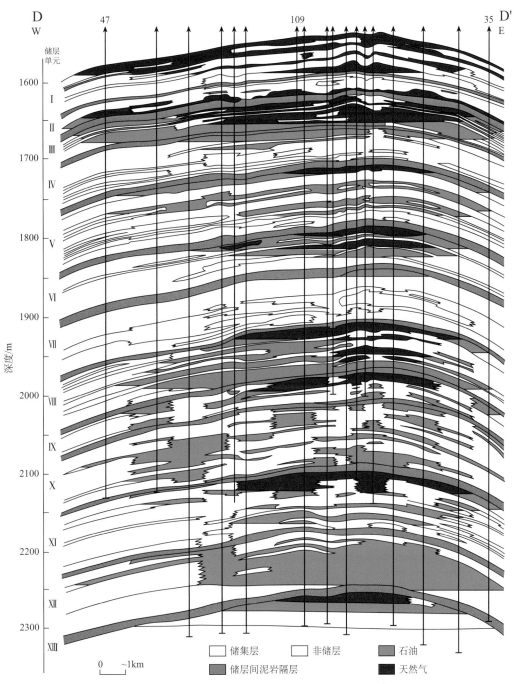

图 6-41 热特巴伊油田中侏罗统储层的强烈非均质性（据 C&C，2003j）

剖面位置见图 6-36

热特巴伊油田的储集层为差-中等分选的、细到中粒长石砂岩和岩屑砂岩，胶结物为黏土和碳酸盐。存在两种孔隙：胶结物溶解形成的次生粒间孔隙和长石部分淋滤形成的粒内微孔隙。较大的粒间孔隙的分布控制了岩石的渗透性，而大孔隙与总孔隙度之间无相关性。

储层渗透率较低，一般在 30～115 mD，最高可达 235 mD，而且随着黏土含量的增大而急剧降低。厚层河道粗砂岩以较低的黏土含量和较高的渗透性为特征。孔隙度范围在 16%～21%。原始含水饱和度较高，油层的含水饱和度达 30%～45%，气层达38%～44%，这可能与微孔隙的发育有关。

小　　结

1）曼格什拉克盆地属于年轻克拉通基底上发育的中生代内克拉通盆地。晚二叠世—三叠纪受弧后伸展影响发生了裂谷作用，形成了北西—南东向地堑系；侏罗纪—白垩纪期间，盆地所在地区发生区域热沉降，形成了里海周边巨型中生代盆地的一部分。

2）三叠纪地堑系的沉降、沉积和构造反转控制了盆地的基本构造面貌，同时也控制了三叠系主力烃源岩的分布。新近纪特别是中中新世以来的区域挤压活动，是盆地内大多数背斜构造形成的主要阶段，也是构造圈闭的主要形成期和油气聚集期。

3）曼格什拉克盆地划分为曼格什拉克-乌斯秋尔特隆起带、南曼格什拉克次盆和中里海次盆三个构造单元。由于海上部分勘探工作量少，迄今为止发现的油气田大部分位于陆上，其中绝大部分集中在南曼格什拉克次盆的热特巴伊-乌津台阶上。该构造单元南临三叠系主力生烃灶，是该盆地最有利的油气聚集带。

4）盆地西南侧的捷列克-里海前渊内发育厚度较大的三叠系和侏罗系烃源岩；中里海次盆（土库曼隆起）构成该前渊的前陆隆起，具有有利的油气聚集条件，应是该盆地今后勘探的重要方向。

北乌斯秋尔特盆地 第七章

◇北乌斯秋尔特盆地位于中亚地区西部，面积约 $26.3 \times 10^4 \, km^2$，其中有约 $1 \times 10^4 \, km^2$ 延伸到北里海水域；目前已发现油气田 53 个，探明储量 $7.65 \times 10^8 \, m^3$ 油当量，其中液态石油 $4.92 \times 10^8 \, m^3$，天然气 $2905 \times 10^8 \, m^3$。面积仅占全盆地 7.1% 的布扎奇隆起（次盆）集中了全盆地已发现油气储量的大部分（62.1%），面积广阔的乌斯秋尔特次盆的储量仅占 37.9%，而东咸海拗陷仍无油气发现。该盆地已发现储量中以石油为主，约占总储量的 64%，其中绝大部分（89.5%）集中在布扎奇隆起；而乌斯秋尔特次盆则以天然气为主。

◇在区域构造上，北乌斯秋尔特盆地位于图兰年轻地台西北，其基底是东欧克拉通东南缘的一系列前寒武纪陆块和加里东-海西期褶皱带；晚古生代属于被动边缘环境并于乌拉尔造山期间发生变形；晚二叠世——三叠纪盆地南侧发生裂谷作用，北乌斯秋尔特地区广泛发育陆相沉积；之后盆地进入热沉降阶段，形成了典型的克拉通内盆地。

◇北乌斯秋尔特盆地中、东部发育上三叠统——下侏罗统、中侏罗统两套烃源岩，在盆地东北部还可能存在古近系生物气源岩；有效烃源岩分布于局部深凹陷内，受沉积相变的影响，向东含偏生气有机质含量增高，决定了盆地东部的发现以气田为主。布扎奇隆起一带的中生界烃源岩未达到成熟，一般认为这里的石油来自相邻的滨里海盆地的上古生界烃源岩。

◇受西莫里陆块与欧亚大陆拼贴和碰撞的影响，图兰地台经历多次挤压抬升和变形，与构造相关的含油气圈闭的形成与这些区域性挤压活动有关，特别是始新世——上新世期间区域挤压所形成的背斜构造。目前已发现的油气田几乎全部与构造有关。

第一节　盆地概况

一、盆地位置

北乌斯秋尔特盆地位于里海的东北滨岸带至咸海之间，总面积 262 610 km^2，大部分（70%）位于哈萨克斯坦境内，向东南延伸到乌兹别克斯坦的咸海地区（30%），还有很小一部分（1%）位于土库曼境内。盆地西部延伸到里海水域，东部延伸到咸海水域（图7-1）。

北乌斯秋尔特盆地大致呈三角形。盆地南缘以北西西走向的中曼格什拉克-乌斯秋尔特隆起带与曼格什拉克盆地为界；该隆起带由一系列冲断背斜构成，为晚二叠世——三叠纪裂谷构造反转和变形的产物（Ulmishek，2001c）。中曼格什拉克-乌斯秋尔特隆起的西部构造层属于海西期缝合线，其中发育了部分变质的上古生界碎屑岩、碳酸盐岩和

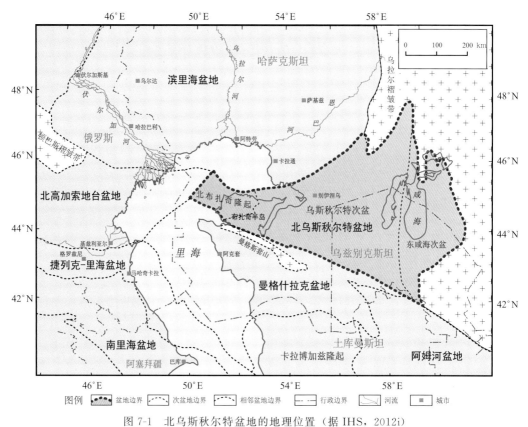

图 7-1　北乌斯秋尔特盆地的地理位置（据 IHS，2012i）

火山岩，并被厚度不大的侏罗系—白垩系沉积盖层所覆盖。

北乌斯秋尔特盆地西北侧与滨里海盆地相邻，二者之间以南恩巴古生界隆起南翼的一条大断层为界，在该边界之上覆盖了厚度不大的中生界和第三系沉积地层。南恩巴隆起向西南方向倾没，其地球物理异常在里海滨岸带和海域消失，因此两盆地之间缺乏明确的构造边界，目前是大致以空谷阶盐岩的尖灭线作为两盆地的边界。

北乌斯秋尔特盆地的西界是阿格拉汉-阿特劳断裂，这是一条跨越不同陆块的重要构造线，呈北东走向切割里海和滨里海盆地。

北乌斯秋尔特盆地东缘北段与图尔盖盆地之间以朱萨雷（Jusaly）隆起为界，南段以阿基尔-库姆卡里（Akkyr-Kumkali）隆起与锡尔河盆地相隔。

二、油气勘探开发历程

（一）勘探历程

1. 哈萨克斯坦部分

勘探初期认为该盆地以含天然气为主，但 20 世纪 70 年代中期在盆地西部的布扎奇隆起带上发现大型油田，北乌斯秋尔特盆地一跃成为哈萨克斯坦主要的含油气区。由于哈萨克斯坦把有限的勘探力量的大部分投入到了潜力更高的滨里海盆地，对北乌斯秋尔特盆地的勘探工作一直进展不大，而乌兹别克斯坦的勘探和开发重点则在阿姆河盆地，因此北乌斯秋尔特盆地勘探程度总体较低，认为盆地东部及海上部分仍有较高的勘探潜力。

北乌斯秋尔特盆地哈萨克斯坦陆上部分的地球物理勘探始于1953年，到1974年之前主要采用反射波法地震，识别出了一系列大型高幅度背斜构造，并对古近系和白垩系底界面进行了解释和构造编图；1975年哈萨克斯坦引进了共深度点法地震技术，1976～1978年地震采集工作量较高，又识别出了下侏罗统和前侏罗系侵蚀面这两个区域性反射界面，并对三叠系地层内的背斜构造进行了编图。而1978～1990年工作重点放在了对上古生界的研究，地震工作量明显下降。

哈萨克斯坦独立之后，通过对外合作开展了布扎奇半岛地区及其周边海上的油气勘探，开始大量应用三维地震技术，地震资料分辨率大大提高，发现了几个海上的新目标；此后，外国公司开始在盆地中东部的合同区块上开展三维地震勘探，还对早期的二维地震资料进行了重新处理，发现了一些远景目标。

北乌斯秋尔特盆地的乌兹别克斯坦部分到20世纪60年代后半叶才开始进行地球物理勘探，早期包括重力、地震测深、共反射点法地震，资料分辨率很低；1975年开始引进共深度点法地震技术，至90年代末共发现了约120个构造和潜在目标。

出于保护环境的考虑，前苏联对北里海水域的油气勘探作了很多限制，因此，1990年以前北乌斯秋尔特盆地北里海海域地震勘探工作很少，1994年哈萨克斯坦开始在里海海域进行地球物理勘探，发现了一批构造。

20世纪90年代后期，盆地东部的咸海地区也开始了大规模地球物理勘探，目标主要是埋藏较深的上古生界和中生界下部。

北乌斯秋尔特盆地的油气钻探工作始于1956年（图7-2），1964年在盆地东北部的切尔卡尔（Chelkar）凹陷首次发现了2个气田：扎克斯科扬库拉克（Zhaksykoyankulak）和扎曼科扬库拉克（Zhamankoyankulak）气田，产层为始新统砂岩。到1974年之前，大部分探井集中在盆地中东部的乌斯秋尔特次盆，仅发现了一些小型油气田。

20世纪70年代初，开始在盆地西部的布扎奇（Buzachi）半岛一带进行钻探。1974年，井深仅303 m的Karazhanbas 4号井揭示了下白垩统高蜡、高硫重质油藏，宣告了布扎奇半岛上第一个大发现，即卡拉让巴斯（Karazhanbas）油田，石油可采储量约1×10^8 m^3。1975年在卡拉让巴斯油田东侧又发现了石油储量约为88×10^6 m^3的北布扎奇油田；这里的石油具有胶质、沥青质含量高、密度较高、含硫量较高的特征（图7-2、图7-3）。

1976年在布扎奇半岛北岸、北布扎奇油田北北东方向35km处发现了该盆地中最大的油气田——卡拉姆卡斯（Kalamkas）油田，可采储量估计为石油1.85×10^8 m^3和天然气244×10^8 m^3，原油的平均密度为25°API，沥青质和石蜡含量较高。1977年又在卡拉让巴斯油田东南侧发现了扎尔基兹托别（Zhalgiztobe）中型油田。北乌斯秋尔特盆地西部在1974～1976年的勘探发现的储量占了全盆地总发现储量的绝大部分（图7-3）。

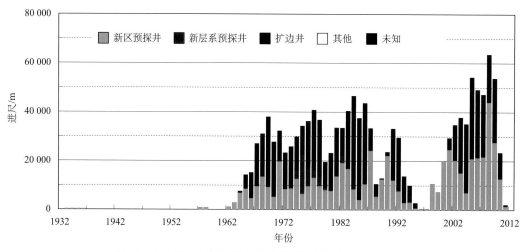

图 7-2　北乌斯秋尔特盆地分年度探井进尺（据 IHS，2012i）

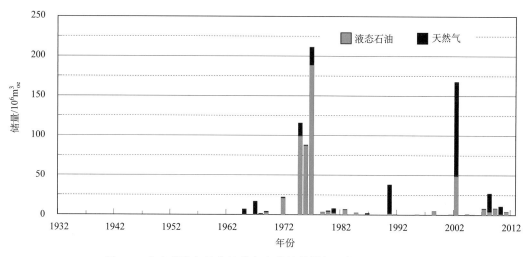

图 7-3　北乌斯秋尔特盆地按年度的储量增长（据 IHS，2012i）

此后一直到 1986 年，虽然钻探工作量仍然维持在较高的水平，但再也没有大的发现，仅在布扎奇隆起发现了一些中小型油气田，如卡拉图伦（Karaturun）、阿尔曼（Arman）、库尔图克（Kultuk）和共青团（Komsomolskoye）等（图 7-3）。

　　1987 年开始，哈萨克斯坦境内的勘探工作重点转移到了滨里海盆地，北乌斯秋尔特盆地的钻探工作大幅减少。随着苏联的解体，该盆地的油气勘探几乎陷入停顿（图 7-2）。

　　1996 年开始，独立后的哈萨克斯坦开放了油气勘探市场，国际石油公司大量进入，北乌斯秋尔特盆地的勘探工作量也随之回升。这一时期的勘探目标包括侏罗系—白垩系以及深部的石炭系，但勘探成效较低，发现的储量很少。1998 年 Oryx 公司开始在布扎奇半岛北岸的浅水区进行钻探，并发现了一个非商业性油田（Ostrovnoye），储层为中生界碎屑岩。1998～1999 年，JNOC 公司在咸海西北岸的切尔卡尔凹陷钻了 ARL NW-1 井，完井深度 4700 m，钻遇石炭系，但未发现油气也未发现储层。

在 2002 年 5 月，俄罗斯总统和哈萨克斯坦总统签署了里海北部划分协议，议定库尔曼加兹（Kurmangazy）、赫瓦雷恩（Khvalynskoye）和岑特拉里（Tsentral'noye）等区块将按照 50/50 的比例进行开发。2006～2009 年俄罗斯与哈萨克合作在库尔曼加兹区块上钻了两口勘探井，但未发现油气。

2002 年 8 月，Agip KCO 公司在卡拉姆卡斯海上构造上开钻该盆地的第一口海上预探井，该井完钻深度为 2360 m，侏罗系顶面埋深 1617 m，对侏罗系储层测试获得日产石油 366 m³/d，估计可采储量至少为 79.5×10^6 m³。

2007～2008 年，在卡拉姆卡斯海上区块东北侧的珍珠（Zhemchuzhniy）区块又发现了哈扎尔（Hazar）和奥耶佐夫（Auezov）两个油田，估计石油可采储量分别为 716×10^4 m³ 和 366×10^4 m³，储层为中侏罗统碎屑岩。

2007 年开始，Tethys 石油公司开始在盆地东北部的切尔卡尔凹陷钻探，发现了 9 个始新统砂岩气田；2010 年又发现了一个中生界油田（Doris），储层为上侏罗统碳酸盐岩和下白垩统碎屑岩，在盆地东北部揭示了一个新的含油气组合。

2. 乌兹别克斯坦部分

北乌斯秋尔特盆地的乌兹别克斯坦部分的地震勘探始于 1957 年，并较早地对古生界顶面构造进行了研究。1991～2000 年，乌兹别克油气公司（Uzbekneftegaz）在陆地上进行了一些地震勘探，其中在 1999 年和 2000 年的剖面长度达到每年 1100 km；而对咸海水域几乎未进行地球物理研究。

乌兹别克斯坦部分的发现总体较少，而且规模较小，以气田为主。1967 年，北乌斯秋尔特盆地的乌兹别克斯坦部分开钻第一口预探井 Kuanysh 1，发现了夸内什（Kuanysh）气田，储层为中侏罗统砂岩。到 1979 年才获得第二个发现——Barsakelmes Garbiy 气田，储层为下侏罗统砂岩。1980 年又在第二个气田附近发现了阿克恰拉克（Akchalak）气田。

经过 10 多年的停顿后，20 世纪 90 年代又发现了 5 个气田，其中包括中侏罗统碎屑岩储层中的乌尔加（Urga）气田，天然气可采储量为 368×10^8 m³；盆地内最早发现的古生界气藏——考克恰拉克（Kokchalak ）和卡拉恰拉克（Karachalak）气田的石炭系气藏。

1960～1997 年，盆地的乌兹别克斯坦部分累计在 81 个构造上完钻探井和评价井 218 口，累计进尺 683.8 km，其中大部分探井分布于 Kuanysh-Koskalin 隆起和苏多奇凹陷内。

从 1998 年开始，盆地乌兹别克斯坦部分的勘探活动明细增加，在 2001～2010 年期间累计发现了 10 个新气田，其中包括该盆地最大的一个游离气田——苏尔基尔（Surgil）气田，储量达 1161×10^8 m³。

至 2010 年底，盆地乌兹别克斯坦部分累计发现 19 个气田或凝析气田，主要含气层系为中侏罗统，只有 Urga Shimoliy 气田发育了古生界碳酸盐岩储层。

根据 IHS 数据库资料，北乌斯秋尔特盆地的总体勘探程度中等偏低（表 7-1）。全盆地的地震勘探密度为 11.8 km²/km 测线，三维地震勘探很少；预探井密度平均为 1127 km²/井，水域部分更低，为 4245 km²/井，仅到盆地陆地部分的约 1/4。该盆地的探井深度不大，这与目前发现的主要含油气层系的埋深较小有关，而对上古生界层系的勘探屡遭失败也导致各石油公司对深部的钻探呈持续观望态度。

表 7-1　北乌斯秋尔特盆地油气勘探基础数据表（据 IHS，2012i 资料统计）

	盆地位置	图兰年轻地台	
盆地概况	盆地面积/km²	262 610	
	盆地性质	内克拉通盆地	
油气储量	可采储量	油	气
	探明＋控制总储量/m³	492.4×10⁶	2905.17×10⁸
	累计总产量/m³	210.7×10⁶	278.72×10⁸
	剩余总储量/m³	281.7×10⁶	2626.45×10⁸
工作量	地震	地震测线长度/km	22 300
		地震测线密度/(km²/km)	11.8
	钻井	预探井总数/口	233
		预探井密度/(km²/口)	陆上 973；海域 4245
		最深探井/m	陆上 4909；海域 3856

（二）开发和生产概况

在该盆地的哈萨克斯坦部分，先前发现的一些油气田在外国投资的支持下陆续投产。在乌兹别克斯坦部分，正在该盆地内最大的气田（苏尔基尔气田）建设一座大型天然气化工厂。

1. 油田开发

北乌斯秋尔特盆地的油田主要集中在布扎奇半岛上，其开发始于 20 世纪 70 年代晚期。该盆地的石油产量主要来自卡拉姆卡斯、卡拉让巴斯、北布扎奇和卡拉库杜克 4 个油田（图 7-4）。

卡拉姆卡斯油田和卡拉让巴斯油田是盆地内最大的油田，是该盆地内最先投入开发的，也是苏联时期该盆地内开发的仅有的两个油田。两油田于 1976～1980 年进行了开发钻井，并分别于 1979 年和 1980 年投产，到目前为止仍是该盆地石油产量的主力（图 7-4）。为了开发卡拉让巴斯油田的重油，采用了注蒸汽和火烧油层等开发技术。

阿尔曼油田位于布扎奇半岛西北海岸带，现在已经被海水淹没。1994 年，Oryx 作为第一家进入北乌斯秋尔特盆地的外国公司开始开发该油田。为了避免被不断上升的海水淹没，钻井时通过人工加高平台。目前由 Lukoil、Shell 和 Sinopec 等组成的国际财团经营该油田的开发。2010 年 1 月，阿尔曼油田有 16 个开发单元，2009 年的石油产量达到 97 870 t。

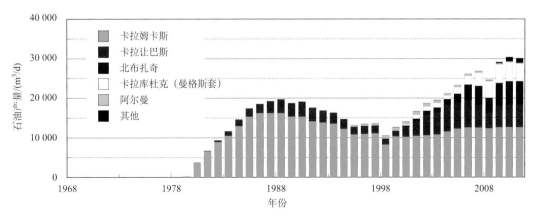

图 7-4 北乌斯秋尔特盆地历年液态石油产量 （据 IHS，2012i）

北布扎奇油田位于布扎奇半岛北部，发现于 1975 年，到 1997 年 Nimir 石油公司接管后才投入开发。该油田多次易手，目前由 Lukoil、CNPC 和 Sinopec 等组成的国际财团进行开发。

2010 年 1 月 1 日，北布扎奇油田的开发井数达到 544 口。2009 年，有 130 口生产井在产，单井日产量平均 10.6t。还钻了一口水平井。为了提高稠油的采收率采用了"凝胶-聚合物"技术。2009 年的石油产量为 1.97×10^4 t，2010 年 6 月的累计产量达到 1000×10^4 t。预计 2016 年该油田的年产量将达到高峰的 220×10^4 t。

卡拉库杜克油田位于布扎奇半岛的东北部的里海海岸。该油田发现于 1972 年，但一直到 1997 年都没有开发，前苏联时期钻的 22 口探井和开发井达不到商业生产能力。

1997 年开始对早期的勘探井进行维修，到 1998 年首次产出了石油。1999 年，Chaparral Resources 公司开始进行开发钻井，到 2003 年累计产量已经达到 100×10^4 t，至 2010 年 5 月累计产量达到了 700×10^4 t。截至 2010 年 1 月 1 日，该油田的开发井达到 155 口。目前该油田由 Lukoil 和 Sinopec 共同开发，2009 年的产量为 142×10^4 t。

2008 年开始启动了伴生气利用项目，2009 年在卡拉库杜克建成一套石油处理装置，年处理能力为 180×10^4 t。2009 年有 33 口生产井投产，平均日产石油 20.8 t。

共青团油田位于北乌斯秋尔特盆地西部的 Mertvyy Kultuk Sor 的海陆过渡带，作业者 OMV Petrom 公司通过一家本地公司对该油田进行开发。2006 年 9 月，公司宣布了油田开发计划；2009 年 4 月开始商业生产。

该油田的地质储量为 9672×10^4 t，预计可累计生产 585×10^4 t。预计的峰值产量为 1590 m^3/d。该油田有 15 口生产井，包括 8 口转产井，7 口新钻井。开发计划还包括油气分离装置、长 80 km 的外输管道和一条道路的建设。

2. 气田开发

北乌斯秋尔特盆地的天然气产量部分来自布扎奇半岛的卡拉姆卡斯油田的伴生气，其余主要来自盆地东部的扎曼科扬库拉克（Zhamankoyankulak）、扎克斯扬库拉克（Zhaksykoyankulak）和乌尔加（Urga）气田（图 7-5）。

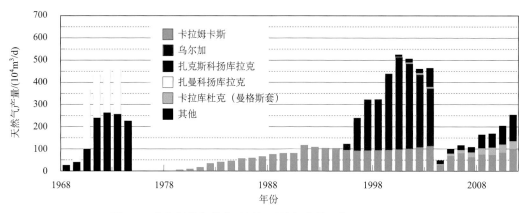

图 7-5　北乌斯秋尔特盆地历年天然气产量（据 IHS，2012i）

非伴生气的生产限于盆地东部。盆地东北部切尔卡尔凹陷的扎曼科扬库拉克气田和扎克斯扬库拉克气田，合称为博佐伊（Bozoy）气田群，分别于 1968 年和 1969 年投入开发，至 1980 年枯竭（图 7-5），此后被改造为地下储气库。

在博佐伊气田群以西，Tethys 石油公司于 2007 年开始对科兹洛伊气田进行开发。生产的天然气通过一条长 56 km 的管道输往通向俄罗斯的布哈拉-乌拉尔干线输气管。该项目是哈萨克斯坦的首个非国营的干气开发项目。

2009 年 12 月，Tethys 石油公司的阿库尔卡（Akkulka）天然气生产合同获得政府最后批准。该公司获得该气田最初 9 年的专营开采权。最初计划的产气速率是 57×10^4 m^3/d，与科兹洛伊项目的产量相当，两个气田全面开发的合计产量约为 113×10^4 m^3/d。

在盆地乌兹别克斯坦部分开发的第一个气田是 1989 年开发的阿克恰拉克气田。乌尔加气田于 1995 年投产，2002 年天然气产量达 385×10^4 m^3/d、凝析油 45 m^3/d。贝尔达（Berdah）气田于 2002 年投产。

2010 年 2 月，Uzbekneftegaz 与韩国天然气公司（Kogas）签署了关于开发北乌斯秋尔特盆地最大的气田（苏尔基尔气田）和建设天然气化工厂的协议。

2008 年 2 月，Kogas 领衔的韩国财团与 Uzbekneftegaz 签署了建立合资公司（Uz-KorGasChemical JV）共同经营苏尔基尔天然气化工厂的特许文件。该化工厂的聚乙烯和丙烯年产量可达 500 000t，因此需要从乌斯秋尔特地区的其他气田提供天然气。

第二节　基础地质特征

一、盆地构造特征

（一）大地构造位置

在现今大地构造背景上，北乌斯秋尔特盆地处于图兰年轻地台的西北部，西北侧以北乌斯秋尔特断裂带或南恩巴隆起带为界与东欧克拉通东南部的滨里海盆地为邻，但两个盆地的侏罗系及以上地层几乎是连续分布的，可见这一边界并非中生代沉积盆地的边缘，而是不同性质基底的分界。

北乌斯秋尔特盆地南缘以曼格什拉克褶皱带（曼格斯套山）为界与曼格什拉克盆地相邻；而一般认为，曼格什拉克褶皱带是在晚二叠世—三叠纪裂谷的基础上经过前侏罗纪挤压反转形成的，但其反转作用肯定不止一次，因为在北乌斯秋尔特盆地和南曼格什拉克盆地的侏罗系以上沉积盖层中都发育了走向大致与曼格什拉克褶皱带平行的褶皱构造。因此，前侏罗纪的反转作用并不十分强烈，在侏罗纪—白垩纪期间滨里海、北乌斯秋尔特、曼格什拉克、北高加索等地区构成了一个统一的沉积盆地，该盆地甚至包括阿姆河盆地、捷列克-里海盆地和当时的大高加索-南里海盆地，这里统称为中生代里海超级盆地。

图兰地台的基底构造具有很强的非均质性，尽管其中生代的区域构造背景和沉积环境相似，但在晚古生代期间的构造特征和沉积演化却有很大差别。以咸海-克孜尔库姆（Aral-Kyzylkum）隆起为界，北乌斯秋尔特盆地位于该隆起以西部分的基底称为北乌斯秋尔特陆块，以东部分则属于中哈萨克古生代褶皱系；咸海-克孜尔库姆隆起实际上是北乌斯秋尔特陆块与中哈萨克褶皱系（板块）之间的缝合线，两侧的基底在晚古生代末才拼接在一起。

北乌斯秋尔特陆块是形成于元古代的古老地块，其中也可能还有晚古生代褶皱变质带：南部基底为前寒武系稳定地块，基底埋深较浅（5.5～8km）；而北部可能具有洋壳或过渡性地壳，其基底埋深较大（9～11km）；盆地东南部的基底则由轻微变质的厚层下古生界深水页岩和前寒武系小型陆块构成，在早泥盆世发生了变形，至早中泥盆世又被造山磨拉石碎屑岩所覆盖，并被花岗岩侵入。

东咸海次盆位于中哈萨克褶皱系的西南缘，在其边缘部分可能还有海西期岩浆弧和大陆边缘增生体，因此其基底也具有复杂的古生代演化历史。

北乌斯秋尔特盆地是在海西期拼贴形成的古劳亚大陆背景下发育的中生代盆地，属于年轻的内克拉通盆地。但对于晚古生代沉积层序来说，可能属于微陆块的被动边缘或活动边缘盆地。

（二）构造单元划分

北乌斯秋尔特盆地可以大致划分为三个次盆：北布扎奇隆起（次盆）、乌斯秋尔特次盆和东咸海次盆（图 7-1）。

　　北布扎奇隆起位于盆地西部的布扎奇半岛并延伸至里海水域，面积 18 608 km²。在北布扎奇隆起的顶部，中生界地层埋藏很浅，最浅处的侏罗系顶面深度只有 600 m，白垩系则出露地表。该隆起的北翼延伸到别伊涅乌凹陷及其海上延伸部分，向南平缓倾斜进入南布扎奇凹陷。北布扎奇地区的沉积盖层厚度为 8500 m，到南布扎奇凹陷中达到 13 500 m 以上；当然，这里所说的沉积盖层包括上古生界构造层。

　　在北布扎奇隆起和南布扎奇凹陷中都发育了多条不对称的北西向线状背斜带，发生褶皱的地层是侏罗系及其以上地层。在背斜带的下伏三叠系地层中发育冲断层，并向海上延伸。由于上二叠统—三叠系红层的厚度很大（2.5～3 km），而且钻遇探井少，下部构造层的构造格架还不清楚。

　　乌斯秋尔特次盆位于布扎奇半岛以东、咸海-克孜尔库姆隆起以西，面积174 706 km²，是北乌斯秋尔特盆地的主体，该次盆被一系列隆起、鞍部和台阶（或单斜）划分为大致东西走向的一系列凹陷（图 7-6）。该次盆中部沉降最深，中生代沉积厚度最大，向周边抬升形成隆起或凸起（图 7-8、图 7-9 和图 7-7）。

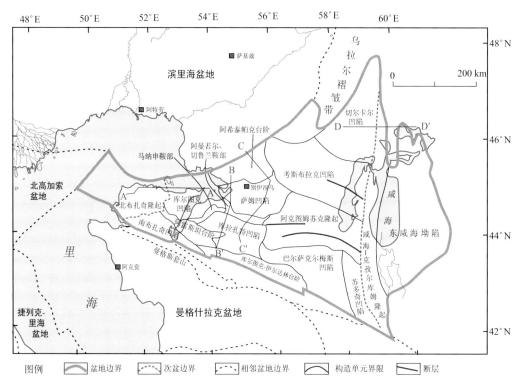

图 7-6　北乌斯秋尔特盆地构造纲要图（据 IHS，2012i）

　　阿雷斯坦（Arystanovo）台阶（又称基林-考图拜（Kyryn-Kotubay）隆起）以东，盆地中发育了一系列北西走向的凹陷，它们之间以基底隆起或鞍部为界。库尔图克（Kultuk）凹陷又称别伊涅乌（Beyneu）凹陷，位于阿雷斯坦台阶的东北侧，并且以阿雷斯坦台阶为界与南布扎奇凹陷分开。库尔图克凹陷与萨姆（Sam）凹陷之间以狭窄的阿曼

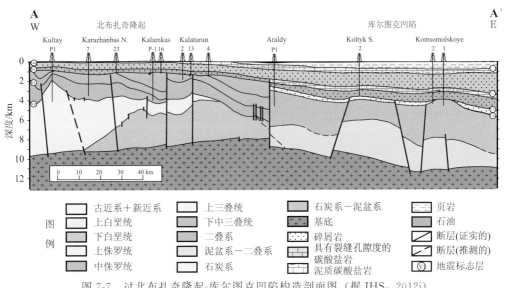

图 7-7 过北布扎奇隆起-库尔图克凹陷构造剖面图（据 IHS，2012i）

剖面位置见图 7-6

若尔-切鲁兰（Amanzhol-Cheluran）鞍部为界，萨姆凹陷与考斯布拉克（Kosbulak）凹陷之间则以舒鲁克（Shuruk）鞍部为界。

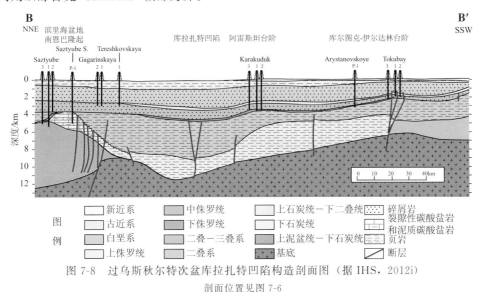

图 7-8 过乌斯秋尔特次盆库拉扎特凹陷构造剖面图（据 IHS，2012i）

剖面位置见图 7-6

　　切尔卡尔（Chelkar）凹陷位于盆地东北部、乌拉尔褶皱带的两个分支之间，与考斯布拉克凹陷之间以阿卡尔-博佐伊（Akkal-Bozoy）基底隆起为界。

　　盆地的基底从盆地中央最深的地区向盆地边缘逐步抬升，在南部边缘形成了亚尔金拜（Yarkinbay）单斜，向南过渡为中曼格什拉克-乌斯秋尔特隆起带。在邻近滨里海盆地的一侧盆地北缘则形成了库姆秋别（或门苏阿尔马斯）台阶。在盆地东南部划分出了两个凹陷：巴尔萨克尔梅斯（Barsakelmes）凹陷和苏多奇（Sudochiy）凹陷。

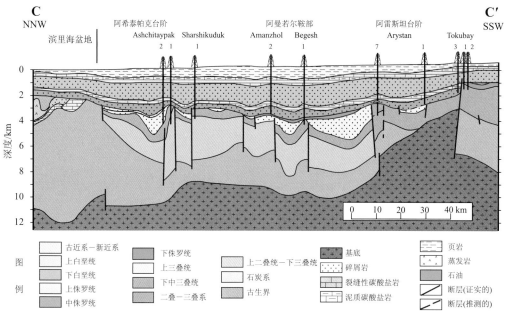

图 7-9　过乌斯秋尔特次盆萨姆凹陷构造剖面图（据 IHS，2012i）

剖面位置见图 7-6

东咸海次盆位于盆地的最东部，以狭窄的南北走向的咸海-克孜尔库姆隆起与乌斯秋尔特次盆为界，面积 69 296 km²。在咸海-克孜尔库姆隆起西侧，北乌斯秋尔特中生代盆地的基底为上古生界地台建造；而在该隆起带以东，东咸海次盆的基底为晚古生代变形和变质基底；尽管基底性质不同，各次盆的侏罗系及以上地层则是连续的，所以将东咸海拗陷划入北乌斯秋尔特盆地的主要依据是二者有连续分布的中生代沉积盖层（图 7-10）。

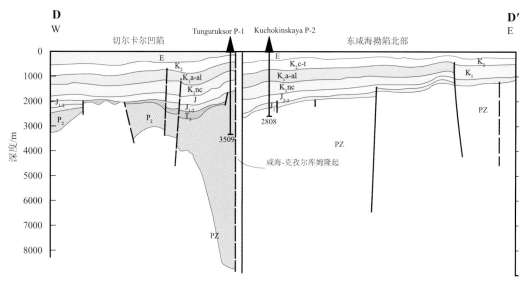

图 7-10　过切尔卡尔凹陷-东咸海拗陷构造剖面图（据 IHS，2012i）

剖面位置见图 7-6

二、盆地演化

北乌斯秋尔特盆地为里海及周边地区巨型中生代沉积盆地的一部分，但在中生界下伏有变形甚至轻微变质的上古生界沉积地层，因此该盆地晚古生代以来经历了复杂的构造演化。盆地的边界沿着石炭纪—二叠纪褶皱带延伸，这些褶皱带代表了泛大陆拼接期间乌斯秋尔特地体与其他大陆板块或地体的三次独立的碰撞事件。在北布扎奇隆起地区的西北边缘的沉积盖层厚度达 8.5 km，向相邻的南布扎奇凹陷增加到 13.5 km 以上。

受造山后伸展作用影响，在南布扎奇和曼格什拉克地区形成了北西西向的裂谷盆地，其中充填了厚层的三叠系陆相沉积物，向上至三叠系顶部变为海相，已证实其中发育了潜在的烃源岩；在相邻的曼格什拉克盆地，已发现的中生界石油和天然气可能大部分来源于三叠系裂谷层系烃源岩。三叠系沉积向北向北布扎奇隆起上减薄，部分出露地表，主要是河流相和湖泊相。

三叠纪末的挤压作用与伊朗板块和欧亚板块的碰撞有关，引起了盆地的反转，并形成了构造变化强烈的曼格什拉克隆起带；与此同时，北布扎奇隆起受到了强度较弱的褶皱和侵蚀。

侏罗纪期间，布扎奇地区平稳沉降。暴露在北布扎奇隆起上的三叠系地层逐渐被来自南乌拉尔山脉向西南推进的河流三角洲体系所淹没。起初残余的三叠纪地貌被冲积扇、浅水湖泊和河流层系填平，其中偶尔发育了具有烃源岩潜力的含煤层系。中侏罗世期间乌拉尔山的再次隆升向横贯整个北乌斯秋尔特盆地的大型三角洲体系提供了巨厚的粗碎屑沉积物。上超的河流-三角洲砂体为北布扎奇隆起上的油气田提供了重要的储层。

侏罗纪末、早白垩世海侵之前，沿着北西西向区域断层的走滑运动导致了小幅度的挤压褶皱、抬升和侵蚀。早白垩世海侵期间沉积的滨浅海相砂岩构成了北布扎奇地区一系列油田的重要储层。受同沉积断层活动影响，尼欧克姆统砂岩厚度在平面上变化很大。中晚白垩世的沉降速率大于碎屑物质的供给速率，因而盆地内形成了以碳酸盐岩为主的沉积层，陆源碎屑沉积以夹层形式存在。

古新世期间恢复了浅海相硅质碎屑沉积，同时伴随中小规模的北东向走滑断裂活动并引起了轻微的局部反转；卡拉姆卡斯构造当时受到了影响。中新世期间，远在南方的阿拉伯板块与欧亚大陆发生碰撞，导致该地区再次抬升和向北西掀斜，北布扎奇隆起中部的第三系甚至上白垩统遭受剥蚀并暴露于地表。

北乌斯秋尔特盆地的构造演化大致可分为以下几个阶段。

（一）基底形成阶段

不同次盆的基底形成过程有很大的差异。北乌斯秋尔特陆块形成于前寒武纪，而东咸海次盆的基底主要形成于加里东和海西期拼贴和褶皱。

（二）被动（或活动）大陆边缘阶段

可能最早从泥盆纪开始，在劳罗古陆东缘和东南缘就开始发育陆源碎屑岩和碳酸盐岩层序，并沿区域性断层发生了中性岩浆侵入。在古生代泛大陆解体过程中，北乌斯秋尔特陆块通过裂谷作用与东欧地台分离。

在泥盆纪，强烈的裂谷作用伴随着大陆边缘和碳酸盐台地的发育。在布扎奇半岛沉积的上泥盆统包括深灰色泥晶灰岩、浅灰色石灰质泥岩和浅海相海百合石灰岩。

在布扎奇隆起钻遇的下石炭统可分为两个部分。第一部分为维宪阶和谢尔普霍夫阶岩浆岩，岩性包括从安山玢岩到石英玢岩的各种岩类，其中夹有页岩、碳酸盐岩和凝灰岩，被认为是布扎奇半岛西侧和西南侧的俯冲带和岛弧体系的产物。第二部分为互层的钙质泥岩和凝灰质碎屑岩，还见到了分选好的、致密胶结的、细粒砂岩和浅水高能环境的生物碎屑黏结岩的互层；在北部靠近南恩巴古凹陷的地区（北乌斯秋尔特板块北缘），在碳酸盐岩和碎屑岩中散布有少量火山碎屑岩。

在巴什基尔期发生了持续的区域性沉降，在布扎奇隆起的大部分地区沉积了泥质碳酸盐岩。在布扎奇以北地区，随着乌拉尔洋关闭，断层活动形成的水下隆起上可能发育了生物礁。莫斯科期，台地—生物礁的范围可能延伸到阿尔曼油田以南，并发育了黏结岩和颗粒岩，但向南水体更深，主要沉积了钙质泥岩。早二叠世阿瑟尔期，布扎奇半岛地区又恢复了浅水条件，可能形成了生物礁。

在盆地东部识别出了两类石炭系剖面。在东北部（切尔卡尔和考斯布拉克凹陷），发育了与乌拉尔地区相似的浅水碎屑岩和碳酸盐岩，而中晚石炭世可能由于造山和抬升的影响而没有沉积。盆地东南部（巴尔萨克尔梅斯凹陷和苏多奇凹陷）的石炭系下部为石灰岩，之上覆盖了深水复理石沉积，表明这里可能属于一个独立的微陆块。晚石炭世到早二叠世期间哈萨克板块与劳罗古陆的碰撞导致了乌拉尔造山带上的被动边缘层序的变形和抬升。这在盆地东部引起了强烈的变形，但在盆地西部反映较弱，尽管在北布扎奇隆起之下也存在石炭系—下二叠统褶皱体系。在研究区以北的滨里海盆地，早二叠世空谷期发育了一个大型蒸发岩盆地，而北乌斯秋尔特盆地未发现蒸发岩层。

（三）裂谷阶段

二叠纪末—三叠纪期间，在曼格什拉克缝合带上的造山后伸展和走滑运动导致了裂谷作用，并导致曼格什拉克盆地沿着一条北西西向裂谷与北乌斯秋尔特盆地分离，在该裂谷地堑中形成了厚达 10 km 的二叠系—三叠系沉积物。在该地堑以北地区，沉积作用几乎完全是陆相的，主要包括上二叠统—中三叠统含有少量石灰岩和凝灰岩的红色页岩，和上三叠统砂岩、粉砂岩和页岩。在盆地东部，上三叠统沉积物不整合地覆盖于下伏地层之上，厚度达 3000 m。在布扎奇半岛地区也沉积了相当厚的三叠系。布扎奇半岛北部属于乌拉尔山前环境，沉积了厚度不大的河湖相层序。在 Arman P1 井中见到了河道沉积，其岩性为分选差的岩屑粗砂岩。

三叠纪末，伊朗和北阿富汗微陆块与欧亚大陆发生碰撞，古特提斯洋局部关闭，导致了区域上的强烈挤压，前述裂谷系发生反转形成了中曼格什拉克-乌斯秋尔特隆起带。

周围地区也受到了这次挤压作用的影响，引起了平缓的褶皱和侵蚀。

（四）裂后拗陷阶段

这一阶段的拗陷作用可能属于挤压应力松弛之后的热沉降，也可能与大高加索-南里海作为新特提斯洋北缘俯冲带的弧后拉张作用有关，尽管北乌斯秋尔特盆地距大高加索-南里海拉张作用带有相当的距离，但这次沉降明显表现出了从北向南、从滨里海地区到大高加索一带沉降作用强度逐步增强的现象，说明整个"中生代里海超级盆地"的沉降都与这一拉张作用存在一定的关系。在普林斯巴—土阿辛期，在地形较低的河流、湖泊和冲积平原环境中沉积陆相碎屑岩。最后一个挤压脉冲导致了下侏罗统与中侏罗统之间的局部不整合。在阿林—卡洛夫期，随着整个盆地的持续沉降，发生了从南向北的海侵，并沉积了从陆相到滨岸浅海相的砂岩、粉砂岩和页岩。海相条件逐步占主导地位：牛津—基末利期沉积了浅海相泥岩和页岩，含石灰岩夹层；提塘期主要沉积了浅海相石灰岩（存在局部不整合）。在侏罗纪期间，布扎奇地区平稳沉降，受到侵蚀的三叠系裂谷地貌逐步被来自东部和东北部的向前推进的河流-三角洲体系所覆盖。残余的三叠系地层之上充填了冲积扇和浅水陆相、河流相、河口相层系，还偶尔发育了煤层。在中侏罗世期间，乌拉尔山的主要构造活动向北乌斯秋尔特盆地输送了大量较粗碎屑沉积物，构成了一个大型的前积型三角洲。除了极个别最高的隆起之外，逐步上超的河流-三角洲砂岩最终覆盖了全部地貌隆起。

尼欧克姆世—阿普特期的抬升可能与沿曼格什拉克-中乌斯秋尔特隆起带的走滑运动有关，与此同时，南里海盆地作为新特提斯洋北缘俯冲带的弧后盆地张开。在北布扎奇地区，这一抬升特别明显，下白垩统沉积物不整合地覆盖于中上侏罗统之上。在贝利阿斯—凡兰吟期，沉积了少量碎屑岩和碳酸盐岩，并被欧特里夫—阿尔布阶浅海相碎屑岩所覆盖。研究区内白垩系砂岩的分布变化很大，可能受到与布扎奇半岛的晚侏罗世/早白垩世的小幅度走滑构造运动相关的同沉积断裂的控制。

持续的热沉降或弧后拉张导致水体持续加深，海相沉积环境越来越稳定，在提塘期沉积了含磷酸盐的碳酸盐岩，上面被三冬—马斯特里赫特阶的白垩和石灰岩所覆盖。浅海相沉积一直持续到古近纪，形成了古新统浅海相泥灰岩和粉砂岩。

（五）构造挤压阶段

阿拉伯板块与欧亚大陆之间的碰撞最早发生在晚始新世，引起了抬升和断裂的重新活动。位于盆地南缘的曼格什拉克-中乌斯秋尔特隆起带有十分明显的隆升；但与此同时，盆地东部碎屑输入量增加，并在晚始新世期间沉积了一套砂岩和粉砂岩。在布扎奇半岛北部，挤压和走滑运动沿着与该大型反转背斜构造群平行的北东—南西向复活。该时期在布扎奇半岛地区，很多古老的基底断裂发生复活和反转。始新统之上又沉积了厚层的渐新统页岩。

新近系沉积物厚度超过 200 m，岩性几乎全部是页岩，只有少量砂岩夹层。早中中新世和中上新世的抬升和变形阶段影响到了整个地区，后者导致了乌斯秋尔特高原的抬升以及随后的侵蚀。

（六）晚上新世—第四纪拗陷阶段

盆地西部持续平稳沉降，导致盆地整体进一步向西倾斜。在盆地的陆上部分主要为陆相沉积。

三、地层特征

北乌斯秋尔特盆地是在前寒武纪陆块基础上发育起来的中新生代盆地，在晚古生代经历了被动（或活动）大陆边缘演化阶段，在晚二叠世—三叠纪又受到了区域性裂谷作用（剪张性）影响，其主要沉积地层包括上古生界、三叠系、侏罗系、白垩系和第三系（图7-11）。

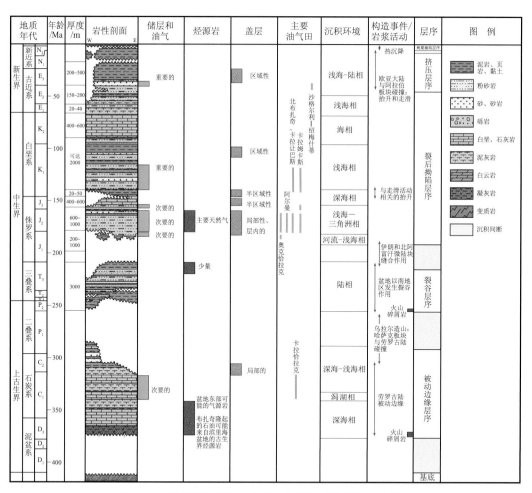

图 7-11　北乌斯秋尔特盆地综合地层表（据 IHS，2012i）

（一）被动边缘层序

北乌斯秋尔特盆地的上古生界可能主要是乌斯秋尔特陆块的被动边缘沉积，也可能存在活动边缘沉积。层序底部存在一套火山碎屑岩，从上泥盆统弗拉阶至下二叠统亚丁斯克阶主要是浅海相碳酸盐岩。在盆地东南部钻遇了上古生界海陆过渡相（局限海）和海相沉积，主要岩性为泥灰岩、石灰岩、燧石和凝灰岩，与下伏基底岩系不整合接触，在卡拉恰拉克气田上钻井揭示了下石炭统维宪阶的裂缝和溶蚀碳酸盐岩储层，在上泥盆统—下石炭统地层中还见到了生烃潜力极高的烃源岩。

（二）裂谷层序

裂谷层序主要分布于盆地南缘的中曼格什拉克隆起一带（裂谷反转构造），包括上二叠统和三叠系，岩性以陆相泥岩、粉砂岩和泥质石灰岩为特征，在北乌斯秋尔特盆地大部分地区该套地层沉积厚度不大，在东南部地区最大厚度可达 2200 m；该套地层遭受了晚三叠世—早侏罗世的抬升侵蚀，与上覆和下伏地层均呈不整合接触。

（三）裂后拗陷层序

裂后拗陷层序包括侏罗系、白垩系、古新统和始新统下部。

下侏罗统包括普林斯巴阶—土阿辛阶的各套地层，局部成为耶罗格津（Erogzin-skaya）组，主要是陆相、海陆过渡相沉积，少部分为浅海相沉积，主要岩性为砂岩、页岩和粉砂岩，最大厚度为 500 m。该套地层与上覆中侏罗统呈整合-不整合接触，与下伏上古生界呈不整合接触。

中侏罗统包括从阿林阶到卡洛夫阶的各套地层，在乌斯秋尔特次盆东南部发育了夸内什（Kuanysh）组、考克恰拉克（Kokchalak）组和阿克恰拉克（Akchalak）组，为陆相和海陆过渡相沉积，岩性主要是砂岩、粉砂岩和页岩互层，偶尔有砾岩和薄煤层。地层厚度 0～1535 m，平均 760 m。该套地层与上覆上侏罗统和下伏下侏罗统均呈整合接触。

上侏罗统包括牛津阶—提塘阶，包括阿拉姆别克（Alambek）组和乌尔加（Urga）组，在盆地东南部称为沙赫帕赫迪组。牛津—基末利阶为浅海相砂岩和页岩及少量碳酸盐岩，之上覆盖了提塘阶碳酸盐岩。在隆起区，上侏罗统岩石受到剥蚀作用，并可能缺失。该套地层厚度为 0～600 m，与上覆下白垩统呈整合-不整合接触，与下伏中侏罗统呈整合接触。

北乌斯秋尔特盆地的下白垩统包括贝利阿斯阶—阿尔布阶，为陆相和浅海相沉积，岩性主要是砂岩和黏土岩，次为石灰岩和泥灰岩，厚度 0～400 m，平均厚度 200 m。在乌斯秋尔特次盆，该套地层与上覆上白垩统为整合接触，局部有微弱的侵蚀，与下伏的上侏罗统呈整合或不整合接触，局部直接与中侏罗统呈不整合接触。

晚白垩世发生了较为广泛的海侵，因此上白垩统以浅海相碳酸盐岩和白垩为主，少量陆源碎屑岩夹在其中。上白垩统与上覆的古新统以及下伏下白垩统之间存在微弱的侵蚀不整合。在北布扎奇隆起的中部，上白垩统由于侵蚀而出露地表。

　　古新世—早中始新世期间，北乌斯秋尔特盆地以浅海相陆源碎屑沉积为主，岩性主要是页岩、粉砂岩和砂岩；由于中新世抬升和向北西掀斜，北布扎奇隆起中部的第三系甚至上白垩统被剥蚀。

（四）挤压层序

　　挤压层序为阿拉伯板块与欧亚大陆南缘碰撞阶段的沉积，包括上始新统、渐新统、中新统和下上新统。受区域构造活动影响，地层中常见局部或区域性沉积间断。

　　上始新统科兹洛伊（Kyzyloy）组、库马（Kuma）组、萨克萨乌尔（Saksaul）组、塔沙兰（Tasaran）组等，以海相沉积为主，岩性主要是钙质泥岩、砂岩和粉砂岩，地层厚度 0~1000 m，平均厚度 500 m。该套地层与下伏下中始新统呈整合-不整合接触。

　　上渐新统—下上新统为浅海沉积，岩性以砂岩和页岩为主，埋藏很浅。

（五）晚期拗陷层序

　　上上新统—全新统为晚期拗陷阶段的产物，在盆地中部和东部的大部分地区为陆相沉积，在布扎奇隆起的海上部分为海相沉积，岩性为页岩、砂岩和粉砂岩。

第三节　石油地质特征

一、烃源岩特征

　　北布扎奇地区的石油来源还未得到证实，可能来自相邻的滨里海盆地的古生界烃源岩。一般认为，乌斯秋尔特次盆的中生界储层中发现的天然气来源于中侏罗统陆相泥岩，而盆地北部的始新统储层中的大型气藏可能有部分天然气属于生物成因。上三叠统—下侏罗统海相页岩在盆地西北部有限的地区可能具有生油潜力。盆地东部的古生界储层中发现的天然气可能来自泥盆系—二叠系碳酸盐岩烃源岩。

（一）北布扎奇隆起地区的烃源岩

　　在北布扎奇隆起上已钻遇的沉积地层中未识别出烃源岩。这里的侏罗系泥页岩的 TOC 含量在 1%~4%，但其有机质主要是陆源镜质体和孢子体。中侏罗统页岩中见到了一些藻类物质，但这套地层埋深较浅，根本未达到生油窗（图 7-12）。在布扎奇半岛以西的海上地区，中侏罗统中的海相成分更多一些，其烃源岩潜力可能增高。对布扎奇地区的多个油田的原油分析表明，该地区的主要烃源岩是中上石炭统海相页岩。滨里海盆地的烃源岩是盐下古生界层序中的盆地相沉积，石油可能是从那里经过垂向运移进入盐上层系，然后再通过连续的中生界地层向上倾方向运移进入北布扎奇隆起。

　　上述推断的证据包括：油气聚集主要分布在北布扎奇隆起的北坡，而南坡没有油气。如果这一推断是正确的，那么北布扎奇隆起实际上是滨里海含油气系统的一部分，尽管从该地区的古生代地层和构造演化史来看应该归属于北乌斯秋尔特盆地。

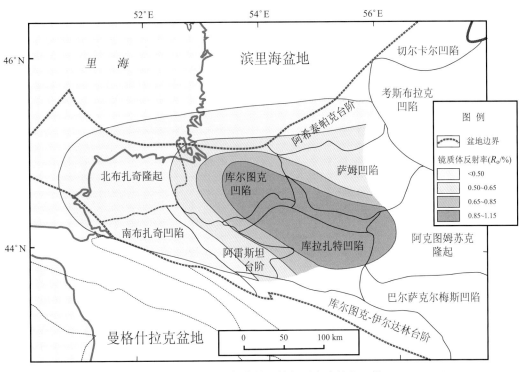

图 7-12　北乌斯秋尔特盆地西部中侏罗统烃源岩成熟度（据 IHS，2012i）

而北布扎奇隆起的侏罗系和白垩系石油不可能来自本地的下二叠统及其以下的古生代海相地层。在钻井过程中，从下二叠统及以下岩层中见到了少量天然气显示，但试气未获成功。这些古生界岩层与侏罗系储层之间相隔约 3000 m 厚的强烈压实的上二叠统—三叠系红层，其中没有任何油气显示，证明不存在穿过这些红层的油气垂向运移。此外，北布扎奇地区下二叠统及以下岩层的强烈压实和其中存在的大量辉绿岩墙表明，这套岩层早在侏罗纪，至少在白垩纪就已经穿过了生油窗，不可能向侏罗系和白垩系储层提供油气（图 7-13）。

（二）盆地其余部分的烃源岩

在乌斯秋尔特次盆西部发现了少量油藏，如共青团（Komsomolskoye）、卡拉库杜克（Karakuduk）和阿雷斯坦诺夫（Arystanovskoye）油田。该次盆的东部以天然气为主。

在该地区发现了两种石油。第一种是来自库尔图克（Kultuk）油田，分析表明其姥植比在 1.7～1.9。库尔图克石油中芳香烃、焦油和沥青质的含量较高。这类石油是分布于该地区西北部的库尔图克凹陷上三叠统—下侏罗统海相烃源岩的产物。上三叠统页岩、泥灰岩和粉砂岩中的腐殖型有机质含量为 0.2%～1.1%。

第二类石油见于卡拉库杜克油田和共青团油田的中侏罗统碎屑岩储层。这类石油富含来自高等植物的正构烷烃，姥植比高达 3.2～3.4，饱和烃含量大大地高于芳香烃，后者的含量不超过 20%。第二类石油可能是库拉扎特凹陷的中侏罗统陆相（湖泊相）

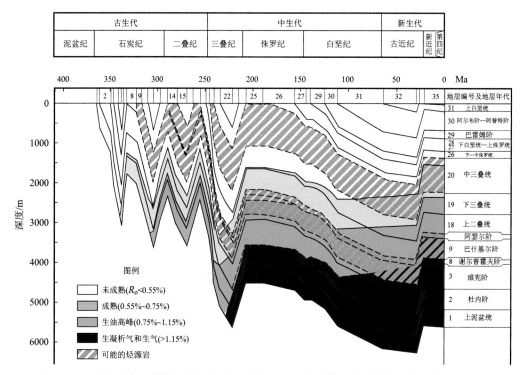

图 7-13　北布扎奇隆起北缘（滨里海盆地南缘）埋藏史和热成熟度模拟（据 C&C，2003k）

页岩的产物。

　　由西向东，乌斯秋尔特次盆的侏罗系越来越偏向于陆相，含煤页岩和煤层增多。次盆东部和东南部中侏罗统的有机质含量一般不超过 0.3%。这些烃源岩生成的天然气聚集在侏罗系储层中。向西北方向有机质含量增加，在盆地中部的粉砂岩和砂岩夹层的有机质含量甚至都达到了 0.3%～3.1%。在北部，有机质含量上升到 0.5%～6.5%。

　　下侏罗统以及上侏罗统和尼欧克姆统的总有机碳含量较低。干酪根以腐殖型为主，但也有少量腐泥型有机质。

　　盆地北部浅层始新统砂岩储层中的干气的来源还不确定，可能来自上述侏罗系烃源岩，也可能是生物成因天然气。

　　JNOC 公司在其咸海西北陆上区块上进行的研究表明，在中晚石炭世局限海或潟湖环境中沉积的中上石炭统页岩是潜在的古生界烃源岩。在苏多奇凹陷以及咸海水域，通过地震制图发现的下中石炭统深水盆地相也可能发育潜在的烃源岩。

（三）油气性质

1. 北布扎奇隆起

　　北布扎奇隆起上的原油是重质（18～29°API）、高黏、含硫（0.8%～2.2%）、含石蜡（0.6%～4.1%）且高胶质含量（6.0%～26.5%）的石油。黏度最高、密度最大

（20℃条件下 $195\times10^{-3}\sim300\times10^{-3}$ Pa·s，18°API）的石油见于北布扎奇和卡拉让巴斯油田浅层的白垩系和侏罗系储层中。在卡拉姆卡斯和阿尔曼油田的埋藏较深的侏罗系储层中的石油性质大大改善，其重度为 $25\sim29$°API，20℃条件下的黏度大约为 30×10^{-3} Pa·s。在这两个油田中硫的含量可高达 2%，并含有重金属钒和镍。一般认为，重油来自滨里海盆地的石炭系烃源灶，后经过了长距离运移、生物降解以及水洗作用。

北布扎奇隆起的侏罗系储层中的天然气是干气，甲烷含量高达 98.1%，含少量 H_2S（0.25%～2.1%）。

2. 乌斯秋尔特次盆

卡拉库杜克油田和共青团油田的原油密度为 $0.80\sim0.81$ g/cm³（43.2～45.4°API），库尔图克油田石油密度为 0.854 g/cm³（34.2°API），石油的含硫量低。

在乌斯秋尔特次盆东北部的始新统储层中的非伴生气为干气。天然气的烃类组分为甲烷和很少量的乙烷，缺少重烃气。该天然气中的氮气含量较高，在 3.4%～7.3%，CO_2 含量为 1.0%～3.2%。

二、储盖条件

（一）储层

储层的年代从石炭系到始新统都有，但最重要的是中侏罗统浅海相到海陆过渡相砂岩和粉砂质砂岩，下白垩统滨浅海相滩坝砂也是重要的油气储层。

已发现的石油主要分布于北布扎奇隆起中侏罗统和下白垩统储层 64.9% 和 19.6% 中，这两个层系的石油储量分别占了盆地内全部石油储量的 64.9% 和 19.6%（表7-2、图7-14）。中侏罗统储层为河流相砂岩，在整个北里海和中里海地区广泛发育；下白垩统主要是滨浅海相砂泥岩互层，其砂岩比中侏罗统砂岩的分布更为稳定，是很好的储层。

已发现的天然气主要分布于乌斯秋尔特次盆，主要天然气储层包括中上侏罗统和始新统，其天然气储量分别占全盆地天然气储量的 71% 和 14.7%。

表7-2 北乌斯秋尔特盆地已发现油气储量在不同层系中的分布（据 IHS，2012i）

次盆	层位	石油		凝析油	天然气		合计	
		10^6 m³	占比/%	10^6 m³	10^8 m³	占比/%	10^6 m³ 油当量	占比/%
北布扎奇	下白垩统	95.7	19.6		145.2	5.0	109.2	14.3
	上侏罗统	27.8	5.7		20.9	0.7	29.7	3.9
	中侏罗统	317.4	64.9		196.9	6.8	335.8	43.9

续表

次盆	层位	石油		凝析油	天然气		合计	
		$10^6\,m^3$	占比/%	$10^6\,m^3$	$10^8\,m^3$	占比/%	$10^6\,m^3$ 油当量	占比/%
乌斯秋尔特	渐新统				0.6	0.0	0.1	0.0
	始新统				427.8	14.7	40.0	5.2
	下白垩统	6.0	1.2		2.4	0.1	6.2	0.8
	上侏罗统	6.2	1.3	0.9	651.94	22.4	68.2	8.9
	中侏罗统	36.0	7.4	2.3	1385.71	47.7	170.1	22
	下侏罗统			0.1	3.0	0.1	0.3	0.0
	古生界			0.1	36.5	1.3	3.5	0.5
东咸海	中上侏罗统			0	22.65	0.8	2.17	0.3
未知层位				0.1	11.6	0.4	1.2	0.2
合计		488.9	100	3.5	2905.2	100	764.3	100
占比/%		63.9		0.5	35.6		100	

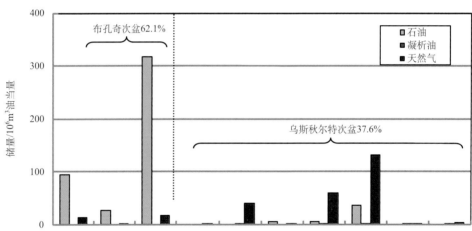

图 7-14　北乌斯秋尔特盆地已发现油气储量在不同层系中的分布（据 IHS，2012i）

1. 北布扎奇隆起

侏罗系储层是盆地中最重要的储层。布扎奇地区的所有侏罗系储层，除了有一套属于上侏罗统基末利阶（卡拉姆卡斯油田），其他都来自中侏罗统。

中侏罗统储层包括阿林—卡洛夫阶（主要是巴通阶）河流-三角洲相砂岩和浅海-过渡相粉砂质砂岩。砂层在侧向上和垂向上都有强烈的非均质性，在盆地的哈萨克部分共识别出了 14 个产层单元，其中的每个单元中可以含有多达 4 个砂层。各单元的编号如下：ЮI（卡洛夫阶）、ЮII-ЮIV（巴通阶）、ЮV-ЮX（巴柔阶）、ЮXI-ЮⅩⅣ（阿林阶），或表示为Ю1-4（巴通—巴柔阶）。在布扎奇，储层埋藏浅（约1000 m），孔隙度在23%～34%，渗透率在30～1700mD。每个油田中只有12个产层（卡拉姆卡斯油田），厚度在数米到40 m，各储层之间为泥页岩隔层。

在盆地西部的卡拉姆卡斯油田见到了上侏罗统储层，为基末利阶Ю0～Ю5单元的浅海相砂岩。

下白垩统储层仅在布扎奇地区分布，包括8个砂岩段，其年代从尼欧克姆统到阿普特阶，岩性为弱胶结的滨浅海相砂岩和粉砂质砂岩，单元代号为AI、AII、B、V和G（巴雷姆—阿普特阶），D和E（欧特里夫阶）。储层物性较好，孔隙度23%～29%（平均26%），渗透率30～360 mD，平均160 mD。单层砂岩厚度可达20 m（G砂层），但产层净厚度在8～10 m。

2. 乌斯秋尔特次盆

在盆地东南部的卡拉恰拉克油气田中发现了古生界储层。在下石炭统维宪阶裂缝性和孔洞性潟湖相碳酸盐岩中获得了油气流，侧向和上覆被泥灰岩和致密石灰岩封闭。孔隙度平均为24%，渗透率平均为90 mD。

JNOC公司对其咸海西北侧陆上区块的地震资料的分析解释表明，在该地区有可能发育中上石炭统生物礁碳酸盐岩。但遗憾的是，该公司对其区块内的石炭系进行钻探并未发现任何工业性油气藏。

在三叠系中发育储层的潜力很有限。三叠系中发育了厚层砂岩和砾岩，但其结构成熟度和成分成熟度都很低，主要是长石杂砂岩和碳酸盐胶结的砾岩。在已钻探的大部分构造上，三叠系岩层大多构成了逆冲断块的前缘。岩层发生了强烈的变形和压实，所采集的三叠系砂砾岩样品十分致密，其中未发现残余孔隙。

下侏罗统储层为三角洲前缘和滨海相砂岩。孔隙度在15%～20%，渗透率不超过115 mD。砂岩的净厚度为8～25 m。

中侏罗统陆相砂岩的埋藏深度超过2300 m，储集性质较差。在盆地的乌兹别克一侧，发育了中侏罗统夸尼什组砂岩储层，孔隙度在11%～19%，渗透率为几个到几十个毫达西。砂层在侧向上常不连续。

上侏罗统砂岩为沙赫帕赫迪组浅海相碎屑岩，乌尔加油田的储层就是这套地层。其孔隙度较高，为25%～27%，平均渗透率为100 mD。

在乌斯秋尔特次盆没有发现白垩系储层。

始新统发育浅海相砂岩储层，埋深只有几百，储集性质极高，孔隙度一般在30%以上，渗透率为数百毫达西。

3. 潜在储层

北布扎奇隆起的上泥盆统到下二叠统碳酸盐岩可能构成有效储层。在北布扎奇7号井和阿尔曼P1井中发现了礁斜坡沉积和礁碎屑沉积，据此推测，在布扎奇地区，特别是在巴什基尔期和阿瑟尔期，可能发育了台地相碳酸盐岩和生物礁。方解石和二氧化硅胶结物可能导致碳酸盐岩的原生孔隙大幅度减少，但地表溶蚀（喀斯特化）、白云岩化和构造破裂等作用可以使岩石的储集性质改善，少数裂缝可能由于强烈的方解石胶结而封闭。

古生界裂缝性砂岩也可能构成储层。

（二）盖层条件

在整个沉积层序中常见局部性盖层发育，但上侏罗统、下白垩统贝利阿斯阶和阿尔布阶以及上渐新统泥页岩构成了区域性或半区域性的盖层。

北乌斯秋尔特盆地的主要盖层包括：

中上石炭统泥灰岩和致密石灰岩，构成下伏碳酸盐岩储层的局部盖层。

上二叠统碎屑岩构成三叠系储层的盖层。

下中侏罗统层组内部的页岩和粉砂岩，构成同时代储层的局部盖层。

上侏罗统海相页岩和泥灰岩，构成下伏储层的半区域性盖层。在隆起带上，上侏罗统被侵蚀，封盖性变差或丧失。在北布扎奇地区之外，在基末利阶盖层之上的尼欧克姆统沉积岩中未发现任何油气，说明这套地层对该地区的石油聚集具有明显的控制作用。

尼欧克姆统底部（贝利阿斯阶）的 20～50 m 厚的海相页岩，构成不整合面之下的中上侏罗统储层的半区域性盖层。

阿普特—阿尔布阶海相页岩，构成了下伏白垩系储层的区域性盖层。这套页岩在中亚-里海地区的多个盆地中广泛分布。

上始新统（萨克萨乌尔组）为一套厚达 350 m 的页岩，构成始新统储层的区域性盖层。

三、圈闭特征和成因

（一）圈闭特征

北乌斯秋尔特盆地已发现油气田圈闭几乎全都与构造有关，特别是背斜构造。仅有极少数圈闭与构造无关（表 7-3、图 7-15）。

表 7-3　北乌斯秋尔特盆地已发现的油气储量所属的区带类型（据 IHS，2012i）

圈闭类型	石油 /10^6 m³	凝析油 /10^6 m³	天然气 /10^8 m³	合计 /10^6 m³油当量	占比 /%
地层-构造型	317.41	3.33	2774.21	580.36	75.9
地层-构造-不整合型	38.05	0.08	43.17	42.17	5.5
构造型	105.73	0	55.27	110.90	14.5
构造-不整合型	27.76	0	20.92	29.71	3.9
其他类型	0	0.09	11.63	1.16	0.2
合计	488.9	3.5	2905.2	764.3	100

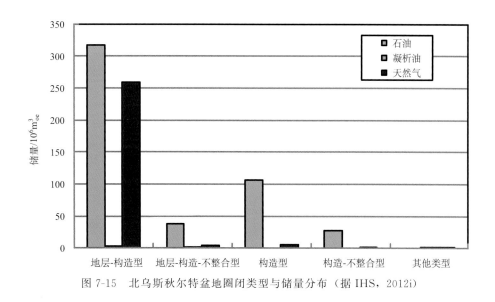

图 7-15　北乌斯秋尔特盆地圈闭类型与储量分布（据 IHS，2012i）

　　背斜构造一般是东西走向的长轴背斜，其北翼常发育大型的东西向逆断层。圈闭被断层切割，尽管断距不大，只有 10 m 或更小，每个断块上都有不同的油水界面。常见封闭性断层。

　　布扎奇地区圈闭多为东西走向的长轴状不对称断背斜，其中被纵向陡倾断层和横向高角度正断层切割成多个断块。尽管断距很小，只有 10 m 或更小，但每一个断块上都有不同的油水界面。断层通常是封闭性的。背斜北翼较陡，而南翼平缓得多。背斜呈几个线状带分布，并一直延伸到里海水域。侏罗系—白垩系背斜带之下为三叠系地层构成的逆冲席前缘。拆离面可能靠近上二叠统—三叠系碎屑岩的底界面。侏罗系—白垩系背斜是沿着前侏罗系冲断面轻度挤压和构造运动复活的产物。

　　乌斯秋尔特次盆的油气藏分布相对分散，侏罗系—始新统地层中已发现的所有油气藏都是构造圈闭的，圈闭多为平缓的背斜，背斜翼部侏罗系的倾角只有几度，在第三系中只有几十分，有时存在储层相变和尖灭构成的地层遮挡圈闭。盆地东南部（乌兹别克斯坦境内）发现的几个气田圈闭为低幅度背斜，短轴 5~8km，长轴 10~20km，闭合高度数十米到 150 m。基末利阶页岩和碳酸盐岩构成有效盖层。

　　地层圈闭见于孤立的白垩系和侏罗系河道砂岩中。在北布扎奇隆起的南坡不整合地超覆于三叠系之上的中侏罗统地层的尖灭带中预计也可能发育地层圈闭。在布扎奇半岛东部已发现了侏罗系地层尖灭带。在北布扎奇隆起的北坡，中侏罗统可能在背斜褶皱的北翼发育了被东西向延伸的逆断层所封闭的圈闭。不整合圈闭发育于侏罗系砂岩被白垩系底部不整合面削截的地区。

　　（二）圈闭成因

　　北乌斯秋尔特盆地经历了 4 个主要的构造活动期：乌拉尔挤压作用，晚二叠世—三叠纪裂谷作用，基末利期（晚侏罗世）构造反转作用；晚始新世—早上新世挤压作用。

乌拉尔挤压作用主要导致上古生界地层变形和错断，晚二叠世—三叠纪裂谷作用主要影响盆地南缘，中新生界沉积盖层的变形则主要决定于晚始新世—早上新世期间阿拉伯板块与欧亚大陆南缘碰撞引起的区域性挤压作用。北乌斯秋尔特盆地的构造型圈闭主要与最后一次区域性挤压变形有关。

北乌斯秋尔特盆地的构造变形与圈闭形成与 4 个构造活动期有关。

1. 乌拉尔挤压作用

晚石炭世到早二叠世。哈萨克板块与劳罗板块的碰撞在盆地东北部产生了东西向挤压作用，并导致了切尔卡尔凹陷及其附近的上古生界地层泛变形，形成了背斜构造和少量局部冲断层。

考虑到北乌斯秋尔特陆块规模较小，在与东欧克拉通及周边地块缝合的过程中整个地块的上古生界盖层都可能受到挤压而发生褶皱变形，因此上古生界构造可能广泛发育，在发育有效盖层的地区有可能形成有利圈闭（图 7-16）。

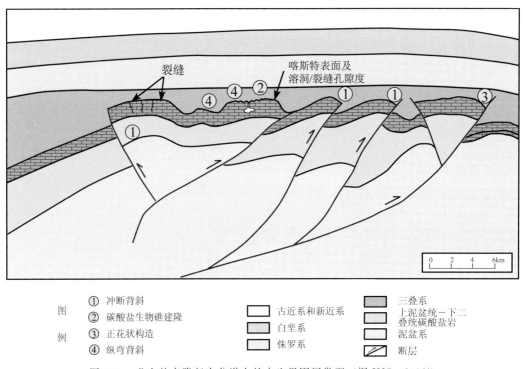

图 7-16　北布扎奇隆起次盆潜在的古生界圈闭类型（据 IHS，2012i）

2. 晚二叠世—中三叠世裂谷作用

晚二叠世，北乌斯秋尔特陆块已经与东欧克拉通、哈萨克板块经过乌拉尔褶皱系南段拼贴在一起，陆块构成了新拼合形成的劳亚大陆的南缘，即古特提斯洋的北缘，并发育了新的俯冲带和岩浆弧。由于西伯利亚克拉通相对于东欧克拉通的顺时针旋转和沿戈尔诺斯塔耶夫剪切带的走滑活动，在北乌斯秋尔特陆块及其周边地区形成了北北东—南南西向的伸展；也有人认为这次伸展作用与海西造山后的塌陷有关。伸展作用导致了曼格什拉克盆地所在地区与北乌斯秋尔特陆块的分离，在盆地内造成了断块的倾向滑动、裂谷的扩展和裂谷肩的抬升，形成了走向北西西的正断层、裂谷肩。尽管伸展作用集中在盆地南缘的中曼格什拉克裂谷，但对北乌斯秋尔特盆地内部也产生了影响，在上古生界和三叠系地层中有可能形成断块型圈闭。

3. 西莫里期构造反转

晚三叠世—早侏罗世期间，伊朗和北阿富汗等微陆块与欧亚大陆的缝合，古特提斯洋关闭，导致强烈的区域挤压，先前的裂谷系发生反转。但这次反转的强度并不很大，沉积于裂谷地堑中的上二叠统和三叠系地层大多数保存了下来，中曼格什拉克裂谷地堑的反转形成了曼格斯套山的雏形。晚侏罗世—早白垩世初盆地再次发生构造抬升，北乌斯秋尔特盆地西部受这次事件影响较大，形成区域性不整合。这两次构造反转导致差异抬升和侵蚀，局部可形成与不整合相关的圈闭。

4. 晚始新世—早上新世内陆挤压作用

阿拉伯板块与欧亚板块的碰撞导致了区域性挤压，北乌斯秋尔特盆地中新生界的大多数背斜构造的形成与这次挤压事件有关，这一时期是盆地内构造型圈闭形成的最重要的阶段。

四、含油气系统特征

（一）油气生成和运移

北布扎奇隆起的潜在烃源岩中侏罗统岩层的埋深只有 1000 m，热成熟度很低（褐煤阶段晚期），对应的古地温低于 80℃。

一般认为，北布扎奇隆起的石油是北侧相邻的滨里海盆地的古生界烃源岩生成的，后者目前正处于生油窗内。布扎奇地区的所有油田的石油都具有较高的成熟度，应是来自石炭系烃源岩，而且 Arman P1 井中的上泥盆统碳酸盐岩中见到的石油/沥青显示也来自于石炭系烃源岩。圈闭形成时间很晚，油气藏的埋藏很浅，石油被部分生物降解，这些现象说明油气运移和油气田的形成较晚，可能不早于中新世。油气从滨里海盆地的烃源灶或深盆区开始侧向运移，遇断裂垂向运移最后到达侏罗系，此后沿中侏罗统河流相砂岩输导层进行侧向运移。

北乌斯秋尔特盆地东部的天然气和盆地西部库拉扎特凹陷中的石油（共青团油田、卡拉库杜克油田和阿雷斯坦诺夫油田）来自中侏罗统陆相烃源岩。中侏罗统埋深2300～3100 m，镜质体反射率为 0.76%～0.82%，对应的古温度为 125～155℃，至第三纪才开始成熟。库拉扎特凹陷中生成的石油可能发生了向南向阿雷斯坦台阶的运移。

上三叠统—下侏罗统海相烃源岩仅在库尔图克凹陷中分布。上三叠统页岩、泥灰岩和粉砂岩的镜质体反射率为 0.71%～0.83%，已经达到了生油窗；运移可能以垂向为主。

盆地北部浅层始新统砂岩储层中的干气的来源还不确定。可能也来自于侏罗系烃源岩，或可能是生物成因的。

整个盆地的白垩系都未达到成熟生油阶段。

间接证据（碳酸盐岩和碎屑岩的强烈的成岩变化，存在火山岩）表明，乌斯秋尔特次盆的古生界烃源岩可能已经过成熟。

在侵蚀、抬升、褶皱或断层作用对先存的圈闭造成破坏时，可能发生了垂向上的三次运移，并导致石油运移到了上覆的白垩系储层中。

（二）含油气系统划分

在北乌斯秋尔特盆地中识别出了 4 个含油气系统。滨里海—中侏罗统含油气系统发育于北布扎奇隆起，其中聚集了该盆地中的绝大部分石油。北布扎奇隆起缺少有效烃源岩，推测这些石油来自于滨里海盆地中的烃源岩。

另外三个含油气系统分布于盆地的其他地区：中侏罗统—始新统含油气系统、上三叠统/下侏罗统—中侏罗统含油气系统、上古生界—石炭系含油气系统。除了北布扎奇隆起的跨盆地含油气系统之外，中侏罗统—始新统含油气系统是最重要的含油气系统，其中包括了除古生界层系之外的所有目的层。上古生界—石炭系含油气系统由于曾经历强烈褶皱和改造，含油气丰度较低。上三叠统/下侏罗统—中侏罗统是另一个较小的含油气系统，在盆地西部的库尔图克凹陷中发现的石油聚集就属于该系统。

1. 滨里海—中侏罗统含油气系统

滨里海—中侏罗统含油气系统主要分布在北布扎奇隆起，石油储集于侏罗系和下白垩统中（图 7-17），其石油储量占了整个北乌斯秋尔特盆地石油储量的大部分。由于北布扎奇隆起不发育有效烃源岩，推测其石油来自北侧的滨里海盆地上古生界烃源岩，因此具有跨盆地的特征。滨里海盆地的烃源岩是盐下古生界富含有机质的深水盆地相沉积，石油可能从盐下的烃源岩经过垂向运移进入盐上层系，然后沿着连续的中生界输导层向上倾方向运移进入北布扎奇隆起。如果北布扎奇隆起的油气的确来自滨里海盆地，那么该含油气系统实际上是滨里海盆地的上泥盆统/维宪阶—维宪阶/下二叠统含油气系统的一部分。当然，滨里海盆地中生界储层中聚集的石油本身的来源也有争议，一些研究者认为来自盐下古生界烃源岩，另一些则认为来自中生界自身的烃源岩。

北布扎奇隆起可能还发育上泥盆统至下二叠统碳酸盐岩储层，包括台地碳酸盐岩和生物礁，特别是其中的巴什基尔阶和阿瑟尔阶，最近探井揭示了礁斜坡沉积和礁碎屑沉积；古生界裂缝性砂岩也可能是含油气储层。

油气生成的时间很难确定，滨里海盆地上古生界烃源岩生烃持续时间很长，但北布扎奇地区聚集的油气应该生成于侏罗系和白垩系储层和圈闭初步之后，应该在早白垩世之后（图 7-17）。北布扎奇隆起的石油曾经历过生物降解或水洗，这导致石油密度增大，而硫、非烃和沥青的含量上升。

北布扎奇隆起中侏罗统油气圈闭埋藏很浅，通常分布于晚侏罗世/早白垩世不整合面的附近。

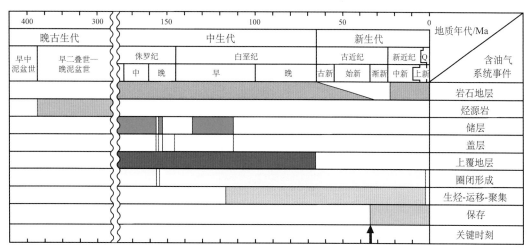

图 7-17　北布扎奇隆起上古生界（滨里海）—中侏罗统含油气系统事件图

圈闭主要是背斜与砂岩储层的侧向相变和尖灭构成的复合型圈闭。背斜圈闭的发育曾经历过两次变形事件，第一次是早白垩世的剪压脉冲，第二次是始新世—上新世挤压。此外，在西莫里早期形成的背斜到侏罗纪和白垩纪热沉降期间形成了披覆构造。因此，一些圈闭在早白垩世就已经形成。

北布扎奇隆起上的滨里海—中侏罗统含油气系统已发现了卡拉姆卡斯、卡拉让巴斯等一系列大型油田。

2. 乌斯秋尔特次盆中侏罗统—始新统含油气系统

该含油气系统在除北布扎奇隆起、库尔图克凹陷和库拉扎特凹陷之外的北乌斯秋尔特盆地所有地区发育，储层包括侏罗系至始新统的陆相、过渡相和浅海相碎屑岩，盖层是与砂岩互层的页岩、区域性分布的泥岩和页岩，厚达 350 m 的上渐新统页岩构成了该含油气系统的区域性盖层。

烃源岩主要是偏生气的中侏罗统陆相含煤页岩以及可能的湖相页岩夹层。这套烃源岩在盆地西部的有机质丰度增大，卡拉库杜克（Karakuduk）油田和共青团（Komso-molskoye）油田的石油就是该烃源岩生成的。盆地北部的几个气田的浅层始新统砂岩储层中的干气的成因还不确定：可能来自侏罗系烃源岩，也可能是生物成因的。盆地中天然气的氮气含量较高，说明发生过降解。中侏罗统烃源岩的主要成熟期为第三纪，因此，油气运移和聚集的时间较晚。

大多数圈闭为背斜与砂岩储层的侧向相变、尖灭构成的复合型圈闭。背斜圈闭是早白垩世剪压作用和始新世—上新世挤压作用两个构造变形事件的产物。此外，在早西莫里运动期间形成的背斜之后可形成披覆构造，可见圈闭的形成一般都早于中侏罗统烃源岩的生烃过程。

该含油气系统中已经发现了多个油气田，特别是在盆地东北部的考斯布拉克凹陷和切尔卡尔凹陷中发现了一系列气田（图 7-18）。

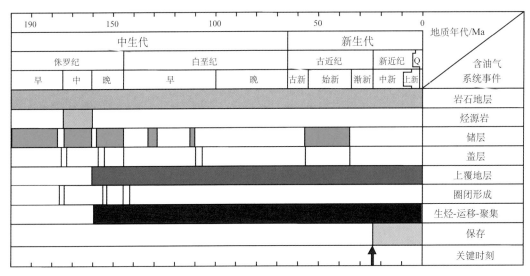

图 7-18 乌斯秋尔特次盆中侏罗统—始新统含油气系统事件图

3. 乌斯秋尔特次盆上三叠统/下侏罗统—中侏罗统含油气系统

该含油气系统局限于盆地西部的库尔图克凹陷,烃源岩为上三叠统—下侏罗统海相页岩、泥灰岩,据认为库尔图克油田的石油就来自这套烃源岩。烃源岩的主要成熟时期是第三纪。

储层是中侏罗统碎屑岩,盖层是与碎屑岩互层的页岩、半区域性泥岩和页岩,该含油气系统的区域性盖层是厚达 350 m 的上渐新统页岩。

圈闭为背斜与砂岩储层的侧向相变和尖灭构成的复合型圈闭。背斜圈闭是两次变形事件的产物,第一次是早白垩世的剪压脉冲,第二次是始新世—上新世挤压作用。勘探的主要目标是中侏罗统地层-构造型圈闭(图 7-19)。

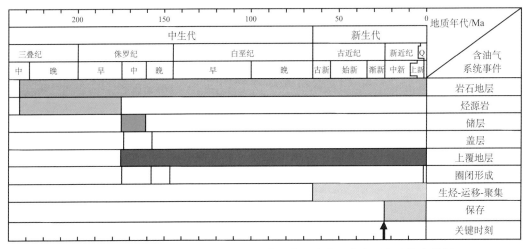

图 7-19 乌斯秋尔特次盆上三叠统/下侏罗统—中侏罗统含油气系统事件图

4. 北乌斯秋尔特盆地上古生界—石炭系含油气系统

该含油气系统的证据仅存在于北乌斯秋尔特盆地东南部，其储层是维宪阶潟湖相碳酸盐岩，其潜在烃源岩是上古生界，包括上泥盆统到下二叠统沥青质页岩和碳酸盐岩，盖层是石炭系泥灰岩和致密石灰岩，上覆二叠系和三叠系可能构成区域性盖层。

圈闭的形成可能与乌拉尔造山作用（晚石炭世—早二叠世）以及西莫里构造运动（晚三叠世—早侏罗世）有关，可能发育地层型、构造型、不整合遮挡及各种复合型圈闭。没有关于该含油气系统的烃源岩的生烃时间的相关资料，推测盆地内的上古生界烃源岩大多已经高成熟或过成熟，乌斯秋尔特次盆的上古生界烃源岩可能于白垩纪末已经耗尽其生气潜力（图7-20），而在北布扎奇了隆起一带目前仍处于生气窗内（图7-13）。盆地东南部（乌兹别克斯坦部分）所发现的几个上古生界气藏属于该含油气系统。

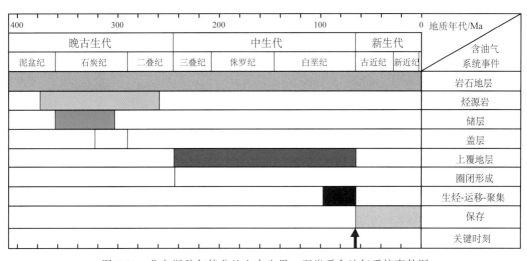

图7-20　北乌斯秋尔特盆地上古生界—石炭系含油气系统事件图

第四节　典型油气田

到目前为止，北乌斯秋尔特盆地共发现油气田53个，其中北布扎奇隆起次盆以油田为主，盆地东部和东北部以气田为主。累计发现油气储量 7.64×10^8 m³ 油当量，其中的石油储量绝大部分（90.2%）分布于北布扎奇隆起，而天然气储量绝大部分（86.7%）分布于乌斯秋尔特次盆；而东咸海拗陷仅在其西缘的咸海-克孜尔库姆隆起上发现了3个小型气田，储量仅占全盆地天然气储量的0.8%（表7-2）。

北乌斯秋尔特盆地发现的液态石油绝大部分分布于盆地西部的北布扎奇隆起上，其中最大的是卡拉姆卡斯油田和卡拉让巴斯油田（图7-21）。根据前面所述，这些油田的石油主要来源于盆地以北的滨里海盆地上古生界烃源岩。如果这一推测是事实的话，那么，北乌斯秋尔特盆地内只有北布扎奇隆起能够形成这类大型油田，因为在该构造单元与滨里海盆地之间，中生界产状呈平缓渐变特征，且向南有轻微抬升，有利于石油向北

布扎奇隆起运移和聚集。而在该隆起以东，北乌斯秋尔特盆地与滨里海盆地之间以穆戈
贾尔褶皱带和南恩巴隆起带为界，在上古生界和中生界地层内，这些构造形成了明显的
隆起，阻止了可能的由北而南的石油运移。除此之外，在别伊涅乌凹陷西部也发现了几
个小型油田。

在除北布扎奇隆起之外的盆地其余部分，发现的烃类主要是天然气，按照其储量来
看，这些气田大部分属于小型气田。气田主要聚集在两个地区：一是盆地东北部的考斯
布拉克凹陷到切尔卡尔凹陷一带，这些气田主要分布于第三系砂岩储层中；另一个天然
气聚集区是盆地东南部，主要含气层位是侏罗系和上古生界。

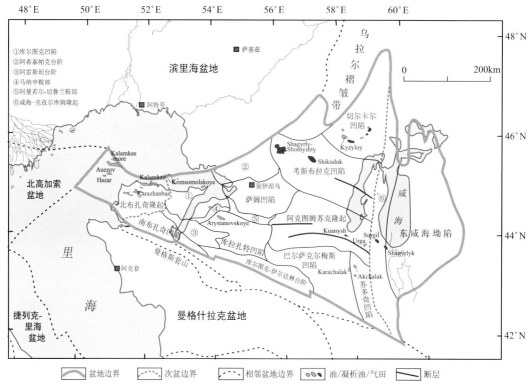

图 7-21　　北乌斯秋尔特盆地主要油气田（据 IHS，2012i）

盆地内发现的最大油田卡拉姆卡斯油田的石油可采储量 1.85×10^8 m³，伴生气可
采储量约 244×10^8 m³，属于特大型油田；另外还有卡拉让巴斯、北布扎奇和卡拉姆卡
斯-海上 3 个可采储量超过 30×10^6 m³ 油当量的大型油田（图 7-22）。上述 4 个油田均分
布于盆地西部的北布扎奇隆起的北侧。

盆地内发现的最大气田为乌斯秋尔特次盆东缘的苏尔基尔（Surgil）气田，天然气
可采储量约为 1160×10^8 m³，并含有少量凝析油；第二大气田为乌尔加（Urga）气田，
天然气可采储量约 368×10^8 m³。其他油气田均属于中小型油气田（图 7-22）。

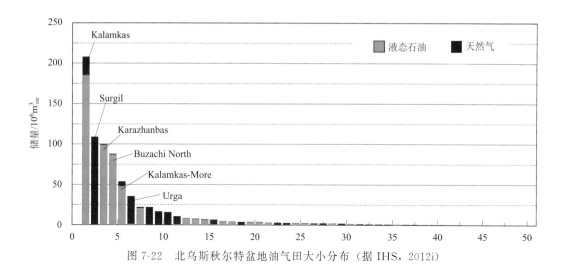

图 7-22　北乌斯秋尔特盆地油气田大小分布（据 IHS，2012i）

一、卡拉姆卡斯油田

卡拉姆卡斯油田位于北乌斯秋尔特盆地西部北布扎奇隆起北缘（图 7-21）。该油田于 1976 年发现，1979 年投入开发。卡拉姆卡斯油田的石油可采储量 1.85×10^8 m³，伴生气可采储量约 244×10^8 m³。

（一）烃源岩

在北布扎奇隆起上未发现有效烃源岩段，布扎奇半岛上各油田中的石油很有可能来自北侧滨里海盆地的古生界烃源岩。滨里海盆地上古生界富含有机质的泥灰岩和石灰岩生成了大量油气，这些油气可能沿着二叠系盐盖层底部进行长距离侧向运移到达盆地边缘的北布扎奇隆起附近，再通过断裂进入浅层并在隆起上合适的圈闭中聚集成藏。

长距离侧向运移和在卡拉姆卡斯油田的很浅的储层中的生物降解可能是这里的石油较重、含硫量较高的原因。滨里海盆地的上古生界烃源岩大致自三叠纪开始生成石油，而从渐新世以来开始生气。在北布扎奇隆起北翼及以北、以东和以西的地区，中上三叠统海相泥岩、下中侏罗统湖相泥岩和煤层也可能生成石油，但不可能生成含硫量和沥青含量都比较高的布扎奇石油。

（二）构造和圈闭特征

卡拉姆卡斯油田处于北西西向和北东东向断层交汇点上，其断层在侏罗纪末、白垩纪末和中中新世多次复活，而且三叠纪以后形成的地层发生了多次变形。在古近纪期间，北东向到北东东向的走滑断层活跃，导致了挤压和位移，卡拉姆卡斯构造的幅度在这一时期可能有比较快的增长。而北布扎奇地区其他构造大多数以中中新世变形为主。

卡拉姆卡斯构造为一个简单的东西向低幅度背斜（图 7-23）。阿普特阶的两个浅层砂岩储层含气。下白垩统（尼欧克姆统）的 6 套储层含气构成了多层气藏，另外有两个单层的小气藏。13 套中上侏罗统储层中含油，在上面的 8 个层中含有大型的气顶，看上去很像是一个统一的大型油气藏。下白垩统基本不发育断裂，但侏罗系受到了小型断裂的切割，断距一般在 10~20 m，因此在某些层中形成了多个断块。背斜向四周倾斜闭合构成了圈闭，局部受沉积尖灭或封闭性断层的限制。上侏罗统储层被白垩系底部的不整合所削截，在构造的顶部缺失（图 7-24）。

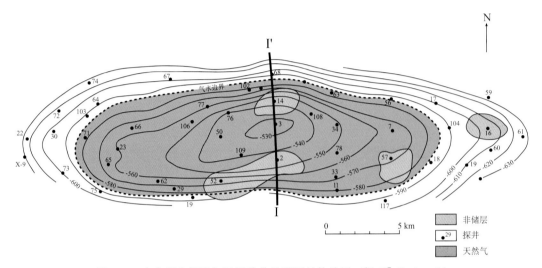

图 7-23　卡拉姆卡斯油气田阿普特阶顶面的构造图（据 C&C，2003k）
侧向的相变引起了储层的不连续

　　该油田大小为 26 km×7 km，面积 129 km²，构造闭合高度约为 100 m。下白垩统储层很平缓，南翼倾角不到 1°，北翼不到 2°。在上部的阿普特阶储层中，构造顶点的深度为海拔−525 m，而气水界面为−583 m，气柱高度为 58 m（图 7-23）。尼欧克姆统 4 个储层具有统一的气水界面，为−666 m，最上部储层的顶点深度为海拔−590 m，气柱高度为 76 m。尼欧克姆统底部储层的顶点埋深为−654 m，气水界面为−721 m，气柱高度为 67 m。

　　侏罗系储层的倾角增加到 3°~4°，闭合高度约为 150 m。北翼比南翼陡。上侏罗统储层在构造顶部受到剥蚀，沿顶点周围呈同心环状分布，含油气层可能具有大致统一的气水界面，为海拔−793 m，那么其气柱高度为 68 m。还可能存在一个全油田范围统一的油水界面，深度约为 890 m，但上侏罗统储层必须有断层或沉积尖灭带的封闭才能形成圈闭。

　　中侏罗统最上部的储层顶点埋深 725 m，最下部的储层顶点埋深在 903 m。不同储层的油水界面不同，但考虑到储层的非均质性和相关的毛细管效应，可以认为其具有大致统一的油水界面和气油界面，其平均深度分别为约 890 m 和 793 m。在一些储层内，小型断层对油水界面深度的影响可达到 50 m。总的油柱高度约为 100 m。分布于主要油水界面之下的石油产层可能是局部侧向相变或断层封闭的产物（图 7-25）。

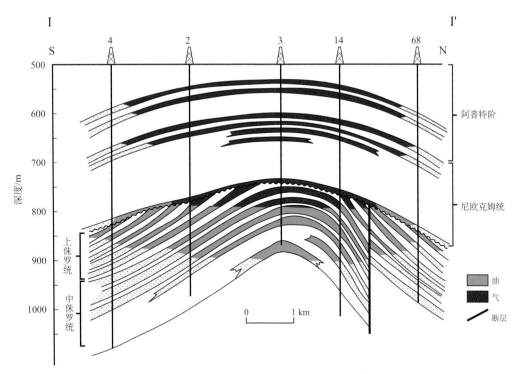

图 7-24　过卡拉姆卡斯油气田的南北向剖面（据 C&C，2003k）

剖面位置见图 7-23

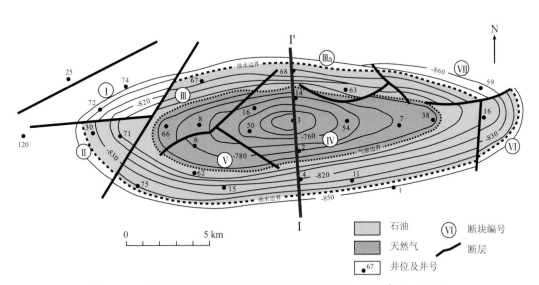

图 7-25　卡拉姆卡斯油田中侏罗统 J-Ⅱ储层构造图（据 C&C，2003k）

（三）储层特征

卡拉姆卡斯油田的石油分布于上侏罗统 6 个和中侏罗统 7 个砂岩储层中，其中很多含有气顶。下白垩统剖面的阿普特阶 2 个和尼欧克姆统的 6 个砂岩储层中含有天然气。

侏罗系底部在卡拉姆卡斯构造上为一个大型不整合，下侏罗统泥岩超覆于变形的下三叠统地貌隆起之上。中侏罗统底部也是一个不整合，但下伏地层的侵蚀可能仅限于河道的下切，因为有证据表明，在中侏罗统沉积初期在卡拉姆卡斯地区为断层控制的低洼区。上侏罗统与中侏罗统之间基本上是整合接触，但其顶部被白垩系底部的不整合所削截。中侏罗统的厚度约为 300 m，而上侏罗统的厚度不定，但在油田内大致在 0～100 m。

尼欧克姆统泥岩和薄层砂岩向构造之外地区逐渐加厚，从 150 m 到油田的边界上增加到约 200 m。阿普特阶泥岩和少量砂岩以 120～130 m 的均匀厚度覆盖了卡拉姆卡斯构造，并向上整合地过渡到 300 m 厚的阿尔布阶泥岩。上覆赛诺曼阶—土仑阶泥岩、泥灰岩和石灰岩暴露在地表。

中侏罗统为泥岩、粉砂岩、砂岩和少量煤层的交互层。中侏罗统砂岩储层单元的沉积主要是在河流环境中的进积和退积准层序内，上面覆盖了在湖泊、沼泽和浅海环境中沉积的泥岩。上侏罗统的岩性和岩相与中侏罗统非常相似。海侵在晚侏罗世逐渐增强，而在牛津期和基末利期间奠定了稳定的浅海条件。

下白垩统储层以一套不到 10 m 厚的海侵海相泥岩不整合覆盖于下伏侏罗系储层之上。尼欧克姆统其余部分为泥岩、粉砂岩和砂岩，而阿普特阶主要为泥岩含有少量粉砂岩和砂岩。这些地层是在浅海环境中沉积的，砂层的分布多变而不连续。

卡拉姆卡斯油田的中上侏罗统储层为弱-中等胶结的、分选好的细砂岩和粉砂岩，其中夹有少量中粗砂岩。碎屑颗粒为石英、长石和云母，局部含有黏土质内碎屑。少量碎屑黏土与黄铁矿、菱铁矿和二氧化硅等胶结物一起堵塞了储层的孔隙和喉道。原生粒间大孔隙网络基本保存了下来，并由于溶蚀作用得到局部改善。各套储层的平均孔隙度较高，为 27%～29%，而渗透率为 300～1470 mD，一般为 600～700 mD。原始含水饱和度为 26%～37%。尼欧克姆统—阿普特阶储层的孔隙度为 23%～27%。

卡拉姆卡斯油田的储层具有高孔隙度且埋藏较浅，地震反射能够清晰地揭示储层是否发育及其中所含流体的性质。重新处理的老地震资料以及新采集的二维地震测线，都在储层发育段显示出了高振幅异常（亮点），说明储层具有很高的孔隙度或较高的含气饱和度。但北布扎奇隆起上的石油为重油，与水的密度差异不大，不可能产生明显的地震波振幅差异，油水界面也不可能得到反射。

二、卡拉让巴斯油田

卡拉让巴斯油田也位于北乌斯秋尔特盆地西部的北布扎奇隆起上（图 7-21）。该油田发现于 1974 年，石油可采储量约 9890×10⁴ m³，伴生天然气 7.7×10⁸ m³，1980 年投入开发。由于该油田与卡拉姆卡斯油田处于相同的构造背景下，经历了相同的构造演化史，因此，二者油气来源相同，储层类型及圈闭构造特征等方面都有相似之处。

（一）构造和圈闭特征

卡拉让巴斯构造是一个南东东—北西西向的断背斜。背斜位于断层线南侧的上升盘，其北翼不太发育（图 7-26）。在卡拉让巴斯构造内，地层时代越老，翼部地层倾角就越大。其中下白垩统（尼欧克姆统）5 套储层和中侏罗统两套储层含油，包括了 30个独立的油藏，一个含有气顶。在白垩系底不整合面上，一条断距达 200 m 的连续断层与背斜构造的长轴平行延伸并构成了油藏的北界，而在断层以北的规模较小的下降盘（Ⅶ断块）顶部白垩系两个最浅的储层含有石油。构造的北面以断层为遮挡，与其他三个方向的地层下倾闭合共同构成了圈闭，局部还受到沉积尖灭影响（图 7-26、图 7-27、图 7-28）。

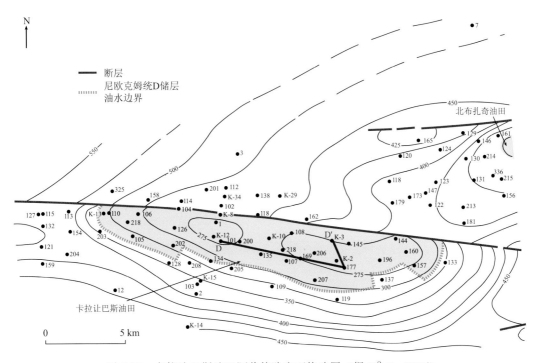

图 7-26 卡拉让巴斯油田阿普特阶底面构造图（据 C&C, 2003l）

在两个高点中较大的西部高点上，中侏罗统储层由于白垩系底部不整合的削蚀而缺失（图 7-28、图 7-29）。一条与主断层平行的断层和另一条横切构造的断层的断距不大，只有 10～20 m，但都是封闭性断层，并将油田切割成了 7 个独立的、具有各自不同的油水界面的断块。其中一个断块（Ⅶ断块）位于主断层以北。在阿普特阶底部砂层中含有局部气层。

卡拉让巴斯油田的含油范围长 26km，宽 4km，面积约 80km²。最大的断块为Ⅲ断块，面积为 28km²。南翼的地层倾角在中侏罗统储层为 2°～4°，下白垩统储层为 1°～2°。在主要边界断层以北，地层较为平缓，而且几乎一致向北西西倾斜。倾斜地层与

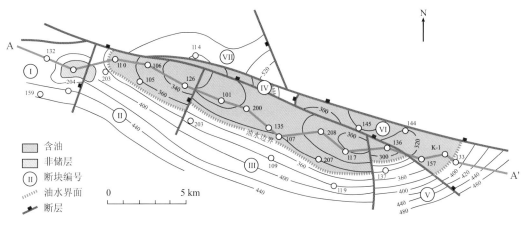

图 7-27 卡拉让巴斯油田尼欧克姆统储层 D 构造图 （共有 7 个断块） （据 C&C, 2003l）

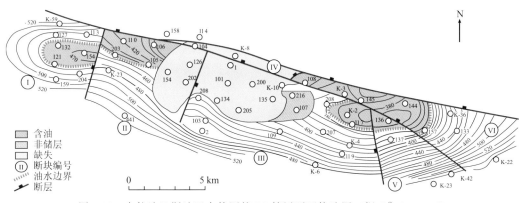

图 7-28 卡拉让巴斯油田中侏罗统 J-I 储层顶面构造图 （据 C&C, 2003l）

断层之间的闭合高度约为 100 m。最上部的储层埋藏很浅，其顶点位于海平面以下 251 m，而最下部的储层也只有海平面之下 384 m（图 7-26）。在白垩系储层的每个层和断块中的最大油柱高度都是 75 m，而侏罗系为 53 m。南部地区白垩系油藏中最深的油水界面为 409 m，主断层以北为 491 m。侏罗系储层中的最深的油水界面为 477 m。

（二）储层沉积相

卡拉让巴斯油田的大部分石油分布于下白垩统（尼欧克姆统）的 5 套储层中，少部分分布于中侏罗统（巴通—巴柔阶）储层中。

由于白垩系底部不整合的切割和侧向相变，该套储层在西部高点上缺失侏罗系底部为一个大型不整合面，中侏罗统沉积物超覆于变形的下三叠统沉积物的地貌隆起上（图 7-29）。侏罗系顶也是一个侵蚀不整合面，但比底部发育稍弱。上侏罗统在整个油田范围内全部缺失，而在西部高点上中侏罗统也被侵蚀掉（图 7-27），因此下白垩统沉积物直接覆盖于下三叠统之上。在构造顶部，中侏罗统的厚度为 0，向外围逐步增大，至主断层北侧和南侧达到 $50\sim100$ m。除了在构造顶部的一个小范围之外，白垩系底部不整合面上下的地层倾角变化并不大，尼欧克姆统向断层线的减薄也不明显。在油田的大部分区域内，尼欧克姆统的厚度为 $90\sim110$ m，但在西部高点的三叠系凸起上减薄到 75 m。最老的尼欧克姆统全区分布，但并不都是储层相带。尼欧克姆统顶部也发育了不整合，但没有明显的差异侵蚀现象（图 7-27）。

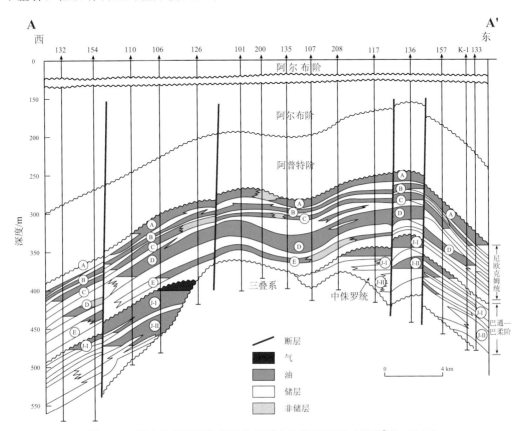

图 7-29 过卡拉让巴斯油气田的东西向构造剖面图（据 C&C，2003l）

剖面位置见图 7-27

中侏罗统为泥岩、粉砂岩、砂岩和少量煤层的交互层。中侏罗统砂岩储层主要沉积于河流环境，上面覆盖了湖泊、沼泽和浅海相泥岩。厚层的河道砂体是本区最好的产层，天然堤和决口扇砂岩与河道砂体共生，在油田范围内零星钻遇。中侏罗统下部、J-Ⅱ储层的总厚度和净厚度分别为 $20\sim25$ m 和 $12\sim18$ m，而上面的 J-Ⅰ 储层分别为 $23\sim26$ m 和 $11\sim19$ m。两个储层单元的净厚度与总厚度比值为 $0.45\sim0.75$。

在卡拉让巴斯油田上没有发现上侏罗统海相泥岩，下白垩统底砾岩（非储层）直接不整合覆盖于中侏罗统之上。尼欧克姆统剖面的其余部分为浅海相泥岩、粉砂岩、砂岩和少量鲕粒石灰岩。砂岩分布不稳定，但在卡拉让巴斯油田上砂质含量增加并出现了鲕粒灰岩，这表明当时在该构造上可能发育了浅滩。D 储层中砂岩厚度最大，总厚度和净厚度分别为 $10\sim18$ m 和 $7\sim14$ m，净厚度与总厚度比值为 $0.55\sim0.75$。A、B、C 和 E

储层的厚度相似，总厚度的范围在 4.5～9.5 m，净厚度的范围在 3.3～6.7 m，其比值一般在 0.60～0.75。在阿普特阶的底部发育了海相砂岩，其中局部聚集了天然气。

（三）储层物性

在卡拉让巴斯油田上的中侏罗统储层为弱胶结、分选好的岩屑细砂岩和粉砂岩，夹有中粗砂岩条带。碎屑颗粒包括石英、长石、云母和本地泥岩内碎屑。少量的泥质碎屑以及黄铁矿、菱铁矿和二氧化硅胶结物封堵了储层中的孔隙和喉道。原生粒间大孔隙网络大部分保存了下来，局部还因为溶蚀而得到改善。各储层的平均孔隙度较高，为27%～29%，但平均渗透率中等，只有135～351 mD，这与黏土和自生胶结物堵塞孔隙喉道有关。

小　　结

1) 北乌斯秋尔特盆地属于中间地块和褶皱带基底上发育的中生代内克拉通盆地。晚古生代中间地块及其周边具有被动边缘或活动边缘性质；受弧后伸展影响，晚二叠世—三叠纪在盆地南缘发生了裂谷作用，形成了北西—南东向地堑系；侏罗纪—白垩纪期间，图兰地台发生区域热沉降，形成了里海周边巨型中生代盆地。

2) 盆地西部的中生界缺乏有效烃源岩，推测这里丰富的石油来自北侧滨里海盆地的上古生界烃源岩；盆地东部以中侏罗统陆相烃源岩为主，油气发现以天然气为主。

3) 侏罗纪和白垩纪热沉降，以及特提斯域的一系列板块碰撞导致的区域性构造挤压，控制了盆地的基本构造面貌，特别是中中新世以来的区域挤压活动，是盆地内大多数背斜构造形成的主要阶段，也是构造圈闭的主要形成期和油气聚集期。

4) 盆地西部的北布扎奇隆起是一个大型继承性构造单元，面积虽小却占了该盆地已发现油气储量的大部分；这里尽管本地烃源岩不发育，但长期处于相邻的滨里海盆地上古生界油源的运移指向区，是该盆地最有利的油气聚集带，但该构造单元陆上部分勘探已经成熟，里海海域部分仍有一定潜力。

5) 盆地中东部的乌斯秋尔特次盆被大量狭窄的隆起、鞍部或台阶分割为多个凹陷，具有较好的天然气生成和聚集条件，苏尔基尔大气田的发现表明盆地东部天然气勘探具有较大潜力，仍是该盆地今后勘探的重要方向。

参 考 文 献

成守德，刘通，王世伟. 2010. 中亚五国大地构造单元划分简述. 新疆地质，1：16~21

刘洛夫，朱毅秀，胡爱梅，等. 2002. 滨里海盆地盐下层系的油气地质特征. 西南石油学院学报，3：11~15

刘洛夫，朱毅秀，熊正祥，等. 2003. 滨里海盆地的岩相古地理特征及其演化. 古地理学报，3：279~289

施央申，卢华复，贾东，等. 1996. 中亚大陆古生代构造形成及演化. 高校地质学报，2：134~145

Anissimov L. 2000. Tengiz oilfield: geological model based on hydrodymamic data. Petroleum Geoscience，1：59~65

Anissimov L. 2001. Overpressure phenomena in the Precaspian Basin. Petroleum Geoscience，7：389~394

Barde J-P，Chamberlain P，Galavazi M，et al. 2002a. Sedimentation during halokinesis: Permo-Triassic reservoirs of the Saigak Field，Precaspian Basin，Kazakhstan. Petroleum Geoscience，8：177~187

Barde J-P，Gralla P，Harwijanto J，et al. 2002b. Exploration at the eastern edge of the Precaspian Basin: impact of data integration on Upper Permian and Triassic prospectivity. AAPG Bulletin，86：399~415

Bazhenov M L，Burtman V S. 2002. Eocene paleomagnetism of the Caucasus (southwest Georgia)，oroclinal bending in the Arabian syntaxis. Tectonophysics，344：247~259

Bazhenov M L，Burtman V S，Levashova N L. 1996. Lower and Middle Jurassic paleomagnetic results from the south Lesser Caucasus and the evolution of the Mesozoic Tethys ocean. Earth and Planetary Science Letters，141：79~89

Bonini M，Tassi F，Feyzullayev A A，et al. 2013. Deep gases discharged from mud volcanoes of Azerbaijan: new geochemical evidence. Marine and Petroleum Geology，43：450~463

Brookfield M E，Hashmat A. 2001. The geology and petroleum potential of the North Afghan platform and adjacent areas (northern Afghanistan，with parts of southern Turkmenistan，Uzbekistan and Tajikistan). Earth-Science Reviews，55：41~71

Brunet M-F，Korotaev M V，Ershov A V，et al. 2003. The South Caspian Basin: a review of its evolution from subsidence modeling. Sedimentary Geology，156：119~148

Brunet M-F，Volozh Y A，Antipov M P，et al. 1999. The geodynamic evolution of the Precaspian Basin (Kazakhstan) along a north-south section. Tectonophysics，313：85~106

Buryakovsky L，Chilingar G V，Aminzadeh F. 2001. Petroleum geology of the south Caspian Basin. Gulf Professional Publishing

C&C Reservoirs. 1999a. Bahar Field，South Caspian Sea，Azerbaijan (Former Soviet Union): Reservoir Evaluation Report

C&C Reservoirs. 1999b. Dauletabad-Donmez Field，Amu-Dar'ya Basin，Turkmenistan (Former Soviet Union). Reservoir Evaluation Report

C&C Reservoirs. 2002a. Djeitun Field，South Caspian Basin，Turkmenistan (Former Soviet Union). Reservoir Evaluation Report

C&C Reservoirs. 2002b. Goturdepe Field，South Caspian Basin，Turkmenistan (Former Soviet Union).

Reservoir Evaluation Report

C&C Reservoirs. 2002c. Kokdumalak Field，Amu-Dar'ya Basin，Uzbekistan（Former Soviet Union）. Reservoir Evaluation Report

C&C Reservoirs. 2002d. Dzhigalybeg Field，South Caspian Basin，Turkmenistan（Former Soviet Union）. Reservoir Evaluation Report

C&C Reservoirs. 2002e. Cheleken Field，South Caspian Basin，Turkmenistan（Former Soviet Union）. Reservoir Evaluation Report

C&C Reservoirs. 2003a. Karachaganak Field，North Caspian Basin，Kazakhstan（Former Soviet Union）. Reservoir Evaluation Report

C&C Reservoirs. 2003b. Tengiz Field，North Caspian Basin，Kazakhstan（Former Soviet Union）. Reservoir Evaluation Report

C&C Reservoirs. 2003c. Zhanazhol Field，North Caspian Basin，Kazakhstan（Former Soviet Union）. Reservoir Evaluation Report

C&C Reservoirs，2003d. Alibekmola Field，North Caspian Basin，Kazakhstan（Former Soviet Union）. Reservoir Evaluation Report

C&C Reservoirs. 2003e. Astrakhan Field，North Caspian Basin，Russia & Kazakhstan（Former Soviet Union）. Reservoir Evaluation Report

C&C Reservoirs. 2003f. Kenkiyak Field，North Caspian Basin，Kazakhstan（Former Soviet Union）. Reservoir Evaluation Report

C&C Reservoirs. 2003g. Shatlyk Field，Amu-Dar'ya Basin，Turkmenistan（Former Soviet Union）. Reservoir Evaluation Report

C&C Reservoirs. 2003h. Malay Field，Amu-Dar'ya Basin，Turkmenistan（Former Soviet Union）. Reservoir Evaluation Report

C&C Reservoirs. 2003i. Uzen Field，South Mangyshlak Basin，Kazakhstan（Former Soviet Union）. Reservoir Evaluation Report

C&C Reservoirs. 2003j. Zhetybay Field，South Mangyshlak Basin，Kazakhstan（Former Soviet Union）. Reservoir Evaluation Report

C&C Reservoirs. 2003k. Kalamkas Field，North Ustyurt Basin，Kazakhstan（Former Soviet Union）. Reservoir Evaluation Report

C&C Reservoirs. 2003l. Karazhanbas Field，North Ustyurt Basin，Kazakhstan（Former Soviet Union）. Reservoir Evaluation Report

Davydov V I，Leven E J. 2003. Correlation of Upper Carboniferous（Pennsylvanian）and Lower Permian（Cisuralian）marine deposits of the Peri-Tethys. Palaeogeography，Palaeoclimatology，Palaeoecology，196：39～57

Devlin W J，Cogswell J M，Gaskins G M，et al. 2000. The South Caspian Basin—Young，Cool，and Full of Promise. Second Wallace E. Pratt Memorial Conference "Petroleum Provinces of the 21st Century"，San Diego，California

Dyman T S，Litinsky V A，Ulmishek G F. 1999. Geology and natural gas potential of deep sedimentary basins in The former soviet union. USGS Open-File Report：99～381

Effimoff I. 2000. The oil and gas resource base of the Caspian region. Journal of Petroleum Science and Engineering，28：157～159

Effimoff I. 2001. Future hydrocarbon potential of Kazakhstan//Downey M W，Threet J C，Morgan W A.

Petroleum provinces of the twenty-first century. AAPG Memoir 74，243～258

Ershov A V，Brunet M-F，Korotaev M V，et al. 1999. Late Cenozoic burial history and dynamics of the Northern Caucasus molasse basin：implications for foreland basin modeling. Tectonophysics，313：219～241

Ershov A V，Brunet M-F，Nikishin A M，et al. 2003. Northern Caucasus basin：thermal history and synthesis of subsidence models. Sedimentary Geology，156：95～118

Fomenko K E. 1972. Crustal structure of the Precaspian depression according to geological and geophysical data. Moscow Soc. Nationalist，47：103～111

Fowler S R，Mildenhall J，Zalova S，et al. 2000. Mud volcanoes and structural development on Shah Deniz. Journal of Petroleum Science and Engineering，28：189～206

Garzanti E，Gaetani M. 2002. Unroofing history of Late Paleozoic magmatic arcs within the "Turan Plate"（Tuarkyr，Turkmenistan）. Sedimentary Geology，151：67～87

Golonka J. 2004. Plate tectonic evolution of the southern margin of Eurasia in the Mesozoic and Cenozoic. Tectonophysics，381：235～273

Gürgey K. 2002. An attempt to recognise oil populations and potential source rock types in Paleozoic sub- and Mesozoic-Cenozoic supra-salt strata in the southern margin of the Pre-Caspian Basin，Kazakhstan Republic. Organic Geochemistry，33：723～741

Gürgey K. 2003. Correlation，alteration，and origin of hydrocarbons in the GCA，Bahar，and Gum Adasi fields，western South Caspian Basin：geochemical and multivariate statistical assessments. Marine and Petroleum Geology，20：1119～1139

Hinds D J，Aliyeva E，Allen M B，et al. 2004. Sedimentation in a discharge dominated fluvial-lacustrine system：the Neogene Productive Series of the South Caspian Basin，Azerbaijan. Marine and Petroleum Geology，21：613～638

IHS. 2006. Issyk-kul Trough，Kyrgyzstan. Basin Monitor

IHS. 2012a. Chu-Sarysu Basin，Kazakhstan，Kyrgyzstan. Basin Monitor

IHS. 2012b. Fergana Basin，Kyrgyzstan，Uzbekistan，Tajikistan. Basin Monitor

IHS. 2012c. Afghan-Tajik Basin，Afghanistan，Tajikistan，Uzbekistan，Turkmenistan，Kyrgyzstan. Basin Monitor

IHS. 2012d. Turgay Basin，Kazakhstan. Basin Monitor

IHS. 2012e. Precaspian Basin，Kazakhstan，Russia. Basin Monitor

IHS. 2012f. Amu-Dar'ya Basin，Turkmenistan，Uzbekistan，Afghanistan，IRAN，Tajikistan. Basin Monitor

IHS. 2012g. South Caspian Basin，Azerbaijan，Turkmenistan，Iran，Georgia，Armenia. Basin Monitor

IHS. 2012h. Mangyshlak Basin，Kazakhstan，Turkmenistan，Uzbekistan，Russia，Azerbaijan. Basin Monitor

IHS. 2012i. North Ustyurt Basin，Kazakhstan，Uzbekistan，Russia，Turkmenistan. Basin Monitor

Jackson J，Haines J，Holt W. 1995. The accommodation of Arabia-Eurasia plate convergence in Iran. Journal of Geophysical Research，100：15205～15219

Katz B，Richards D，Long D，et al. 2000. A new look at the components of the petroleum system of the South Caspian Basin. Journal of Petroleum Science and Engineering，28：161～182

Kazhegeldin A M. 1997. Oil and gas fields of Kazakhstan. Ministry of Ecology and Natural Resources，Almaty

Khain V E. 1985. Geology of the USSR, first part: old cratons and Paleozoic fold belts. Berlin: Gebrüder Borntraeger

Khain V E. 1994. Geology of the USSR EURASIA (Ex-USSR), second part: Phanerozoic fold belts and young platforms. Berlin: Gebrüder Borntraeger

Klett T R, Schenk C J, Charpentier R R, et al. 2010. Assessment of Undiscovered Oil and Gas Resources of the North Caspian Basin, Middle Caspian Basin, North Ustyurt Basin, and South Caspian Basin Provinces, Caspian Sea Area. USGS World Petroleum Resources Project, Fact Sheet 2010~3094

Klett T R, Schenk C J, Wandrey C J, et al. 2012. Assessment of Undiscovered Oil and Gas Resources of the Amu Darya Basin and Afghan – Tajik Basin Provinces, Afghanistan, Iran, Tajikistan, Turkmenistan, and Uzbekistan. USGS World Petroleum Resources Project, Fact Sheet 2011~3154

Koçyiğita A, Yılmaz A, Adamia S. et al. 2001. Neotectonics of East Anatolian Plateau (Turkey) and Lesser Caucasus: implication for transition from thrusting to strike-slip faulting. Geodinamica Acta, 14: 177~195

Kostyuchenko S L, Morozov A F, Stephenson R A, et al. 2004. The evolution of the southern margin of the East European Craton based on seismic and potential field data. Tectonophysics, 381: 101~118

Kuznetsov V G. 1996. Early Permian Facies and Paleogeography of the Southeastern Russian Craton. State Academy of oil and Gas, 5: 151~153

Mikhailov V O, Panina L V, Polino R, et al. 1999a. Evolution of the North Caucasus foredeep: constraints based on the analysis of subsidence curves. Tectonophysics, 307: 361~379

Mikhailov V O, Timoshkina E P, Polino R. 1999b. Foredeep basins: the main features and model of formation. Tectonophysics, 307: 345~359

Mitchell J, Westaway R. 1999. Chronology of Neogene and Quaternary uplift and magmatism in the Caucasus: constraints from K-Ar dating of volcanism in Armenia. Tectonophysics, 304: 157~186

Natal'in B A, Şengör A M C. 2005. Late Palaeozoic to Triassic evolution of the Turan and Scythian platforms: The pre-history of the Palaeo-Tethyan closure. Tectonophysics, 404: 175~202

Nevolin N V, Fedorov D L. 1995. Paleozoic pre-salt sediments in the Precaspian Petroliferous Province. Journal of Petroleum Geology, 4: 453~470

Pairazian V V. 1999. A review of the petroleum geochemistry of the Precaspian Basin. Petroleum Geoscience, 5: 361~369

Saintot A, Angelier J. 2002. Tectonic paleostress fields and structural evolution of the NW-Caucasus fold-and-thrust belt from Late Cretaceous to Quaternary. Tectonophysics, 357: 1~31

Sanders J S, Long G R, Clarke J W. 1994. Oil and Gas Resources of the Fergana Basin (Uzbekistan, Tadzhikistan, and Kyrgyzstan). EIA, Office of Oil and Gas, U. S. Department of Energy, Washington DC 20585

Schulz H-M, Bechte A L, Sachsenhofer R F. 2005. The birth of the Paratethys during the Early Oligocene: from Tethys to an ancient Black Sea analogue? Global and Planetary Change, 49: 163~176

Serebryakov V A, Chilinger G V. 1995. Abnormal pressure regime in the former USSR petroleum basins. Journal of Petroleum Science and Engineering, 13: 65~74

Smith-Rouch L S. 2006. Oligocene-Miocene Maykop/Diatom Total Petroleum System of the South Caspian Basin Province, Azerbaijan, Iran, and Turkmenistan. USGS Bulletin 2201-I

Starostenko V, Buryanov V, Makarenko I, et al. 2004. Topography of the crust-mantle boundary beneath the Black Sea Basin. Tectonophysics，381：211~233

Thomas J C，Cobbold P R，Shein V S，Le Douaran S. 1999. Sedimentary record of late Paleozoic to Recent tectonism in Central Asia—analysis of subsurface data from the Turan and south Kazak domains. Tectonophysics，313：243~263

Ulmishek G F. 2001a. Petroleum Geology and Resources of the North Caspian Basin，Kazakhstan and Russia. USGS Bulletin 2201-B

Ulmishek G F. 2001b. Petroleum Geology and Resources of the Middle Caspian Basin，Former Soviet Union. USGS Bulletin 2201-A

Ulmishek G F. 2001c. Petroleum Geology and Resources of the North Ustyurt Basin，Kazakhstan and Uzbekistan. USGS Bulletin 2201-D

Ulmishek G F. 2004. Petroleum Geology and Resources of the Amu-Dar'ya Basin，Turkmenistan，Uzbekistan，Afghanistan，and Iran. USGS Bulletin 2201-H

Ulmishek G F，Masters C D. 1993. Oil，gas resources estimated in the former Soviet Union. Oil and Gas Journal，13：59~62

USGS World Petroleum Assessment Team. 2000. World Petroleum Assessment，Description and Results. USGS Digital Data Series 60

Volozh Y，Tavbot C，Ismail-Zadeh A. 2003. Salt structures and hydrocarbons in the Pricaspian basin. AAPG Bulletin，78：313~334

Wilhem C，Windley B F，Stampfli G M. 2012. The Altaids of Central Asia：a tectonic and evolutionary innovative review. Earth-Science Reviews，113：303~341

Yin A，Harrison M. 1996. The tectonic evolution of Asia. London：Cambridge University Press

Yusifov M，Rabinowitz P D. 2004. Classification of mud volcanoes in the South Caspian Basin，offshore Azerbaijan. Marine and Petroleum Geology，21：965~975

Zonenschain L P，Kuzmin M I，Natapov L M. 1990. Geology of the USSR：a plate tectonic synthesis. Geodynamic Series，21：214

Айтиева Н Т. 1985. Условия формирования залежей углеводородов в подсолевом комплексе юга Прикаспийской впадины. Геология нефти и газа，2：38~43

Акулов А А，Турков О С，Семенович В В. 1994. Типы ловушек надсолевого комплекса Прикаспийской впадины и их нефтеносность. Геология нефти и газа，9：7~12

Алиханов Э Н. 1978. Геология Каспийского Моря. ЭЛМ，Баку

Аманов С А. 1990. Прогноз нефтегазоносности и направлений геолого- разведочных работ. Недра，Москва

Багринцева К И. 1996. Оценка удельной поверхности карбонатмых пород- коллекторов порового типа месторождений Прикаспийской впадины. Геология нефти и газа，6：24~33

Бочкарев А В. 2000. Катагенез и нефтегазоносность каменноугольных отложений Каракульско-Смушковской зоны поднятий. Геол.，геофиз. и разраб. нефт. месторождений，3：23~27

Бродский А Я. 2000. Некоторые особенности глубинного строения Астраханского свода. Геол.，бур.，разраб. и эксп. газов и газоконд. месторождений，1：3~9

Волож Ю А，Волчегурский Л Ф，Грошев В Г，и др. 1997. Типы соляных структур Прикаспийской впадины. Геотектоника，3：41~55

Волчегурский Л Ф，Максимов С С，Саркисова Н П，и др. 1984. Объяснительная записка к структурным картам поверхностей соленосного и подсолевого комплексов Прикаспийской впадины，масштаба 1：1 000 000. Москва

Ганбарова Ю Г. 1993. Структурно-Формационные и Сейсмостратиграфические Исследования Осадочной Толщи Южно-Каспийской Мегавпадины. Баку

Глумов И Ф, Маловицкий Я П, Новиков А А, и др. 2004. Региональная геология и нефтегазоносность Каспийского моря. Недра, Москва

Дальян И Б, Булекбаев З Е, Медведева А М, и др. 1994. Прямые доказательства вертикальной миграции нефти на востоке Прикаспия. Геология нефти и газа, 12: 40~43

Дальян И Б. 1993. Нефтегазоносные комплексы подсолевых отложений восточной окраины Прикаспийской впадины. Геология нефти и газа, 10: 4~10

Дальян И Б. 1996. О нефтигазоносности подсолевых пород восточной окраины Прикаспииской впадины на бальших глубинах. Геология нефти и газа, 2: 4~8

Дальян И Б. 1996. Особенности тектоники подсолевых комплексов восточной окраины Прикаспийской впадины в связи с нефтегазоносностью. Геология нефти и газа, 6: 8~17

Дальян И Б. 1996. О нефтеносности верхнепермских отложений восточной окраины Прикаспийской впадины. Геология нефти и газа, 1: 14~17

Даукеев С Ж, Ужкенов Б С, Абдулин А А, и др. 2002. Глубинное Строение и Минеральные Ресурсы Казахстана——Том 3, Нефть и Газ. Аламаты

Демидов В А. 1996. Об основных типах солянокупольных структур Прикаспииской впадины и закономерностях их планового размещения. Геол. геоф. и разр. нефт. мест-ний, 3: 17~21

Зоненшайн Л П, Кузьмин М И, Натапов Л М. 1990. Тектоника литосферных плит территории СССР. Москва: Недра

Жаскленов Б, и др. 1993. Палеозойский карбонатный шельфого-западного погружения Южно Эмбинского поднятия и сопряженных районов. Докл. АН СССР, 3: 320~323

Иванов В В, Антоненко Е Ф, Обухова С Н, и др. 1993. Зональное прогнозирование нефтегазоносности надсолевых отложений Прикаспийской впадины. Геология нефти и газа, 9: 35~41

Иванов Ю А. 1988. Перспективы нефтегазоносности надсолевого и солевого комплексов Прикаспийской впадины. Геология нефти и газа, 2: 1~5

Искужиев Б А, Семенович В В. 1992. Перспективы надсолевого нефтеносного комплекса юго-востока Прикаспийского бассейна. Геология нефти и газа, 11: 6~9

Исмагилов Д Ф, Козлов В Н, Терехов А А. 2003. Систематизация представлений о геологическом строении и перспективах нефтегазоносности Северного Каспия. Геология нефти и газа, 1: 10~17

Кабанов А И. 1996. Особенности тектоники и нефтегазоносности осодочного чехла северного Каспия в свете новых геолого-геофизических данных. Геол., бур., разр. и эксп. газов. и газоконд. мест-ний, 9-10: 3~6

Казанцев Ю В, Казанцев Т Т. 2003. О механизме соляной складчатости в Предуралье и Прикаспии. Геология нефти и газа, 1: 28~32

Карнаухов С М. 2000. Условия залегания и локальные перспективные обьекты Девон-Нижнепермских карбонатных отложений прибортовых зон Прикаспийской синеклизы. Геология нефти и газа, 6: 8~13

Керимов К М, Рахманов Р Р. 2001. Нефтегазоность Южно-Каспийской Мегавпадины. АДИЛОЛЫ, Баку

Кирюхин Л Г, Размышляев А А. 1987. Древняя структура Прикаспийской впадины и перспективы нефтегазоносности подсолевых отложений. Геология нефти и газа, 8: 24~28

Крылов Н А, Авров В П, Голубева З В. 1994. Геологическая модель подсолевого комплекса

Прикаспийской впадины и нефтегазоносность. Геология нефти и газа, 6: 35~39

Кузнецов В Г. 2000. Палеогеографические типы карбонатных отложений Прикаспийской впадины. Доклады АН, 2: 208~211

Ламбер Г И, Слепакова Г И. 1990. Влияние тектоники на процессы осадконакопления в триасовое время в Прикаспийской впадине. Геология нефти и газа, 4: 12~14

Лебедов Л И. 2001. Геологическое строение и перспективы нефтегазоносности Северного Каспия. Геол., геофиз. и разраб. нефт. мест-ний, 11: 4~12

Мстиславская Л П. 2001. Палеотектонические условия нефтегазонакопления на юго-востоке прикаспийской мегасинеклизы. Геол., геофиз. и разраб. нефт. Месторождений, 4: 19~25

Нечаева О Л, и др. 2000. Некоторые аспекты формированиязалежей в подсолевых отложениях Прикаспийской нефтегазоносной провинции. Геол., геофиз. и разраб. нефт. мест-ний, 4: 17~21

Нечаева О. 1999. Характеристика к нефтей и конденсатов подсолевых отложений Прикаспийской нефтегазоносной провинции. Геология нефти и газа, 5-6: 51~55

Орешкин И В, и др. 1992. Особенности формирования месторождений и прогноз нефтегазоносности юго-восточной части Прикаспийской впадины. Геология нефти и газа, 10: 10~12

Орлов В П. 1999. Нефтегазоносность Девон-Нижнекамноуголъного комплекса Астраханского свода. Геология нефти и газа, 1-2: 2~6

Соболев В С. 1993. Условия формирования и распространения типов нефтей Прикаспийской впадины. Отечествен. геол., 3: 3~8

Соловьев Б А. 1996. Прогноз нефтегазоносности глубоких горизонтов Астраханского свода Прикаспийской впадины. Геология нефти и газа, 9: 11~16

Соловьев Б А. 2002. Среднекаменноугольный терригенный комплекс запада Прикасспийской впадины—возможный объект поисков крупных месторождений нефти и газа. Геология нефти и газа, 5: 2~7

Соловьев Н Н. 1996. Прогноз ресурсов и добычи газа в Туркменистане. Газ. пром-сть, 6: 20~22

Фадеева Г А. 1999. Особенности геологического строения Астраханского месторождения на его разбуренном участке. Геол., геофиз. и разраб. нефт. мест-ний, 6: 2~5

Фадеева Г А. 1999. Положение газоводяного контакта на Астраханском газоконденсатном месторождении. Геол. геофиз. и разраб. нефт. мест-ний, 9: 9~11

Фаинийкий С Б. 2001. Некоторые примеры структурно-литологицеских осложнений строения подсолевого комплекса Прикаспийской впадины по данным сейсморазведки. Геология нефти и газа, 5: 25~30